普通高等教育"十四五"规划教材

稀土纳米催化材料

李振兴　主编

中国石化出版社

·北京·

内 容 提 要

本书对稀土纳米材料的性能进行了综述和归纳，主要包括催化性能及其高效催化的机理。书中还对稀土纳米催化材料的合成与制备方法进行了总结，并在最后讨论和展望了稀土纳米催化材料研究中存在的问题和发展方向。

本书依据作者研究团队以及国内外稀土纳米材料的研究进展，从稀土元素的特点和性质出发，系统介绍了稀土磁性材料、稀土储氢材料、稀土上转换发光纳米材料、稀土复合材料、稀土催化材料以及稀土电化学能源材料，内容涵盖稀土纳米材料在光、电、磁、催化等领域的应用。

本书可供从事稀土纳米材料及其相关领域的研究人员及高等院校相关专业师生参考使用。

图书在版编目（CIP）数据

稀土纳米催化材料 / 李振兴主编. —北京：中国石化
出版社，2023. 11
ISBN 978-7-5114-7289-2

Ⅰ. ①稀… Ⅱ. ①李… Ⅲ. ①稀土族–纳米材料–催
化剂 Ⅳ. ①TB383

中国国家版本馆 CIP 数据核字（2023）第 216807 号

中国石化出版社出版发行

地址：北京市东城区安定门外大街 58 号
邮编：100011 电话：（010）57512500
发行部电话：（010）57512575
http://www.sinopec-press.com
E-mail:press@sinopec.com
北京富泰印刷有限责任公司印刷
全国各地新华书店经销

＊

787 毫米×1092 毫米 16 开本 15.75 印张 383 千字
2024 年 1 月第 1 版　2024 年 1 月第 1 次印刷
定价：58.00 元

　　稀土元素因具有独特的 4f 电子构型、大的原子磁矩、强的自旋-轨道耦合等特点，在光、电、磁和催化等领域展现出优异的性能，不仅广泛用于冶金、石油化工、玻璃陶瓷等传统产业，更是清洁能源、新能源汽车、半导体照明、新型显示、生物医药等新兴高科技产业和国防尖端技术领域不可或缺的关键材料，在国际上被誉为高新技术材料的"宝库"。我国是世界上稀土资源最丰富的国家之一，而且矿种齐全，开展稀土研究与应用具有得天独厚的优势。目前我国已建立了完整的稀土采、选、冶、用的工业体系，特别是在稀土发光与激光材料、稀土磁性材料、稀土催化材料、稀土陶瓷材料、稀土能源材料及稀土轻合金材料等一批新型功能材料研发与应用方面，已经取得了长足的进步。稀土功能材料的应用不仅极大地改造和提升了传统产业，而且对开发高新技术、发展新兴产业起着关键性的作用，因此，进一步研究和开发新型、高性能、具有自主知识产权的高附加值稀土功能材料，对我国的现代工业和国防尖端技术的发展具有极其重要的战略意义。

　　纳米科学是一门探索微观世界的新兴学科，它最初的设想源于诺贝尔物理学奖获得者费曼(R. P. Feynman)1959 年在美国加州理工大学的一次著名演讲。随着微观表征技术的发明和发展，纳米科学得到了飞速的发展，已经成为世界范围内的研究热点。纳米材料因其独特的物理和化学性质，例如小尺寸效应、宏观量子隧道效应、表面和界面效应等，在光学、电学、磁学、催化、传感和生物医学等方面都具有广阔的应用前景。将纳米材料特有的物理和化学性质与稀土元素独特的 4f 电子层构型相结合，使稀土纳米材料增加了许多新颖的性质，展现出不同于传统材料的更加优异的性能，发挥出更大的潜能，并为稀土资源的利用开辟了新的途径，进一步扩展了其在尖端技术、高科技制造、国防军工等领域的应用范围。

编写本书的宗旨是试图以稀土元素独特的电子结构及其相关特征为基础，以光、磁、电、催化功能为导向，以应用为目标，比较系统、全面地介绍稀土纳米材料研究与应用的现状、存在的问题以及未来的发展方向，以引导稀土纳米材料的基础研究与应用向纵深发展。本书共分6章，第1章概述了纳米材料的结构与表征，以及稀土纳米材料在光、电、磁、催化等领域的研究。第2章概述了纳米材料在催化、能源、环保、分离生物、传感器、光学、磁性、电子等领域的应用研究进展。第3章介绍了稀土纳米材料的特点、分类、设计、制备方法及其催化性质。第4章从光催化应用角度综述了不同稀土纳米材料的研究进展及应用。第5章主要介绍了稀土纳米材料在电催化领域的应用。第6章首先介绍了稀土元素在催化剂中的作用机理，然后重点介绍了在工业废气、汽车尾气和环境净化等方面的研究进展。

本书对从事稀土纳米材料工作的人员，尤其对从事稀土纳米材料研究及应用的人员有很好的参考价值，也可作为大专院校、科研院所纳米材料相关专业师生的参考书。

全书由李振兴主编，李宜霏、刘家昊、何淼、王萍、幺甲赛也参与了此次编写工作。在编写本书的过程中，编者参阅了国内外大量文献，在此深表感谢！

由于编者知识面和专业水平所限，书中难免有不足之处，恳请各位专家学者和广大读者批评指正。

CONTENTS

第 1 章　纳米材料的结构与表征

纳米材料表征是指通过检测或分析纳米材料的结构、成分、性能等信息，获得表征材料的物理、化学性质和宏观特性的信息，为研究纳米材料性能提供科学依据。纳米材料表征是纳米科技与材料研究中必不可少的一个重要环节，也是衡量材料性能和应用的重要指标。随着纳米技术的快速发展，对于纳米材料表征技术的要求越来越高，研究范围也越来越广。由于纳米材料的尺寸效应和表面效应等因素，使得对其进行表征具有一定困难。目前常用的表征方法有：X 射线衍射（XRD）、原子力显微镜（AFM）、透射电子显微镜（TEM）、扫描电子显微镜（SEM）、红外光谱、拉曼光谱等。

1.1　化学组成和物相分析

在材料的研究工作中，为了获得所需性能指标的材料，必须考虑适宜的材料合成、制备、加工等研究技术。为了深入了解所获材料的化学组成、物相组成、结构及各种研究技术对材料性能的影响，需要采用相应的分析表征方法。通常，材料化学元素分析方法有化学分析法、光谱法、质谱法、X 射线荧光分析、离子探针微区分析、电子探针 X 射线微区分析、X 射线光电子能谱等。物相鉴定方法有光学显微镜、电子显微镜、X 射线衍射、电子衍射等。晶体和非晶体的区分方法有光学显微镜、电子显微镜、X 射线衍射等。结构的变化可以通过光学显微镜、电子显微镜、X 射线衍射、差热分析等方法加以研究。固体表面测定方法有俄歇电子能谱、光电子能谱、X 射线小角衍射法等。有机化合物鉴定和分子结构分析方法有红外光谱、拉曼光谱、核磁共振谱法等。玻璃结构分析方法有 X 射线小角衍射法，紫外、可见或红外光谱为主的光谱法，穆斯堡尔能谱法，核磁共振谱法等。纳米微粒分析方法有透射电镜法、X 射线衍射法、X 射线小角衍射法、拉曼散射法、光子相关谱法等。纳米结构分析方法有核磁共振谱法、拉曼光谱法、电子自旋共振法等方法。随着科学技术的发展，各种新型的材料分析表征方法将不断涌现。

1.1.1　X 射线衍射分析

XRD 技术利用 X 射线散射现象来阐明晶体/半晶体材料的晶体结构，当 X 射线对原子周期性排列的晶格发生散射时，会产生确定的衍射图，从而呈现出原子内部排列的图像。粉末 X 射线衍射（P-XRD）是一种重要的表征工具，具有同时表征前体和最终产物以及对它们的微观结构进行定性表征的优势。与单晶技术不同，P-XRD 用于研究聚合物基纳米复合材料，而单晶技术则要求样品以单个/独立的晶体形式存在。XRD 是一种无损材料的表征技术，可提供全面的化学成分分析，并可提供材料的晶体结构[1-3]。

XRD 是研究纳米复合材料结构特征最常用的方法，因为它简单易行。XRD 用于评估晶体结构、晶体与非晶体(无定形)区域的比率、晶体尺寸、晶体的排列模式和晶面之间的距离[4]。这意味着可以通过 XRD 技术监测晶体材料通过与其他材料混合而引起的结构变化。

XRD 是用于表征晶体材料的强大无损技术。它提供有关结构、相、首选晶体取向(纹理)和其他结构参数(例如平均晶粒尺寸、结晶度、应变和晶体缺陷)的信息。X 射线衍射峰是由于 X 射线在样品中的晶格平面上发生散射而产生的相长干涉。峰的强度与晶格内原子的分布有关。

马克斯·冯·劳厄[5]和他的同事在 20 世纪 20 年代发现，晶体物质对 X 射线波长具有三维衍射光栅效应，类似于晶格中的平面间距。XRD 基于单色 X 射线和晶体样品的相长干涉原理。这些 X 射线由阴极射线管产生，经过滤后产生单色辐射，经准直聚焦后照射样品。当满足布拉格定律条件时，入射光线与样品的相互作用产生相长干涉：

$$n\lambda = 2d\sin\theta$$

其中，n 是整数，λ 是 X 射线的波长，d 是产生衍射的晶面间距，θ 是衍射角。

该公式将电磁辐射的波长与晶体样品中的衍射角和晶格间距联系起来。衍射的 X 光被检测、处理和计数，在 2θ 角度范围内扫描样品，由于粉末材料的随机取向，从而获得晶格的所有可能衍射方向。将衍射峰转换到一定的间距可以识别化合物，因为每种化合物都有一组独特的晶面间距。通常是通过比较 d 间距和标准参考图案来进行识别的。X 射线衍射仪由三个基本元件组成：X 射线管、样品支架和 X 射线检测器[6]。

X 射线是在阴极射线管中产生的，通过加热灯丝产生电子，通过施加电压使电子向目标加速并轰击目标材料。当电子具有足够的能量来驱逐目标材料内部的壳层电子时，会产生特定的 X 射线光谱。这些光谱由几种成分组成，最常见的是 K_a 和 K_b。

K_a 部分由 K_{a1} 和 K_{a2} 组成。其中，K_{a1} 的波长略短，强度为 K_{a2} 的两倍。这些特定波长是目标材料(Cu、Fe、Mo、Cr)的特征之一。为了产生衍射所需的单色 X 射线，需要使用箔或晶体单色仪来过滤。由于 K_{a1} 和 K_{a2} 在波长上非常接近，在计算时通常使用两者的加权平均值。铜是最常见的单晶衍射目标材料，其 Cu K_a 辐射波长为 1.5418Å。在实验中，这些 X 射线被垂直定向照射到样品上。随着样品和检测器的旋转，记录反射的 X 射线强度。当撞击样品的入射 X 射线的几何形状满足布拉格定律时，就会发生相长干涉并产生强度峰。检测器记录并处理该 X 射线信号，并将这些信号转换为计数率，然后将其输出到打印机或计算机监视器等设备。

X 射线检测器安装在支架上，以收集衍射的 X 射线，并以 2θ 的角度旋转。同时，样品也在准直的 X 射线束的路径上以角度 θ 旋转。用于保持角度和旋转样品的仪器称为测角仪。

对于典型的粉末模式，数据在 X 射线扫描中预设的角度为 5°~70°。P-XRD 被广泛用于鉴定未知的晶体材料(如矿物、无机化合物)。对于未知固体的测定在地质学、环境科学、材料科学、工程学和生物学的研究中至关重要。其他应用包括结晶材料的表征、难以通过光学手段测定的细粒矿物(如黏土和混合层黏土)的鉴定、晶胞尺寸的测定以及样品纯度的评估。P-XRD 具有强大而快速(<20min)的优点，对于大多数情况都能提供明确的矿物测定，所需样品数量最少。

XRD 的广泛可用性和相对简单的数据解释都是其优点，但它也有一些局限性，主要体现在只有均相和单相材料适合识别其组分，其他材料则需要参考标准参考文件，将 0.1g 的材料研磨成粉末，混合材料检出限应为>2%的样品，在确定非等距晶体系统晶胞时的图案索引很复杂并且可能发生峰值重叠，在大角度情况下这种现象会恶化。XRD 可以通过使用 Rietveld 细化来确定晶体结构、矿物的模态量（定量分析）以及表征薄膜样品，并在多晶样品中进行结构测量，例如晶粒的取向[7]。

XRD 是一种高科技无损技术，用于分析各种材料，包括流体、金属、矿物、聚合物、催化剂、塑料、药物、薄膜涂层、陶瓷、太阳能电池和半导体。这项技术在各种行业中有广泛的实际应用，包括微电子、发电、航空航天等。XRD 分析可以很容易地检测特定晶体中缺陷的存在，晶体的抗应力水平、纹理、尺寸和结晶度，以及与样品基本结构相关的几乎任何其他变量。

1.1.1.1　XRD 理论

（1）仪器仪表

用于粉末衍射测量的仪器与 20 世纪 40 年代后期开发的仪器相比没有太大变化。现代仪器的主要区别在于使用微型计算机进行控制、数据采集和数据处理。图 1.1 表明了 Bragg-Brentano 衍射仪的几何结构，包括系统源 F，索勒狭缝 P 和 RP，样品 S，发散狭缝 D 和接收狭缝 R，测角计的轴位于 A。

Bragg-Brentano 衍射仪的典型特征是来自系统源 F 的发散光束落到样品 S 上，发散光束被衍射并穿过接收狭缝 R 到达检测器。发

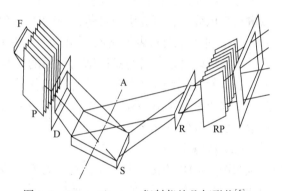

图 1.1　Bragg-Brentano 衍射仪的几何形状[5]

散程度取决于光源的有效焦距和发散狭缝 D 的孔径。轴向发散由两组平行平板准直器（索勒狭缝）控制，索勒狭缝 RP 置于焦点和样本之间以及样本与散发狭缝之间。使用较窄的发散狭缝将在给定的衍射角处提供较小的样本覆盖率，从而在具有较大表观表面的情况下可以实现较小的衍射角。然而，这要以强度损失为代价来实现。

发散狭缝的选择由要覆盖的角度范围决定，是否应该在给定角度增加狭缝尺寸由可用的强度决定。光子探测器（也是闪烁探测器）放置在散射狭缝的后面，并将衍射的 X 射线光子转换成电压脉冲。这些脉冲可以集成在一个记录器中，在记录器上给出一个模拟信号。通过使测角仪的扫描速度与记录器同步，获得角度与强度的曲线图，称为衍射图[8]。

Bragg-Brentano 衍射仪还提供计时器/定标器用于定量工作，并用于从样本中的每个分析物中获得选定线的积分峰值强度的测量值。也可以使用衍射光束单色仪来改善信噪比特性。衍射仪的输出是一个"粉末图"，本质上是一个关于衍射角函数的强度图，也可以是带状图[9]。

（2）样品制备

样品制备中需要考虑的主要因素有：

① 样品特性影响：样品特性会通过降低强度或扭曲强度来影响粉末图案的质量。

② 优选的取向或纹理：纹理是指粉末颗粒不具有任意形状，而是具有非常规则的各向异性形状，通常为片状或针状。在制备时，它们优先沿着样品表面取向，极大地改变峰值

强度。可以采用几种技术来最小化这种影响，最有效的方法是在高黏度液体如指甲油中形成浆料。在干燥过程中保持随机取向，可以通过采用球磨机进行研磨来减小颗粒形状各向异性。研磨应该非常小心地进行，因为过度研磨很容易将颗粒尺寸分解成纳米尺寸并造成非晶化。可以尝试不同的研磨时间，以优化不同样品的制备工艺。对于涂层或薄膜样品，优选的取向通常是所期望的，可以使用 Rietveld 细化来确定纹理的程度。在制备过程中样品高度也很重要，旋转样品架可提高测量统计数据的质量，从而获得最佳结果。但是，这种方法并不适用于所有仪器。样品制备过程中最常见的错误之一是将样品架填充得过高或过低。这两种情况都导致峰值位置的显著偏移，从而使解释变得困难。

1.1.1.2 应用

（1）医药工业

XRD 在药物设计、发现、开发和配方过程中具有重要作用，它可以帮助发现药物的晶体形态和结晶度，提供独特的多晶型识别，并确定混合物中各组分的量。通过 XRD，还可以进行环境分析，研究水分对药物物理性质的影响。

XRD 可用于明确表征药物的组成。XRD 图谱直接反映了所研究药物中存在的晶体结构，因此可以轻松获得与晶体结构相关的参数。例如，一旦活性药物被分离出来，就可以通过获得的 X 射线粉末衍射图来分析晶体结构，申请专利保护公司的投资。对于多组分制剂，可以通过原位精确分析获得最终剂型中活性成分的实际百分比，以及所使用的任何无定形包装成分的百分比。

（2）法医学

法医"标本"的化学分析通常意味着鉴定或比较。然而，这些标本不同于其他情况下遇到的大多数标本，因为它们构成证据，应予以保存。粉末衍射是一种非破坏性过程，因此非常适合于法医分析。它还具有通用性，可用于分析有机、无机和金属样品，以及定性和定量分析这些材料的混合物。

某警方法医实验室与一家学术机构的合作成果凸显了将单晶 XRD 分析作为法医分析中鉴定设计药物的有效方法的可能性。对于部分几何参数之间关系的描述以及化合物晶体中发生的分子间相互作用的分析，扩展了关于卡西酮合成衍生物的知识，并有望在未来的研究中发挥作用，以更好地理解它们的特性[10]。

（3）地质应用

XRD 是矿产勘查的关键工具。每种矿物类型都有其独特的晶体结构，所给出的独特 X 射线衍射图案可以快速识别岩石或土壤样品中存在的矿物，也可以确定不同矿物的比例。

土壤表层由矿物质和有机物的混合物组成，反映了土壤的性质。最初地壳矿物的风化产生了大部分物质，包括植物养分。在各种物质中，黏土是控制土壤性质、影响土壤管理和生产力的重要成分。除了黏土矿物在商业上的应用外，它们还在固定重金属污染物和净化生物圈等方面有巨大潜力。尽管过量的黏土会导致不利的特性，且需要更多的能量来进行耕作，但黏土极大地提高了土壤肥力。因此，对土壤中的黏土矿物进行定量和定性分析是很重要的。X 光衍射已被证明是鉴定和量化土壤中存在的矿物质的最佳工具之一[11]。

（4）微电子工业

由于微电子工业在集成电路生产中使用硅和砷化镓作为单晶衬底，因此需要使用 XRD

对这些材料进行全面表征。XRD 可以很容易地检测出成像晶体中的缺陷，使其成为表征工业上重要的单晶样品的强有力的非破坏性评估工具。

明亮的 X 射线源、可靠的 X 射线聚焦光学器件、大型 X 射线探测器以及 X 射线数据建模和处理的最新发展将 XRD 技术推进到了一个新的水平，许多技术作为新的计量方法被引入硅上金属(MOS)晶体管生产线中。X 光具有一些基本的物理性质，如波长小和与固态物质的弱相互作用，满足基本的在线计量要求：非破坏性、速度、准确性、可靠性和长期稳定性[11]。

（5）玻璃工业

虽然玻璃是非晶态的，本身不会产生 X 光衍射图案，但在玻璃工业中，XRD 仍有多种用途，其中包括识别导致大块玻璃中微小缺陷的晶体颗粒，以及测量晶体涂层的纹理、微晶尺寸和结晶度。

（6）腐蚀分析

XRD 是唯一能够提供固体材料相组成信息的分析方法。在钢结构防腐中，最重要、最通用和最广泛使用的方法是使用油漆或有机涂层。了解保护涂层微观层面的信息对于理解其属性和改进要求的基本决定因素至关重要。在世界石油和其他化学和水工业中，沥青一直是保护钢结构的重要材料。然而，沥青有一些不良的特性，其质量会因来源的不同而有很大的差异。结果显示，每种涂层中约 3.75% ~ 4.847% 的成分由 14 种不同矿物相组成，这些相的数量和类型存在差异，即使在相同温度下用相同来源的沥青生产的涂层中也是如此[12]。

下面给出的是典型的 XRD 的示例，如图 1.2 所示。

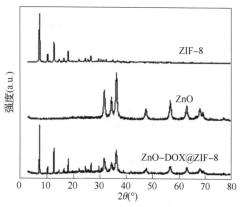

图 1.2　ZnO、ZIF-8 和 ZnO-DOX@ ZIF-8
纳米粒子的粉末 XRD 图案[13]

1.1.2　原子光谱

原子光谱包括原子吸收光谱(AAS)、原子发射光谱(AES)、原子荧光光谱(AFS)、X 射线荧光光谱(XRF)和无机质谱(AMS)。AAS、AES 和 AFS 是利用紫外-可见光和自由气体原子的价电子之间的相互作用而得到的光谱图。XRF 由于高能带电粒子与原子的内壳电子碰撞，从而引发跃迁，最终发射 X 射线光子。对于 AMS，电离的分析物原子在磁场中根据它们的质荷比(m/z)分离，并将所有不同质量的离子和各离子的多少按质荷比记录下来得到质谱图[14]。

1.1.2.1　原子光谱学：一般原理

每种元素都有一个特有的原子结构，其核心带有正电荷，周围有足够数量的电子使其保持中性。电子在原子中稳定分布在轨道上，其中一个电子可以通过吸收所需的能量从一个能级跳到更高的能级(见图 1.3)。这种能量可通过与其他原子碰撞产生的光子提供，例如通过加热原子发射光谱法、原子吸收光谱法和原子荧光光谱法，或通过高能电子 XRF 产生。当所需能量达到两种能态之间的能量差(ΔE)时，就会发生跃迁。中性原子可能存在于低能层或基态(E_0)或处于一组激发态中，具体取决于有多少电子已经跃迁到更高的能级（E'），尽管通常只考虑第一跃迁。每种元素都有一组独特的能级和与能级间跃迁相关的能量差 ΔE_s。

大多数元素中价电子运动的能量差等于紫外/可见光辐射的能量。光子的能量可以通过公式 $E=h\upsilon$ 来计算，其中，h 为普朗克常数，υ 为光的频率。波长和频率之间的关系为：$\upsilon = c/\lambda$，其中，c 为光速，λ 为波长。因此，$E=hc/\lambda$，跃迁的能量差与特定的波长相关联。当特定波长的光进入分析系统时，相应原子的外壳电子将随着能量的吸收而被激发。因此，传输到检测器的光量将减少，这被称为原子吸收光谱[见图 1.3(a)]。

在适当的情况下，汽化原子的外壳电子可以被加热激发。当这些电子回到更稳定的基态时，能量就会被释放出来。如图 1.3(b)所示，其中一些能量是以光的形式发射的，可以用探测器测量，这就是 AES。

当原子回到基态时，基态原子吸收的辐射一部分能以光的形式发射，即 AFS[见图 1.3(c)]。

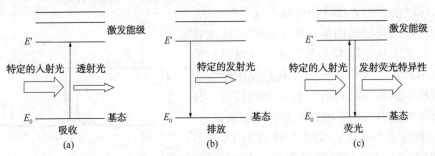

图 1.3 显示与(a)原子吸收光谱、(b)原子发射光谱和(c)原子荧光光谱相关的跃迁的能级图。垂直箭头表示光的吸收或发射[15]

当高能光子撞击大质量粒子时，它可以激发原子的内层电子，形成的内层空位可以由外层电子填充。这种转变是由 X 光光子的发射产生的。这个过程被称为 XRF[16-18]。发射的能量，即波长，是来源原子(元素)的特征，而发射的强度与样品中该元素的浓度有关。高温电感耦合等离子体被成功地用作质谱的有效离子源，这种电感耦合等离子体质谱(ICP-MS)方法通常用于临床和生物样品中痕量元素的测量[19,20]。

1.1.2.2 原子光谱学：仪器

原子光谱学的核心原理包括发射、吸收和荧光技术，其基础是原子蒸气的形成，也就是原子化过程。在原子光谱仪器中最关键的组件是原子化源和样品引入装置，以及用于波长选择和光检测的相关光谱仪。原子化过程涉及几个关键的基本步骤：去除溶剂，将基质的阴离子和其他元素分离，将离子还原为基态原子。原子荧光光谱仪的设计与原子吸收光谱仪和原子发射光谱仪相似，只是光源和检测器之间形成直角。

在选择待确定元素的尖锐原子线的光源时，可以使用两种光：连续光源和线光源。连续光源，也称为宽带光源，会发射波长范围很宽的辐射；而线光源发射特定波长的辐射，但其辐射相较于激光辐射并不纯净。

理想的波长选择器应具有高辐射通量和窄有效带宽。波长选择器有两种主要类型：滤光器和单色器。滤光器的一个简单例子是彩色玻璃。滤光器提供 30~250nm 的有效带宽，但在该范围的低端，过滤后光强度仅为源发射强度的10%。干涉滤光片由沉积在玻璃或透明材料上的几个光学层构成。其有效带宽为10~20nm，过滤后光强度为源发射强度的40%[19]。单色器用于将入口狭缝处的多色辐射源转换成出口狭缝处有效带宽受限的单色辐射源。单色器设备分为固定波长设备和扫描设备。固定波长单色器中的光栅可通过手动旋转来选择波长。而扫描单色仪则包括一个连续旋转光栅的驱动机构，允许连续射出单色器的波长[20]。探测器使用灵敏的传感器，将光能转化为电子。理想的探测器产生的信号是电磁辐射功率的线性函数：$S=kP+D$，其中，S是功率密度，P为功率，k是探测器的灵敏度，D是探测器的暗电流，即没有辐射源到达探测器时的背景电流。

1.1.2.3　原子光谱学：样品制备

理想的样品制备应去除基质中的干扰成分，并将分析物调整为方便实际测量的形式。已经开发出一些方法，如简单加热或酸消化，用于破坏有机基质。特别设计了与仪器相兼容的设备，以避免反应瓶内压力过大而发生危险。虽然可处理的样品数量有限，但微波加热可使样品快速消化。最近的发展包括用于自动消化的连续流动系统，该系统与仪器直接连接[21]。

1.1.2.4　原子光谱学：最近的发展和应用

原子光谱分析方法已被用于元素分析、鉴定和各种样品的定量分析。最近，大多数可用的光谱技术都被应用于工业和环境样品中的金属及微量元素的分析。

随着灵敏度、检测限和可用性的提高，分析光谱学也在不断发展。最近的发展依赖于仪器的调整和轻微的改进，以允许新类型的测量。材料科学的进步揭示了对使用现有仪器进行新测量方法的需求，打破了以前可用的界限。例如，一些新颖的小型等离子体源和新型的飞行时间质谱仪正在蓬勃发展中。

1.2　振动光谱技术

1.2.1　红外光谱

红外光谱法用于处理电磁光谱的红外区域，即具有比可见光更长的波长和更低的频率的光。红外光谱法通常用于分析分子与红外光之间的相互作用。该技术覆盖了可见光(波长为800nm)和短波长微波(0.3mm)之间的电磁光谱区域。在该区域中观察到的光谱主要与分子的内部振动有关，但是一些轻分子在该区域中具有旋转跃迁。对于红外区域，通常使用波数来测量能量。历史上，红外光谱被划分为三个区域：近红外(4000~12500cm^{-1})，中红外(400~4000cm^{-1})和远红外(10~400cm^{-1})。随着傅里叶变换光谱仪的发展，这种区域划分变得模糊了，更先进的仪器可以通过交换光源、分束器、检测器和样品池以便覆盖10~25000cm^{-1}区域[22]。通常红外光谱法通过三种方式进行分析：反射、发射和吸收。红外光谱的主要用途是确定与有机和无机化学有关的分子官能团。

1.2.1.1　红外光谱的概念

红外光谱是一种表示吸收红外光强度的图谱，Y轴表示吸收红外光的强度，X轴表示频率或波长。红外光谱用于检测分子对红外光吸收的频率。分子倾向于吸收特定频率的光，因为这些频率与分子内化学键的振动频率相对应。当这些键受激发时会导致分子在红外区域内发生更大幅度的振动。但是，只有极性键才能与电磁红外辐射发生相互作用[23]。分子中存在部分正电荷和负电荷的区域，使得电磁波的电场分量可以激发分子的振动能。这种动能变化导致分子的偶极矩发生相应的变化。吸收强度取决于键的极性。例如，$N\!\!=\!\!N$ 和 $O\!\!=\!\!O$ 的对称非极性键不吸收辐射，因为它们不能与电场相互作用。

红外光谱区域分为两部分：在 $4000\sim1300\text{cm}^{-1}$ 的区域中，显示了存在哪种官能团的谱带，这些谱带可用于识别官能团并确定未知化合物的化学组成；在 $1300\sim400\text{cm}^{-1}$ 的指纹区域中，每个分子都有独特的谱带，类似于指纹。这些谱带主要用于比较不同化合物的光谱。

红外光谱中使用的样品可以是固态、液态或气态。固态样品可以通过用研磨剂将样品压碎，然后在盐板上涂抹薄薄的一层样品来准备。液态样品通常夹在两个透明盐板之间进行测量，因为盐板可以透过红外光。盐板通常由氯化钠、氟化钙或溴化钾制成。气态样品的浓度非常低，因此样品池必须具有相对较长的光程，即光在样品池中传播相对较长的距离。因此，可以在红外光谱中使用多种物理状态的样本。

1.2.1.2　红外光谱的原理

红外光谱理论利用了分子对特定频率的光的吸收倾向，该频率的光与分子的结构特征相关。分子的能级结构取决于分子表面的形状、振动耦合以及与原子质量相对应的特性。例如，分子可以吸收入射光中的能量，导致分子的旋转更快[23]。红外光谱仪如图 1.4 所示：首先，一束红外光从红外源发出，被分成两部分，分别穿过参比样品。然后，这两束光被反射并通过分离器重新汇聚，随后传递到探测器上。最后，经过处理器解析探测器接收的数据，并将所需的读数打印出来。图 1.5 为典型化合物的红外光谱图[24]。

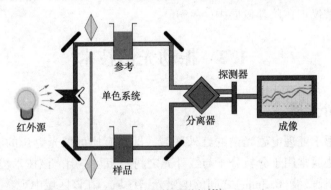

图 1.4　红外光谱仪[23]

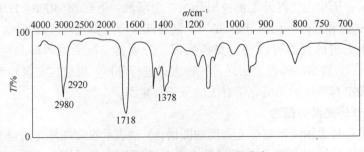

图 1.5　化合物的红外光谱图[24]

1.2.2 拉曼光谱

1.2.2.1 拉曼光谱概念

拉曼光谱(Raman spectra)是一种散射光谱,用于分析与入射光频率不同的散射光以得到分子振动、转动方面的信息,这种分析方法应用于分子结构研究。

20世纪20年代拉曼实验发现,当光穿过透明介质时,被分子散射的光会发生频率变化,这一现象称为拉曼散射。在透明介质中,散射光频率与入射光频率 v_0 相同的成分称为瑞利散射;对称分布在 v_0 两侧的谱线或谱带 $v_0 \pm v_1$ 即为拉曼光谱,其中频率较小的成分 $v_0 - v_1$ 又称为斯托克斯线,频率较大的成分 $v_0 + v_1$ 又称为反斯托克斯线。靠近瑞利散射线两侧的谱线称为小拉曼光谱;远离瑞利散射线两侧出现的谱线称为大拉曼光谱。瑞利散射线的强度只有入射光强度的 10^{-3},拉曼光谱强度大约只有瑞利散射线的 10^{-3}。小拉曼光谱与分子的转动能级有关,大拉曼光谱与分子振动–转动能级有关。拉曼光谱的理论解释是,入射光子与分子发生非弹性散射,分子吸收频率为 v_0 的光子,发射 $v_0 - v_1$ 的光子(即吸收的能量大于释放的能量),同时分子从低能态跃迁到高能态(斯托克斯线);分子释放频率为 v_0 的光子,发射 $v_0 + v_1$ 的光子(即释放的能量大于吸收的能量),同时分子从高能态跃迁到低能态(反斯托克斯线)。分子能级的跃迁仅涉及转动能级,发射的是小拉曼光谱;涉及振动–转动能级,发射的是大拉曼光谱。与分子红外光谱不同,极性分子和非极性分子都能产生拉曼光谱。激光器的问世,提供了优质高强度的单色光,有力推动了拉曼散射的研究及其应用。拉曼光谱的应用范围遍及化学、物理学、生物学和医学等各个领域,对于纯定性分析、高度定量分析和测定分子结构都有很大价值。

拉曼散射谱线的波数虽然随入射光的波数不同而不同,但对同一样品,同一拉曼谱线的位移与入射光的波长无关,只和样品的振动–转动能级有关。在以波数为变量的拉曼光谱图上,斯托克斯线和反斯托克斯线对称地分布在瑞利散射线两侧,这是由于在上述两种情况下分别相应于得到或失去了一个振动量子的能量。一般情况下,斯托克斯线比反斯托克斯线的强度大。这是由于玻尔兹曼分布,处于振动基态上的粒子数远大于处于振动激发态上的粒子数[25]。

1.2.2.2 拉曼光谱原理

拉曼光谱的原理是,当分子受到入射光照射时,激发光与分子的作用,引起的极化作用可看为虚态的吸收。表述为电子跃迁到虚态,虚态能级上的电子跃迁到下能级而发光,就是散射光。拉曼光谱可以捕捉到有机化合物的结构信息,鉴别官能团,并且相比红外分析来说拉曼分析允许水作为溶剂。光谱范围也更大,而且还能直接测定固体样品,不需要研磨压片之类的。

当光与气体、液体或固体中的分子相互作用时,绝大多数光子以与入射光子相同的能量分散或散射,这被描述为弹性散射或瑞利散射。这些光子中的少数(约1千万个中的1个光子)将以与入射光子不同的频率进行散射,这个过程称为非弹性散射或拉曼效应,拉曼发现了这一点,并在20世纪30年代获得了诺贝尔物理学奖。从那时起,拉曼光谱已被广泛用于从医学诊断到材料科学和反应的分析中。拉曼分析允许用户收集分子的振动特征,从而深入了解如何将其组合在一起以及如何与周围的其他分子相互作用。

拉曼光谱仪结构原理如图 1.6 所示。

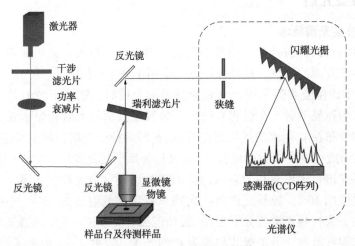

图 1.6　拉曼光谱仪结构原理图[26]

1.2.2.3　拉曼光谱学基础

（1）拉曼光谱法

拉曼光谱法关注分子键极化率的变化，而傅里叶变换红外光谱（FTIR）法则关注偶极矩的变化。光与分子相互作用会导致电子云的变化，这种变化被称为极化率的变化。分子键具有特定的能量跃迁，这些能量跃迁会引起键的极化率变化，从而产生拉曼活性模式。例如，光子与碳—碳、硫—硫和氮—氮等键之间的分子极化性发生变化，这些键就是产生拉曼光谱带的活性键，所以在 FTIR 光谱中很难或根本看不到[27]。

由于拉曼效应本身非常微弱，因此必须精心匹配和优化拉曼光谱仪的光学组件。为了避免有机分子可能表现出更强的荧光倾向，通常使用较长波长的激光器，例如在 785nm 处产生光的固态激光二极管。

（2）拉曼光谱仪的主要应用领域

拉曼光谱仪在工业中应用广泛，包括结晶过程的研究、多态性鉴定、聚合反应分析、加氢反应、化学合成、生物催化和酶催化、流动化学、生物过程监控、合成反应等。

（3）与 FTIR 光谱法对比

尽管拉曼光谱法和 FTIR 光谱法提供的信息可以互为补充，且通常可以相互转换，但实际上它们之间存在一些差异，这些差异将影响在特定实验中选择哪种光谱学最为合适。大多数分子同时具有拉曼活性和红外活性。然而，对于含有反转中心的分子，拉曼带和红外带是互斥的，即键要么是拉曼活性的，要么是红外活性的，不能同时具备。一般而言，偶极子变化较大的官能团在红外光谱中呈现较强的信号，而偶极子变化较小或具有高对称性的官能团在拉曼光谱中表现更好[28]。

在以下情况下选择拉曼光谱法：主要研究脂肪族和芳香族环中的碳键；在 FTIR 中很难看到的键（如 O—O、S—H、C═S、N═N、C═C 等）；研究在水性介质中的反应；通过反应窗口观察更容易、更安全的反应（如高压催化反应、聚合反应）；研究双相和胶体反应的反应起点、终点和产物稳定性。

在以下情况下选择 FTIR 光谱法：研究液相反应；反应物、试剂、溶剂和反应产物发生荧光的反应；研究偶极距变化很大的键(如 C═O、O—H、N═O)；试剂和反应物浓度低的反应；拉曼中溶剂带很强并且会淹没关键物质信号的反应；形成的中间体具有红外活性的反应。

1. 2. 2. 4 拉曼光谱法的优势

拉曼光谱法具有许多优点。由于拉曼仪器使用可见光激光，可以使用柔性石英光纤电缆来激发样品并收集散射辐射，如果需要，这些电缆可能会很长。此外，由于使用可见光，样品可以用玻璃或石英进行固定。这意味着在化学反应研究中，可以将拉曼探头插入反应中或通过窗口收集拉曼光谱，例如在外部反应定量环或流动池中。后一种方法消除了样品流受污染的可能性。利用石英或高纯度蓝宝石作为窗口材料，可以在高压电池中获取催化反应的原位拉曼光谱。在催化剂的研究中，利用拉曼散射操作光谱有助于研究催化剂表面上的实时反应。拉曼光谱法的另一个优势是羟基键不具有特别的拉曼活性，因此在水性介质中进行拉曼光谱较为简单。拉曼光谱法被认为是一种非破坏性的技术，尽管对于某些样品来说，可能会受到激光辐射的影响。在选择该技术时需要考虑特定样品的荧光强度。由于拉曼散射是一种微弱的现象，荧光会淹没信号，导致难以获得高质量的数据。通常可以通过使用更长波长的激发源来缓解此问题。

在反应分析方面，拉曼光谱对许多官能团都非常敏感，但在获得分子骨架信息方面表现出色，并提供了独特的分子指纹。由于拉曼光谱利用键的极化性，具有测量较低频率的潜力，因此它对晶格振动非常敏感，从而可为用户提供多态性信息，而这在使用 FTIR 时是难以获得的。这使得拉曼光谱法在研究结晶和其他复杂过程方面非常有效。

1. 2. 2. 5 拉曼光谱仪

现代紧凑型拉曼光谱仪由几个基本组成部分组成，其中包括用于引发拉曼散射的激光作为激发源。现代拉曼光谱仪通常采用固态激光器，其波长为 532nm、785nm、830nm 和 1064nm。波长较短的激光器具有较高的拉曼散射截面，产生更强的信号，但较短波长的激发可能导致有机分子产生更强的荧光入射率。因此，许多拉曼系统采用 785nm 激光。激光能量通过光纤电缆传输到样品，并从样品中收集散射光。为了消除瑞利散射和反斯托克斯散射，通常使用陷波滤光器或边缘滤光片，剩余的斯托克斯散射光通过光栅传递到光谱仪的入口狭缝上。光栅将来自反射镜聚焦的光分散到电荷耦合器件(CCD)上的入口狭缝。由于拉曼散射会产生微弱的信号，因此最重要的是在拉曼光谱仪中使用高质量、光学匹配良好的组件[29]。

拉曼光谱仪的设计旨在收集高质量的光谱，能够使用不同的激发/检测波长和数据采集时间来确定和改进实验参数。这些系统也用于开发和测试用于材料/组织表征的统计算法/模型。拉曼光谱可以在离散点上进行或通过映射从一个区域获得。通过空间映射，激光点以预设的步骤扫描样品，并在每个点获取拉曼光谱。该技术可用于呈现一维轮廓、二维图像或三维体积。可以利用来自样品不同点的光谱信息的变化，通过特定拉曼带的强度或整个光谱来获得有关样品区域内不同成分的分布信息。

图 1.7 显示了典型实验室拉曼光谱仪的配置。来自激光器的光被边缘滤波器(或陷波滤波器)反射出来，并通过透镜 1 将激光聚焦到样品上。从样品反向散射的光以 180°的几何角

度被收集。由透镜 1 收集的光被导向边缘滤光器，该滤光器阻挡激光并且仅让拉曼散射光通过。拉曼散射光由透镜 2 聚焦到光谱仪的入口狭缝上。通过狭缝进入的光被准直镜 M1 收集，并被导向到光谱仪的光栅上，由聚焦镜 M2 聚焦的光分散在 CCD 入口狭缝上形成图像[30]。

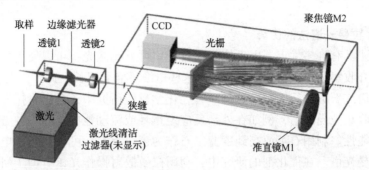

图 1.7　典型实验室拉曼光谱仪[30]

1.2.3　紫外可见吸收光谱

1.2.3.1　紫外可见吸收光谱的概念

紫外可见吸收光谱或紫外可见分光光度法（UV-vis 或 UV/Vis）是指在紫外可见光谱区域中的吸收光谱或反射光谱。UV-vis 是一种分析方法，可以根据分析物接收的光量来测量分析物的量[31]。

UV-vis 是检测与分子印迹聚合物（MIP）相互作用的最简单经济的方法之一，只需测量吸光度随波长的变化。该技术用途广泛，可快速获取模板结合的定量信息。借助 UV-vis 光谱，还可以更好地理解聚合过程中模板、单体和交联剂之间复杂的相互作用机制。观察到，化合物络合之后，吸光度会向较短波长处偏移。该方法可以轻松比较游离模板和功能单体的光谱与形成的复合物的光谱。该方法同样适用于监测可见光区域中的金属聚合物络合[32]。尽管 UV-vis 光谱法不像荧光法那样具有选择性，但它仍然非常适合设计灵敏度适中、成本较低的传感器。

UV-vis 光谱是指在可见光和邻近紫外线和近红外线（NIR）范围内的吸收光谱或反射光谱，利用的是可见光和紫外线光。

UV-vis 用于测量紫外线和可见光谱范围内光吸收的能力[33]。当入射光击中样品时，入射光被吸收、反射或透射，产生在 UV-vis 范围内的吸光度，导致分子从低能量基态向激发态的跃迁。在分子可以改变激发状态之前，必须吸收足够的辐射能量，使其跃迁到更高能态的分子轨道。通常，短带隙与较短波长的光吸收相关联。因此，分子经历这些跃迁所需的能量是电子结构的特征。UV-vis 可利用这一原理来定量测量样品中的分析物吸收特性。

UV-vis 测量的波长范围约为 200~800nm。分子对紫外线或可见光的吸收会导致分子的电能级之间发生相互转换。不同材料（例如薄膜、粉末、整体固体和液体）的光学和电子特性适用于其表征。

UV-vis 是一种经济高效、简单通用、非破坏性的分析技术，适用于各种有机化合物和某些无机物。通过测量光在介质中的吸收或透射，UV-vis 光谱计可用于测量样品中分析物的浓度。

为了对液流中的物质浓度进行分类和测量，高效液相色谱和超高效液相色谱均装有紫外可见检测器。通过将这些技术与质谱分析相结合，可以检测各种物质。

1.2.3.2　UV-vis 理论

UV-vis 是由生色团中的入射辐射与电子云相互作用导致电子跃迁，涉及一个或多个外壳或键合电子从基态到激发态的跃迁所产生的光谱。

通常，物质在紫外和可见光谱区域有广泛的吸收带，虽然可能不会表现出很高的复合识别精度。但它们足以用于定量分析，并可用作检测多种物质的替代方法。典型热固体的辐射的光包括多个波长，并且主要取决于固体的温度，这些光谱可以根据机会原理来预测在每个给定波长释放的能量[34]。

近期，采用钨卤素灯已成为标准方法。光辐射通过石英外壳深入紫外线区域。常用的光源是氘灯，可用于紫外线区域。紫外可见光谱仪通常使用多种类型的灯填充整个波长光谱。

1.2.3.3　UV-vis 的应用

UV-vis 在研究检测中应用广泛。样品与金属之间发生反应，使金属以离子形式进入溶液，这样可以确定合金中微量金属的含量，例如钢中的锰。记录 UV-vis 光谱时，吸光度是最有价值的信息，因为如果知道发色团的吸收系数，就可以确定溶液的浓度，从而可以确定样品中金属的含量。

在分析研究和政府监管的实验室中，紫外可见分光光度法是用于分析物定量分析的常用技术。该方法的基本原理是比尔定律。高端的紫外可见分光光度计通常用于实验室研究。

1.3　电子显微镜和显微结构分析

1.3.1　透射电子显微镜(TEM)

TEM 的显著特征是其能够形成原子排列图像，观察材料的内部结构。它提供了微观结构的视图，显示从一个区域到另一个区域的结构变化以及它们之间的界面。在宏观特性受到缺陷或界面控制时，TEM 发挥着至关重要的作用，例如在高级结构材料中具有复杂的微观结构，或者依赖于对界面和多层进行精确控制的电子材料的开发中，TEM 的重要性不可忽视[35]。X 射线和中子衍射提供了非常互补的信息。这些技术可以非常精确地确定复杂材料的结构，但不能确定局部区域或单个纳米结构。随着凝聚态物理的发展，人们对复杂材料的研究越来越多，同时对纳米级物理和器件的兴趣也日益增加，TEM 在基础凝聚态物理研究中的作用也日益增强。

TEM 的独特作用是由于电子是带电粒子，因此，与 X 射线或中子不同，电子可以被电磁场加速并精确聚焦。散射的电子束由透镜收集，并以光学显微镜的方式重新聚焦以形成真实空间的图像，其中图像中的每个点对应于对象中的特定点。电子还与物质发生更强烈的相互作用，并且可以在纳米尺寸的材料上进行电子衍射。对于 100~1000kV 的加速电压，电子波长范围为 0.004~0.001nm，其数量级比材料中的原子间距低。因此，形成材料的原子分辨率图像显得相对微不足道。然而，直到最近，原子分辨率成像才被认为是可行的。在显微镜历史的早期，主要的局限性就是圆形磁透镜的高固有像差。

如今，电子显微镜正处于革命之中。由于固态设备的发展，特别是计算机和电荷耦合器件(CCD)检测器的进步，可以使用非圆形磁透镜来校正(圆形)像差。过去几年中获得的分辨力提高可以与过去几十年相媲美，这一非凡进展使得 TEM 成为有史以来第一个进入亚埃普斯特朗级别的显微镜。更好的分辨率带来了更高的灵敏度，最近的结果证明了材料内和表面上单个原子成像以及通过电子能量损失谱(EELS)进行的光谱识别。此外，全新的显微镜模式现在看来是可行的。像差校正允许打开物镜光圈，并且焦深减小。3D TEM 的观察已经开始出现[36]。

TEM 是一种显微镜技术，其中一束电子穿过超薄样品，并与样品相互作用。通过样品传递的电子的相互作用形成图像。图像被放大并聚焦到荧光屏等成像设备上，或者通过 CCD 等传感器进行检测。传统的 TEM 仅使用透射光束或散射光束来产生衍射对比图像。高分辨率 TEM 利用透射光束和散射光束产生干涉图像。TEM 需要高性能、低球面偏差、高透镜电流张力和电子束能量稳定性。

TEM 具有三个基本系统：电子枪和冷凝器系统、图像制作系统和图像记录系统。电子枪产生电子束，聚光系统将电子束聚焦在样品上。图像制作系统由物镜、可移动的样品台以及投影仪透镜组成，该透镜对穿过样品的电子进行聚焦以形成真实的、高度放大的图像。图像记录系统用于转换电子图像为可见图像，这通常由用于查看和聚焦图像的荧光屏和用于永久记录的数码相机组成。此外，还需要一个真空系统，由泵及其相关的压力表和阀门以及电源组成[37]。

(1) 电子枪和冷凝器系统

电子源(阴极)是加热的 V 形钨丝，或者在高性能仪器中是尖锐的棒状材料，例如六硼化镧。灯丝被控制栅网(有时称为 Wehnelt 圆柱体)围绕，控制栅网布置在色谱柱的轴线上，并带有中心孔；阴极的顶点被布置在该孔的内部或几乎与之齐平。阴极和控制栅极的负电位等于所需的加速电压，并且与仪器的其余部分绝缘。电子枪的最后一个电极是阳极，它呈带有轴向孔的圆盘形状。电子离开阴极并穿过屏蔽层，被加速到阳极，如果高压稳定性足够，则以恒定的能量穿过中心孔。电子枪的控制至关重要。

光束的强度和角度范围是由电子枪和样品之间的聚光系统所控制的。可以使用单个透镜将光束汇聚到样品上，但更常见的做法是使用双聚光系统。在这种情况下，第一个透镜是固定的，它会产生光源的缩小影像，然后由第二个透镜将其成像到样品上。这种配置有助于节省电子枪和物镜台之间的空间，同时也更加灵活，因为可以通过控制第一个镜头来实现一定的调节。使用小光斑可以最大限度地减少由于样品加热和辐照引起的干扰。

(2) 图像制作系统

样品架放置在可移动样品台的小支架中。物镜通常具有较短的焦距(1~5mm)，并产生真实的中间图像，该图像会被一个或多个投影仪镜头进一步放大。单个投影仪镜头可提供 5∶1 的放大倍率，并且通过在投影仪中可互换的镜头壳，可获得更大的放大倍率范围。现代仪器采用两个投影仪镜头(一个称为中间透镜)，以允许更大的放大倍率并提供更大的总体放大倍率，而不会相应地增加显微镜镜筒的物理长度。

为了确保图像稳定性和亮度，通常使用显微镜对屏幕进行最终放大倍率为 1000～250000 的放大。如果需要更高的最终放大倍率，可以通过摄影或数码放大来实现。电子显微镜中最终图像的质量在很大程度上取决于各种机械和电气调节的精度，通过这些调节，可以将各种透镜与照明系统对准。镜头需要高度稳定的电源；为了达到最高的分辨率标准，需要将电子稳定度提高到百万分之一。现代电子显微镜的控制通过计算机进行，使用专用软件来操作。

（3）图像记录系统

电子图像是单色的，必须使电子落在安装在显微镜底部的荧光屏上，或者通过数字捕获图像以在计算机监视器上显示。计算机图像以 TIFF 或 JPEG 等格式存储，可以在发布前进行分析或图像处理。标识图像特定区域或具有指定特征的像素，允许将填充的颜色添加到单色图像中。这有助于进行视觉解释和教学，并可以从原始图像中创建具有视觉吸引力的图片。

典型的透射图片如图 1.8 所示。

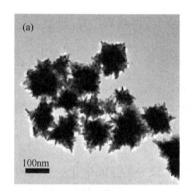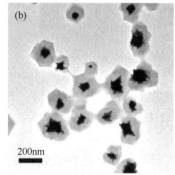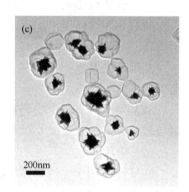

图 1.8　（a）Au 纳米、（b）Au@ MOF、（c）卵黄壳结构化 Au@ MOF 的 TEM 图像[38]

1.3.2　扫描电子显微镜（SEM）

SEM 通常被用于研究聚合物材料的表面形态。为了进行 SEM 研究，样品必须是导电的，至少表面上是导电的，并且要接地，以防止表面静电荷的积累。当使用电子束进行扫描时，聚合物样品容易充电，尤其在二次电子成像模式下，这可能导致扫描故障和其他图像伪影。因此，通常在聚合物材料上涂覆一层导电材料的超薄涂层，例如金，可以通过低真空溅射或高真空蒸发将其涂覆在样品上。

1.3.2.1　SEM 的概念

SEM 使用聚焦的高能电子束在固体样品的表面产生各种信号。这些信号揭示了有关样品的信息，包括外部形态（纹理）、化学成分以及构成样品的材料的晶体结构和方向。在大多数应用中，将数据收集在样品表面的选定区域上，并生成一个二维图像，以显示这些属性的空间变化。SEM 技术通常可以放大 20～30000 倍，其空间分辨率在 50～100nm，用于对宽约 1cm～5μm 的区域进行成像。SEM 还可以对样品上选定的点进行分析，这在定性或半定量确定化学成分（使用 X 射线能谱仪 EDS）、晶体结构和晶体取向（使用背向散射电子衍射技术 EBSD)时非常有用。SEM 的设计和功能与 EPMA(电子探针)非常相似,并且两种仪器之间的功能存在相当大的重叠。

1.3.2.2 SEM 的基本原理

SEM 中加速电子携带大量动能,当入射电子在固体样品中减速时,该能量会以电子–样品相互作用产生各种信号的形式散失。这些信号包括二次电子(用于产生 SEM 图像)、背向散射电子(BSE)、衍射背向散射电子、光子(用于元素分析和连续谱的特征 X 射线)、可见光(阴极荧光 CL)和热。二次电子和背向散射电子通常用于样品成像,其中二次电子对于显示样品的形态和形貌最有价值,而背向散射电子对于说明多相样品的成分对比(即用于快速相鉴别)最有价值[36]。X 射线是由入射电子与样品中原子的离散正交(壳)的电子发生非弹性碰撞而产生的。当受激电子返回到较低的能量状态时,它们会产生固定波长的 X 射线(这与给定元素在不同壳中电子的能级差异有关)。因此,矿物中的每种元素都产生特征性的 X 射线,这些元素被电子束"激发"。SEM 分析被认为是"无损的",即由电子相互作用产生的 X 射线不会导致样品的体积损失,因此可以重复分析相同的材料。

(1) SEM 仪器的工作原理

所有 SEM 的基本组件包括电子源("枪")、电子镜片、样品台、检测器、显示/数据输出设备。

基础架构要求:电源供应、真空系统、冷却系统、无震动地板、房间周围无磁场和电场。

SEM 至少具有一个检测器(通常是二次电子检测器),并且大多数具有其他检测器。特定仪器的特定功能在很大程度上取决于它所配备的检测器。

(2) 应用领域

SEM 通常用于生成物体形状(SEI)的高分辨率图像并显示化学成分的空间变化。它可以使用 EDS 获取化学元素图,根据平均原子序数进行相鉴别(BSE,通常与相对密度相关),或基于 CL 的痕量元素"活化剂"(通常是过渡金属和稀土元素)差异的成分图。此外,SEM 还被广泛用于基于定性化学分析和/或晶体结构来鉴定相。使用 SEM 还可以实现对非常小的特征和尺寸小于 50nm 的物体的精确测量。配备有衍射背向散射电子检测器的 SEM 可用于检查许多材料中的微结构和晶体学取向。

(3) SEM 的优势和局限性

SEM 的优势在于在固体材料研究中没有其他仪器可以与其媲美,它在需要表征固体材料的所有领域都至关重要。对于大多数应用,样品制备要求较少。数据采集速度通常很快,对于 SEI、BSE 和现场 EDS 分析,采集每张图像用时不超过 5min。现代 SEM 可以以数字格式生成数据,并且非常易于传输。

SEM 的局限性在于,样品必须是固体,并且必须适合显微镜腔室。样品的最大水平尺寸通常约为 10cm,垂直尺寸很少超过 40mm。大多数情况下,样品必须在 $10^{-5} \sim 10^{-6}$ Torr(1Torr=133.3224Pa)的真空中稳定。对于一些可能在低压下脱气的样品(如充满烃的岩石、煤、有机材料或膨胀黏土等"湿"样品,以及可能在低压下腐烂的样品),常规 SEM 不适用。不过,也有"低真空"和"环境"SEM,可以成功地检查许多这类样品。SEM 上的 EDS 检测器无法探测非常轻的元素(H、He 和 Li),许多仪器也无法检测原子序数小于 11(Na)的元素。

虽然大多数 SEM 使用固态 X 射线探测器(EDS),EDS 非常灵敏且易于使用,但与波长色散 X 射线探测器相比,它们的能量分辨率和对低丰度元素的灵敏度相对较差[大多数电子探针微分析仪(EPMA)上的 WDS(波谱仪)]。除非仪器能够在低真空模式下运行,否则必须在电绝缘样品上施加导电涂层,以便在常规 SEM 中进行研究。

典型的扫描图片如图 1.9 所示。

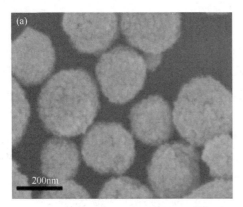
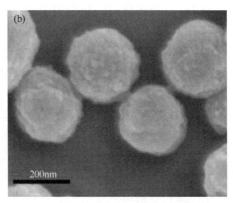

图 1.9　(a)中孔 ZnO 和(b)ZnO-DOX@ZIF-8 纳米颗粒的 SEM 图像[13]

1.3.3　扫描隧道显微镜(STM)

STM 家族的开发始于 20 世纪 80 年代。Gerd Binnig 和 Heinrich Rohrer 在瑞士工作时开发了第一个 STM,该仪器后来在 20 世纪 80 年代为他们赢得了诺贝尔物理学奖。

STM 是一种原子分辨率成像技术,其在室温下横向分辨率可达 100pm,纵向分辨率为 13μm。由于其尖端尺寸有限,它最适合用于原子表面的研究。STM 可以在环境气体和空气中工作,因此在受控的气压下工作没有限制。在表面表征工具中适用于气体存在的情况下,STM 具有一个很大的优势:测量本身没有侵入性。与使用或产生高能量和高电子通量的显微术或光谱学技术[例如,环境透射电子显微镜(ETEM)、近常压光电子能谱(APXPS)等]相比,它不会显著影响或改变表面结构。高能粒子电离气相分子,它们还产生二次电子,这些二次电子在分离吸附的分子方面非常有效。

STM 的工作原理是基于量子力学现象中的隧道效应的。电子具有波动性质,使它们能够"隧穿"到固体表面之外,进入空间区域,这在古典物理学的规则下是很难被解释的。随着与表面的距离增加,找到这种隧穿电子的概率呈指数级下降。STM 利用了这种对距离的极端敏感性。钨针的尖端位于距样品表面几埃的位置。在探针尖端和表面之间施加小的电压,使电子隧穿间隙。在表面上扫描探针时,它会记录隧道电流的变化,并且可以处理此信息以提供表面的图谱。

STM 是一种电子显微镜,足以分辨单个原子。尽管 STM 中的尖锐尖端与扫描电子显微镜中的尖锐尖端相似,但这两种仪器之间存在显著差异。在 SEM 中,电子从尖端提取,并且在尖端下游几厘米处放置了一系列带正电的板。尖端的电子被势垒限制在金属内的区域,然后板上正电荷的吸引力足以使电子克服障碍并以自由粒子的形式进入真空。在下游板中,该电子透镜将来自尖端的发散光束转换为会聚到样品表面焦点的电子束。

而在 STM 中，移开了在 SEM 中形成透镜的板，并将尖端靠近样品放置。电子以类似于金属中电子运动的方式穿过势垒。在金属中，电子似乎是自由移动的粒子，但这只是虚幻的。实际上，电子通过隧穿两个原子位点之间的势垒从一个原子移动到另一个原子。在这种情况下，原子间隔 5Å，因此电子穿过势垒并移动到相邻原子的可能性很小。电子在原子核周围以每秒 10^{17} 次的频率接近势垒。电子以每秒 10^{13} 次的速度穿过势垒。这种高传输速率意味着运动基本上是连续的，在金属中隧穿可以忽略。

在 STM 中，不可忽略隧道效应的重要性。当尖端移近样品的位置时，尖端与表面之间的间距会减小到与晶格中相邻原子之间的间距相当。在这种情况下，隧道电子既可以移动到晶格中的相邻原子，也可以移动到探针尖端的原子。通过测量到尖端的隧穿电流，可以测量样品表面的电子密度，并且将该信息显示在图像中。在半导体材料，如硅中，电子密度在原子位点附近达到最大值。密度最大值在图像中显示为亮点，这些点描绘了原子的空间分布。相反，在金属中，电荷均匀地分布在整个表面上。虽然隧道电流图像应显示均匀的背景，但实际情况并非如此。尖端与样品之间的相互作用会扰动电子密度，所以当尖端直接位于表面原子上方时，隧穿电流会稍微增加。在金、铂、银、镍和铜等材料的图像中，原子的周期性排列清晰可见。

STM 成像图如图 1.10 所示。

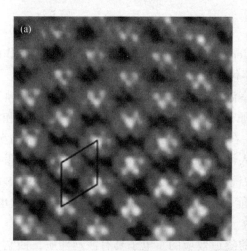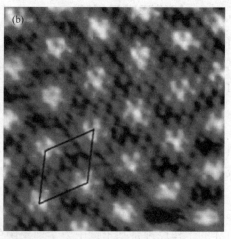

图 1.10　在室温下，铂(111)表面在(a)0.01Torr 和
(b)720Torr 一氧化碳存在下的高分辨率扫描隧道显微镜图像[39]

1.3.4　原子力显微镜(AFM)

AFM 是一种用于微/纳米结构涂层的有影响力的表面分析技术，它可以提供高分辨率的纳米级图像，并研究空气(常规 AFM)或液体(电化学 AFM)环境中的局部位置。

AFM 是一种灵活的技术，适用于几乎任何类型的表面，包括聚合物、陶瓷、复合材料、玻璃和生物样本。它可以测量和定位多种不同的力，例如黏合强度、磁力和机械性能。AFM 由一个直径约为 10~20nm 的尖端组成，该尖端附着在悬臂上。AFM 的针尖和悬臂通常由硅或氮化硅进行微加工制造。响应尖端会受到样品表面的相互作用而移动，而这种移动是通过测量用于聚焦激光束的光电二极管的信号来实现的。

AFM 有两种基本模式,即接触模式和敲击模式。在接触模式下,AFM 的针尖与表面持续接触。相比之下,在敲击模式下,AFM 的悬臂在样品表面上方振动,使得尖端仅与表面间歇接触。这个过程有助于减少与尖端运动相关的剪切力。敲击模式是 AFM 成像常用的模式。接触模式仅用于特定应用,如力曲线测量。

AFM 用于成像和操纵各种表面上的原子和结构。当尖端顶端的原子与每个原子形成初始化学键时,它会"感知"表面上的单个原子。由于这些原子之间的相互作用微妙地改变了尖端的振动频率,所以它们可以被检测和绘制。

与电子显微镜提供样品的二维投影或二维图像不同,AFM 提供真实的三维表面轮廓。此外,AFM 观察的样品不需要任何会不可逆地改变或损坏样品的特殊处理(即金属/碳涂层)。电子显微镜需要昂贵的真空环境才能正常工作,而大多数 AFM 模式在环境空气中可以很好地工作。原则上,AFM 可以提供比 SEM 更高的分辨率。已经证明,AFM 可以在超高真空(UHV)和液体环境中提供真正的原子分辨率。高分辨率 AFM 的分辨率与 STM 和 TEM 相当。与 SEM 相比,AFM 技术的一个缺点是图像尺寸。SEM 可以对一个面积进行毫米级的成像,而 AFM 只能成像微米量级的最大高度和大约 $150\mu m \times 150\mu m$ 的最大扫描面积[40]。

单独成像并不总是能够提供研究人员所需的答案,并且表面拓扑通常与材料特性不相关。基于这些原因,已经开发出先进的成像模式以在各种表面上提供定量数据。现在,可以使用 AFM 技术确定许多材料特性,如摩擦力、电场力、电容、磁力、电导率、黏弹性、表面电势和电阻。

AFM 的开发是为了克服 STM 的一个基本缺点:它只能对导体或半导体表面成像。AFM 的优势是几乎可以对任何类型的表面进行成像,包括聚合物、陶瓷、复合材料、玻璃和生物样品。

Binnig、Quate 和 Gerber 于 20 世纪 80 年代发明了 AFM。最初的 AFM 由附着在金箔带上的钻石碎片组成。金刚石尖端直接接触表面,原子间的范德华力提供了相互作用的机制。悬臂的垂直运动是通过第二个尖端完成的,该尖端位于悬臂上方。

与 STM 的工作原理类似,AFM 使用反馈回路调整表面成像所需的参数,在表面上对尖锐的尖端进行光栅扫描。与 STM 不同,AFM 不需要导电样品。代替使用隧穿的量子力学效应,原子力被用于绘制尖端和样品之间的相互作用。AFM 技术通常被称为扫描探针显微镜(SPM),它几乎可用于任何可测量的力相互作用,如范德华力。对于某些更专业的技术,需要技巧和软件进行调整。

除了埃级定位和反馈回路控制外,AFM 通常还包括 2 个组件:偏转和力测量。AFM 探头的偏转,传统上,大多数 AFM 使用激光束偏转系统,如图 1.11 所示,其中激光从反射式 AFM 杆的背面反射到位置敏感的检测器上。AFM 尖端和悬臂通常由 Si 或 Si_3N_4 制造而成。

由于 AFM 依赖于尖端和样品之间的力,因此这些力会影响 AFM 成像。力不是直接测量的,而是在知道悬臂刚度的情况下通过测量杠杆的长度来计算的,如图 1.12 力矩曲线所示。

胡克定律规定:$F = -kz$,其中,F 是力,k 是杠杆的刚度,z 是杠杆弯曲的距离。

典型的 AFM 图像如图 1.13 所示。

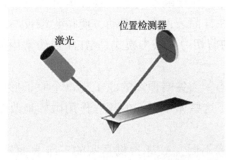

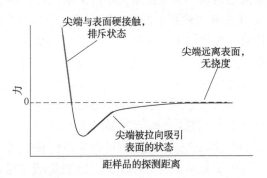

图 1.11　原子力显微镜的激光束偏转[40]　　　图 1.12　原子力显微镜的力矩曲线[40]

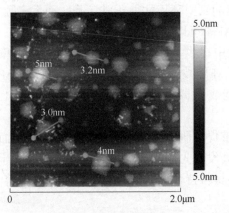

图 1.13　几个 Cu-BDC 纳米片的 2D 高度 AFM 图像(2μm×2μm)(其中通过测量获得厚度数据,
沿着显微照片中所示的轨道的高度曲线)。AFM 图像中的白色斑点表示瓦楞纸层的小纳米片[41]

1.4　纳米材料结构的气体吸附法表征

1.4.1　BET 法测定比表面积

BET(Brunauer、Emmett 和 Teller 的首字母缩写)理论通常用于评估气体吸附数据,并生成比表面积结果,该结果以每单位质量样品的面积(m²/g)表示。该技术已被多个标准组织(例如 ISO、USP 和 ASTM)引用。

该方法广泛用于大多数材料,但是对于具有Ⅱ型或Ⅳ型等温线且被吸附物气体与表面之间具有足够水平的相互作用的材料最可靠。对于具有其他等温线类型的材料,由于各种原因,BET 理论可能并不适用,因此应谨慎对待。

分析之前,必须对样品进行预处理,通过脱气或除气的过程,从粉末表面去除物理结合的杂质。这通常是通过在真空或通过连续流动的惰性气体对样品施加高温来实现的。必须仔细控制和监视此过程,以达到最准确的结果[42]。

然后,通过在低温(通常为液氮或液氩温度)下将气体(通常为氮气或氩气)物理吸附到样品表面上来确定材料的比表面积。所用气体的选择取决于预期的表面积和样品的性质。

一旦测量了吸附气体的量(通过体积或连续流技术),就应用假定已知气体的单分子层进行计算。BET 表面积分析必须在 BET 图的线性区域中进行,可以使用 Rouquerol 变换对其进行系统的评估。

(1)计算方式

BET 方程通过等温线的信息来确定样品的表面积,其中 X 是在给定相对压力(P/P_0)下吸附的氮的总容量,X_m 是单层容量,即在标准温度和压力(STP)下吸附的气体体积,C 为常数。STP 定义为 273K 和 1atm(1atm = 101325Pa)[41]。

$$\frac{1}{X[(P_0/P)-1]}=\frac{1}{X_mC}+\frac{C-1}{X_mC}\left(\frac{P}{P_0}\right)$$

理想情况下,使用 P/P_0 范围为 0.025 至 0.30 的五个数据点(最少三个数据点)利用 BET 方程来确定表面积。在相对压力高于 0.5 时,会发生毛细管凝结,而在相对压力太低时,只会发生单层形成。当绘制 BET 方程时,该图应为线性且斜率为正。如果未获得这样的图,则 BET 法不足以获得表面积。

斜率和 y 轴截距可使用最小二乘法回归方程获得。单层容量 X_m 可以用公式计算。确定 X_m 后,可用以下公式计算总表面积 S,其中,s 是截距;i 是斜率;$C_s=CX_m$;L_{av} 是阿伏伽德罗数;A_m 是被吸附物的截面积,对于被吸收的氮分子等于 0.162nm^2;M_v 是摩尔体积,等于 22414mL[41]。

$$X_m=\frac{1}{s+i}=\frac{C-1}{C_s}$$

$$S=\frac{X_mL_{av}A_m}{M_v}$$

也可以通过将截距设置为 0 并忽略 C 的值来使用单点 BET。相对压力为 0.3 的数据点将与多点 BET 匹配最佳。可以在更精确的多点 BET 上使用单点 BET 来确定多点 BET 的适当相对压力范围。

(2)BET 的运作

吸附定义为气体原子或分子与表面的黏附。应当注意,吸附不应与吸收相混淆,在吸收中,流体会渗透到液体或固体中。吸附的气体量取决于暴露的表面,还取决于温度、气压和气体与固体之间相互作用的强度。在 BET 表面积分析中,通常使用氮气,因为它具有高纯度,并且与大多数固体有很强的相互作用。由于气相和固相之间的相互作用通常较弱,因此使用液体 N_2 冷却表面以获得可检测的吸附量。然后将已知量的氮气逐步释放到样品池中,通过产生部分真空的条件来获得小于大气压的相对压力[43]。在饱和压力之后,无论压力是否进一步增加,都不再发生吸附。高精度的压力传感器可监测由于吸附过程而产生的压力变化。形成吸附层后,将样品从氮气气氛中取出并加热,使吸附的氮气从材料中释放出来并定量,从而得到等温线图,该图绘制了吸附的气体量与相对压力的关系。可能存在五种吸附等温线。

1)Ⅰ型等温线

Ⅰ型等温线描述了单层吸附(见图 1.14)。当 BET 方程中的 $P/P_0<1$ 和 $C>1$ 时获得Ⅰ型等温线,其中 P/P_0 是分压值,C 是 BET 常数,与第一单层的吸附能有关,描述气体在固体表面的吸附过程。对孔径小于 2nm 的微孔材料进行表征时通常出现这种类型的等温线。

2）Ⅱ型等温线

Ⅱ型等温线见图 1.15。中间较平坦的区域表示单层的形成。当 BET 方程中 $C>1$ 时，将获得Ⅱ型等温线。这是使用 BET 技术获得的最常见的等温线。在非常低的压力下，微孔充满氮气。在开始处，形成单层，在中等压力下，多层形成。在较高的压力下，发生毛细管冷凝。

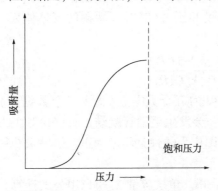

图 1.14 样品表面上的气体量与
压力关系的等温线[44]

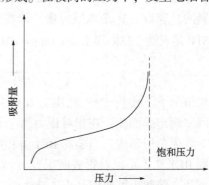

图 1.15 样品表面上的气体量与
压力关系的等温线[44]

3）Ⅲ型等温线

当 BET 方程中 $C<1$ 时，获得Ⅲ型等温线（见图 1.16），并显示多层的形成。由于曲线中没有渐近线，因此不会形成单层，所以不适用 BET。

4）Ⅳ型等温线

当发生毛细管凝结时，获得Ⅳ型等温线（见图 1.17）。气体在低于气体的饱和压力下凝结在固体细小的毛细孔中。在较低的压力区域，显示出形成单层，随后形成多层。对中孔材料（即孔径在 2~50nm 之间的材料）进行 BET 表面积表征时产生这种类型的等温线。

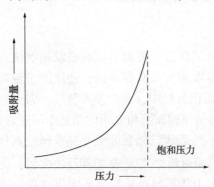

图 1.16 样品表面上的气体量与
压力关系的等温线[44]

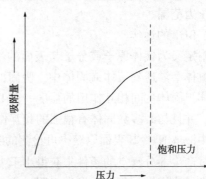

图 1.17 样品表面上的气体量与
压力关系的等温线[44]

5）Ⅴ型等温线

Ⅴ型等温线与Ⅳ型等温线非常相似，不适用于 BET。

（3）样品制备和实验设置

在进行任何测量之前，必须对样品进行脱气以除去水和其他污染物，然后才能精确测量表面积。样品在高温下在真空中脱气。通常选择不会损坏样品结构的最高温度，以缩短脱气时间。通常建议将样品脱气至少 16h，以确保从样品表面除去多余的蒸气和气体。通常，可以承受更高温度而没有结构变化的样品的脱气时间更短。BET 需要最少 0.5g 的样品才能成功确定表面积。

将样品置于玻璃池中进行脱气并通过 BET 仪器进行分析。将玻璃棒放置在单元格内，以最大限度地减少单元格中的死角。样品池的尺寸通常为 6mm、9mm 和 12mm，并具有不同的形状。对于细粉，通常使用 6mm 的孔；对于较大的颗粒和小颗粒，通常使用 9mm 的孔；对于不能进一步减小的大块，使用 12mm 的孔。将电池放入加热套中，并连接到机器的排气口。

样品脱气后，将样品池移至分析端口(见图 1.18)。使用液氮杜瓦瓶来冷却样品并将其保持在恒定温度下。必须保持低温，以使气体分子与样品表面之间的相互作用足够强，以显示出可测量的吸附量。在这种情况下，被吸附的氮气通过校准活塞注入样品池[45]。在每次测量之前和之后，必须校准样品池中的死体积。为此，将氦气用于空白运行，因为氦气不会吸附到样品上。

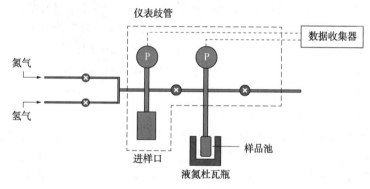

图 1.18　BET 仪器的示意图(脱气机未显示)[44]

(4) BET 的缺点

BET 测量只能用于确定干粉的表面积。该技术需要大量时间来吸附气体分子，并且需要大量的手动准备。

1.4.2　孔径分布测定

遍布整个自然界的多孔材料在工业、医学和自然过程中都至关重要。例如，催化剂内的孔增加了反应的表面积。反应物和产物通过多孔结构被引导至活性部位并从活性部位释放。孔的大小直接影响其溶解速率。通过过滤膜的孔定义，可以了解物质粒子尺寸。下面提供有关孔分类的信息，并介绍了测定不同孔径分布的材料中孔径的最常用技术。

孔在固体表面，气体、液体或微小颗粒都可以占据孔。多孔材料的制造方法多种多样，自下而上法通过模板化碳或化学排列的金属有机骨架(MOF)或共价有机骨架(COF)的情况来形成孔隙。而自上而下的方法通过浸出/蚀刻、烧结或蒸汽重整等过程在无孔材料中形成孔隙[46]。两种方法都可以高度调节以产生所需的孔结构。根据存在的孔类型，使用不同的表征方法或方法组合来进行表征。

孔有多种尺寸，可以满足各种应用。根据国际纯粹与应用化学联合会(IUPAC)批准的标准，孔径范围被定义为不同的粒度宽度。宽度小于 2nm 的孔被称为微孔，宽度在 2 ~ 50nm 之间的孔被称为中孔，大于 50nm 的内部孔被称为大孔。

在微孔范围内，还可进一步细分为窄微孔(超微孔，内部宽度小于 0.7nm)和宽微孔(超微孔，内部宽度在 0.7~2nm 之间)。这些术语在不同的行业和学术界广泛使用，以便轻松比较和识别材料的尺寸。

孔还可以根据其对材料表面的定义进行分类。封闭孔难以从表面到达，盲孔可从表面进入，但不能完全通过，而通孔可以从材料的上游表面到达下游表面。

封闭孔隙率(材料中封闭孔隙的总体积)是通过将真实密度与预期值进行比较来估算的。这种技术并不提供孔径分布信息，但可以使用气体比重瓶来估算材料内的空隙。盲孔和通孔可以使用气体吸附、压汞和毛细管流动孔隙率法等技术进行评估。

1.4.2.1 气体吸附

气体吸附实验用于表征材料表面可进入的孔的表面积、孔径分布和孔体积。使用真空体积或质量吸附技术，可以高精度分析 0.35 ~ 100nm 以上的孔径范围。这种方法通常应用于沸石、黏土、活性炭、模板材料、金属有机骨架、药物、催化剂等样品。

实验过程中，首先在保持气体沸点(例如，氮气为 77K，氩气为 87K)的条件下，清洁样品表面，并向样品中添加吸附气体，然后记录气体在体积或质量上的变化，直到达到热力学平衡。在预定的压力范围内进行配量过程，以生成特征等温线，该等温线用于确定孔径、孔径分布和表面积[46]。使用不同的理论和计算方法对孔径分布进行分析，常见的经典方法有 BJH(Barrett、Joyner、Helenda 首字母缩写)用于描述中孔，以及 HK(Horvath、Kawazoe 首字母缩写)通常用于描述微孔。此外，现代方法如基于分子模拟的 DFT(密度泛函理论)或 GCMC(大经典蒙特卡洛)等也得到越来越广泛的应用。这些改进的数据拟合方法对于使用非局部 DFT 方法的硅质/氧化物材料，以及对于使用淬火固体 DFT 方法的碳质材料来说都是非常可靠的。

可通过使用压汞法测量从材料表面可进入的 3.2nm 至大于 400μm 的孔。该技术涉及在压力增加的情况下将不润湿的液态汞压入越来越小的孔中，使用 Washburn 公式($P_r = -2\gamma cos\theta$)计算[47]，孔径分布是通过监测进入孔中的汞含量作为施加压力的函数来产生孔隙率曲线而获得的。通过将施加的压力与被填充的孔的大小相关联，可以得出孔径分布图。重要的是，对于粉末样品，孔可能存在于颗粒内(颗粒内孔)，但始终存在于颗粒之间(颗粒间孔)。因此，了解被测材料的物理性质很重要。

1.4.2.2 毛细管流动孔法

对于需要预测超滤或微滤介质性能的孔或仅为了更好地了解材料对流体流动的影响的情况，毛细管流动孔法是更合适的方法。该方法用于定义尺寸从约 13nm 至大于 500μm 的通孔。通过利用毛细作用(表面和流体之间的吸引力)，将最初完全润湿的流体保持在材料的孔内。

该技术还使用了 Washburn 方程，但不是将非润湿性液体强行注入孔中，而是将完全润湿性的流体填充到孔中，并在气体压力增加的情况下施加到样品的上游侧，从而将其排出并克服孔内的毛细力。最终，通过测量通过样品的气体流量，得出孔径分布。

毛细管流动孔法不会量化孔体积，只能量化样品中存在的通孔的直径，并且只能在每个通孔的路径上检测到最小直径。该方法提供了一种手段，用于理解存在多少个特定孔径的通道，从而可以在清洁或更换膜之前从流体流中去除多少个特定尺寸的颗粒。对于仅包含具有均匀孔结构的通孔材料（例如核径迹蚀刻膜），毛细管流动孔仪的孔径分布结果将类似于气体吸附或汞侵入的结果（取决于孔的大小范围）。

在实验室中，有多种分析方法可用于进行孔径分析。为了找到合适的方法来测量材料中的孔径，最好考虑一些因素：首先，材料将具有什么孔径范围？其次，是否需要回收材料？要测量哪种类型的孔？最后，整个样品的测量结果如何代表？

1.5　纳米材料的粒度分析

颗粒的分析以及其大小和形状的表征在许多行业中都非常重要，包括食品、建筑、生物制药和制药等领域。颗粒的大小对于制造胶囊、片剂和泡腾片等产品将产生影响，包括崩解速率、溶出速率和吸收率等参数。目前存在许多用于确定颗粒尺寸的方法，其中最常见的包括筛分分析、激光衍射、动态光散射和直接成像技术。然而，当使用这些方法检测相同的样品时，它们的结果之间通常缺乏良好的相关性，这是因为每种方法用于确定颗粒尺寸的基本测量原理存在差异。

下面介绍了直接成像法、筛分分析法、激光衍射法和动态光散射法的基本操作原理，旨在了解每种方法测量结果的差异。

1.5.1　Eyecon₂

Eyecon₂颗粒特性仪是一种直接成像颗粒尺寸分析仪，能够实时测量 $50 \sim 5500 \mu m$ 范围内颗粒的尺寸和形状信息。Eyecon₂是一种非破坏性、非产品接触分析仪器，可用作台式实验室仪器和在线过程分析技术使用。Eyecon₂采用的直接成像方法，允许捕获样本图像，这些图像传达了颗粒表面形态并报告了形状信息。该仪器适用于测量湿粉末、干粉末和散装固体。另外，Eyecon₂可以连续实时地捕获和处理数据，使其能够跟踪颗粒尺寸的增长和减少，Eyecon₂颗粒特性仪如图1.19所示。

图1.19　在线设置的
Eyecon₂颗粒特性仪[48]

Eyecon₂根据对样本图像中单个粒子的测量来计算粒子的大小分布。它利用来自前向发光二极管阵列的强光脉冲，每秒钟移动10m 的颗粒可以被照相机传感器捕获，而不会产生运动伪影。发光二极管每0.65s 以高强度脉冲照射待测样品。由于采用正面直接照明方式，Eyecon₂具备区分重叠颗粒的能力。相机传感器与发光二极管的脉冲同步，以在样品材料被照亮时捕获样品材料的图像。这些捕获的图像随后由软件 Eye PASS 进行处理，其中粒子检测算法能够识别并测量捕获图像中的单个粒子。

软件"眼图"将识别的粒子拟合为一个椭圆，该椭圆是通过应用边缘检测算法构建的。通过基于最大和最小直径的平均值，将椭圆应用于粒子，从而确定粒子的体积。这种方法将导致其比相同粒子的等效圆的立方直径更小，从而使 Eyecon₂ 能够更精确地计算颗粒体积。

相较于使用背光的其他直接成像方法，正面直接照明具有一个关键优势，即能够区分重叠的颗粒。背光成像会勾画出多个粒子的轮廓，这些粒子与光源重叠在同一轴向平面上，导致较大粒子的错误识别。而 Eyecon₂ 能够正确识别重叠的颗粒，并分析位于分组粒子最前端的粒子。

边界模糊的粒子不会被包括在粒子尺寸中，这将减少因颗粒重叠导致的颗粒尺寸测量过大或过小的情况。然而，与所有其他粒度测量系统一样，Eyecon₂ 也存在不适合获得高精度测量结果的情况。以下列出了一些限制 Eyecon₂ 获得准确和可重复的粒度测量的情况：

1）颗粒检测极限为 50～5500μm。

2）如果用户不进行算法优化，很难获得暗粒子的精确测量结果。这是一个反复试验的过程，可能需要一些时间来优化。

3）Eyecon₂ 依靠样品的直接照明来识别算法中的颗粒，因此玻璃和一些聚合物等透明材料无法精确测量。

4）由于反射，高反射粒子很难测量。

5）系统的焦距是有限的，这意味着样品必须足够近，以便系统能够聚焦和测量。

6）系统深度较小，这使得对于样本范围分布非常宽的材料，难以在分布曲线的极端进行测量。

1.5.2　筛分分析

筛分分析是一种用于确定材料粒度分布的方法。这个过程让材料通过许多不同筛孔尺寸的筛子，从更大的颗粒中分离出较小的颗粒，基本上是在一定尺寸范围内分离出颗粒。这样可以测量和称量颗粒的质量，并构建累积分布。筛分分析是最传统和最广为人知的用于表征粒度分布的方法。有两种类型的筛分分析：湿筛和干筛。湿筛适用于 20μm～3mm 的颗粒，而干筛适用于 30μm～125mm 的颗粒[49]。

在筛分分析中，待分析的材料通过一系列筛孔依次递减的筛子进行振动来筛分。颗粒在运动过程中将最终定向，在筛孔处呈现其最小尺寸。筛分过程完成后，测量筛子的质量，并与添加样品前的筛子质量进行比较。这样可以得出每个筛子上材料的质量。通过使用不同筛孔尺寸的筛子，可以构建试验材料的累积粒度分布。通过筛分分析确定特定的颗粒尺寸是不可能的，因为颗粒没有被单独测量，而是处于由材料所在筛子的筛孔尺寸和下一个更大的筛子的筛孔尺寸确定的尺寸范围内，这被称为料仓。对于筛板塔，筛孔尺寸的排列很少是线性增加的，因为这需要不切实际的大筛板塔。当记录每个筛子上所有材料的质量时，可以根据每个筛子的筛孔尺寸和每个筛子上记录的材料质量构建质量分布，从而得到如图 1.20 所示的累积质量分布。

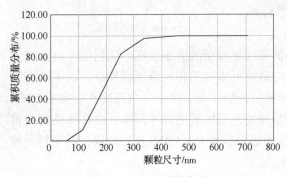

图 1.20　累积质量分布，
这是从筛分分析获得的典型 S 曲线轮廓[48]

从图 1.20 中，可以对所需的数据值进行插值。虽然对特定的尺寸直径值进行插值可以快速计算出所需的测量值，但插值所依据的曲线可能并不代表颗粒尺寸在特定筛分范围内的分布情况。筛分分析假设两个离散筛分尺寸之间的线性分布粒度范围，以便拟合累积质量分布曲线。

筛分分析虽然在原理和操作上简单，但也有其测量的局限性，其中一些经过了检验。筛分分析经常被用作测量其他粒度分析方法的标准。

1）对于细长而扁平的颗粒，筛分分析不会产生可靠的基于质量的结果。

2）筛分分析不考虑不同颗粒的颗粒形状效应。三维粒子的两个较小尺寸决定了粒子是否穿过网格开口，最大尺寸不影响粒度计算或粒度分布。

3）由于可用的筛网尺寸范围有限，筛分分析可能无法为窄分布的样品提供高分辨率。

4）如果不使用其他测量方法对颗粒进行额外检查，则无法从筛分分析中获得更多的颗粒形状信息。

5）筛分分析不具备分析单个颗粒的能力。

6）筛分分析比激光衍射或直接成像具有更长的测量时间和更低的测量速度。

7）筛子容易堵塞。这是由于与筛孔直径相同或相似的颗粒卡在筛孔内而发生的。这减少了可供其他颗粒通过的开口，并可能导致比筛孔小的颗粒被截留在该筛子上。这将极大地影响质量分布，从而影响颗粒尺寸分布的精度。

8）筛分分析是一种离线的粒度分布方法，缺乏对过程进行实时监控的能力。

9）使用筛分分析无法获得颗粒图像。

1.5.3　激光衍射

激光衍射是一种通过分析样品光的散射模式来计算样品材料粒度分布的方法。当光与粒子相互作用时，它形成一种散射模式，由传感器阵列检测和测量。由于散射图案的角度和强度与粒径有关，因此可以从观察到的样品散射光中推断出粒径信息[50]。样品的颗粒尺寸以体积分数分布的形式呈现，该分布基于被观察颗粒的等体积球体的直径。

激光衍射确定颗粒尺寸的基本原理是光与颗粒的相互作用。当光与颗粒接触时，入射光以某种方式改变，这通常与颗粒的特征相关。可能发生的相互作用包括反射、折射、吸收和衍射，如图 1.21 所示。

因此，激光衍射是一种通过测量激光与颗粒相互作用产生的衍射量来确定颗粒尺寸的方法。通过检测衍射的光，可以获得从粒子表面散射的散射光的分布。

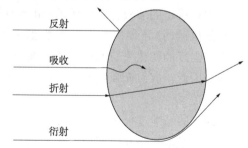

图 1.21　入射光与粒子和表面的
相互作用模式[48]

激光衍射使用预测测量的三种模型中的一种或其组合：夫琅禾费近似模型、瑞利散射模型和米氏散射模型。瑞利和米氏散射理论是描述两种不同情况的独立理论：当粒子的尺寸小于入射光的波长时，发生瑞利散射，而当粒子的尺寸远大于入射光的波长时，发生米氏散射。夫琅禾费近似是米氏理论的相关简化近似，因此仅适用于微米及微米以上的粒子。

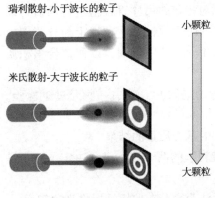

瑞利散射-小于波长的粒子

小颗粒

米氏散射-大于波长的粒子

大颗粒

图 1.22 粒子的散射角[48]

如前所述，来自粒子相互作用的散射光的角度变化和强度与粒子尺寸直接相关。如图1.22所示，较大的粒子以较小的角度和较大的强度散射光。

激光衍射仪器通常由光源、光学透镜、流动池，以及低角度和高角度探测器阵列组成。为了检测直径范围从高达 $3000\mu m$ 到低至 $0.01\mu m$ 的颗粒，采用双光源系统。由于散射模式与粒子直径和激光波长之比相关，因此需要提供两个光源，以确保在检测的两个极限处具有相同的灵敏度。其中，红色激光光源用于较大的粒子，而蓝色发光二极管光源用于检测较小的粒子。

激光衍射仪器还包括探测器阵列、背散射探测器和焦平面探测器。这些部件负责记录样品接触后产生的散射角。散射角与颗粒尺寸有关，并且允许使用米氏理论计算颗粒尺寸信息。一般而言，大粒子会导致小的散射角，而小粒子会导致大的散射角和辐射反射。

然而，激光衍射作为一种粒度分布分析方法也有一些局限性：

1）选择不正确的折射率可能导致错误的测量。

2）假设所有粒子都是完美的球体可能降低测量的精度，因为具有高偏心率的样品会影响结果的准确性。

3）针对非均匀样品的分析可能会产生不正确的测量。

4）测量时间相对较长，一般在 2~10min 之间。

5）测试必须离线进行，因此限制了激光衍射在过程控制中的应用。

1.5.4　动态光散射

动态光散射（DLS），有时也被称为准弹性光散射（QELS）和光子相关光谱学（PCS），是一种通过观察散射光强度随时间变化来确定分散样品中颗粒尺寸特性的光学方法。

对于稳定的溶液，布朗运动（由于与溶液中分子的物理相互作用/碰撞而导致的胶体粒子的随机运动）导致粒子位置不断变化，因此对于入射光源，散射光强度也不断变化[51]。散射光强度的变化率与颗粒尺寸分布有关，因为小颗粒的波动更频繁，导致散射强度变化更快。因此，散射光强度的变化可以提供样品内扩散条件的信息，并与颗粒尺寸之间存在一定的关系。

DLS 的基本过程是干涉过程：当两个波相互作用时[52]，它们以一种特定的方式结合，即合成波是最初相互作用波的放大或缩小的叠加[48]。当散射波干涉具有建设性时，DLS 探测器记录高光强度；相反，当干涉波是破坏性的时，探测器记录低光强。

然而，DLS 也存在一些局限性：

1）样品必须处于溶液中。

2）这是一种离线方法。

3）低分辨率与紧密间隔的小尺寸种群之间的大小差异小于三倍时，DLS 将无法精确表征多分散样品。

4）多重光散射会在一个粒子被另一个粒子散射之前发生，影响对粒子大小的精确计算。

5）它通常适用于 0.002~2μm 范围内的颗粒尺寸。

6）对温度、溶剂黏度和折射率非常敏感。

7）对污染敏感，例如灰尘。

参 考 文 献

[1] Subramani N K, Kasargod N S, Shivanna S, et al. Highly flexible and visibly transparent poly(vinyl alcohol)/calcium zincate nanocomposite films for UVA shielding applications as assessed by novel ultraviolet photon induced fluorescence quenching[J]. Macromolecules, 2016, 49: 2791-2801.

[2] Atkins E. Elements of X-ray diffraction[J]. Physics Bulletin, 1978, 29(12): 572-572.

[3] Cebe P, Hsiao B S, Lohse D J. Scattering from polymers: characterization by X-rays, neutrons, and light[J]. ACS Symposium Series, 739: 2000.

[4] Pavlidoua S, Papaspyrides C D. A review on polymer-layered silicate nanocomposites[J]. Progress in Polymer Science, 2008, 33(12): 1119-1198.

[5] Bunaciu A A, Aboul-Enein H Y, et al. X-ray diffraction: Instrumentation and Applications[J]. Critical Reviews in Analytical Chemistry, 2015, 45(4): 289-299.

[6] Palancher H, Bos S, Bérar J F, et al. X-ray resonant powder diffraction[J]. The European Physical Journal Special Topics, 2012, 208: 275-289.

[7] Hanawalt J D, Rinn H W, Frevel L K. Chemical analysis by X-ray diffraction: Classification and use of X-ray diffraction patterns[J]. Powder Diffraction, 1986, 1(2): 2-14.

[8] Ralph E Grim. Crystal structures of clay minerals and their X-ray identification[J]. Earth-Science Reviews, 1982, 18(1): 84-85.

[9] Damian, Trzybiński, Pawe, et al. Single-crystal X-ray diffraction analysis of designer drugs: Hydrochlorides of metaphedrone and pentedrone-ScienceDirect[J]. Forensic Science International, 2013, 232: 28-32.

[10] Nowak S, Lafon S, Caquineau S, et al. Quantitative study of the mineralogical composition of mineral dust aerosols by X-ray diffraction[J]. Talanta, 2018, 186: 133-139.

[11] Wyon C. X-ray metrology for advanced microelectronics[J]. European Physical Journal Applied Physics, 2010, 2(2): 1113-1119.

[12] Balasubramanian D, Jayavel R, Murugakoothan P. Studies on the growth aspects of organic L-alanine maleate: a promising nonlinear optical crystal[J]. Natural Science, 2009, 1(3): 216-221.

[13] Zheng C, Wang Y, Phua S Z F, et al. ZnO-DOX@ZIF-8 core-shell nanoparticles for pH-responsive drug delivery[J]. ACS Biomaterials Science and Engineering, 2017, 3: 2223-2229.

[14] Lindon J C. Encyclopedia of Spectroscopy and Spectrometry[M]. Elsevier Ltd, 2017.

[15] Richter H, Buchbender C, Rolf Güsten, et al. Direct measurements of atomic oxygen in the mesosphere and lower thermosphere using terahertz heterodyne spectroscopy[J]. Communications Earth & Environment, 2021, 2: 19.

[16] El-Newehy M H, Moydeen M, Aldalbahi A K, et al. Biocidal polymers: Synthesis, characterization and antimicrobial activity of bis-quaternary onium salts of poly(aspartate-co-succinimide)[J]. Polymers, 2021, 13(1): 23.

[17] Huo J H, Peng Z G, Yang S S. Novel cement slurry containing micro-encapsulated phase change materials: Characterization, application and mechanism analysis[J]. International Journal of Energy Research, 2020, 6(44): 4235-4248.

[18] J rodoń. Identification and quantitative analysis of clay minerals[J]. Japanese Journal of Soil Science and Plant Nutrition, 1966, 37: 25-49.

[19] Raghushaker C R, D'Souza M, Urala A S, et al. An overview of conventional and fluorescence spectroscopy tools in oral cancer diagnosis[J]. Lasers in Dental Science, 2020, 4(4): 167-179.

[20] Ghasemi A, Jamali M R, Es'Haghi Z. Ultrasound Assisted Ferrofluid Dispersive Liquid Phase Microextraction Coupled with Flame Atomic Absorption Spectroscopy for the Determination of Cobalt in Environmental Samples[J]. Analytical Letters, 2020, 54(3): 1-16.

[21] Be K B, Grabska J, Huck C W. Biomolecular and bioanalytical applications of infrared spectroscopy – A review[J]. Analytica Chimica Acta, 2020, 1133: 150-177.

[22] Lindner C, Kunz J, Herr S J, et al. A nonlinear interferometer for Fourier-transform mid-infrared gas spectroscopy using near-infrared detection[J]. Optics Express, 2021, 3(29): 4035-4047.

[23] Tasumi M, Sakamoto A, Ochiai S. Introduction to experimental infrared spectroscopy[M]. Springer-Verlag, 2014.

[24] Lutzke A, Morey K J, Medford J I, et al. Detailed characterization of Pinus ponderosa sporopollenin by infrared spectroscopy[J]. Phytochemistry, 2019, 170: 112195.

[25] Chase B. A new generation of Raman instrumentation[J]. Applied Spectroscopy, 1994, 48(7): 14-19.

[26] 周明辉, 廖春艳, 任兆玉, 等. 表面增强拉曼光谱生物成像技术及其应用[J]. 中国光学, 2013(005): 633-642.

[27] 韦娜, 冯叙桥, 张孝芳, 等. 拉曼光谱及其检测时样品前处理的研究进展[J]. 光谱学与光谱分析, 2013(03): 120-124.

[28] 王雅杰. 激光共焦拉曼光谱仪测控技术研究[D]. 北京: 北京理工大学, 2016.

[29] 任小丹, 罗香, 冯会, 等. 拉曼光谱技术及其在药物研究中的应用[J]. 中国新药杂志, 2015, 24(16): 1851-1855.

[30] Auner G W, Koya S K, Huang C, et al. Applications of Raman spectroscopy in cancer diagnosis[J]. Springer Open

Choice, 2018, 37(4): 691-717.

[31] Sun Z, Meininger G A. Atomic force microscope-enabled studies of integrin-extracellular matrix interactions in vascular smooth muscle and endothelial cells[J]. Methods in Molecular Biology, 2011, 736: 411-424.

[32] Burleigh M C, Dai S, Hagaman E W, et al. Imprinted Polysilsesquioxanes for the Enhanced Recognition of Metal Ions[J]. Chemistry of Materials, 2001, 13(8): 2537-2546.

[33] Jacopo T, Benedetta M, Roberto C. Quantum mechanical continuum solvation models[J]. Chemical Reviews, 2005, 105: 2999-3093.

[34] Hinterdorfer P, Baumgartner W, Gruber H J, et al. Detection and localization of individual antibody-antigen recognition events by atomic force microscopy[J]. Proceedings of the National Academy of Sciences, 1996, 93(8): 3477-3481.

[35] Williams D B, Carter C B. Transmission electron microscopy[J]. Imaging, 2007, 3: 343-585.

[36] Carter C B, Williams D B. Transmission electron microscopy[M]. Springer-Verlag US, 2009.

[37] Wang Z L. Transmission electron microscopy of shape-controlled nanocrystals and their assemblies[J]. Journal of Physical Chemistry B, 2012, 104(6): 1153-1175.

[38] Deng X, Liang S, Cai X, et al. Yolk-shell structural Au nanostar@ metal-organic framework for synergistic chemo-photothermal therapy in the second near-infrared window[J]. Nano Letters, 2019, 19(10): 6772-6780.

[39] Salmeron M, Eren B. High-pressure scanning tunneling microscopy[J]. Chemical reviews, 2020, 121: 962-1006.

[40] Ray S S. Techniques for characterizing the structure and properties of polymer nanocomposites[M]. Environmentally Friendly Polymer Nanocomposites, 2013: 74-88.

[41] Zhan G, Fan L, Zhao F, et al. Fabrication of ultrathin 2D Cu-BDC nanosheets and the derived integrated MOF nanocomposites[J]. Advanced Functional Materials, 2019, 29(9): 1806720. 1-1806720. 13.

[42] 何云鹏, 杨水金. BET 比表面积法在材料研究中的应用[J]. 精细石油化工进展, 2018, 19(4): 52-56.

[43] 刘丽萍. 多点 BET 法计算比表面积的相对压力取值范围[J]. 中国粉体技术, 2014, 20(4): 68-73.

[44] 柳翱, 巴晓微, 刘颖, 等. BET 容量法测定固体比表面积[J]. 长春工业大学学报: 自然科学版, 2012, 33(2): 197-199.

[45] 周家红, 李强, 黄爱红, 等. BET 法测试三元材料比表面积条件的探讨及日常维护[J]. 江西化工, 2019(5): 29-31.

[46] Sheng L, Jodie L, Lutkenhaus, et al. Experimental study of pore size distribution effect on phase transitions of hydrocarbons in nanoporous media[J]. Fluid Phase Equilibria, 2018, 487: 8-15.

[47] 毛立娟, 王孝平, 高原, 等. 氮气吸附 BET 法测定纳米材料比表面积的比对实验[J]. 现代测量与实验室管理, 2010, 18(05): 3-5.

[48] Brunauer S, Deming L S, Deming W E, et al. On a theory of the van der waals adsorption of gases[J]. Journal of The American Chemical Society, 1940, 62(7): 1723-1732.

[49] Karlsson L S, Deppert K, Malm J O. Size Determination of Au aerosol nanoparticles by off-line TEM/STEM observations [J]. Journal of Nanoparticle Research, 2006, 8(6): 971-980.

[50] Kuchenbecker P, Gemeinert M, Rabe T. Inter-laboratory study of particle size distribution measurements by laser diffraction [J]. Particle and Particle Systems Characterization, 2012, 29(4): 304-310.

[51] Tscharnuter W. Photon correlation spectroscopy in particle sizing[M]. John Wiley & Sons Ltd, 2006.

[52] Frisken B J. Revisiting the method of cumulants for the analysis of dynamic light-scattering data[J]. Applied Optics, 2001, 40(24): 4087-4091.

第②章 纳米材料的应用

2.1 催 化

由于纳米材料颗粒的大小可以人工控制，以及其具有相对较大的比表面积，纳米材料在催化领域具有广泛的应用。由于纳米材料颗粒表面的键态和内部不同及表面原子配位不全等，导致其表面的活性位点增加。另外，随着粒径的减小，表面光滑程度变差，形成了凹凸不平的原子台阶，这样就增加了化学反应的接触面。利用纳米材料微粒的高比表面积和高活性这些特性，可以显著提高催化效率。小的纳米材料粒子，易于聚集成簇或团块。为了避免结块，可以用不同的壳(例如二氧化硅、碳、金属、金属氧化物和聚合物)包裹纳米材料颗粒，以使其与外部环境隔离。正是由于纳米材料颗粒的高表面积，许多活性物质可以负载在其表面上以增强催化活性。在催化领域主要应用于氢化反应、氧化反应、手性催化、酶催化、光催化、电催化和光电化学催化等领域。

2.1.1 氢化反应

氢化反应在有机合成和工业催化中具有重要地位，为各种中间体的合成提供了重要途径。纳米催化剂因其较大的表面积能够支持具有增强氢化活性的活性金属位点而备受关注。目前，Pd 基磁性材料已广泛用于氢化反应中。Ying 等报道了一种 Pd 纳米团簇负载在二氧化硅包覆的 Fe_2O_3 纳米颗粒($Fe_2O_3@SiO_2$)上的催化剂[1]。通过微乳液法合成 $Fe_2O_3@SiO_2$，在甲苯溶液中将 Pd 纳米团簇引入壳的表面。所制备催化剂 $Pd/H_2N-SiO_2/Fe_2O_3$ 显示出极好的活性和硝基苯加氢的可重复使用性。

姚等合成了一种基于 Pd 的磁性纳米材料，该材料对 $2-CH_3-3-C_4H_8-2-CH_3OH$ 的加氢反应具有很高的活性[2]。该催化剂由 Pd 纳米颗粒和被 FeO_x 壳包覆的 Fe 纳米颗粒组成，其中 FeO_x 包覆的 Fe 纳米颗粒用作固定 Pd 的载体。但是，由于这种催化剂在水中的稳定性差，因此在实际应用中存在局限性。为了解决稳定性差的问题，Kim 和他的同事使用了 Fe_2O_3 纳米粒子作为沉积 Ag 的载体[3]。可以观察到具有球形和八面体形状的 Ag 和 $\alpha-Fe_2O_3$ 纳米晶体，并且 Ag/Fe_2O_3 可以催化水中硝基芳烃的氢化，具有较高的活性和良好的可回收性，4-硝基苯酚的氢化显示在图 2.1(a)中。通过其 UV-vis 监测氢化反应的进程。水溶液中的4-硝基苯酚在 317nm 附近显示最大吸收。加入硼氢化钠溶液后，在碱性介质中立即形成了4-硝基苯酚离子，峰已移至约 400nm 处。相应的最终产物 4-胺苯酚显示出约 296nm 的吸收带。从紫外可见光谱可以清楚地看到，在 400nm 附近吸收带逐渐减小，在 296nm 附近吸收带同时增加，这表明 4-硝基苯酚盐逐渐转化为 4-氨基苯酚。在 277nm 和 312nm 处观察到两个等吸收点。它对应于在没有任何副反应的情况下发生的 4-硝基苯酚盐到 4-氨基苯酚的转化。图 2.1（b）、（c）显示，转化率随着 $NaBH_4$ 和催化剂的增加而增加。图 2.1（d）显示催化剂可以被外部磁体分离。反应的进程通过液相色谱-质谱仪进行监测。

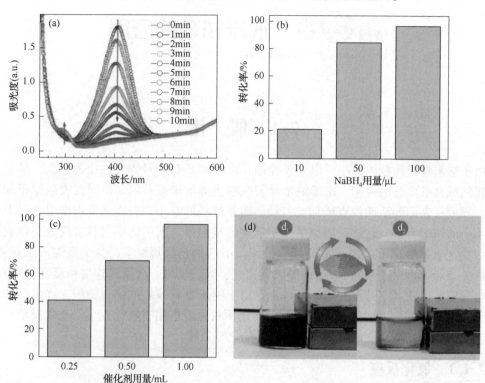

图 2.1　（a）4-硝基苯酚加氢反应的动力学研究（反应条件：2mL 的 0.1mmol/L 4-硝基苯酚，500μL 的 1mg/mL Ag/Fe_2O_3 纳米催化剂和 200μL 的 10mmol/L $NaBH_4$）；（b）$NaBH_4$ 量的影响（反应条件：2mL 的 0.1mmol/L 4-硝基苯酚，500μL 的 1mg/mL Ag/Fe_2O_3 纳米催化剂和不同量的 10mmol/L 的 $NaBH_4$ 溶液，反应进行 10min）；（c）催化剂用量的影响（反应条件：2mL 的 0.1mmol/L 4-硝基苯酚，不同量的 1mg/mL 的 Ag/Fe_2O_3 纳米催化剂和 200μL 的 10mmol/L 的 $NaBH_4$ 溶液，以及反应进行 5min）；（d）用外部磁体分离催化剂[3]

2.1.2　氧化反应

烯烃和醇类的选择性氧化是有机化学中的基本转化，能够产生重要的产物，如药物和香料。Hyeon 等合成了负载在二氧化硅包覆的磁性纳米粒子上的 MoO_3 纳米颗粒，它可以催化烯烃环氧化。TEM 和 SEM 图像显示，磁性纳米粒子催化剂具有粗糙的表面。Polshettiwar 和 Varma 制备了一种在磁性纳米粒子上稳定的 Pd 催化剂，以提高烯烃和醇的氧化选择性[4]。Fe_3O_4 纳米粒子的尺寸约为 10~16nm。用于烯烃和醇类氧化的纳米 Fe_3O_4-Pd 具有优异的选择性，特别是对于苄醇的选择性氧化。

Rossi 小组报道了功能性磁性纳米粒子上负载的 Au 纳米颗粒催化苄醇的氧化反应[5]。首先，通过水热合成法合成 $Fe_3O_4@SiO_2$ 的核-壳结构，然后通过吸附还原法将 Au 纳米颗粒固定在外壳上(见图 2.2)。这种磁性纳米催化剂对苯甲醇的氧化表现出高转化率,而且由于其超顺磁性,可以通过磁分离有效地回收。

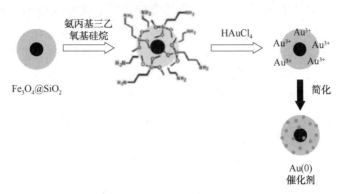

图 2.2　逐步制备可磁性回收的 Au 纳米颗粒[5]

2.1.3　手性催化

手性催化,也称为不对称催化,为合成光学活性分子提供了强有力的方法,其中许多分子被用于制备重要药物。迄今为止,已经开发了许多均相催化剂,以实现高效选择性的手性催化。然而,大多数均相催化剂昂贵且不易于处理、分离和循环利用。近年来,多相催化剂备受关注,因其具有功能性、易于分离、低毒性和成本低廉等优势,磁性纳米颗粒被视为理想的多相纳米催化剂[6]。Lin 等研究了芳族酮的不对称加氢反应,发现了另一种 Ru 络合物[Ru(BINAP-PO$_3$H$_2$)(DPEN)Cl$_2$]可以高效地支撑在磁性纳米粒子上[7]。此外,Luo 等报道了在磁性纳米粒子上负载的手性胺,用于丙酮或环己酮与各种醛的醛醇缩合反应,可以实现直接醛醇缩合反应的高收率和高选择性。催化剂易于通过外磁体分离,而且在 11 个循环中保持着良好的活性和立体选择性[8]。总之,这些负载在小分子载体上的手性配合物由于其尺寸较小,易于与反应物接触,从而实现了高效的催化。

2.1.4　酶催化

在过去两个世纪中,全球范围内的学者对医学、生物化学和农业领域的酶进行了广泛深入的研究。作为自然界的天然催化剂,酶具备多项优点,包括高效和对合成关键化合物的选择性。然而,酶不仅对温度、pH 和其他环境因素敏感,而且难以与底物分离,限制了其在工业应用中的广泛使用。因此,关于酶的修饰方面已经进行了大量研究,例如将酶负载于磁性纳米颗粒(MNP)上。磁性纳米结构因其巨大的表面积而成为固定酶的优良载体。负载酶在磁场的作用下可以轻松回收,这有助于优化运营成本并提升产物纯度。20 世纪 80 年代,Matsunaga 和 Kamiya 报道了将酶固定在磁性载体上的方法,提取磁性纳米粒子,用于固定葡萄糖氧化酶[9]。Wei 和 Wang 报道了 Fe$_3$O$_4$ 磁性纳米颗粒作为过氧化物酶的催化剂,用于催化与 H$_2$O$_2$ 相关的反应,Fe$_3$O$_4$ 磁性纳米粒子在该反应中表现出高选择性。与天然酶相比,Fe$_3$O$_4$ 磁性纳米颗粒具有一些优势,例如在恶劣条件下易于分离和稳定,并且在简单高效的生物传感器中具有巨大的应用潜力[10]。

2.1.5 光催化

TiO$_2$ 由于其独特的性能而成为一种经典的光催化剂。紫外线辐射可在 TiO$_2$ 中产生电子-空穴对(e^-/h^+)，这进一步引发了自由基的产生，成为有效的氧化剂[11]。例如，通过溶胶-凝胶法合成了 TiO$_2$/Fe$_3$O$_4$ 和 TiO$_2$/SiO$_2$/Fe$_3$O$_4$，这两种材料都用于乙酰氨基酚的光降解。TiO$_2$/Fe$_3$O$_4$ 和 TiO$_2$/SiO$_2$/Fe$_3$O$_4$ 在乙酰氨基酚的光降解中发挥明显作用，在水溶液中，TiO$_2$/SiO$_2$/Fe$_3$O$_4$ 的稳定性优于 TiO$_2$/Fe$_3$O$_4$ 的纳米颗粒，因为 SiO$_2$ 壳可以防止 Fe$_3$O$_4$ 分解[12]。关于核-壳结构，Zhang 等提出了 Fe$_3$O$_4$@TiO$_2$ 的形成机理，如图 2.3 所示[13]。Yin 等合成了具有优异光催化性能的核-壳型 Fe$_3$O$_4$/SiO$_2$/TiO$_2$ 纳米复合材料。TiO$_2$ 纳米晶体均匀地涂覆在 SiO$_2$ 的表面上，制备的纳米材料对日光下的染料降解显示出高活性和稳定性。

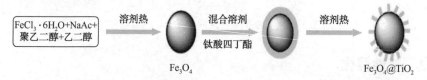

图 2.3　二氧化钛涂层核-壳复合材料的形成机理示意图[13]

2.1.6 电化学和光电化学催化

随着可再生能源需求的增加和污染问题的加剧，纳米材料已在电化学和光电化学催化领域得到了广泛的应用。将新型二维纳米材料应用到电化学领域可以提高能源转化效率，同时也有助于实现社会的全面发展。电催化和电解加氢是一种环保、可持续的化学能源利用方式，因为氢气本身具有极高的化学能量密度，因此被认为是最具潜力、最佳替代传统燃料的化学能源载体之一。虽然制取氢气的方法众多，但有些方法仅适用于实验室制氢，而在工业生产过程中并不适用。在制取氢气时需要考虑到成本和材料的环境友好性。其中，电解水制氢技术由于其清洁环保、产生的电解氢质量优良而备受关注。新型二维纳米材料的引入能够提高工业氢气制备的效率，同时促进电池的催化反应，并有效应用于高效能源氢气燃料。这种新型纳米材料的使用成本相对较低，可以从电催化环节获得更大的经济效益，同时也有助于确保安全性。Sun 等发现尖晶石型镍钴氧化物可以促进乙醇氧化，并且随着氧化物中镍含量的变化，电催化活性也发生了变化[14]。同时研究表明，镍钴氧化物中的镍成分可能会促进乙醇氧化，镍含量为 46% 的镍钴氧化物在碱性条件下可以表现出最佳的电化学性能。

2.2 能　源

解决能源短缺和环境污染问题已成为 21 世纪的重要研究课题之一。在节能环保、新能源开发方面，特别是在太阳能等洁净可再生能源的利用方面，纳米技术具有重要作用。太阳能是世界上最为丰富的可再生能源之一，太阳能电池作为一种前景广阔的储能方式，能够高效利用太阳能。此外，我国的风力发电也取得了显著进展。目前，中国的风能发电量超越核能，位居全球第三，仅次于传统的火电和水电。风能在能源领域的应用前景非常广阔，据调查，中国可利用的风能发电潜力相当于当前电力消耗的两倍。许多研究人员已开始利用纳米材料的优异性质来改进风能发电技术，并且取得了显著的成果。

2.2.1　在太阳能电池中的应用

太阳能电池已经有 200 多年的历史，然而在能源领域的应用仍然无法与传统能源相匹敌。太阳能电池大规模应用受到两个主要问题的制约：光电转换效率相对较低和制造成本较高。为了解决这些问题，目前大量的研究集中在纳米结构的太阳能电池上，以提高其性能。经过多次实验证明，具有纳米结构的颗粒和薄膜材料在能源利用方面具有许多特殊功能。

染料敏化太阳能电池(DSC)的发展很好地说明了太阳能电池在形成薄膜时所获得的益处，根据太阳能电池的设计原理，尽可能地增加光吸收和减少光损耗，通过采用纳米材料可以改善太阳能电池的性能，纳米材料被应用于抗反射层，减少入射光在太阳能电池正面的反射损失。它们还能产生表面等离子体共振和光散射，以增强 DSC 中有源层的光吸收[15]。

太阳能电池的光反射可能导致高达30%的入射光损失。抗反射涂层的使用可以降低反射，允许更多光线透射到太阳能电池中。使用纳米结构的减反射可以通过在太阳能电池膜的表面上生长一层逐渐变细的纳米线阵列或微尺寸的半球来实现[16,17]。纳米结构引起的抗反射的机理是，这些纳米结构在亚波长范围内具有一定间隔，用作衍射入射光的光栅。逐渐变细的纳米线结构或半球形状的单个纳米结构导致了由纳米结构构成的抗反射层中梯度孔隙分布(或体积分数)。因此，根据有效介质理论，抗反射层的有效介电常数将从顶部到底部具有梯度分布[15]。因此，这会在减反射层中产生渐变的折射率，渐变的折射率从1(对应于空气的折射率)增加到3.8(对应于硅的折射率)(见图 2.4)。因此，纳米结构在太阳能电池膜上形成了一个具有逐渐变化折射率的功能薄膜，从而实现了入射光到太阳能电池膜内部的完全透射。

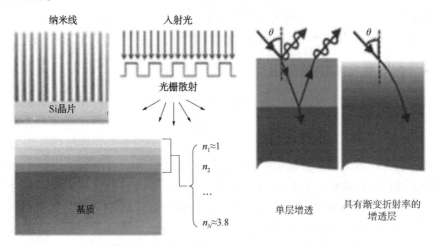

图 2.4　具有渐变折射率的抗反射纳米结构[15]

2.2.2 在超级电容器中的应用

超级电容器，又称电化学电容器，是一种功率密度高、循环稳定性强、充放电速度快的储能装置。其存储容量比传统介电电容器高出数个数量级[18]。此外，超级电容器具有环保、安全以及在广泛温度范围内可操作的特点。超级电容器可以独立使用，也可以与电池或燃料电池结合作用。

Tummala 等使用等离子喷涂技术制造了纳米结构的多孔柔性 Co_3O_4 电极[19]。该材料直接沉积在不锈钢集电器上，无须黏合剂或碳添加剂。邓等的研究表明，使用纳米结构的氧化钴可实现 2200F/g 的电容，而块状氧化钴的电容为 209F/g[20]。将氧化钴薄层覆盖在镍纳米花瓣集电极膜上，产生高比表面积的纳米结构，为拟电容反应提供更多活性位点，并将离子和电子传输的距离最小化，从而改善电极动力学[21]。

2.2.3 在储氢方面的应用

纳米结构作为储氢吸附剂引起了广泛兴趣。储氢通过一种名为"物理吸附"的过程进行，其中涉及的力是弱的分子间作用力。

Srinivas 等的研究结果表明[见图 2.5(a)]，由剥落的氧化石墨制成的石墨烯状纳米片，其等规吸附热(5.9kJ/mol)与高比表面积炭相当，表明氢与石墨烯片之间具有良好的相互作用[18]。Subrahmanyam 等使用剥落的氧化石墨，比表面积为 925m²/g，在 100bar 下达到了 3%(质)的氢气吸收率[22]，增加了氢气存储量。然而，尽管石墨烯的理论比表面积大于 2600m²/g，但单层石墨烯的吸附能力非常低，因此需要堆叠结构。理论研究表明，氢层可以存储在相距 6Å 的两个石墨烯片之间。将分离距离增加到 8Å 可能导致在石墨烯片之间存储两层氢气，从而在 5bar 时的储存容量为 5%~6.5%(质)[23]。另一种使用石墨烯的方法是作为金属纳米颗粒的载体。H_2 与过渡金属(如钛)的相互作用被认为足够强大，能够提供高储氢能力。但是，金属纳米颗粒会形成团簇，从而降低了它们有效吸附氢的可能性[24]。Lee 等的研究结果表明，钙优先吸附在石墨烯的锯齿形边缘和硼掺杂的扶手椅形边缘上，从而抑制了聚集现象。石墨烯上钙的优选结构如图 2.5(b)、(c)所示。每个钙原子上最多可以连接 6 个 H_2 分子，从而产生 5%(质)的储氢容量[25]。

2.2.4 在风能技术中的应用

自从日本科学家首次发现碳纳米管以来，碳纳米管以质量轻、弹性模量高、抗拉强度高、韧性高，且长径比高达 100~1000 等优势引起了人们广泛关注。作为风力发电机组的关键核心部件，风机叶片的性能至关重要。随着叶片尺寸的增大，其重量和性能要求也不断提高，选材、设计和制造工艺直接影响着整个风力发电机组的性能、风能利用率和风力发电的经济性。风机叶片常用材料包括玻璃纤维、环氧树脂碳纤维、环氧树脂复合材料，或者碳纤维、玻璃纤维、环氧树脂的混合材料[26]。将碳纳米管(CNTs)作为增强相，添加到现有风机叶片复合材料中，可以显著提升其力学性能。碳纳米管是管状的一维纳米材料，具有出色的力学、电学和热学性能。通过在高分子基体中掺入少量 CNTs，可以显著改善材料性能。例如，在典型的叶片用环氧树脂中掺入 0.5% 的 CNTs，导热率可提高 80% 以上[27]。

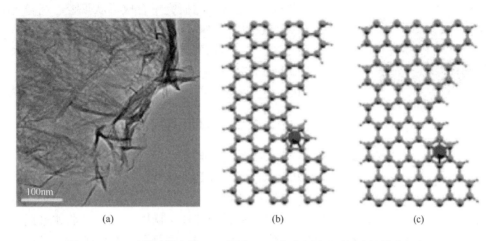

(a) (b) (c)

图 2.5 （a）石墨烯粉末的 TEM 图像，显示了几层石墨烯片的皱缩形态；
（b）吸附在曲折扶手椅曲折锯齿边缘的 Ca 原子的优化原子结构；（c）扶手椅曲折锯齿边缘的结构[18]

碳纳米管/高分子纳米复合材料还具有独特的多功能性质。通过将碳纳米材料引入风机叶片的纤维增强复合材料组分（纤维或基体）中，不仅可以提高基体性能，还可以增强纤维和复合材料基体之间的界面作用，从而可能改善整体性能[28]。

2.3 环 保

环境污染是全球性的威胁。纳米技术的引入为应对污染物带来了广泛的机遇，可以制造具有大比表面积和独特功能的纳米材料，用于处理污染问题。纳米材料及其技术在各个领域都扮演着至关重要的角色，对这些领域的发展产生深远影响。因此，持续提升纳米材料及其技术水平有助于推动各个行业的迅速发展。当前，绿色发展和可持续发展的理念强调节约能源、环境保护，避免能源的过度开采和浪费，减少对环境的污染。纳米材料在环境修复方面发挥着重要作用，被应用于处理自然水源、土壤、沉积物、工业和生活废水，以及净化矿山尾矿和受污染大气。

2.3.1 环境修复

目前，重金属污染土壤的原位修复机制主要关注增加土壤中重金属离子的吸附，以及与之形成沉淀-共沉淀反应，以减少重金属离子的迁移和转化特性。无机纳米颗粒类修复剂由于具有巨大的微界面，对土壤中的污染重金属离子具有极强的吸附作用，这种吸附作用在降低污染土壤中重金属离子的迁移、转化和生物有效性方面起着关键作用。基于上述思路，研究人员在 20 世纪末利用纳米 ZnO、TiO_2 颗粒开展了 Ag 污染土壤修复的研究，并获得了良好效果[29,30]。Rajeshwar 团队发现，包裹在纳米 TiO_2 中的 Cu 可在污染土壤中产生"协同催化效应"，加速 Cr(Ⅵ)的氧化-还原反应转化，从而显著改善 Cr 污染土壤的修复效果[31]。在环境修复方面，广泛研究的纳米金属（NMs）和金属氧化物（NMOs）包括银、铁、金、氧化铁、氧化钛等。NMs 和 NMOs 的尺寸和形状是影响其性能的重要因素。在过去的

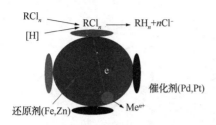

图 2.6　氯化有机分子与双金属
纳米颗粒反应的示意图[32]

十年里，已经广泛研究了合成形状可控、高稳定性和单分散金属/金属氧化物纳米材料的有效方法。

图 2.6 显示了氯化有机分子与双金属纳米颗粒反应的示意图。Fe 或 Zn 充当给电子体，而另一种（Pt 或 Pd）充当催化剂[32]。

2.3.2　处理污染物

TiO_2 纳米颗粒被广泛应用于空气和水中有机、无机污染物的氧化还原转化。这些纳米颗粒在紫外线辐射（波长为 320~400nm）的激发下表现出光催化特性，在多种环境应用中被用于去除水和空气中的污染物。例如，Gelover 等的研究表明，在涂有 TiO_2 的塑料容器中，将水暴露在日光下，初始浓度为每 100mL 300 个 CFU（菌落形成单位）的粪肠菌可以在 15min 内完全灭活，而未涂 TiO_2 的相同的灭活效果需要 60min[33]。

此外，由于膜技术能够有效去除污染物且无副产物产生，因此在当今特别在水和废水处理领域，膜技术显得尤为有效。膜过滤的基本原理是利用半透膜去除液体、气体、颗粒和溶质。为了将材料从水中分离，膜必须是水可渗透的，并且对溶质或其他颗粒的渗透性较低。压力驱动的膜工艺，例如微滤（MF）、超滤（UF）、纳滤（NF）和反渗透（RO），已在全世界用于水处理、水回用和淡化系统。NF 是一种很有前途的膜技术，适用于去除污水中的微量溶质，例如盐、葡萄糖、乳糖和微污染物等[34,35]。从地表水源中去除细菌是饮用水公司的主要工作事项。传统的氯化方法用于消毒，但是发现氯化方法的缺点是毒副产物的形成和异味产生。膜过滤可能会促进消毒过程的改善，因为它是病毒和细菌的额外屏障[36]，较小的病毒可能会被孔径小于 1nm 的 NF 膜所排斥。

近年来，各种低成本吸附剂得到开发，这些吸附剂源于农业废物、工业副产品、天然材料或改性生物聚合物，并被用于去除废水中重金属的金属污染物。鉴于与有机卤化物的反应主要在"内球"表面上进行，铁纳米颗粒的应用显示出巨大潜力。图 2.7 显示了通过化学吸附来减少有机污染物。铁可以在厌氧条件下还原水并形成氢气，化学反应式如下：$Fe+2H_2O \longrightarrow Fe^{2+}+H_2+2OH^-$。

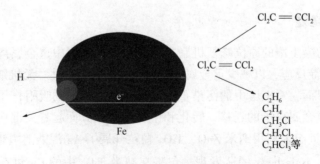

图 2.7　颗粒表面全氯乙烯还原的示意图

另外，铁可以通过氢解去除氯，具体化学反应式如下：$Fe+R-Cl+H^+ \longrightarrow Fe^{2+}+R-H+Cl^-$，其中 Fe 被氧化为 Fe^{2+}，而全氯乙烯脱氯[36]。

2.3.3　环境监测

环境监测需要快速而可靠的分析工具，这些工具可以以最少的样品处理量进行样品分析。基于纳米粒子（NP）的环境传感器具有检测空气、水和土壤中毒素、重金属和有机污染物的潜力，有望在环境监测中发挥越来越重要的作用。它们既可以改善污染物的检测和感测，又可以用于开发新的修复技术。与传统的检测方法相比，NP 传感器具有更高的选择性、灵敏度和稳定性以及更低的成本[37]。在环境监测和化学过程中，需要测量有害气体，例如 NO_x、CO_2、CO、CH_3OH、CH_4 等。气体传感器装置传统上由金属氧化物薄膜、氧化锡、氧化锌和氧化铟等组成。随着新型金属氧化物纳米结构的最新发现，包括纳米阵列或单个纳米结构的传感器已显示出优于薄膜的性能。纳米结构对不同气体的改善归因于高度单晶表面以及纳米结构的大表面积。许多研究支持将 ZnO 1D 纳米结构用作纳米传感器。

研究人员的研究表明，NH_3 和 CO 充当电荷供体，将电荷从吸附质转移到表面，而 NO_2、O_2 充当电荷受体，从 ZnO 表面吸走电荷[38-40]。基于纳米管的传感器包括金属氧化物如 Co_3O_4、Fe_2O_3、SnO_2 和 TiO_2 等金属管，以及如 Pt 纳米传感器的金属管。甲醛是一种有害的空气污染物，长时间接触甲醛会导致神经系统损害和哮喘。当尼龙 6 纳米纤维网（NFN）制成的传感器条暴露于甲醛时，胶带上的甲基黄与硫酸羟胺硫酸盐和甲醛反应中生成的硫酸发生显色反应，产生黄色至红色的颜色变化[31]，如图 2.8 所示。

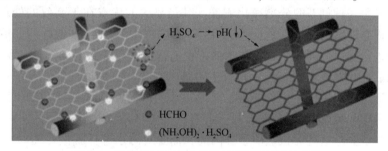

图 2.8　尼龙 6 NFN 膜比色法检测甲醛的图解[31]

2.3.4　大气治理

纳米材料在大气污染治理方面也有很好的应用，比如空气中硫氧化物的净化。二氧化硫、一氧化碳和氮氧化物是影响人类健康的有害气体，如果在燃料燃烧的同时加入纳米级催化剂不仅可以使煤充分燃烧，不产生一氧化硫气体，提高能源利用率，而且会使硫转化成固体的硫化物。纳米 Fe_2O_3 作为催化剂，经纳米材料催化的燃料中硫的含量小于 0.01%，不仅节约了能源，提高了能源的综合利用率，也减少了因为能源消耗所带来的环境污染问题，而且使废气等有害物质再利用成为可能。还可以用于汽车尾气的净化，众所周知汽车尾气排放直接污染着人们的生活空间，对人体健康影响极大。

开发替代燃料或研究用于控制汽车尾气对大气污染的材料，对净化环境具有重要的意义。用纳米复合材料制备与组装的汽车尾气传感器[42]，通过汽车尾气排放的监控，可及时对超标排放进行报警，并通过调整合适的空燃比，减少富油燃烧，达到降低有害气体排放和燃油消耗的目的。研究发现纳米稀土钛矿型复合氧化物对汽车尾气所排放的 NO、CO 等具有良好的催化转化作用，可以替代昂贵的重金属催化剂用作汽车尾气催化剂。家居生活对人们的健康也很重要，室内空气需要很好地净化，比如新装修房间空气中的有机物浓度大大高于室外，而光催化剂可以很好地降解甲醛、甲苯等污染物，纳米 TiO_2 的降解效果最佳。纳米 TiO_2 经光催化产生的空穴和形成于表面的活性氧化膜能与细菌细胞或细胞内组成成分进行生化反应，这导致细菌细胞失活和死亡，并且使细菌死亡后产生的内毒素分解，即利用纳米 TiO_2 的光催化性能不仅能杀死环境中的细菌，而且能同时降解由细菌释放出的有毒复合物[43]。

2.4　分　离

随着纳米技术的快速发展，种类繁多的纳米颗粒被不断合成出来并广泛应用于材料、化工、生物、医药等研究领域。纳米颗粒具有诸多独特的物理化学性质，如量子限域效应、等离子共振效应，以及生物学效应，如穿越体内屏障、引起炎症反应、免疫反应、器官毒性等，这些性质都与其尺度变化密切相关，这使得纳米颗粒的尺度分析在纳米科学研究中有着广泛而重要的应用，纳米材料在分离分析中的应用也越来越引起人们的关注。

2.4.1　膜分离技术

膜分离技术是一种创新的分离净化方法，其最显著的优点在于高效的处理能力。膜的选择透过性使得它能够有选择性地允许某些物质通过，同时隔绝其他物质。恰当选用的膜能够更有效地进行物质分离。膜分离技术的过程通常可以在常温下操作，自动化程度较高，从而呈现出低能耗和低成本的特点。相较于传统的工艺，整个过程的能源消耗更少。膜分离工艺的设备运行相对稳定，操作方便，且基本不会对环境造成二次污染。以海水净化为例，海水作为许多沿海城市的重要水源，含有较高的微溶无机盐离子，如钙、磷、镁等。采用传统方法难以去除这些无机盐离子。因此，需要对海水进行脱盐处理以供利用。其中，反渗透法是最具竞争力且相对成熟的淡化海水方法。在反渗透淡化海水工程中，通过使用反渗透膜技术，并加入阻垢剂和酸，可以有效去除进水中的碳酸根和重碳酸根[44]。目前，这种方法已应用于一些沿海缺水城市。

2.4.2　色谱分离

近年来，具有不同孔径的金属有机骨架化合物（MOFs）固定相已成功应用于多种色谱法，包括高效液相色谱法（HPLC）、毛细管电泳色谱法（CEC）和气相色谱法（GC）[45]。与其他色谱方法相比，MOFs 固定相可以涂覆在毛细管柱内壁上，或制成填充柱用作气相色谱的高效分离介质（见图 2.9）。

ZIF-8 是一种重要的色谱固定相材料，它具有独特的三维孔道结构，大孔尺寸为 1.14nm，孔口尺寸为 0.34nm，比表面积可达 $1947m^2/g$ [46]。Luebbers 等以 ZIF-8 制成了色谱填充柱，用于烷烃异构体分离[47]。Wang 等采用 ZIF-8 涂覆毛细管色谱柱，制成了具有 MOFs 尺寸排阻效应的气相色谱柱[48]。这个色谱柱对线型烷烃表现出很高的选择性和分离

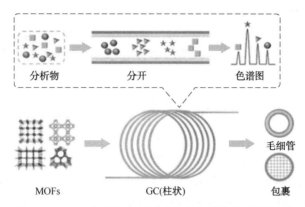

图 2.9　MOFs 作为固定相用于气相色谱分离示意图[45]

度，能有效地从支链烷烃中筛选出线型烷烃。他们还利用 ZIF-8 纤维棒固相微萃取与 ZIF-8 毛细管色谱柱串联，成功地对石油燃料和人体血清等实际样品进行了线型烷烃的定量分析。随后，Yang 等直接将 ZIF-8 沉积在三维石墨烯上，制得了石墨烯-ZIF-8 复合材料[49]。与独立的 ZIF-8 相比，石墨烯-ZIF-8 复合材料展现出优异的异构体分离能力，它不仅可以分离烷烃和取代苯异构体，还可以分离顺式和反式同分异构体。

2.4.3　萃取分离

众所周知，液液萃取（LLE）和固相萃取（SPE）是传统的样品制备以及分离常用的技术[50]。萃取有两种方式：LLE，使用特定溶剂将液体混合物中的某种成分分离出来，所用溶剂必须与被提取的液体混合物不互溶，且具有选择性溶解能力，同时具备良好的热稳定性、化学稳定性以及低毒性和腐蚀性。例如，使用苯分离煤焦油中的酚，使用有机溶剂分离石油馏分中的烯烃，用 CCl_4 萃取水中的 Br_2。SPE，也叫浸取，使用溶剂将固体混合物中的成分提取出来。例如，使用水从甜菜中提取糖类；使用酒精从大豆中提取豆油以提高油产量；使用水从中药中提取有效成分以制备流浸膏，这被称为"渗沥"或"浸沥"。

2.4.4　电泳分离

电泳分离是指在溶液中，带电的粒子（离子）在电场的作用下移动的现象。通过利用带电粒子在电场中的不同迁移速度来实现分离的技术被称为电泳技术。瑞典学者 Tiselius 设计制造了移动界面电泳仪，成功分离了马血清蛋白的 3 种球蛋白，从而创立了电泳技术。电泳在分析化学、生物化学、临床化学、毒理学、药理学、免疫学、微生物学、食品化学等各个领域得到了越来越广泛的应用。电泳已被广泛用于分离和纯化生物分子，如核酸和蛋白质，这些生物分子具有显著的分辨率。纳米粒子的尺寸与带电的生物分子复合物、细胞器和微生物非常接近，它们在电场中表现出与生物分子类似的运动行为。Vetcher 团队将单壁碳纳米管（SWCNTs）与 RNA 或 DNA 复合，然后经过 0.4% 琼脂糖凝胶电泳，虽然不同类型的核酸结合的碳管迁移过程略有不同，但不同直径、弯曲度和长度的碳管都在凝胶中以高分辨率的条带形式得到了分离[51]。

此外，基于石墨烯的材料（如石墨烯、氧化石墨烯、还原氧化石墨烯和石墨烯量子点）

是一类新型的单层片状碳纳米材料,具有巨大的比表面积、良好的热稳定性和化学稳定性、强大的π-π电子互作用、疏水性和氢键等,在分离领域展现出良好的应用前景。石墨烯基材料由于其大的比表面积,可用于色谱或毛细管电色谱(CEC)的固定相,从而改善分离性能,并提供与分析物相互作用的位点[52]。

2.5 生 物

近年来,人们对于纳米材料在生物学和医学领域应用的兴趣逐渐上升。这是因为纳米材料具备独特的属性,如小尺寸(约5nm)、低成本、可扩展生产,以及在生物医学应用方面的潜力。纳米材料可以用于制造可生物降解的骨科手术设备、组织工程支架,对抗耐药微生物,协助抗病毒以及将遗传物质输送至细胞核。这些令人兴奋的应用机会需要对纳米材料有更深入的理解。纳米材料在治疗学领域有着巨大的潜力,可以将治疗和诊断方式相结合。通过调整材料的化学、光学、电学和磁学性质,纳米技术为患者提供了一种强有力的渐进性治疗药物的方式[53]。例如,通过将治疗药物有针对性地递送到有问题的区域,可以减轻化疗的副作用。碳基纳米材料在生物医学应用方面特别引人注目,因为碳是地球上所有生物体(包括人体)的主要成分。

自从纳米技术在20世纪90年代初问世以来,碳基纳米材料(如富勒烯、碳纳米管、石墨烯和纳米金刚石)一直是研究者开发的重点。纳米金刚石颗粒(ND)[54]因其生物相容性和低毒性,以及具有高度可定制性和完全可控的表面,从而暴露出许多可用于调整其亲和性的官能团。这使得它们可以适应不同的环境、药物或生物分子,可以通过非共价或共价连接,以及应用于与生物医学相关的复合材料和杂化材料中。一些纳米金刚石颗粒的核心中具有荧光,为体外和体内成像提供了机会。另一些纳米金刚石颗粒非常小(直径为5nm或更小),可以穿透体内最小的通道,例如核膜或肾脏过滤系统。将所有这些独特的特性组合在一个纳米粒子中,使得纳米金刚石颗粒成为用于诊断学的理想纳米材料。另外,纳米金刚石颗粒可通过大规模的工业爆炸制备,并且以相对经济的价格在市场上销售,这进一步促使人们在解决人类社会面临的一些棘手问题时,对这种最坚硬材料的纳米形式产生兴趣。

2.5.1 生物医学

随着治疗学时代的到来,人们对将药物递送、成像和诊断功能集成于单个强大平台的纳米颗粒表现出越来越浓厚的兴趣。骨组织工程学(BTE)的基本原理是在人工支架上引入干细胞,然后将其分化为骨组织。理论上,这种方法可以帮助受损或骨折的骨骼恢复到原始状态,从而在骨科手术领域具有潜在应用。一旦骨组织形成,支架就不再需要,而且在大多数情况下,可以通过外科手术将其取出或者让其自然降解。然而,支架的降解速率需要与骨组织再生速率保持同步。由于骨骼需要承受显著的机械负荷,因此用于骨科手术的支架需要具备高的强度。这也是当前金属制品成为骨外科固定装置的主要原因。然而,金属材料通常需要进行二次手术以将其从体内取出。

此外,支架的化学特性对于减少免疫反应和最小化其他不良反应也至关重要。纳米金刚石颗粒以其卓越的硬度和杨氏模量，以及丰富的表面化学性质和稳定性，在骨骼和组织植入方面具有广泛的应用前景，有助于促进人体健康的恢复。治疗性纳米颗粒的成功应用需要明确定义的表面化学特性，因为这会影响其生物分布和功能，并在很大程度上影响其毒性以及临床批准的前景。在许多情况下，表面的均一性有助于抑制颗粒间的不良聚集。此外，除了修饰表面官能团，研究人员还使用保护性的生物相容性二氧化硅或聚合物来包裹纳米金刚石颗粒，从而形成核壳结构，延长其在体内的稳定性。这种核壳结构的多样性进一步推动了壳层后修饰的研究[55]。

2.5.2　毒理学作用和生物相容性

吸附、分布、代谢和排泄（ADME）的概念广泛用于评估碳纳米材料在生物体内的行为，包括生物可用性、组织分布、代谢和从体内排除[56]。标记有 188Re、125I 和 18F 等放射性核素的纳米金刚石颗粒已用于小鼠和大鼠的生物安全性探索性研究中[57,58]。研究人员报告称，使用未经纯化的原始纳米金刚石颗粒可能会破坏白细胞和红细胞的膜。然而，用酸进行纯化的纳米金刚石颗粒则没有显示出血液学毒性迹象[59]。总的来说，纳米金刚石颗粒毫无疑问地正在成为一种备受关注的纳米材料。在评估纳米金刚石颗粒的毒性特性时，必须考虑到其杂质含量和表面化学性质的影响。特别需要排除重金属、石墨、非晶碳、陶瓷和其他潜在有害杂质的影响。

2.5.3　抗癌治疗

由于纳米金刚石颗粒的大表面积和可及性（与活性炭的情况相反，它没有孔隙结构），因此人们研究了纳米金刚石颗粒对多种抗癌药物的吸附和释放，包括四环素和紫杉醇等[67]。当这些药物以吸附在纳米金刚石颗粒上的形式进入细胞时，它们无法通过细胞外排机制轻易排出体外。相反，它们会从纳米金刚石颗粒缓慢地释放到细胞内部，从而维持治疗浓度。这种机制被用来逆转癌细胞对传统化学治疗的耐药性[60]。通过在细胞内释放抗癌药物，治疗性的内体释放可以绕过肿瘤细胞对药物的保护机制。内体释放的触发条件是细致设计的纳米金刚石颗粒表面化学性质，使药物能够从颗粒表面解离。

与单独使用药物相比，纳米金刚石颗粒-药物复合物表现出更好的效果，这归因于药物的持续释放，从临床应用的角度看，这有助于降低系统剂量，预防由细胞毒性疗法引起的系统性细胞凋亡和骨髓抑制[61]。纳米金刚石颗粒在抗癌治疗方面取得的这些令人振奋的成就使其能够迅速向临床转化。鉴于纳米金刚石颗粒的毒性几乎可以忽略不计、成本低廉且易于商业化生产，这使得纳米金刚石颗粒在构建卓越的抗癌治疗平台方面具备了出色的潜力。

2.5.4　基因传递

所谓"基因传递"是指将遗传物质或基因疗法药物用于替代"受损"基因，使其重新发挥生物作用，或加入新基因，使其产生其他效果。科学家们长期以来认为病毒是原始且聪明的，能将其基因物质转移到细胞基因中[62]。因此，人们开始使用病毒作为载体，向患者体内传递基因物质，实现永久性基因转导，从而使患者基因发生不可逆的改变。尽管这具有高效的基因转导效果，但也伴随着较大的安全性问题。因此，非病毒传递方法得到了积极推广[63]。非病毒方法有利于将遗传物质传递至细胞质并实现瞬时转导。遗传物质在胞浆内存在，无法自我复制，在细胞分裂时逐渐消失。与传统病毒载体相比，非病毒载体在染色体上的转录 DNA 效率较低，因此需要核孔复合物（NPCs）的协助，将遗传物质导入细胞核[64]。

针对基因传递，人们对多种纳米材料进行了广泛研究，包括金纳米颗粒[65]和磁性四氧化三铁[66]。然而，基于金刚石纳米颗粒的基因载体，由于其优良的生物相容性和丰富的表面化学特性，可以通过多种修饰方式使其能够被细胞摄取和运载[67]。纳米金刚石颗粒的尺寸（2~5nm）足够小，小到可以被动渗透到 HeLa 细胞核中（见图 2.10）[68]。报道的纳米金刚石颗粒具有从细胞内逃逸的能力，这对于基因物质进入细胞核至关重要，它能够快速地从细胞内逃逸，从而帮助基因物质在存在消化酶的情况下保持稳定。

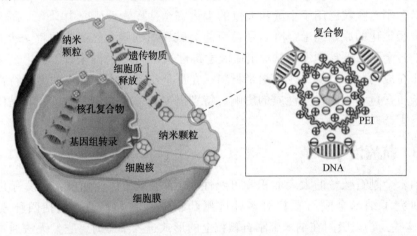

图 2.10　显示了遗传货物递送系统（纳米金刚石颗粒–PEI–DNA 复合体）的示意图结构：
纳米金刚石颗粒的带负电的表面覆盖有带正电的 PEI（聚乙烯胺），进而吸引了带负电的 DNA 分子[68]

2.5.5　抗菌剂

传染病是全世界范围内导致死亡的主要原因，细菌感染在很大程度上导致了高死亡率。纳米杀菌剂有望成为目前抗菌药物治疗的新选择。纳米杀菌剂的开发要求对纳米粒子进行理性设计、高效制备，对其生物安全性及安全性进行深入研究[69]。尽管天然免疫有多种保护机制（如分泌抗菌因子、激活中性粒细胞、清除表面炎症等），但部分病原菌不能被清除，而纳米金刚石因其优异的表面结构和锐利的棱角，可为病原菌清除提供新的思路[68]。

2.6　传感器

传感器是一种用于检测的设备，能够感知被测信息，并按照特定规则将这些信息转换为电信号或其他所需的输出信息，以实现信息的传递、处理、存储、显示、记录和控制。传感器作为获取信息的重要工具，具有便携性、自主性、快速检测和低成本等优势，在工业生产、国防建设和科学技术领域，传感器已成为强大的分析检测工具，因此备受关注。

传感器本身的特性能够弥补传统检测分析方法的不足，使得检测分析变得更加灵活和迅速，特别是在环境监测、食品工业、医药分析等领域有着广泛的应用前景。感应器能够记录并将信息转化为可测量的信号，这是因为传感器中包含了指示所选反馈与特定分析物或一系列分析物相对应的标识元素，从而减少了其他样本成分的干扰。

传感器的另一个主要组成部分是转换器或检测器装置。其主要功能是收集、放大和显示反应产生的信号，然后将其传递给外部信号处理器。将纳米材料应用于传感器中可以制造出更为出色的传感器。近年来，利用纳米材料修饰的高灵敏、高选择性的传感器引起了人们广泛关注。以导电高分子纤维、碳纳米管、纳米粒子为代表的纳米材料被应用于传感器中，构建了新型的检测平台，成为当前研究的热点。由于其特殊的性质，纳米材料在生物、光学等领域具有广泛的应用前景。

2.6.1　生物传感器

生物传感器是一类特殊形式的传感器，是一种对生物物质敏感并将其转换为声、光、电等信号进行检测的仪器。生物传感器具有接受器与转换器的功能，由识别元件(固定化的生物敏感材料，包括酶、抗体、抗原、微生物、细胞、组织、核酸等生物活性物质)、理化换能器(如氧电极、光敏管、场效应管、压电晶体等)和信号放大装置构成。与传统的分析方法相比，具有以下特点：①体积小、响应快、准确度高，可以实现连续在线检测；②一般不需进行样品的预处理，可将样品中被测组分的分离和检测统一为一体，使整个测定过程简便、迅速，容易实现自动分析；③可进行活体分析；④成本远低于大型分析仪器，便于推广普及。

随着纳米技术的发展，通过最新的制备和合成方法，许多纳米材料表现出优越的物理和化学性质，包括表面电荷、形状和尺寸。因此，纳米材料能够放大电化学信号，从而显著增强电化学传感器的潜力。这可以通过增强生物传感器中生物分子的电化学反应和促进蛋白质电子传递来实现。这种电子转化反应为生物传感器的研究提供了广阔的前景。近年来，含有不同组分和粒径的纳米粒子已广泛应用于电子、光学或微质量传输等各种生物分子识别装置中。纳米结构材料通过固定生物元素(例如吸附、共价键和嵌入)的方法成为敏感的生物传感器。纳米粒子具有较大的比表面积，可增加生物分子的接触面积和负载能力，负载生物分子的纳米材料通常能提高生物分子活性的稳定性。因此，使用纳米材料制备生物传感器是当前研究的重要领域。

糖尿病是一种代谢性疾病，特点是身体无法产生足够的胰岛素，从而导致血液中葡萄糖水平升高。治疗糖尿病的目标是保持血液中葡萄糖浓度在正常范围内($4.4 \sim 6.6mmol/L$)[70]。因此，需要一种方便可靠的葡萄糖检测方法。迄今为止，已经开发和应用了多种检测葡萄糖的方法，如分光光度法、荧光法、比色法和红外光谱法。然而，一些问题限制了这些方法在临床应用中的使用，如耗时、专业操作和设备昂贵等。

电化学方法具有快速、简便和廉价等优势，因此在监测人体血液中的日常葡萄糖水平方面具有巨大潜力。电化学方法中存在两种主要类型的葡萄糖传感器：酶法和非酶法葡萄糖传感器。据报道，许多酶法葡萄糖传感器具有高选择性、高灵敏度和低检测限等优点。然而，它们仍然存在一些不可避免的缺点，如酶活性低、化学稳定性差和热力学稳定性差，这些问题源自酶的本质。此外,高成本、复杂的固定化程序和关键的操作条件(如适当的温度、pH、湿度等)可能限制了这些传感器在分析应用中的使用[71]。因此,非酶法葡萄糖检测技术的研发受到了广泛关注,这种技术具有广泛可用的材料、高稳定性和简单制备等优点。利用纳米材料良好的导电性和催化活性,制备的非酶法葡萄糖传感器具有较高的灵敏度。

到目前为止,大多数具有 Co 或 Ni 活性中心的层状双氢氧化物(LDHs)已被应用于电化学传感器,但基于 Cu 的 LDHs 传感器报道较少。铜在电催化中具有卓越的表现,因为它具备优异的电化学活性和在较低电位下促进电子传递的能力。多项研究证明,铜基材料对葡萄糖氧化具有出色的电催化活性。探究基于铜基 LDHs 和水镁石层的葡萄糖检测可能性,具有科学和实际的意义。例如,研究人员设计了一种基于 CuAl-LDHs 修饰玻碳电极的有前景的非酶法葡萄糖传感器,而无需使用添加剂或聚合物黏结剂,从而提高了传感器的灵敏度[73]。通过一步共沉淀法合成了 CuAl-LDHs 纳米复合材料。如图 2.11 所示,这种材料制备了超薄且轻微弯曲的纳米片,并形成了相互连接的三维网络结构,具有多个中孔和大孔。

图 2.11　低倍(a)和高倍(b)CuAl-LDHs 的 SEM 图像,低倍(c)和
高倍(d)CuAl-LDHs 的 TEM 图像[72]

由于 CuAl-LDHs 具有较大的比表面积和阴离子黏土的二维层状结构，它们能够在电极表面附着，而不需要使用黏合剂，在溶剂中能够稳定均匀地分散。通过简单地将 CuAl-LDHs 分散在电极表面制备了修饰电极。评估所制备的传感器的灵敏度和测量范围，安培法优于其他电化学技术，如循环伏安法和微分脉冲伏安法[73]。记录了电流-时间曲线（I-t 曲线），用于进行葡萄糖的定量分析。

为了避免血液样本中共存化合物的干扰，选择 0.4V 作为工作电位，以获得良好的灵敏度和选择性，如图 2.12 所示。在 CuAl-LDHs/GCE（葡萄糖）上记录了典型的安培响应，在 0.4V 的工作电位下，在搅拌的 0.1mol/L NaOH 溶液中连续加入葡萄糖，氧化电流逐渐增加，并在加入葡萄糖后的 5s 内达到稳定状态。电流对葡萄糖浓度的响应由 0.1~240μmol/L 的校准曲线导出，线性回归方程为 $f_{Ip}(\mu A) = 14.19C(mmol/L) + 0.05 (R^2 = 0.996)$，如图 2.12(b) 所示，计算葡萄糖的检出限为 0.02μmol/L（S/N=3）。因此，制备的 CuAl-LDHs 传感器对葡萄糖的测定具有良好的灵敏度、较低的检出限以及较好的线性范围。该传感器成功地应用于人体血清中葡萄糖的测定。

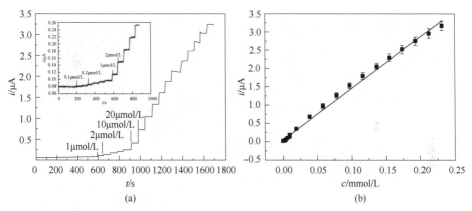

图 2.12　（a）在 0.4V 条件下，0.1mol/L NaOH 溶液中连续添加葡萄糖时 CuAl-LDHs/GCE 的电流-时间曲线；（b）电流响应与葡萄糖浓度的线性关系，误差条表示三次测量的标准偏差[72]

过氧化氢（H_2O_2）是一种通用的氧化剂，在化工、临床应用、药物分析、食品制造和环境保护等领域得到广泛应用。它不仅在化学和工业过程中产生，还是人体中多种氧化代谢途径的副产物。然而，细胞内 H_2O_2 的过度产生和积累可能导致多种疾病，如心血管疾病、阿尔茨海默病和癌症。因此，实现 H_2O_2 的快速、准确检测在生物医学、环境和工业研究中具有重要意义。基于安培酶电极的电化学 H_2O_2 传感器因其快速响应、高灵敏度和选择性而备受研究者的关注[74]。由于纳米材料独特的成分和结构性能，使其成为制备电化学 H_2O_2 传感器的吸引人的前体。

研究人员采用了含钴金属-有机骨架（ZIF-67）的碳化方法，制备了菱形十二面体形状的 Co 纳米颗粒嵌入氮掺杂介孔碳复合材料（Co-NCRDCs）[75]。如图 2.13 所示，可以看出碳化后得到的 Co-NCRDCs 大致保持原来的菱形十二面体形状和大小，而十二面体的面由于有机成分的损失而变得呈现凹形。HRTEM 图像清楚地证明了（111）晶面为 0.204nm 的 Co 纳米颗粒的存在，它们被包裹在晶格空间为 0.2nm 的高石墨碳壳中，对应于石墨碳的（002）面。通过对 HRTEM 图像的仔细检查，观察到高石墨化碳层仅存在于 Co 纳米颗粒周围。这可能是由于钴金属是促进石墨烯形成的良好催化剂。HRTEM 图像显示了一系列同心环，表明存在多晶 Co 金属。总之，ZIF-67 在 N₂气氛中的热处理产生的 Co-NCRDC，由 N 掺杂多孔碳基体包裹的多个 Co 纳米颗粒组成[76]。

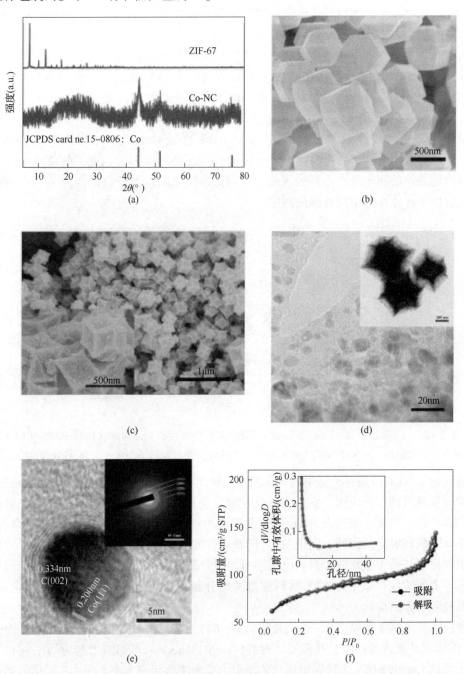

图 2.13　(a) ZIF-67 和 Co-NCRDCs 的 XRD 图谱，(b) ZIF-67 和(c) Co-NCRDCs 的
SEM 图像，(d) Co-NCRDCs 的 TEM 和(e) HRTEM 图像；(f) Co-NCRDC 的 N₂
吸附-脱附等温线(插图：相应的孔径分布)[75]

在基于 Co-NCRDCs 纳米复合材料的基础上，研发了一种新型的非酶 H_2O_2 电化学生物传感器。系统研究了碳化温度和时间对 Co-NCRDCs 传感性能的影响。如图 2.14 所示，在所研究的复合材料中，Co-NC-600-5 具有最大的比表面积和最高的残留 N 掺杂碳含量，在 0.1mol/L 磷酸盐缓冲液（PBS，pH 值 =7.4）中对 H_2O_2 的还原具有最佳的电催化活性。基于 Co-NC-600-5 的 H_2O_2 生物传感器在 6s 内表现出快速的安培响应，低检出限为 0.143μmol/L（S/N=3），宽线性范围为 0.001～30mmol/L，高灵敏度为 234.913μAm/[（mol/L）·cm^2]。因此，这种非酶生物传感器具有良好的选择性、高的重现性和长期稳定性。进一步的研究证明了纳米材料对生物传感器的应用。

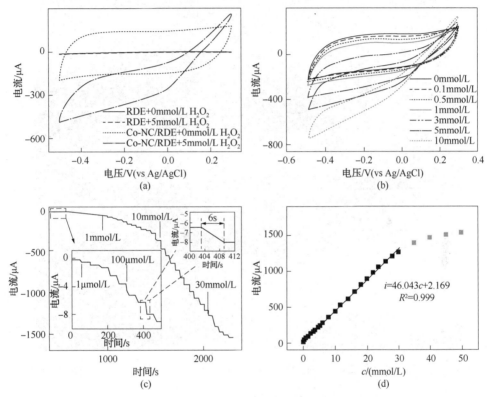

图 2.14　（a）Co-NC/RDE 电极的循环伏安图，0 和 5mmol/L H_2O_2；（b）Co-NC/RDE 电极在 N_2 饱和 0.1mol/L 磷酸盐缓冲液（pH 值 =7.4）中的循环伏安图，加入不同量的 H_2O_2（扫描速率 50mV/s 和转速 1600r/min）；（c）Co-NC/RDE 电极在 N_2 饱和 0.1mol/L 磷酸盐缓冲液（pH 值 =7.4）中连续加入 H_2O_2 的安培响应，外加电位为 -0.3V；（d）相应的校准图[75]

关于尿酸（UA）的研究已经有许多报道，因为 UA 在人体代谢中起着重要作用，可能导致痛风和高尿酸血症等严重疾病，甚至损害肾脏功能。另外，剧毒和可移动的重金属，如 Pb（Ⅱ），也引起了电化学检测研究人员越来越多的关注。电化学传感性能主要取决于电极材料，贵金属、金属氧化物、石墨烯和碳纳米管等纳米结构材料已被广泛研究。近年来，由于其低成本、丰富的活性中心和短扩散路径，新型二维（2D）纳米材料在电化学领域受到越来越多的关注。因此，石墨烯、氧化石墨烯（GO）和还原氧化石墨烯（RGO）等二维碳材料已被报道为电化学传感平台[77]。

Fu 通过溶剂热法合成了掺 Sn 的 In_2S_3 二维纳米材料,并进行了热煅烧处理[78]。如图 2.15 所示,用 FESEM 和 HR-TEM 对制备的 $Sn-In_2S_3$ 的形态和结构进行了表征。典型的 SEM 图像显示,$Sn-In_2S_3$ 纳米复合材料具有清晰、均匀的纳米片结构,厚度约为 4.18nm± 0.64nm。元素映射图像揭示了 S、In 和 Sn 在纳米复合材料中均匀分布[见图 2.15(b)]。此外,如图 2.15(c)所示,HRTEM 图像显示了晶格条纹,这可归因于 In_2S_3 复合材料的 (311)面。

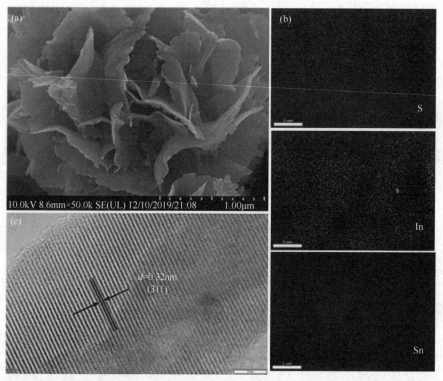

图 2.15 (a)FESEM 图像;(b)元素映射和(c)$Sn-In_2S_3$ 纳米复合材料的 HRTEM 图像[78]

因为电荷转移能力的提升以及金属活性中心的有效性,$Sn-In_2S_3$ 2D 传感界面在 UA 和 Pb(Ⅱ)检测方面表现出优异的电化学性能。为了深入探究制备的传感器在尿酸分析方面的性能,在 PBS 电解液中,可以看出在 $SnIn_2S_3/GCE$ 电极上对 UA 分析物在浓度范围 20 ~ 1500μmol/L 的响应[见图 2.16(a)]。可以观察到,记录的曲线表明峰值电流随着分析物浓度的增加而增加。在 0.1V 左右得到了清晰的峰,随着分析物加入量的增加,峰电位出现了轻微的正移。在图 2.16 中给出了浓度和响应电流之间的相应校准图。与高相关系数建立了良好的线性关系,UA 检测范围的显著线性分析性能为 20 ~ 1500μmol/L,可描述为 $I(μA/cm^2)=$ $43.55+118.57C(μmol/L)$,$R^2 = 0.997$,因此,检测极限(LOD)可评估为 0.62μmol/L (S/N=3)。

此外,还在制备的 In_2S_3 修饰电极上进行了不同浓度的 UA 的 SWV 响应[见图 2.16 (c)]。在 0.3V 左右,UA 的氧化峰表现出类似的性能,响应电流随浓度的增加而增加。如

图 2. 16(d)所示，相应的校准图在 100~1000μmol/L 之间表现出良好的线性关系。线性函数为 $I(\mu A/cm^2)=27.98+97.50C(\mu mol/L)$，$R^2=0.993$，LOD 估计为 4. 35μmol/L(S/N=3)。此外，基于制备的纳米复合材料的电化学传感器与其他报道的 UA 检测工作进行了比较，表明此 UA 生物传感器具有优良的分析性能，检测范围宽，检出限低。此外，评价了 UA 在人尿和 Pb(Ⅱ)中的电化学检测在太湖样品中的实际应用，具有较高的可靠性和良好的回收率。制备的 $Sn-In_2S_3$ 二维纳米材料具有很大的应用潜力。

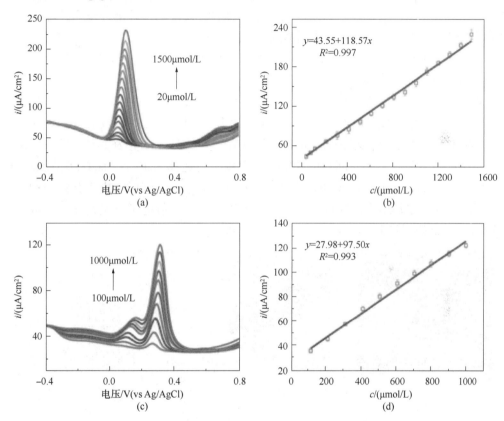

图 2. 16　(a，c)不同浓度 UA 在 0. 1mol/L PBS(pH 值=7. 2)中在 $Sn-In_2S_3/GCE$ 和
In_2S_3/GCE 上的 SWV 曲线；(b，d)相应的校准图[78]

因此，纳米生物传感器以其无标记、实时监测、高灵敏度和高选择性的特点，在各个领域都得到了广泛应用。相信在不久的将来，纳米生物传感技术将迎来更大的发展。

2.6.2　光学传感器

光学传感器具有选择性好、分析速度快、操作简便、灵敏度高以及可视化等优点，是现代分析化学重要的支撑技术。纳米材料具有量子效应、小尺寸效应以及表面效应等特性，因而呈现独特的性质，如表面活性高、比表面积大、低毒、生物相容性好、光稳定性强等，展现出常规材料不具备的优越性能，可以作为良好的光学信号传导单元应用于光学传感方法的设计，纳米材料的引入为灵敏的光学传感器的构建提供了卓越的平台。利用纳米材料的发光特性在光学传感中最常用的方法即为荧光光谱法。

金属有机骨架（MOFs）由于其可调节的孔径、多样的结构和丰富的功能设计，近年来引起了越来越多的关注。而镧系金属有机骨架（Ln-MOFs）具有更特殊的发光特性，包括大的斯托克斯位移、高量子产率、长衰变寿命和不受干扰的发射能量，特别是 Tb（Ⅲ）-MOFs 和 Eu（Ⅲ）-MOFs[79]。由于 Ln-MOFs 在从蓝色到红外的广泛波长范围内发射，因此被认为是潜在的荧光探针。大多数 Ln-MOFs 探针常常与镧系离子的单一发射相结合，这些离子是通过天线效应敏感的配体来激发的。单一发射的荧光强度常常受到探针浓度和环境的干扰，与单色荧光探针相比，双发射比荧光传感器可以通过自校准消除外部环境和仪器效率等因素引起的荧光强度波动，进而提高检测准确度，因此更易于扩展应用。

Cui 等采用镧系金属中的 Eu 制备了一种基于硼酸功能的 Eu-MOFs 的比率荧光平台，用于 H_2O_2 和葡萄糖的灵敏检测[80]。硼酸常用于 H_2O_2 和乙二醇的识别。同时，硼酸由于其缺电子性质，可以调节配体的能级。因此，对于具有硼酸功能的 Ln-MOFs，可以实现单激发双荧光发射。成功地合成了以 Eu^{3+} 为金属节点，利用 5-硼苯-1,3-二羧酸（BBDC）和 $EuCl_3$（其形貌如图 2.17 所示）合成的 Eu-MOFs，其具有均匀的分散体。为了研究反应物浓度的影响，用一定的溶剂降低了 $EuCl_3$ 和 BBDC 的含量。当选择 $EuCl_3 \cdot 6H_2O$（0.025mmol）和 BBDC（0.025mmol）时，制备出 150nm 空心球[见图 2.17（b）、（f）]。由于其表面积大、效率高，因此选择了这种结构作为进一步的工作载体。根据透射电子显微镜图像，可以看出 Eu-MOFs 分散良好[见图 2.17（c）、（d）]。

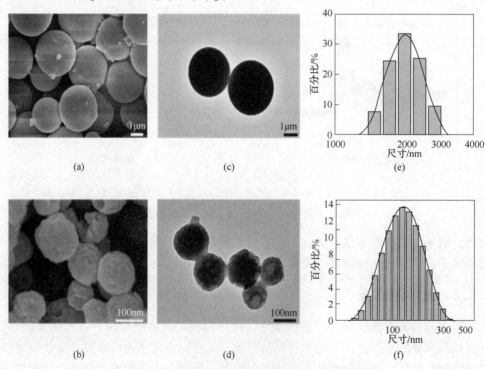

图 2.17　由 $EuCl_3$ 和 BBDC 合成的 Eu-MOFs 的 SEM 图像：（a）10mmol/L 和（b）2.5mmol/L 浓度相同；在（c）10mmol/L 和（d）2.5mmol/L 浓度相同的条件下，由 $EuCl_3$ 和 BBDC 合成的 Eu-MOFs 的 TEM 图像；（e）：（a）的尺寸分布；（f）：（b）的尺寸分布[80]

通过引入硼酸官能团，Eu-MOFs 在 370nm 和 623nm 处呈现出双发射，与 BBDC 和 Eu^{3+} 离子的相应发射相似。这些发射都是在 270nm 的单一激发下观察到的。当加入 H_2O_2 时，由于硼酸基团与 H_2O_2 的相互作用，BBDC 向 Eu^{3+} 离子的能量转移效率降低。因此，这种体系会经历明亮红色到蓝色的可见颜色变化。以 Eu-MOFs 为探针，对 H_2O_2 进行了低检出限和高选择性的检测。如图 2.18 所示，在逐步加入 H_2O_2 的情况下，记录了 Eu-MOFs 荧光光谱的变化。当 H_2O_2 浓度增加时，354nm 处的发射增强，623nm 处的发射减小，分别对应于 BBDC 和 Eu^{3+} 的发射[见图 2.18(a)]。荧光混合溶液的光谱在反应的前 20min 有很大的变化，然后比值变得稳定。因此，在 BBDC 与 H_2O_2 反应 20min 后，记录荧光光谱。荧光响应表明，含硼酸官能团的 Eu-MOFs 对用比率荧光法检测 H_2O_2 具有良好的应用价值。在 0~3μmol/L 浓度下，溶液与 H_2O_2 反应后，记录了 Eu-MOFs 的荧光强度。在 354nm 和 623nm 处的发射强度比与 H_2O_2 浓度在 0.05~2μmol/L 具有良好的线性相关性，系数为 $R^2 = 0.9851$。

基于 $3\sigma/k$（其中 σ 为空白测量的标准差，k 为校准图斜率）的检测限（LOD）为 0.0335μmol/L，以 Eu-MOFs 为探针，对 H_2O_2 进行了定量荧光检测。如图 2.18(b) 所示，当 H_2O 浓度增加时，强红色荧光减弱，逐渐变为蓝色。CIE 色度也符合颜色变化[见图 2.18(b)]。明显的颜色变化对于肉眼视觉检测非常有用。为了评价 Eu-MOFs 探针对 H_2O_2 的选择性，研究了对各种活性氧（ROS）或活性氮（RNS）的荧光强度。在相同的条件下，除 H_2O_2 外，在 ROS 或 RNS 存在下，荧光强度无明显变化[见图 2.18(e)]，因为 H_2O_2 对硼酸基团具有独特的双亲反应性，这与其他物种不同。此外，还研究了 Eu-MOFs 在 H_2O_2 存在下作为干扰的荧光变化。很明显，其他 ROS 或 RNS 不干扰 Eu-MOFs 和 H_2O_2 的反应[见图 2.18(f)]。结果表明，Eu-MOFs 探针对 H_2O_2 具有很高的选择性，以及低的检出限[80]。

基于镧系元素的纳米颗粒和 MOFs 已经展现出在辅助配体稳定的配位位点上的空位，从而呈现出可变和可调节的发光特性。Kimizuka 等报告了 GMP-Tb^{3+} 纳米颗粒的绿色发光，而其他基于核苷酸的 Tb 纳米颗粒则未观察到绿色发光。后来，他们发现，使用 Tb^{3+} 和 2′-脱氧-腺苷 5′-单磷酸酯生成的不发光纳米颗粒，可以通过将 3-羟基吡啶甲酸作为辅助配体掺入纳米颗粒基质中而变得发光。因此，这种 Ln 纳米颗粒和 MOFs 系统已被应用于金属离子、分子、药物、挥发性有机化合物（VOCs）、活性氧（ROS）、爆炸物等。

在 Yang Chen 研究的一项工作中，研究了腺嘌呤-Tb^{3+}-2,6-吡啶二羧酸（腺嘌呤-Tb^{3+}-DPA）纳米粒子对 Hg^{2+} 离子的发光传感[81]。Hg^{2+} 离子抑制了从腺嘌呤到 DPA 的光诱导电子转移（PET）过程，从而 DPA 能使 Tb^{3+} 敏感并产生绿色发光（见图 2.19）。表明，腺嘌呤-Tb^{3+}-DPA 材料对 Hg^{2+} 离子表现出选择性发光响应，检测限为 0.2ng/g，远低于美国环境保护局（EPA）规定的饮用水中允许的 Hg^{2+} 水平（10ng/g）。在后续工作中，使用非发光 AMP（单磷酸腺苷）-Tb^{3+}（AMP-磷酸腺苷）纳米颗粒对 Ag^+ 离子进行发光传感。该系统被证明是高度响应的，在 Ag 的存在下，由于从 Tb^{3+} 的配位球体中取代配位的 H_2O 分子，以及从 Ag^+ 到 AMP 发生的金属-配体电荷转移（MLCT），从而使 Tb^{3+} 敏化，因此选择性地观察到快速发光增强。随后，这些绿色发光的 AMP/TB/Ag 双金属 CPs 配位聚合物，成功实现了对 H_2S 与 Ag^+ 离子高亲和力诱导的发光传感[82]。

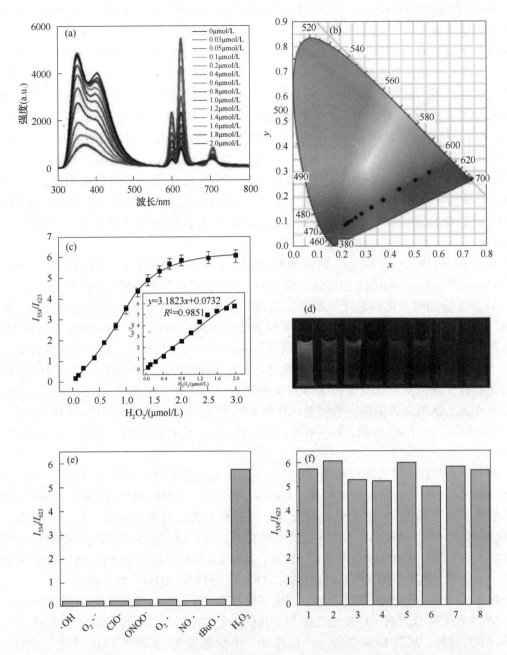

图 2.18　(a) 在 270nm 激发下，在不同浓度下加入葡萄糖反应溶液的荧光光谱；(b) 不同浓度葡萄糖加入反应液的 CIE 色度坐标；(c) 紫外照射下 I_{354}/I_{623} 与葡萄糖浓度的强度比图；(d) 不同浓度葡萄糖混合溶液的图像；(e) 在 270nm 激发下，在其他生物相关物种存在下，Eu-MOFs 荧光比的比较；(f) Eu-MOFs 对 4μmol/L 葡萄糖和 20μmol/L 其他生物相关物种的荧光比作为干扰：(1) 葡萄糖半乳糖，(2) 葡萄糖果糖，(3) 葡萄糖蔗糖，(4) 葡萄糖赖氨酸，(5) 葡萄糖甘氨酸，(6) 葡萄糖脯氨酸，(7) 葡萄糖亮氨酸，(8) 葡萄糖[80]

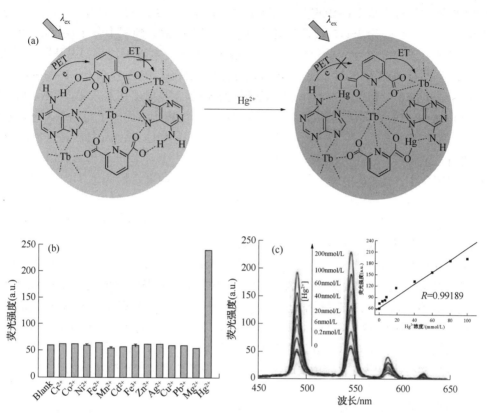

图 2.19 （a）通过增强腺嘌呤-Tb^{3+}-DPA CPN 的发光增强 Hg^{2+} 感测的示意图；（b）对各种金属离子的选择性研究；（c）随着 Hg^{2+} 的增加，腺嘌呤-Tb^{3+}-DPA CPN 的发射光谱变化[81]

发光核苷酸纳米粒子还用于测定与生物相关的酶碱性磷酸酶（ALP）。对于 ALP 传感，Du 和同事使用 TBGMP-Eu 双镧系纳米颗粒（CPN）。他们通过 GMP 敏化实现了将 Tb^{3+} 激发态的能量转移到 CPN 基体中的 Eu^{3+}，在 Tris-HCl 缓冲液[Tris=三（羟甲基）氨基甲烷]中产生了 CPN 的红色发射。ALP 催化了 GMP 的脱磷反应，进而限制了与 Tb^{3+} 离子的相互作用，抑制了从 Tb^{3+} 到 Eu^{3+} 的能量转移。监测了以 Eu 为中心的发射的猝灭，以检测 ALP 的活性，检测限为 $0.004UL^{-1}$。进一步实时监测血清等生物样品中 ALP 的活性，并采用该方法研究 Na_3VO_4 的抑制作用。其他一些研究小组也开发了利用 ALP 催化去磷酸化过程和由此产生的香豆素@TB-GMP CPN，或 Ce-ATP-Tris CPN 的"关闭"发光响应的测定方法[83]。

来自层状结构的 2D 纳米片具有相当高的比表面积，可用于传感应用。在深入研究的材料中，有碳基纳米材料如石墨烯和氧化石墨烯，或纯无机二维材料如 MoS_2 和 WS_2。2D 纳米片对各种生物分子和小分子通常表现出优良的吸附亲和力，因此已被用于药物传递、传感、生物成像和催化等领域。

令人惊讶的是，关于 Ln-CP 基纳米片开发的文献报道并不多，尽管这种基于 CP 的纳米片由于其可生物降解的性质、Ln 的低细胞毒性和可调谐的结构和发光特性，有可能提供理想的系统作为生物传感和生物成像平台。夏等通过剥离 La(Nd/Eu/Tb)-MOFs 的块状晶体形成纳米片，并将其用于生物分子 DNA 和腺苷的传感。La(NO_3)$_3$ 与硫代乙酸（TDA）在氢氧化钠水溶液中反应生成 La-MOF。通过超声和 Li 插层方法，剥落产生了具有 Ca 的超薄 La-MOF 纳米片，厚度为 2nm。按照这种方法，能够生产由一到三个分子层组成的纳米片，其中近 50% 是由 AFM 分析确定的单层纳米片。纳米片对荧光素（FAM）和四甲基罗丹明（TAM-RA）染料标记的 ss-DNA 的发射表现出"吸收诱导猝灭"。在靶 DNA 存在下，FAM-ss-DNA 进一步猝灭，而 TAMRA 标记的 ss-DNA 则观察到发射恢复。并提出在加入靶向 DNA 后形成带负电荷的 FAM-ds-DNA，取代了纳米片边缘吸附的 HPO_4^{2-} 离子，促进了与 Ln^{3+} 离子的静电相互作用，从而进一步猝灭了发射。采用染料标记的 ATP 适体 La-MOFs 材料在细胞间介质中对腺苷进行二色传感。这种方法建立了 Ln-MOFs 基纳米片在生物分子传感应用中的潜力。

在相关工作中，Das 等报道了使用 Tb/Eu 基二维 CP-纳米片检测 1,1-二氨基-2,2-二硝基苯（FOX-7）炸药，无论是在溶液中还是在固态中[84]。与 Eu^{3+} 和 Tb^{3+} 离子配位的含有双吡啶衍生物的片状材料，经超声剥离，形成 2~6.5nm 厚度的超薄 L-Eu 和 L-Tb 纳米片（见图 2.20）。纳米片在 $CHCl_3$/THF 中的分散表现出 Tyndall 效应，并且通过改变纳米片中的 Eu/Tb 来调节发光强度。这些纳米片对三硝基甲苯（TNT）、2,4,6-三硝基苯酚（TNP）和 FOX-7 等分析物表现出以 Ln 为中心的"关闭"发光响应。值得注意的是，该材料对其他脂肪族炸药不敏感，如 1,3,5,7-四硝基-1,3,5,7-四氮辛烷（HMX）和六硝基六氮杂硫氮烷（CL-20）。计算了 FOX-7 检测的 LOD 分别为 17nm 和 22nm，L-Eu 和 L-TB 这些炸药的传感也在一张纸条上进行了演示，并通过将材料溶液滴铸到玻璃滑块上进行了演示。由此可以看出，纳米材料在传感器的应用会越来越广泛，纳米技术也会得到更高的提升。

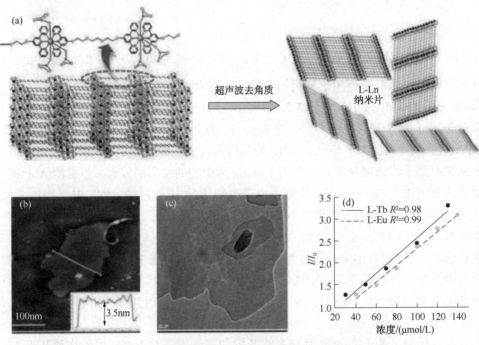

图 2.20 （a）块状 L-Ln 层状材料纳米片形成原理图；（b）具有高度轮廓的 L-Eu
纳米片的 AFM 图像（嵌入）；（c）L-Eu 纳米片的 TEM 图像；（d）I/I_0 与 FOX-7
浓度（1~120μmol/L）的函数关系[84]

2.7 光 学

光学领域近年来对基于镧系元素的配位聚合物和金属有机骨架纳米材料的研究引起了人们广泛的兴趣。这是因为f-金属离子具有广泛而独特的配位性质,并且它们吸引人的物理特性通常可以在块状材料中得以保留。因此,基于镧系元素的配位聚合物和金属有机骨架材料(包括纯镧系元素或f-和d-金属离子的混合)的设计、合成和表征在气体和小分子的吸收储存、转化/催化、化学传感、生物成像、药物递送等方面都成为科学研究中的热点。以下是一些利用含镧系元素的纳米材料的发光特性的应用示例。

2.7.1 发光材料

以下几个例子突出了 Ln-MOF 基体相材料和纳米晶,用于制备光吸收材料、LED、条形码、分子逻辑门模拟等,并应用于显示技术,因为它们具有可调节的发射特性、高颜色纯度和长激发态寿命。

高等制备了 GMP/Ln^{3+}(Ln = TB/Eu/Ce) 基 CPN,具有不同的发光性能[85]。当吡啶-2,6-二羧酸盐配体猝灭 GMP-Tb^{3+}纳米粒子的绿色发光,产生了辅助配体时,分别从 GMP-Eu^{3+}和 GMP-Ce$_3$CPN 中产生红色和蓝色发光。通过优化 GMP/Ce^{3+}/Eu^{3+}/Tb^{3+}/Tb^{3+}-DPA CPN 中 Ce^{3+}/Eu^{3+}/Tb^{3+}的掺杂浓度,创造了白光发光材料。将 GMP-TB 体系的 pH 值调整到 3.75,可以实现非常接近白光的发射。实验表明,CPN 对各种外部刺激和底物表现出不同的发光响应,包括 pH 变化或存在乙二胺四乙酸(H$_4$EDTA)、金属离子(Hg^{2+}和 Cu^{2+})或半胱氨酸[86]。因此,他们利用该系统,通过基于 GMP-Tb^{3+}/GMP-Eu^{3+}CPN 的发光输出响应来构建分子逻辑门模拟(INH-INH、NOR、AND-NOR、INH 和 YES 门),如图 2.21所示。

研究人员还利用 GMP-Eu^{3+}CPN 与荧光染料[如硫黄素 T(ThT)和噻唑橙(TO)]一起进行能量转移研究[87]。在这里,纳米粒子基体作为一个强大的平台,将这些染料组织在亲近的位置,同时尽量减少在水溶液中浸出的趋势。该系统还抑制聚集诱导的荧光猝灭过程。观察到从载体到负载染料的有效能量转移,无论是在溶液中还是在固态中。以纳米粒子为吸收介质,产生了进一步的可逆光电流。此外,利用 ThT(488nm)和 TO(535nm)在捕光 CPN 中的发射来开发双通道分子逻辑门模拟物。

Zhou 等通过将 Eu^{3+}离子加入 Al-MIL-53-COOH 纳米晶的通道中,制备了发光 MOF 材料[89]。这导致了可调节发射,包括白光发射。此外还证明了用化学气相沉积(CVD)技术制备这种纳米晶悬浮液是可能的。也有几个研究小组制备和研究了来自镧系配合物的自组装单层膜(Langmuir-Blodgett 薄膜),包括 Gunnlaugsson、Albrecht 和 Faulkner 的研究小组,他们展示了这种膜的可见、手性极化和 NIR 中心发射。

Ma 等报道了通过简单的沉淀辅助合成法制备了 Tb-D/L-天冬氨酸(Tb-D/L-Asp)配位聚合物纳米晶,揭示了 Tb^{3+}对 D-Asp 和 L-Asp 氨基酸作为配位配体的不同发光响应[89]。与 L-Asp 相比,D-Asp 与 Tb^{3+}离子形成了更稳定的配位聚合物,其表现为更高的吸收率、

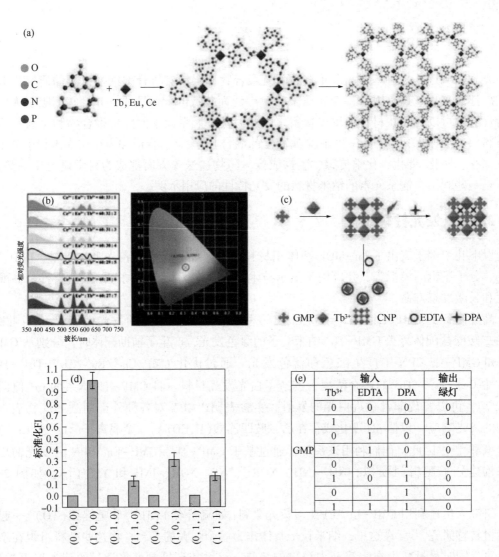

图 2.21　(a) $Ln^{3+}(Tb^{3+}/Eu^{3+}/Ce^{3+})$ 和 GMP 协调辅助自组装网络结构的示意图；
(b) $GMP/Ce^{3+}/Tb^{3+}/Eu^{3+}$-DPA 的发射光谱，其可变浓度比在 $275nm\lambda_{ex}$ 以下；
(c) "INH-INH" 栅极结构方案；(d) 每个输入的荧光输出；
(e) "INH-INH" 栅极的真值表[88]

更高的发光寿命和更高的量子产率。扫描电镜和 TEM 成像研究表明，Tb-L-Asp 和 Tb-D-Asp 纳米晶的形貌相似，Tb-L-Asp 体系的粒径较大。表明，这些纳米晶可以很容易地分散在水中用作发光油墨。此外，它们还能够从纳米晶-聚二甲基硅氧烷（PDMS）复合材料中制备透明发光薄膜。结果表明，薄膜的透明度随纳米晶浓度的增加而降低，在浓度为 100mg/mL 时显示出最佳的透明度和明亮的发射。还将 Tb-Asp100@PDMS 材料塑造成一个形状，并通过在不同 pH 值下的发光守恒来建立材料的防腐性能。

2.7.2 发光纳米温度计

对发光镧系材料的潜在测温响应进行了研究，基于这些发光材料开发纳米测温仪的应用日益扩大，这可能为监测细胞内温度变化提供有希望的解决方案。一例纳米温度计的应用是由 Carlos 及其团队提出的，他们采用了发光材料 Ln-MOFTb$_{0.99}$Eu$_{0.01}$(BDC)$_{1.5}$(H$_2$O)$_2$(BDC 为 1,4-苯二羧酸)作为示范。该材料采用了反向微乳液技术制备，形成了棒状的 Ln-MOFN 材料，并在 298~320K(生理温度范围)内展现出比值发光响应[90]。然而，这一体系的热敏感度相对较低，其水悬浮液中为 0.31%/K，在固态下为 0.14%/K。随后，同一研究组制备了球形的空心上层结构，其组成为 [(Tb$_{0.914}$Eu$_{0.086}$)$_2$(PDA)$_3$(H$_2$O)]·2H$_2$O(PDA 为 1,4-苯二酸酯)，壳层由紧密堆积的纳米粒子(直径 210nm±106nm)构成，作为发光纳米温度计(见图 2.22)。这一研究将块状结晶 MOFs 材料转化为 MOFs NPs，以消除配体发射的干扰，在温度为 10~325K 内观察到了发光信号的变化。尤其在低温范围内表现出极高的温度敏感性(在 25K 下可达 5.96%/K±0.04%/K)。通过对五个循环的重复测量，证明该系统具有较高的重现性(>97%)，且在 25K 附近的温度变化不会超过 0.02K。

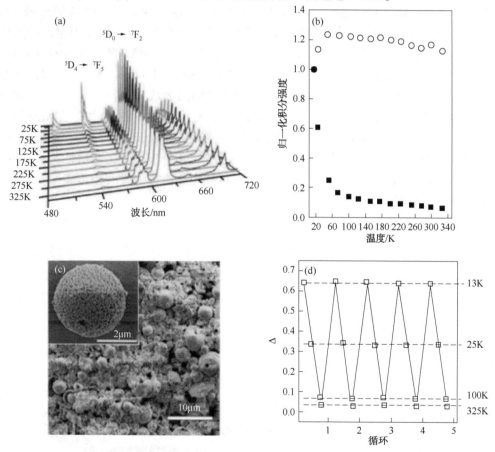

图 2.22 (a)喷雾干燥法制备(Tb$_{0.914}$Eu$_{0.086}$)$_2$(PDA)$_3$MOF 的发射光谱(λ_{ex} 在 377nm，10~325K)；(b)I_1 和 I_2 集成区随温度的变化而变化；(c)喷雾干燥制备 MOFs 的 SEM 图像；嵌体：单个球形集料；(d)13~325K 之间的温度循环显示>99%的重现性[91]

在制备基于 Ln-MOFs 的纳米温度计过程中，后续合成和修饰的 Ln-MOFs NPs 被发现是一种具有吸引力的替代方法。相对于之前报道的混合 Ln-MOFs 基纳米温度计，这种方法更为简单，同时产生了更好的温度灵敏度。这是因为这种方法允许在预先形成的非发射 MOFs 中引入不同比例的 Eu/Tb，从而调节温度灵敏度。

Zhou 等报道了一种具有无规则形状的 Eu^{3+}/Tb^{3+}@In(OH)(Bpydc)（Bpydc = 2,2′-联吡啶-5,5′-二羧酸盐）纳米板，该纳米板在 10~60℃ 内显示了 Tb/Eu 发射比的变化，并表现出优越的热敏感性（4.97%/℃）。通过制备基于 MOF-253 和 Ga(OH)Bpydc 纳米材料的 Eu^{3+}/Tb^{3+} 功能化 MOFs 纳米温度计，他们进一步证实了其设计方法的通用性。在发射镧系元素中，近红外发射 Ln^{3+} 离子（如 Yb 和 Nd）被认为是制备纳米温度计以监测生理介质中温度变化的理想选择，特别是在细胞内。近红外光具有较好的细胞透过性，而细胞环境的自发荧光对近红外光的干扰较小。在这一背景下，钱及其团队通过对 2,3,5,6-四氟-1,4-苯二羧酸（H_2BDC-F_4）和 $Nd(NO_3)_3$ 以及 $Yb(NO_3)_3$ 盐［Nd : Yb = 1.36 : 1（摩尔比）］的反应，成功制备了棒状的混合金属 Ln-MOFs 晶体，即 $Nd_{0.5}Yb_{0.4}BDC-F_4$。在 313K 温度下，这个系统表现出 0.8166%/℃ 的温度灵敏度。

此外，他们在 CTAB/1-己醇/异辛烷/水混合物中，通过剧烈搅拌将 H_2BDC-F_4 和 $Nd(NO_3)_3/Yb(NO_3)_3$ 分散的反向微乳液混合，制备了适用于生物介质中温度测量的纳米粒子。扫描电镜研究显示，所得产物为平均直径 30nm、长度 300nm 的纳米棒。在 808nm 激光泵浦激发的条件下，纳米棒的 Yb/Nd 中心在 $4F_{3/2} \rightarrow 4I_{11/2}$（$Nd^{3+}$，1060nm）和 $2F_{5/2} \rightarrow 2F_{7/2}$（$Yb^{3+}$，980nm）的发光强度比下显示出比值变化，这被用作"测温参数"（见图 2.23）。在 808nm 激发下，这种纳米晶体在 293~313K 表现出温度响应，在 313K 时的最大灵敏度为 1.201%/℃，并具有出色的重现性。值得注意的是，研究人员最近开发了一种基于 Gd^{3+} 的 MOFs，即 Gd-ZMOFs，该材料在可见光区域内不发光，但具有出色的热敏性。从这种材料制备的纳米粒子已被证实具有生物兼容性，可在体外和体内进行磁共振热成像，因此在治疗学 MRI 剂方面具有潜在应用价值[92]。

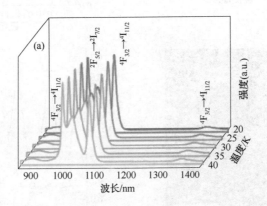

图 2.23　(a) $Nd_{0.577}Yb_{0.423}BDC-F_4$ 纳米粒子的发光光谱在 293~313K 的变化[92]；

(b) $Yb(^2F_{5/2} \rightarrow ^2F_{7/2})$ 和 $Nd(^4F_{3/2} \rightarrow ^4I_{11/2})$ 发射的强度随温度的变化曲线；

(c) I_{ND}(1060nm)/I_{Yb}(980nm) 随温度的变化的拟合曲线[92]

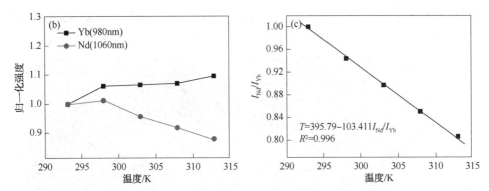

图 2.23 （a）$Nd_{0.577}Yb_{0.423}BDC-F_4$ 纳米粒子的发光光谱在 293~313K 的变化[92]；
（b）$Yb(^2F_{5/2}{\rightarrow}^2F_{7/2})$ 和 $Nd(^4F_{3/2}{\rightarrow}_4I_{11/2})$ 发射的强度随温度的变化曲线；
（c）$I_{ND}(1060nm)/I_{Yb}(980nm)$ 随温度的变化的拟合曲线[92]（续）

2.8　磁　性

快速发展的先进纳米技术正在持续地改变社会的多个领域。在清洁能源、生物学、工程等领域中，一种重要的纳米结构材料——磁性纳米粒子由于其特殊的磁性性质，得到广泛的应用。合成具有理想尺寸和形貌的磁性纳米材料已引起人们的极大兴趣。当前，精确调控磁性纳米材料的形状和尺寸在催化、生物学和能源等领域中成为极具活力的课题[93]。通过系统的表面工程，可以将不同性质的纳米材料组合起来，构建多功能的纳米平台。磁性纳米颗粒（NPs）的表面改性为它们的实际应用提供了机会。已成功将功能化的磁性 NPs 应用于催化、热电材料、药物传递、核磁共振成像剂等领域[94]。

2.8.1　磁性纳米片的能量应用

随着经济和社会的迅速发展，社会面临着重要的能源和环境问题，其中包括大量的工业废水和余热。这些问题目前仍未得到有效的处理和利用。磁性纳米片已经开始在能源领域得到应用。

全球变暖问题促使研究人员致力于开发环保和节能设备。在热电技术领域，高性能的热电材料可以极大地影响可再生能源的转换和收集。随着热电复合材料的发展，具备所需结构的材料已取得较大的无量纲热电效率（ZT）值[95]。ZT 值表示热电转换效率的水平，$ZT=S^2\sigma T/(\kappa_E+\kappa_L)$，其中 S 为 Seebeck 系数，σ 为电导率，T 为绝对温度，κ_E 和 κ_L 分别表示晶格振动和电子引起的热导率。通过将纳米片掺杂到热电材料基体中，可以调控声子和电子在纳米和介观尺度上的散射，从而降低晶格热导率。

热电材料的微观结构对其电子/热性能有重要影响，而纳米片的引入也会影响热电材料基体。同时，纳米片的引入可以增强声子的散射，而不影响载流子的迁移率。大量的热电纳米材料，如 $PbTe$、Bi_2Te_3 和 $CoSb_3$ 等，已通过电化学、溶剂热/水热和配体法等制备方法得到了精确的成分和形状。最近，Zhao 等将直径为 5~10nm 的 Co 磁性 NPs 掺杂到 $Ba_{0.3}In_{0.3}Co_4Sb_{12}$ 中[97]。扫描电镜和 HRTEM 图像显示，CoNPs 随机分布在表面，而不是进入基体晶格

（见图 2.24）。在 850K 时，$0.2\%Co/Ba_{0.3}In_{0.3}Co_4Sb_{12}$ 的最大 ZT 值约为 1.8，高于单独的矩阵 [见图 2.24(e)]。此外，掺杂到基体中的 Fe 和 Ni 磁性纳米片也可以提高热电性能。

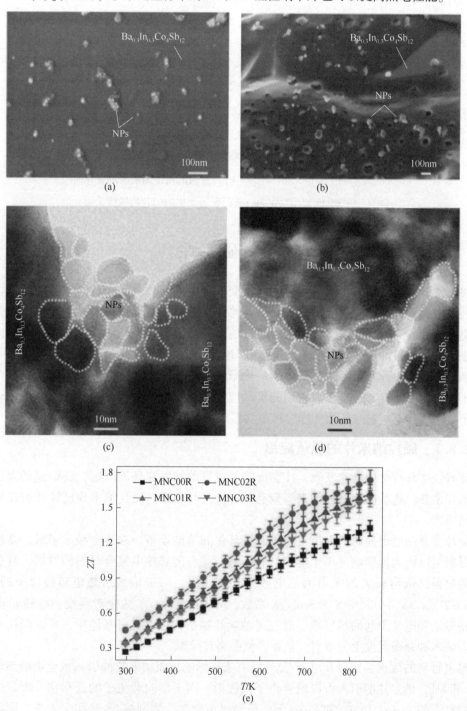

图 2.24　(a、b)扫描电镜和(c、d)$0.2\%Co/Ba_{0.3}In_{0.3}Co_4Sb_{12}$ 的 TEM 图像；(e)$Co/Ba_{0.3}In_{0.3}Co_4$
$Sb_{12}(MNC00R)$、$0.1\%Co/Ba_{0.3}In_{0.3}Co_4Sb_{12}(MNC02R)$、$0.2\%Co/Ba_{0.3}In_{0.3}Co_4Sb_{12}(MNC01R)$ 和
$0.3\%Co/Ba_{0.3}In_{0.3}Co_4Sb_{12}(MNC03R)$ 的 ZT 和温度的关系[97]

总体而言，引入纳米结构材料可以显著增强热电材料的热电性能。纳米材料具有丰富的晶界，有效改善了声子的散射，从而降低了晶格热导率。此外，由于量子尺寸效应，纳米材料还能够改善热电性能。相较于块状材料，纳米热电材料呈现出非常可观的前景。近期研究显示，超顺磁性纳米颗粒对热电材料的电子输运有着明显的影响，它们可作为载流子的散射中心，为电子和声子散射提供额外贡献。

随着智能电子设备的快速发展，对小型锂电池性能的要求也日益提高。电极材料作为提升锂电池性能的关键组成部分之一备受关注。最新的研究表明，磁性材料和碳纳米管（CNTs）以及氧化石墨烯（GO）等碳杂化材料通常被用于电极制备。已知磁性材料具有较高的理论容量，而碳复合材料则具有较大的比表面积和较高的导电性。值得强调的是，这些材料具有低毒性，不会对环境造成严重污染。此外，杂化电极材料可以增强锂离子的提取和嵌入，同时加速电子的传输。基于这些杂化材料制备的锂电池表现出优异的电化学性能、高能量密度、长循环寿命、稳定电极性能以及较低的成本[96]。

Wu 等研究人员制备了多孔 α-Fe$_2$O$_3$ 纳米棒，其具有不同的长度和直径比，并对其作为锂离子电池负极材料进行了评估[98]。电池的电化学性能受 α-Fe$_2$O$_3$ 纳米棒的长度/直径比和孔隙率的影响。Rahman 等则通过脉冲磁场辅助的老化技术成功制备了 Co$_3$O$_4$ 空心球，将其用作锂离子电池负极材料。Co$_3$O$_4$ 空心球表现出出色的电化学性能，提升了电池的容量，并延长了电池的循环寿命[99]。

鉴于石墨烯具有巨大的比表面积和多个接触位点，磁性纳米颗粒与石墨烯的杂化材料受到了广泛关注。这些杂化材料能够显著提升锂离子电池的电化学性能。周等的研究表明，由石墨烯纳米片包覆的 Fe$_3$O$_4$ 颗粒可用作锂离子电池的阳极材料[100]。研究结果显示，混合复合材料经过多次循环后，能够保持高稳定性和可逆的比容量，如图 2.25(b) 所示[101]。同时，Co$_3$O$_4$/石墨烯和还原氧化石墨烯/Fe$_2$O$_3$ 电极在锂离子电池中也表现出优异的性能。图 2.25(a) 和 (c) 分别展示了 Co$_3$O$_4$/石墨烯和还原氧化石墨烯/Fe$_2$O$_3$ 的速率性能。此外，在 Fe$_3$O$_4$ 基电极中，Fe$_3$O$_4$@C@PGC 电极展现出良好的循环稳定性，如图 2.25(d) 所示[103]。

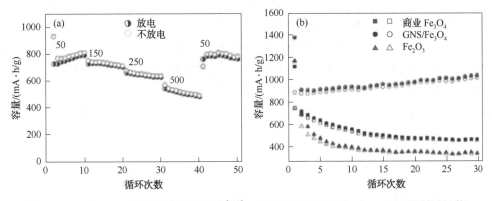

图 2.25　(a)Co$_3$O$_4$/石墨烯的速率能力[102]；(b)不同材料在 35mA·h/g 下的循环性能
（商用 Fe$_3$O$_4$、GNS/Fe$_3$O$_4$ 和 Fe$_2$O$_3$）[101]；(c)RG-O/Fe$_2$O$_3$ 的速率容量[104]；
(d)2D Fe$_3$O$_4$@C@PGC 纳米片和 3D Fe$_3$O$_4$/C 复合材料在不同速率下的充放电容量[103]

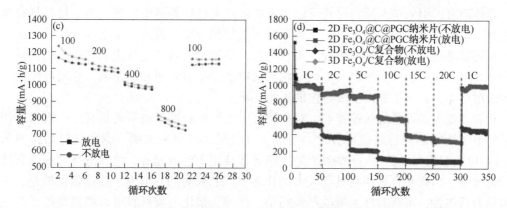

图 2.25　(a)Co$_3$O$_4$/石墨烯的速率能力[102]；(b)不同材料在 35mA·h/g 下的循环性能
（商用 Fe$_3$O$_4$、GNS/Fe$_3$O$_4$ 和 Fe$_2$O$_3$）[101]；(c)RG-O/Fe$_2$O$_3$ 的速率容量[104]；
(d)2D Fe$_3$O$_4$@C@PGC 纳米片和 3D Fe$_3$O$_4$/C 复合材料在不同速率下的充放电容量[103]（续）

2.8.2　磁性纳米片的生物应用

磁性纳米片因其独特的磁响应和低毒性，也在生物医学领域获得了应用。在靶向给药和磁共振成像（MRI）剂方面，取得了一些有前途的应用。

近期，磁性纳米颗粒在靶向药物研究中引起了人们极大兴趣，因其在细胞水平具有特殊功能。通过对磁性纳米片的表面进行聚合物或金属氧化物涂层的修饰，可以使其具备特定性质。经过这样的表面改性后，磁性纳米片能够携带大量治疗药物进入肿瘤细胞，同时对正常细胞的影响最小。与传统疗法相比，磁性纳米片能够通过吸附在颗粒上增强对不溶性药物的传输，而其大的比表面积意味着可以传递大量活性药物。磁性纳米颗粒可以准确地针对异常细胞或组织，而不会在其他组织中引起副作用。至今，基于纳米颗粒的磁性靶向药物主要应用于癌症治疗[105]。

基于磁性纳米片的靶向药物可以利用官能团进行修饰，借助磁性行为和靶向分子来指导药物传递至肿瘤部位。过去的研究表明，尺寸为 10~100nm 的磁性纳米颗粒是很有潜力的药物传递载体。例如，通过叶酸修饰的磁性纳米片结合了共价连接的二苯丙氨酸肽纳米管（FNTs），用于抗癌药物的递送。在磁性纳米片上载药物 5-氟尿嘧啶（5-FU）。载有 5-FU 的 FNTs 水凝胶在前两个小时内显示出释放速率下降的趋势。

磁性纳米片被认为是治疗体内肿瘤的有力工具，因为它们能够安全地携带有效荷载物，并精准地瞄准特定位置。通过静电相互作用，氧化铁和透明质酸（HA）可以结合到 HA-Fe$_2$O$_3$ 杂化纳米片中。对 HEK293 和 A549 细胞的评价揭示了这些杂合纳米片对多肽的传递效率。实验结果表明，几乎 100% 的多肽能够通过杂合纳米颗粒传递。这种新型磁性纳米片被认为是构建高效的组织和细胞靶向系统的有前途载体[106]。

在外加磁场的协助下，pDNA-Fe$_2$O$_3$-壳聚糖可以在肾脏和肺部形成聚集。图 2.26(a)呈现了 Fe$_2$O$_3$ 和 NG-Fe$_2$O$_3$-pEGFP 的 SEM 图像。图 2.26(b)展示了外加磁场下 NG-Fe$_2$O$_3$-pEGFP 在胸腔中的分布情况。此外，图 2.26(c)呈现了 NG-Fe$_2$O$_3$-pEGFP 纳米片在肾脏和心脏中的共焦图像。

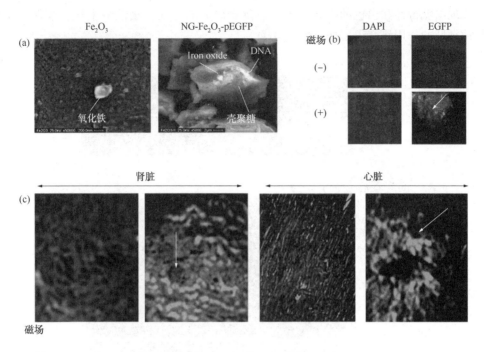

图 2.26　(a)Fe_2O_3 和 NG-Fe_2O_3-pEGFP 的 SEM 图像；(b)NG-Fe_2O_3-pEGFP NPs
利用外加磁场分布于胸腔；(c)肾脏和心脏 NG-Fe_2O_3-pEGFP NPs 的共焦图像；
图像中的箭头表示 EGFP 基因在外部磁场下的表达[107]

　　一般而言，铁及其氧化物纳米颗粒是优质的靶向药物载体。其中一个关键原因是与其他元素相比，铁在人体中的吸收和排泄更加优越，因此更加安全可靠。

　　在现代医学中，清晰地成像人体器官和组织是至关重要的。MRI 是实现所需分辨率的关键技术。MRI 技术能够在不影响正常组织和器官的情况下提供关于软组织和器官的清晰图像。磁性纳米颗粒，特别是超顺磁性纳米颗粒，因其生物相容性、磁性和低毒性而受到关注。这些磁性纳米颗粒的表面可以通过有机层(如罗丹明等)或无机层进行包裹。此外，磁性纳米颗粒的表面修饰可以增强其靶向性、生物相容性和稳定性，从而在 MRI 成像中得到广泛应用。

　　采用共沉淀法合成的磁性纳米颗粒具有良好的分散性、稳定性和生物相容性。此外，这些磁性纳米颗粒具有低毒性、高循环稳定性和出色的对比效果，因此被认为是 MRI 造影剂的候选药物。图 2.27(a)和(b)展示了 Fe_3O_4 纳米颗粒和 PC_3M 细胞的 T_1 加权和 T_2 加权 MR 图像。另外，采用超顺磁性 Fe_3O_4 纳米颗粒标记脂肪干细胞片(ADSCs 片)，结果显示 ADSCs 片可以有效地使用 $50\mu g/mL$ 的 FeUSPIO 和 $0.75\mu g/mL$ 的聚赖氨酸进行标记。此外，MRI 还能够在超过 12 周的时间内清晰地检测到标记的 ADSCs 在体内的分布。通过聚乙二醇化的 Fe@Fe_3O_4 纳米颗粒表现出较高的磁化强度和横向弛豫性，适用于 MRI 成像[108]。

　　将磁性纳米颗粒掺杂到热电材料基质中可以提升材料的热电性能。在生物医学应用方面，改良的磁性纳米管可作为靶向药物、MRI 和生物传感器的有效载体。此外，这些磁性纳米管表现出低毒性和出色的生物相容性。随着研究的深入，磁性纳米管在能源、生物医学和其他领域的作用将变得更加显著。

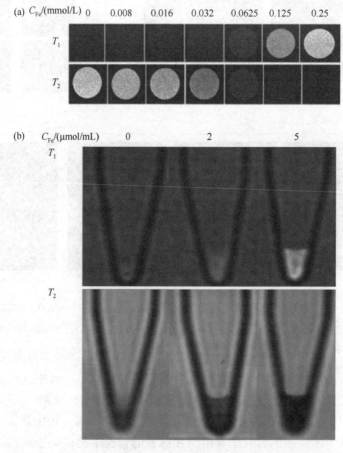

图 2.27　(a)不同 Fe 浓度下 Fe_3O_4 纳米片的 T_1 加权和 T_2 加权图像；
(b)PC$_3$M 细胞的 T_1 加权和 T_2 加权 MR 图像(铁浓度：0、2mmol/L、5mmol/L)[108]

2.9　电　子

2.9.1　柔性电子印刷

印刷电子产品是将印刷技术应用于电子器件制造的领域，已成为一个蓬勃发展的材料科学和技术领域。通过逐层材料沉积来制造电子器件，无须额外的光刻、蚀刻和材料蒸发等步骤，这种机制使得辊对辊印刷技术能够以最少的设备和少量的化学废物，制造工业规模和大容量的电子设备。纳米材料印刷是新兴的方法之一[108,109]。这些材料具备许多引人注目的特性，为高性能印刷电子产品提供了可能。传感器和电子学的设计需要考虑电极和互连线的低电阻率，半导体的高空穴和电子迁移率，以及显示器的高透射率。此外，光学和电学性质受尺寸和形状的影响，也需要加以考虑。本书还将讨论一些新型合成纳米材料的例子，包括控制纳米材料的尺寸和长度，以及与其他材料的杂化互补异质材料，以弥补使用纯纳米材料的内在缺陷[110]。

在印刷电子学领域，已经开发出许多金属纳米颗粒，包括铜、金、钯、铈和银等。其中，银是一种广泛使用的金属，因其优异的导电性和低氧亲和力而受到青睐。金具有良好的导电性、稳定性和生物相容性。虽然铜具有相对较高的电导率和较低的成本，但其高氧亲和力限制了其更广泛的应用[111]。

在可打印油墨的制备方面，通常使用两种方法制备金属纳米片，即"自上而下"方法和"自下而上"方法。"自上而下"方法包括物理处理，如研磨、球磨和激光烧蚀等，将大块金属分解成纳米颗粒，并分散在适当的介质中。然而，这种方法的主要挑战是制造成本较高和颗粒尺寸分布不均匀。"自下而上"方法基于湿法化学过程，通过还原剂或在液体介质中的热处理来分解金属前体。通过调控溶剂、温度和前体浓度等实验参数，可以控制颗粒的尺寸分布和形态。

例如，Zhang 等[113]报道了用于喷墨打印的单分散 Ag 纳米片的合成。以己二酰肼和葡萄糖为还原剂，在 160℃下热处理 30min，获得 $9.18×10^{-8} \sim 8.76×10^{-8}$ Ω·m 低电阻率。以聚丙烯酸为封盖剂，二乙醇胺为还原剂，制备了平均粒径为 20nm±5nm 的 Ag 纳米片[见图 2.28(a)]。Yang 等[114]研究了不同形状的 Ag 纳米片在印刷导电轨道中的作用。通过对轨道微观结构的比较，结果表明，填充纳米棒和颗粒混合物的导电油墨有助于形成电学特性的随机三维导电网络。

在金属纳米材料油墨方面，稳定过程是防止团聚的关键。为了稳定纳米片，通常会在颗粒表面涂覆有机表面活性剂或聚合物。然而，在印刷过程后，通常需要进行烧结过程以去除这些添加剂，从而提高电导率。然而，这种烧结过程可能会导致基板明显的损坏，因为通常需要在高温下进行。Kwon 等[115]研究了不含上述有机添加剂的 Cu 纳米片的合成，维生素 C(L-抗坏血酸)被广泛用作还原剂、封盖剂和分散剂，以稳定纳米片，而无须额外的聚合物稳定剂[见图 2.28(b)]。此外，中间产物 Cu_2O 纳米片在热动力上是稳定的，但在光学上对紫外光敏感。这种特性允许光子在室温下进行烧结，从而避免了传统的高温烧结过程。

金属纳米线作为可穿戴加热器、太阳能电池和透明导电电极(TCE)的下一代材料，引起了人们的兴趣。其中，Ag 纳米线和 Cu 纳米线是替代传统氧化铟锡(ITO)TCE 的有前途的候选材料，因其刚性和昂贵性限制了在可穿戴电子领域的广泛应用。电极需要具有高的光学透过率、低的片电阻以及适合可穿戴应用的高柔性。尽管这些材料本质上具有较高的导热性和电学性能，但光学透过率仍然是一个瓶颈。在此背景下，金属纳米线的长宽比(纳米线长度与直径之比)成为提高整体性能的关键参数。已经报道了各种 Ag 纳米线的合成方法，包括多元醇法、紫外光照射法和模板法。

多元醇法是一种优秀的生成 Ag 纳米线的方法，可以用来控制纳米线的尺寸和形状。乙二醇、1,2-丙二醇或 1,5-戊二醇等材料在溶剂和还原剂方面扮演着关键角色。通常情况下，$AgNO_3$ 的 Ag 前体会在高温下注入多元醇中，从而引发 Ag 离子的还原，促使纳米结构的生长和成核。在这个阶段，Ag 原子会形成团簇，然后诱导形成许多种子，导致金属丝的形成。要增加纳米线的长宽比,有两种主要方法:增加长度和减小直径。为了增加 Ag 纳米线的长度,Lee 等[116]开发了一种连续多步生长(SMG)方法,利用 PVP 在乙二醇溶液中连续还原 AgNO₃,在 500μm 以上生长 A 纳米线[见图 2.28(c)、(d)]。此外,要减小 Ag 纳米线的直径以提高纵横比,Silva 等采用 Br⁻ 和高分子量 PVP 合成 Ag 纳米线(NWs)。AgBr 和 PVP 的分子量为 1300000g/mol,有效地抑制(100)面侧向生长的纳米线,从而诱导形成(111)面 Ag 纳米线[见图 2.28(e)]。最终,制备出直径小于 20nm,纵横比大于 1000 的 Ag 纳米线[见图 2.28(f)]。

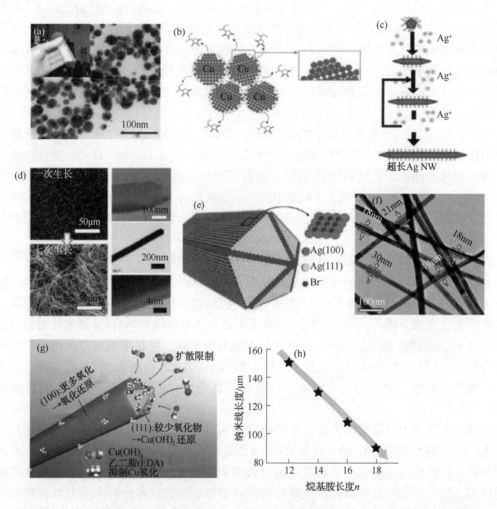

图 2.28　(a)合成的 Ag NPs 和油墨的 TEM 图像[114];(b)合成的 Cu NPs 在抗坏血酸中还原和稳定的插图[118];(c)连续多步生长(SMG)法合成超长 Ag NW 的工艺示意图;(d)Ag NW 在一次和七次生长后的扫描电镜图像,经过七次 SMG 处理后,Ag NW 的 SEM 和 TEM 图像[117];(e)Br⁻ 对(100)方向 Ag NW 生长的影响示意图[119];(f)35min 合成后 Ag NW 的 TEM 图像[112];(g)Cu NW 生长(111)方向示意图;(h)NWs 长度与烷基胺长度的函数关系[120]

与 Ag 和 Au 相比，Cu 纳米线因其优异的导电性能和低成本制备方法而备受关注，是一种极具商业潜力的材料。已经报道了多种 Cu 纳米线的合成方法，包括化学气相沉积（CVD）、模板中的电化学沉积法和溶液相还原法。其中，溶液相还原法是一种应用广泛的方法，其反应温度相对较低，可以在大气压下进行。

在溶液相还原法中，通过选择性地还原 Cu 前体来实现 Cu 纳米线的生长，使得纳米线可以延伸达到数十微米。通常使用乙二胺（EDA）和烷基胺来进行合成。EDA 对 Cu(111) 生长有促进作用，而不仅仅是封盖剂，这有助于阻碍(100)面的横向生长。此外，肼(N_2H_4)的氧化会产生电子，从而减少二氢磷酸(Ⅱ)和四氢磷酸(Ⅰ)配合物，进而促进金属 Cu 的形成[见图 2.28(g)]。

另一种控制 Cu 纳米线长度的方法是利用不同链长的烷基胺。Kim 等研究了不同链长烷基胺在 Cu 纳米线生长中的作用。他们认为，较长链的烷基胺在纳米线尖端的(111)面上形成更强的钝化层，而较短链的烷基胺则增加了 Cu 的还原速率，从而提高了纳米线的产率[见图 2.28(h)]。

然而，Cu 在存在氧气的条件下容易氧化，这是制约 Cu 纳米线应用的主要问题。为了防止氧化，提出了使用保护性壳层(如高导电性石墨烯或 Au)覆盖 Cu 核心结构的方法。牛等报道了一种具有外延结构的超薄 Cu-Au 核壳纳米线。通过在恶劣条件下(80℃、700h)实现铜表面保护层、均匀层和超薄层(1~2nm)的外延生长，成功提高了纳米线的耐久性[见图 2.28(i)]。

2.9.2　电致变色器件

电致变色器件(ECD)由于其独特的可调光学特性(如透光率、吸光度或反射率)和广泛的潜在应用(如节能智能窗户、建筑物、汽车防眩光后视镜，以及用于眼睛友好和低能耗显示器的纸状电子设备)而受到广泛研究。典型的 ECD 通常是多层结构，包括电致变色(EC)层，其中包含具有可调谐光学性质的氧化还原活性材料；离子存储层，用于电荷平衡的氧化还原活性材料；离子传输层，用于离子传输的电解质；以及提供电子的两个导电电极。

对于传统的 ECD，EC 材料是关键部件，其光学性能可以通过适当的电场可逆调节。目前的 EC 材料包括无机材料、有机小分子、导电聚合物和金属配合物等有机材料。因此，具有优越活性和比表面积的纳米材料在优化 ECD 和其他光电器件的非均相电子转移和均相离子转移方面发挥了不可或缺的作用。近年来，在多个杰出研究团队共同努力下，纳米材料制备性能优异的 ECD 的新种类和方法得到了迅速发展[121]。

纳米材料在 EC 中的应用包括无机 EC 纳米材料、有机 EC 纳米材料、金属复合 EC 纳米材料和杂化 EC 材料。其中，钨氧化物(WO_x)作为一种经典的无机 EC 材料，因其良好的性能和广泛的应用领域受到了研究人员的广泛关注[122]。随着纳米科学和纳米技术的进步，开发了许多高效、低成本的制备纳米结构 WO_x 的合成方法，如 CVD、自组装技术、电化学模板/非模板沉积、溶胶-凝胶法、静电纺丝、水热合成等。基于上述进展，已成功合成大量不同尺寸和维度(0D、1D、2D、3D)的纳米结构 WO_x，并将其应用于具有改善开关性能和增加功能的 ECD 中[见图 2.29(a)]。这些进展为电致变色器件的发展和应用提供了新的可能性。

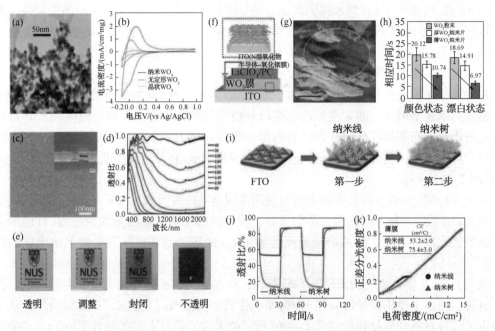

图 2.29　不同尺寸的纳米结构 WO_x EC 材料。0D WO_x：（a）WO_3 NPs 的 TEM 图像；（b）分别由 WO_3 NPs、非晶态 WO_3 和晶态 WO_3 组成的 EC 薄膜的循环伏安（CV）程序[123]。1D WO_x：（c）m-WO_{3-x} NWs 薄膜的表面和截面（嵌入）SEM 图像和（d）电场驱动的透射光谱；（e）分别在 4V、2.8V、2.6V 和 2V（从左到右）以下的 ITO 玻璃上拍摄的 m-WO_{3-x} NWs 薄膜照片[124]。2D WO_x：（f）WO_3 NS ECD 原理图；（g）WO_3 薄膜的扫描电镜图像（标尺：200nm）；（h）用 WO_3 粉末和 WO_3 纳米片（薄厚）制成的 ECD 的响应时间比较[125]。3D WO_x：（i）FTO、WO_3 NWs 和 WO_3 纳米树的原理图，WO_3 NWs 和 WO_3 纳米树薄膜的 EC 性能；（j）切换能力；（k）CE[124]

0D WO_x 纳米材料主要指 WO_x 纳米粒子和纳米点，这些纳米点已经被研究了相当长的时间。Dillon 等[123]使用热丝化学气相沉积的低成本方法制备了 WO_3 的结晶 NPs。相比于常规的非晶和结晶膜的阴极电荷量，基于纳米粒子的薄膜表现出更高的电荷插入密度，这意味着动力学更快[见图 2.29（b）]。它具有较大的阴极电荷密度[$32mC/(cm^2 \cdot mg)$]和较好的循环稳定性（3000 次循环）。这些改进的 NPs 基薄膜性能归因于其较低的密度（$2.5g/cm^3$）、较大的活性比表面积和较高的结构稳定性。此外，采用电沉积法合成的基于 WO_x NPs 的 EC 薄膜也表现出增强的 EC 性能。另外，由于独特的 0D 纳米结构，平均尺寸为 1.6nm 的 WO_x 量子点表现出令人印象深刻的 EC 导电性能（在 1s 内实现切换，导电性能可达 $154cm^2/C$）。

1D WO_x 纳米材料可以制备成多种形态，如纳米线、纳米纤维、纳米棒、纳米管等。这些具有较高长径比的特定纳米结构有利于离子和电子的传输，从而优化了 EC 的性能。例如，Lee 等制备了一种新型的单斜 WO_{3-x} NWs 薄膜[见图 2.29（c）]，采用溶剂热反应和煅烧两步制备工艺。通过改变电压参数，可以动态、独立地调节 NWs 膜在近红外射线（NIR）和可见光（VIS）范围内的透射率[见图 2.29（d）、（e）]。此外，与块状单斜 WO_3 薄膜相比，由 WO_{3-x} NWs 组成的薄膜具有更好的光学调制能力。其他一维 WO_x 纳米结构，如垂直取向的

WO_3 纳米棒阵列和 $W_{18}O_{49}$ NWs[126]也显示出比非纳米结构薄膜更强的 EC 性能,包括更高的 CE 和更快的响应速度等。这是由于一维 EC 纳米结构能有效地促进离子和电子的隧道运输,增加活性表面的电化学反应,并形成多孔结构。

2DWO$_x$ 纳米材料[如纳米片(NSS)等]通常具有良好的结构和成膜能力,这有助于低成本和大面积制造高性能的 ECD。开发了多种二维纳米结构 WO$_x$ 的合成方法,如自组装、溶剂热过程,以及其他二维材料的转化等。例如,最近 Jeon 等通过简易氧化二维二硫化钨(WS_2)纳米片的方法,合成了尺寸约为 10nm 的二维 WO_3 纳米片[见图 2.29(f)]。将 WO_3 纳米片沉积在 ITO 玻璃上,形成用于 ECD 的功能性薄膜。图 2.29(g)显示了薄膜的清晰二维逐层结构。基于 WO_3 纳米片薄膜的 ECD 在 700nm 处表现出约 62.5% 的光调制,着色/漂白时间分别为 10.74s/15.78s,而块状 WO_3 薄膜的光调制值仅为 18.2%,着色/漂白时间为 20.12s/18.69s[见图 2.29(h)]。这些 EC 性能的较大改善主要是由于二维纳米片的活性表面积较大,这可能为离子插层创造更多位置,并加快离子在器件内的扩散。

与低维纳米 WO$_x$ 相比,3D 纳米结构 WO$_x$ 材料通常需要较长的设计周期和复杂的合成过程,因此对其进行研究的关注较少。然而,由于 3D 纳米结构材料具有额外的纵向延伸,可以有效地减小离子和电子之间的距离,从而增加其比表面积。因此,在三维纳米结构的 EC 材料中,期望有更好的 EC 性能。Caruso 等[128]通过两步非种子溶剂热法制备了三维 WO_3 纳米树,如图 2.29(i)所示。在动态光学调制能力方面,WO_3 纳米树电极的光学密度 DT 值为 74.7%(630nm),而 WO_3 NWs 薄膜的 DT 值为 34.3%[见图 2.29(j)]。CE 也从 53.2cm^2/C(NWs)提高到 75.4cm^2/C(纳米树)[见图 2.29(k)]。上述结果清楚地表明,从一维 WO_3 NWs 到三维纳米树的 EC 性能有了显著改善。这是由于 WO_3 纳米树包含大量分支的三维结构,这不仅显著增加了其特定表面积,而且阻止了有害聚集物的有序形成和高密度堆积。毫无疑问,独特的三维纳米结构有利于电解质渗透到其结构中,并进一步改善了离子在 WO_3 内部/外部的插入/分离。

与无机 EC 材料相比,有机 EC 材料具有多种优点,包括颜色多样、加工简单、制造成本低以及易于装饰。然而,与大量研发的无机纳米结构 EC 材料相比,相关的有机纳米结构材料受到的关注相对较少。这主要是因为有机纳米结构 EC 材料的合成通常较为困难且形成方法罕见,而无机纳米材料更容易形成各种尺寸的规则纳米晶体结构。有机纳米结构 EC 材料[如纳米线、纳米纤维(NFs)、纳米带、纳米颗粒等]可以通过静电纺丝、模板/非模板电化学合成等方法进行单组分制备。例如,Iglesias 等[129]通过简单的一步电合成制备了一维聚苯胺(PAN)多孔 NFs[见图 2.30(a)]。该膜由 PANNFs 组成,具有可逆的电光响应能力[见图 2.43(b)、(c)]。特别是当相关透射比为 10% 时,响应时间相对较短(20ms)。制备的 NFs 膜的高孔隙率提高了相关 EC 聚合物的活性比表面积和离子掺杂效率,从而提高了其转换性能。人们认识到,三维有机 EC 纳米结构应该是更好的选择。然而,制备性能优异的三维有机 EC 材料通常需要精确的设计和复杂的制备步骤,这极大地限制了其实际的规模化生产和进一步的应用。

为了解决这些问题,Steiner 等设计了一种简单的通用合成路线,以具有双微体(DG)形貌的聚合物为模板,制备了三维纳米结构 EC 薄膜[130]。图 2.30(d)中给出了 DG 结构 EC 聚合物的制备过程。将聚(3,4-乙基二氧噻吩甲醇)(PEDOT-MeOH)或聚(吡咯)(PPy)作为所需的 EC 机聚合物，通过电聚合沉积在回旋苯乙烯模板表面。然后溶解和去除模板，以最终制备预期的高孔纳米结构的三维 EC 聚合物［见图 2.30(e)、(f)］。观察到 EC 能力的改善［见图 2.30(g)、(h)］。与非模板膜相比，该三维 PEDOT-MeOH 膜具有更好的光学调制性能(532nm 处的调制度为 48.5%)和更快的转换速度(用于着色的时间为 23ms，用于漂白的时间为 14ms)(532nm 处的调制度为 34.2%，用于着色的时间为 40ms，用于漂白的时间为 29ms)。

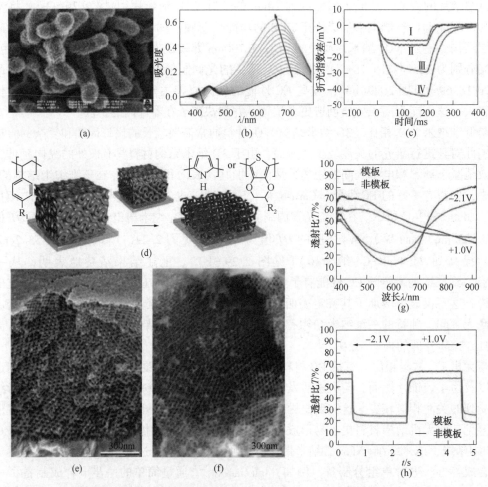

图 2.30　(a)多孔 PANNFs 的扫描电镜图像；(b)在从 0.32V 到 0.70V 的正电位扫描过程中，获得了纳米结构 PAN 的吸光度变化光谱；(c)纳米结构 PAN 的光交换，Ⅰ、Ⅱ、Ⅲ和Ⅳ分别对应于不同持续时间：5min、10min、20min 和 40min 制备的 PANNFs；(d)旋转苯乙烯模板、电聚合和随后的模板溶解的示意图，产生一个独立的共轭聚合物复制品(R1＝H、F 和 R2＝H、CH₂OH)；(e)介孔 PEDOT-MeOH 和(f)PPy 网络的横截面扫描电镜图像；(g)三维 PEDOT-MeOH 薄膜和非模板薄膜的着色和漂白状态的透射光谱；(h)DG 结构和非模板 PEDOT-MeOH 薄膜在 532nm 处的切换行为[130]

基于电活性金属配合物的 EC 材料可以结合过渡金属离子和配体的电氧化还原性能。在适当的电压程序下，金属离子或配体的可逆氧化还原反应可以引发 EC 金属配合物的颜色调节。因此，通过改变金属离子和配体的结构或种类，可以轻松地调节金属配合物的 EC 性质。由于其丰富的电子跃迁和明确的氧化还原状态，具有可调谐光学性能的金属配合物被认为是一种具有很大前景的 EC 材料，其优异性能包括多色、多波段调节、大光调制和高 CE 等。随着纳米技术的快速发展，具有更优异 EC 性能的纳米金属配合物已被积极探索、开发和应用于原型 ECD。

开发具有创新纳米结构的新型 EC 材料是提高性能的常见方法。例如，Higuchi 团队使用亚铁离子(Fe^{2+})为中心金属，以双(2，20-联吡啶)衍生物(BP1 和 BP2)为配体，通过液-液界面配位聚合制备了两种新的配位纳米片[CONASH，命名为 NBP1 和 NBP2[131]，见图 2.31(a)]。基于这些 CONASHEC 膜的固态 ECD 具有可逆色切换特性，合适的电压范围为 +2.5～-2.5V。在此电压程序下，NBP1 的 ECD 可以在蓝色和无色之间切换，而 NBP2 的 ECD 可以在洋红和黄色之间切换[见图 2.31(b-d)]。此外，这些二维纳米材料具有优异的 EC 性能，包括高光调制和 CE、多色可调谐性能以及理想的耐久性，因此在多色 EC 产品中具有潜在应用。除了开发新的纳米结构 EC 金属配合物外，将微尺度材料的尺寸减小到纳米尺度也是提高整体 EC 性能的有效途径。例如，Ho 团队采用简单的晶体表面改性方法，将微米级钌紫($Fe_4[Ru(CN)_6]_3$，mRP)转化为 NPs[132][见图 2.31(e)]。随着 RP 晶体表面 $[Ru(CN)_6]^{4-}$ 离子取代水配体，嵌入的负电荷用静电斥力降低了其聚集能力，进而导致 nRP 的形成[见图 2.31(f)]。与 mRP 的 EC 性能相比，nRP 在紫色和无色(<1s 到 23s)之间具有更好的切换能力，并且具有更好的循环稳定性[见图 2.31(g)]。这些结果表明，相关的 EC 反应大多发生在界面上，因此有效比表面积越大，颜色切换速度越快，伴随着较好的 EC 效率。这些结果表明，纳米尺度的金属配合物可以显著降低密集填充的原始晶体结构的动力学势垒，并在电化学循环中优化开关性能。

此外，金属配合物可以很容易地吸附在纳米金属氧化物表面，并通过初级纳米晶成形形成具有高稳定性和大表面积的单层/多层纳米结构 EC 薄膜。例如，Zhong 团队使用类似的方法制备了纳米晶 ATO 薄膜，其 NPs 为圆形，直径为 5～10nm[133][见图 2.31(i)]。这些纳米结构薄膜的疏松多孔结构有利于 EC 材料的沉积。其中，经典的钌(Ru)络合物[见图 2.31(h)]是被广泛研究的 NIREC 材料，被选作要吸收到 ATONPs 膜多孔结构中的功能组分。该薄膜通过改变电压参数表现出多色和多波段调节功能[见图 2.31(j)、(k)]。在第一次氧化过程中，配体-金属的宽吸收带(1310nm)随着颜色从紫色到棕色的变化而出现和增加，该吸收带代表着胺到 Ru(Ⅲ)的电荷转移。然后，在第二个氧化步骤中，电荷转移带略有下降，并在近红外范围内出现了胺阳离子自由基的新吸收带，导致颜色由棕色变为绿色。此外，与吸附在 TiO_2 衬底中的相同 EC 材料相比，该薄膜的响应时间从几十秒缩短到几秒。这一明显的改善主要归因于 ATO 的电导率相对较高和导带能较低。这些材料表现出很强的生命力和能量，并已成为有前景的商业产品选择。

总之，随着纳米结构 EC 材料的发展，通过新的独特杂交方法明显优化了 ECD 的变色性能，并进一步探索和挖掘了一些新发现的具体特征。然而，复杂的制备工艺和缺乏更有效的方法来实现高效率的材料组合是限制混合 EC 材料进一步发展的主要障碍。因此，需要完全解决如何简化合成程序、降低制造成本、提高杂化纳米结构 EC 材料的稳定性和耐久性的问题。幸运的是，杂化纳米材料 EC 性能的显著提高为纳米 EC 研究者带来了巨大的信心，并吸引了越来越多的研究人员加入研究行列中。许多曾经无法克服的问题正逐渐被新的纳米合成技术和各种纳米/非纳米材料的新组合所解决。

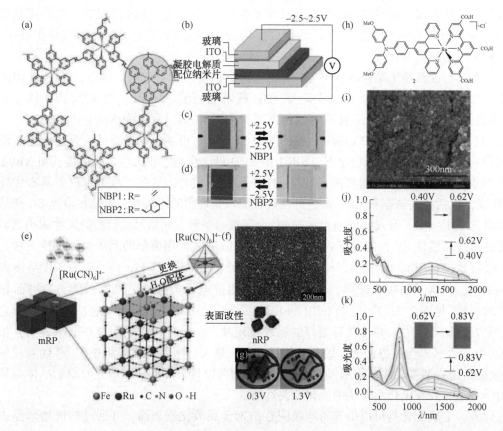

图2.31　(a)CONASH的化学结构(NBP1和NBP2)；(b)基于CONASH的固体ECD结构，电氧化前后基于(c)NBP1和(d)NBP2的ECD照片[131]；(e)利用表面改性方法制备nRP；(f)nRP薄膜的扫描电镜图像；(g)在漂白和有色状态下发展的照片；(h)Ru建筑群2的结构；(i)FTO/ATONP膜的SEM图像，通过电位(j)0.40~0.62V和(k)0.62~0.83V逐步氧化电解FTO/ATO/2薄膜的VIS-近红外吸收光谱变化。插图：逐步氧化时薄膜颜色的变化[132]

参 考 文 献

[1] Yi D K, Lee S Y. Synthesis and Applications of magnetic nanocomposite catalysts[J]. Chemistry of Mater, 2006, 18(10): 2459-2461.

[2] Yao Y, Rubino S, Gates B D, et al. In situ X-ray absorption spectroscopic studies of magnetic Fe@Fe$_x$O$_y$/Pd nanoparticle catalysts for hydrogenation reactions[J]. Catalysis Today, 2017, 2(91): 180-186.

[3] Patra A K, Vo N T, Kim D. Highly robust magnetically recoverable Ag/Fe$_2$O$_3$ nanocatalyst for chemoselective hydrogenation of nitroarenes in water[J]. Applied Catalysis A, 2017, 538(25): 148-156.

[4] Polshettiwar V, Varma R S. Nanoparticle-supported and magnetically recoverable palladium(Pd)catalyst: a selective and sustainable oxidation protocol with high turnover number[J]. Organic Biomolecular Chemistry, 2009, 7(1): 37-40.

[5] Oliveira R L, Kiyohara P K, Rossi L, et al. High performance magnetic separation of gold nanoparticles for catalytic oxidation of alcohols[J]. Green Chemistry, 2010, 12(1): 144-149.

[6] Yuan G, Jiang H, Zhang L, et al. Metallosalen-based crystalline porous materials: Synthesis and property[J]. Coordination Chemistry Reviews, 2019, 378(1): 483-499.

[7] Hu A, Yee G T, Lin W, et al. Magnetically Recoverable Chiral Catalysts Immobilized on Magnetite Nanoparticles for Asymmetric Hydrogenation of Aromatic Ketones[J]. Journal of the American Chemical Society, 2005, 127(36): 12486-12487.

[8] Luo S, Zheng X, Cheng J, et al. Asymmetric bifunctional primary aminocatalysis on magnetic nanoparticles[J]. Chemistry

Communication, 2008, 47(23): 5719–5721.

[9] Matsunaga T, Kamiya S. Use of magnetic particles isolated from magnetotactic bacteria for enzyme immobilization[J]. Applid Microbiology and Biotechnology, 1987, 26(12): 328–332.

[10] Wei H, Wang E. Fe_3O_4 Magnetic Nanoparticles as Peroxidase Mimetics and their Applications in H_2O_2 and Glucose Detection [J]. Analytical Chemistry, 2008, 80(2): 2250–2254.

[11] Balu A M, Baruwati B, Serrano E, et al. Magnetically Separable Nanocomposites with Photocatalytic Activity Under Visible Light for the Selective Transformation of Biomass–Derived Platform Molecules[J]. Green Chemistry, 2011, 13(10): 2750–2758.

[12] Álvarez P M, Jaramillo J, et al. Preparation and characterization of magnetic TiO_2 nanoparticles and their utilization for the degradation of emerging pollutants in water[J]. Applied Catalysis B, 2010, 100(1): 338–345.

[13] Xin T, Ma M, Zhang H, et al. A facile approach for the synthesis of magnetic separable Fe_3O_4@ TiO_2, core–shell nano-composites as highly recyclable photocatalysts[J]. Applied Surface Science, 2014, 288(1): 51–59.

[14] Sun S, Zhou Y, Hu B, et al. Ethylene Glycol and Ethanol Oxidation on Spinel Ni–Co Oxides in Alkaline[J]. Electrochemical Society, 2016, 163(12): 99–104.

[15] Kroon N, Bakker H, Smit P, et al. Electrolyte-dependent photovoltaic responses in dye-sensitized solar cells[J]. Journal of Photovoltaics, 2007, 4(1): 45–52.

[16] Yella H W, Lee H N, Tsao C, et al. Porphyrin-Sensitized Solar Cells with Cobalt(Ⅱ/Ⅲ)-Based Redox Electrolyte Exceed 12 Percent Efficiency[J]. Science, 2011, 334(6056): 629–634.

[17] Hardin H, Snaith J. The renaissance of dye-sensitized solar cells[J]. Nature Photonics, 2012, 6(8): 162–169.

[18] Tang J, Shi J W, Zhou L L, et al. Fabrication and optical properties of silicon nanowires arrays by electroless Ag-catalyzed etching[J]. Communications Chemistry, 2011, 3(13): 129–134.

[19] Ramesh K. Nanostructured Co_3O_4 electrodes for supercapacitor applications from plasma spray technique [J]. Power Soures, 2012, 209(10): 44–51.

[20] Deng M J, Huang F L, Sun I W, et al. An entirely electrochemical preparation of a nano-structured cobalt oxide electrode with superior redox activity[J]. Nanotechnology, 2009, 20(17): 175602–175606.

[21] Srinivas G Y, Zhu Y W. Synthesis of graphene-like nanosheets and their hydrogen adsorption capacity[J]. Carbon, 2010, 48(3): 630–635.

[22] Subrahmanyam K S, Vivekcha S R C, Govindaraj A, et al. A study of graphenes prepared by different methods: characterization, properties and solubilization[J]. Materials Chemistry, 2008, 18(13): 1517–1523.

[23] Pumera M. Graphene-based nanomaterials for energy storage[J]. Energy Environmental Science, 2011, 4(3): 668–674.

[24] Sepehri S, Garcia B B. Tuning dehydrogenation temperature of carbon–ammonia borane nanocomposites[J]. Materials Chemistry, 2008, 18(34): 4034–4037.

[25] Lee H, Cohen L, Louie S G. Calcium-decorated graphene-based nanostructures for hydrogen storage[J]. Nano Letters, 2010, 10(3): 793–798.

[26] Gunen A, Ulutan M, Gok M S, et al. Friction and wear behaviour of borided AISI 304 stainless steel with nano particle and micro particle size of boriding agents[J]. Balkan Tribological Association, 2014, 20(3): 362–379.

[27] 赵冬梅, 李振伟, 刘领弟, 等. 石墨烯/碳纳米管复合材料的制备及应用[J]. 当代化工, 2014, 72(2): 185–200.

[28] Nikolaev P, Dai H. Crystalline ropes of metallic carbon nanotubes[J]. Science, 1996, 273(5274): 483–487.

[29] 喻德忠, 蔡汝秀, 潘祖亭. 纳米技术在处理环境中无机污染物的研究现状[J]. 分析科学学报, 2003, 19(4): 389–394

[30] Gao Y, Lee W, Trehan R, et al. Improvement of photocatalytic activity of titanium(Ⅳ) oxide by dispersion of Au on TiO_2 [J]. Mater Res Bull, 1991, 26(12): 1247–1254.

[31] Rajeshwar K, Chenthamarakshun C R, Goeringer S, et al. Titania-based heterogeneous photocatalysis. Materials, mechanistic issues and impl ications for environmental remediation[J]. Pure and Applied Chemistry, 2001, 73(12): 1849–1860.

[32] Toshima N, Yonezawa T. Bimetallic nanoparticles-novel materials for chemical and physical applications[J]. New Journal Chemistry, 1998, 22(11): 1179–1201.

[33] Gelover S, Gomez L, Reyes K, et al. A practical demonstration of water disinfection using TiO_2 films and sunlight[J]. Water Resarch, 2006, 40(17): 3274–3280.

[34] Schaep J, Wilms D. Influence of molecular size, polarity and charge on the retention of organic molecules by nanofiltration [J]. Journal of Membrane Science, 1999, 156(1): 29–41.

[35] Kiso Y, Sugiura Y, Kitao T, et al. Effects of hydrophobicity and molecular size on rejection of aromatic pesticides with nanofiltration membranes[J]. Journal of Membrance Science, 2001, 192(2): 1–10.

[36] Kim J. The use of nanoparticles in polymeric and ceramic membrane structures: Review of manufacturing procedures and performance improvement for water treatment[J]. Environmental Pollution, 2010, 158(7): 2335–2349.

[37] Wang L, Ma W, Xu L, Chen W, et al. Nanoparticle-based environmental sensors[J]. Materials Science and Engineering, 2010, 70(6): 265–274.

[38] Zhou Z, Li Y F, Liu L, et al. Size-and Surface-dependent stability, electronic properties, and potential as chemical sensors: computational studies on one–dimensional ZnO nanostructures [J]. Physical Chemistry C, 2008, 112(36): 13926–13931.

[39] Wei A, Wu X J, Zeng X C, et al. Adsorption of O_2, H_2, CO, NH_3, NO_2 on ZnO nanotube: A density functional theory study[J]. Physical Chemistry C, 2008, 112(15): 5747–5755.

[40] Jang J, Chang M, Yoon H, et al. Chemical sensors based on highly conductive poly(3,4–ethylene–dioxythiophene) nanorods[J]. Advanced Materials, 2005, 17(13): 1616–1620.

[41] Wang X, Si Y, Wang J, et al. A facile and highly sensitive colorimetric sensor for the detection of formaldehyde based on electro-spinning/netting nano-fiber/nets[J]. Sensors Actuators B, 2012, 163(1): 186–193.

[42] 覃爱苗, 廖雷. 纳米技术及纳米材料在环境治理中的应用[J]. 中山大学学报: 自然科学版, 2004, 43(增刊): 225–228.

［43］杨健森. 纳米环保技术的发展现状与前景［J］. 科技通报，2002，18（4）：340–343.

［44］郑晓英，王翔. 三种主流的海水淡化工艺［J］. 净水技术，2016，35（6）：111–115.

［45］Berger T A. Supercritical fluid chromatography［J］. Analytical Chemistry，2008，80（12）：4285–4394.

［46］Park K S，Ni Z，Côté A，et al. Exceptional chemical and thermal stability of zeolitic imidazolate frameworks［J］. National Academy Sciences，2006，103（27）：10186–10191.

［47］Kareen Y，Aqel A. Fabrication of zeolitic imidazolate framework–8–methacrylatemonolith composite capillary columns for fast gas chromatographic separation of small molecules［J］. Journal of Chromatography A，2015，1406（2）299–306.

［48］Wang X，Daniels R. Recovery of VOCs from high–volume，streams［J］. American Institute of Chemical Engineers journal，2001，47（5）：1094–1100.

［49］Yang Q Y，Zhong C. Molecular simulation of carbon dioxide/methane/hydrogen mixture adsorption in metal–organic frameworks［J］. Physical Chemistry B，2006，110（36）：17776–17783.

［50］Arthur C L，Killam L M. Using solid–phase mircroextraction［J］. Environmental Science Technology，1992，26（5）：979–983.

［51］Vetcher A，Srinivasan S. Fractionation of SWNT/nucleic acid complexes by agarose gel electrophoresis［J］. Nanotechnology，2006，17（16）：4263–4269.

［52］Hong T，Gao X，Ji Y. Aggregation–induced emission rotors：rational design and tunable stimuli response［J］. Analytical Chemistry，2014，61（2）：29–39.

［53］Chan W C，Udugama B，Kadhiresan P，et al. Patients，here comes more nanotechnology［J］. American Chemical Society Nanotechnology，2016，10（9）：8139–8142.

［54］Sperling R，Parak W. Surface modification，functionalization and bioconjugation of colloidal inorganic nanoparticles［J］. Phiosophicall Transactions of the Royal Society A，2010，368（1945）：1333–1383.

［55］Grall R，Girard H，Saad L，et al. Impairing the radioresistance of cancer cells by hydrogenated nanodiamos［J］. Biomaterials，2015，61（10）：290–298.

［56］Zhang X，Yin J，Kang C，et al. Biodistribution and toxicity of nanodiamos in mice after intratracheal instillation［J］. Toxicology Letters，2010，198（2）：237–243.

［57］Yuan Y，Chen Y，Liu J H，et al. Biodistribution and fate of nanodiamos in vivo［J］. Diamond Related Materials，2009，18（1）：95–100.

［58］Rojas S，Gispert J D，Marti'n R，et al. Biodistribution of amino–functionalized diamomond nanoparticles. In vivo studies based on 18F radionuclide emission［J］. American Chemical Society Nanotechnology，2011，5（7）：5552–5559.

［59］Moore L，Yang J，Lan T T H，et al. Biocompatibility assessment of detonation nanodiamod in non–human primates and rats using histological，hematologic，and urine analysis［J］. American Chemical Society Nanotechnology，2016，10（8）：7385–7400.

［60］Lim D G，Jung J H，et al. Paclitaxel–nanodiamond nanocomplexes enhance aqueous dispersibility and drug retention in cells［J］. American Chemical Society Applied Materials Interfaces，2016，8（36）：23558–23567.

［61］Chow E K，Zhang X Q，Chen M，et al. Nanodiamond therapeutic delivery agents mediate enhanced chemoresistant tumor treatment［J］. Science Translational Medicine，2011，3（73）：21–23.

［62］Wang X，Low X C，Hou W，et al. Epirubicin–adsorbed nanodiamonds kill chemoresistant hepatic cancer stem cells［J］. American Chemical Society Nanotechnology，2014，8（12）：12151–12166.

［63］Gorman C M，Merlino G T，Willingham M C，et al. The Rous sarcoma virus long terminal repeat is a strong promoter when introduced into a variety of eukaryotic cells by DNA–mediated transfection［J］. Proceedings of National Academy of Sciences，1982，79（2）：6777–6781.

［64］Zabner J，Fasbender A J，Moninger T，et al. Cellular and molecular barriers to gene transfer by a cationic lipid［J］. Biological Chemistry，1995，270（32）：18997–19007.

［65］Huo S，Jin S，Ma X，et al. Ultrasmall gold nanoparticles as carriers for nucleus–based gene therapy due to size–dependent nuclear entry［J］. American Chemical Society Nanotechnology，2014，8（6）：5852–5862.

［66］Wang C，Ding C，Kong M，et al. Tumor–targeting magnetic lipoplex delivery of short hairpin RNA suppresses IGF–1R overexpression of lung adenocarcinoma A549 cells in vitro and in vivo［J］. Biochemical and Biophysical Research Communicatin，2011，410（3）：537–542.

［67］Marti'n R，Alvaro M. Fenton–treated functionalized diamond nanoparticles as gene delivery system［J］. American Chemical Society Nanotechnology，2010，4（1）：65–74.

［68］Chu Z，Zhang S，Zhang B，et al. Unambiguous observation of shape effects on cellular fate of nanoparticles［J］. Scientific Report，2014，4（6）：4495–4496.

［69］Lim Y H，Tiemann K M，Heo G S，et al. Preparation and in vitro antimicrobial activity of silver–bearing degradable polymeric nanoparticles of olyphosphoester–block–poly（L–lactide）［J］. American Chemical Society Nanotechnology，2015，9（2）：1995–2008.

［70］Chan J C N，Zhang Y，Ning G. Diabetes in China：a societal solution for a personal challenge［J］. Lancet Diabetes Endocrinol，2014，2（12）：969–979.

［71］Lin L，Yan J，Li J. Small–molecule triggered cascade enzymatic catalysis in hour–glass shaped nanochannel reactor for glucose monitoring［J］. Analytical Chemistry，2014，86（21）：10546–10551.

［72］Wang F F，Zhang Y W，Liang W X，et al. Non–enzymatic glucose sensor with high sensitivity based on Cu–Al layered double hydroxides［J］. Sensors and Actuators B：Chemical，2018，273：41–47.

［73］Baghayeri M，Zare E N，Lakouraj M M. Novel superparamagnetic PFu@ Fe_3O_4 conductive nanocomposite as a suitable host for hemoglobin immobilizationSens［J］. Sensors and Actuators B：Chemical，2014，202：1200–1208.

［74］Yagati A K，Lee T，Min J，et al. An enzymatic biosensor for hydrogen peroxide based on CeO_2 nanostructure electrodeposited on ITO surface［J］. Biosensors and Bioelectronics，2013，47：385–390.

［75］Wua Z L，Sun L P，Zhou Z，et al. Efficient nonenzymatic H_2O_2 biosensor based on ZIF–67 MOF derived conanoparticles embedded N–doped mesoporous carbon compositesSens［J］. Sensors and Actuators B：Chemical，2018，276：142–149.

76

［76］Zhou Y X, Chen Y Z, Cao L, et al. Conversion of a metal-organic framework to N-doped porous carbon incorporating Co and CoO nanoparticles: direct oxidation of alcohols to esters［J］. Chemical Communications, 2015, 51(39): 8292-8295.

［77］Sun C L, Lee H H, Yang J M, et al. The simultaneous electrochemical detection of ascorbic acid, dopamine, and uric acid using graphene/size-selected Pt nanocomposites［J］. Biosensors and Bioelectronics, 2011, 26(8): 3450-3455.

［78］Fu Y Q, Zhang Y, Zheng S L, Jin W. Bifunctional electrochemical detection of organic molecule and heavy metal at two-dimensional Sn-In$_2$S$_3$ nanocomposite［J］. Microchemical Journal, 2020, 159: 105454.

［79］Furukawa H, Cordova K E, O'Keeffe M, et al. The chemistry and applications of metal-organic frameworks［J］. Science, 2003, 341(6149): 1230444.

［80］Cui Y, Chen F, Yin X B. A ratiometric fluorescence platform based on boric-acid-functional Eu-MOF for sensitive detection of H$_2$O$_2$ and glucose［J］. Biosensors and Bioelectronics, 2019, 135, 208-209.

［81］Tan H, Liu B, Chen Y. Lanthanide coordination polymern nanoparticles for sensing of mercury(Ⅱ) by photoinduced electron transfer［J］. ACS Nano, 2012, 6(12): 10505-10511.

［82］Liu B, Chen Y. Responsive lanthanide coordination polymer for hydrogen sulfide［J］. Analytical Chemistry, 2013, 85(22): 11020-11025.

［83］Deng J, Yu P, Wang Y, et al. Real-time ratiometric fluorescent assay for alkaline phosphatase activity with stimulus responsive infinite coordination polymer nanoparticles［J］. Analytical Chemistry, 2015, 87(5): 3080-3086.

［84］Mahapatra T S, Dey A, Singh H, et al. Two-dimensional lanthanide coordination polymer nanosheets for detection of FOX-7［J］. Chemical Science, 2020, 11(4): 1032-1042.

［85］Cui Y, Zhang J, He H, et al. Photonic functional metal-organic frameworks［J］. Chemical Society Reviews, 2018, 47(15): 5740-5785.

［86］Gao R R, Shi S, Li Y J, et al. Coordination polymer nanoparticles from nucleotide and lanthanide ions as a versatile platform for color-tunable luminescence and integrating Boolean logic operations［J］. Nanoscale, 2017, 9(27): 9589-9597.

［87］Pu F, Wu L, Ju E, et al. Artificial light-harvesting material based on self-assembly of coordination polymer nanoparticles［J］. Advanced Functional Materials, 2014, 24(28): 4549-4555.

［88］Tumpa G, Wolfgang S, Thorfinnur G. Highlights of the development and application of luminescent lanthanide based coordination polymers, MOFs and functional nanomaterials［J］. Dalton Transactions, 2021, 50(3): 770-784.

［89］Ma B, Wu Y, Zhang S, et al. Terbium-aspartic acid nanocrystals with chirality-dependent tunable fluorescent properties［J］. ACS Nano, 2017, 11(2): 1973-1981.

［90］Cadiau A, Brites C D S, et al. Ratiometric nanothermometer based on an emissive Ln^{3+}-organic framework［J］. ACS Nano, 2013, 7(8): 7213-7218.

［91］Wang Z, Ananias D, Carné-Sánchez A, et al. Lanthanide-organic framework nanothermometers prepared by spray-drying［J］. Advanced Functional Materials, 2015, 25(19): 2824-2830.

［92］Lian X, Zhao D, Cui Y, et al. A gadolinium(Ⅲ) zeolite-like metal-organic-framework-based magnetic resonance thermometer［J］. Chemical Communications, 2015, 51(6): 17676-17679.

［93］Purbia R, Paria S. Yolk/shell nanoparticles: classifications, synthesis, properties, and applications［J］. Nanoscale, 2015, 7(47): 19789-19873.

［94］Singamaneni S, Bliznyuk V N, Binek C, et al. Magnetic nanoparticles: recent advances in synthesis, self-assembly and applications［J］. Journal of Materials Chemistry, 2011, 21(42): 16819-16845.

［95］Duan M, Shapter J G, Qi W, et al. Recent progress in magnetic nanoparticles: synthesis, properties, and applications［J］. Nanotechnology, 2018, 29(45): 452001-452018.

［96］Xu W, Butt S, Zhu Y C, et al. Nanoscale heterogeneity in thermoelectrics: the occurrence of phase separation in Fe-doped Ca$_3$Co$_4$O$_9$［J］. Physical Chemistry Chemical Physics, 2016, 18(21): 14580-14587.

［97］Zhao W Y, et al. Superparamagnetic enhancement of thermoelectric performance［J］. Nature, 2017, 549: 247-251.

［98］Wang F X, Wu X G, Li C Y, et al. Nanostructured positive electrode materials for post-lithium ion batteries［J］. Energy Environmental Science, 2016, 9(12): 3570-3611.

［99］Wu C Z, Yin P, Zhu X, et al. Synthesis of hematite(α-Fe$_2$O$_3$)nanorods: diameter-size and shape effects on their applications in magnetism, lithium ion battery, and gas sensors［J］. The Journal of Physical Chemistry B, 2006, 110(36): 17806-17812.

［100］Rahman M M, Wang J Z, et al. Hydrothermal synthesis of nanostructured Co$_3$O$_4$ materials under pulsed magnetic field and with an aging technique, and their electrochemical performance as anode for lithium-ion battery［J］. Electrochim Acta, 2009, 55(2): 504-510.

［101］Zhou G M, Wang D W, Li F, et al. Graphene-Wrapped Fe$_3$O$_4$ Anode Material with Improved Reversible Capacity and Cyclic Stability for Lithium Ion Batteries［J］. Chemistry of Materials, 2010, 22(18): 5306-5313.

［102］Wu Z S, Ren W C, Wen L, et al. Graphene anchored with Co$_3$O$_4$ nanoparticles as anode of lithium Ion batteries with enhanced reversible capacity and cyclic performance［J］. ACS Nano, 2010, 4(6): 3187-3194.

［103］Zhu X J, Zhu Y W, Murali S, et al. Nanostructured reduced graphene oxide/Fe$_2$O$_3$ composite as a high-performance anode material for lithium ion batteries［J］. ACS Nano, 2011, 5(4): 3333-3338.

［104］He C N, Wu S, Zhao N Q, et al. Carbon-encapsulated Fe$_3$O$_4$ nanoparticles as a high-rate lithium ion battery anode material［J］. ACS Nano, 2013, 7(5): 4459-4469.

［105］Tietze R, Zaloa J, Unterweger H, et al. Magnetic nanoparticle-based drug delivery for cancer therapy［J］. Biochemical and Biophysical Research Communications, 2015, 468(3): 463-470.

［106］Kumar A, Jena P K, Behera S, et al. Multifunctional magnetic nanoparticles for targeted delivery［J］. Nanomedicine: Nanotechnology, Biology and Medicine, 2010, 6(1): 64-69.

［107］Wang G N, Zhang X J, Skallberg A, et al. One-step synthesis of water-dispersible ultra-small Fe$_3$O$_4$ nanoparticles as contrast agents for T$_1$ and T$_2$ magnetic resonance imaging［J］. Nanoscale, 2014, 6(5): 2953-2963.

［108］Zhou Z G, Sun Y N, Shen J C, et al. Iron/iron oxide core/shell nanoparticles for magnetic targeting MRI and near-infrared photothermal therapy［J］. Biomaterials, 2014, 35(26): 7470-7478.

[109] Fukuda K, Takeda Y, Yoshimura Y, et al. Fully-printed high-performance organic thin-film transistors and circuitry on one-micron-thick polymer films[J]. Nature Communications, 2014, 5(4147): 1-8.

[110] Buzea C, Pacheco I I, Robbie K. Nanomaterials and nanoparticles: Sources and toxicity[J]. Biointerphases, 2007, 2(4): MR17-MR71.

[111] Abulikemu M, Da'as E H, Haverinen H, et al. In situ synthesis of self-assembled gold nanoparticles on glass or silicon substrates through reactive inkjet printing[J]. Angewandet Chemie, 2014, 126(2): 430-433.

[112] Gao M, Li L, Song Y. Inkjet printing wearable electronic devices[J]. Journal Materials Chemistry C, 2017, 5(12): 2971-2993.

[113] Jung I, Jo Y H, Kim I, et al. A simple process for synthesis of Ag nanoparticles and sintering of conductive ink for use in printed electronics[J]. Journal of Electronic Materials, 2012, 41(783): 115-121.

[114] Ahn B Y, Duoss E B, Motala M J, et al. Omnidirectional printing of flexible, stretchable, and spanning silver microelectrodes[J]. Science, 2009, 323(5921): 1590-1593.

[115] Yang X, He W, Wang S, et al. Effect of the different shapes of silver particles in conductive ink on electrical performance and microstructure of the conductive tracks[J]. Journal of Materials Science: Materials in Electronics, 2012, 23: 1980-1986.

[116] Kwon Y-T, Yune S-J, Song Y, et al. Green manufacturing of highly conductive Cu_2O and Cu nanoparticles for photonic-sintered printed electronics[J]. ACS Applied Electronic Materials, 2019, 1(10): 2069-2075.

[117] Lee P, Lee J, Lee H, et al. Highly stretchable and highly conductive metal electrode by very long metal nanowire percolation network[J]. Advance Materials, 2012, 24(25): 3326-3332.

[118] Wiley B, Sun Y, Xia Y. Synthesis of silver nanostructures with controlled shapes and properties[J]. Accounts of Chemical Research, 2007, 40(10): 1067-1076.

[119] Da Silva R R, Yang M, et al. Facile synthesis of sub-20 nm silver nanowires through a bromide-mediated polyol method[J]. ACS Nano, 2016, 10(8): 7892-7900.

[120] Kim M J, Alvarez S, Yan T, et al. Modulating the growth rate, aspect ratio, and yield of copper nanowires with alkylamines[J]. Chemistry of Materials, 2018, 30(8): 2809-2818.

[121] Mortimer R J, Dyer A L, Reynolds J R. Electrochromic organic and polymeric materials for display applications[J]. Displays, 2006, 27(1): 2-18.

[122] Dong D, Wang W, Rougier A, et al. Life-cycling and uncovering cation-trapping evidence of a monolithic inorganic electrochromic device: glass/ITO/WO_3/$LiTaO_3$/NiO/ITO[J]. Nanoscale, 2018, 10(35): 16521-16530.

[123] Lee S H, Deshpande R, Parilla P A, et al. Crystalline WO_3 nanoparticles for highly improved electrochromic applications[J]. Advance Materials, 2006, 18(6): 763-766.

[124] Zhang S, Cao S, Zhang T, et al. Monoclinic oxygen-deficient tungsten oxide nanowires for dynamic and independent control of near-infrared and visible light transmittance[J]. Materials Horizons, 2018, 5(2): 291-297.

[125] Azam A, Kim J, Park J, et al. Two-dimensional WO_3 nanosheets chemically converted from layered WS_2 for high-performance electrochromic devices[J]. Nano Letters, 2018, 18(9): 5646-5651.

[126] Tian Y, Zhang W, Cong S, et al. Unconventional aluminum ion intercalation/deintercalation for fast switching and highly stable electrochromism[J]. Advanced Functional Materials, 2015, 25(36): 5833-5839.

[127] Kerszulis J A, Johnson K E, Kuepfert M, et al. Tuning the painter's palette: subtle steric effects on spectra and colour in conjugated electrochromic polymers[J]. Journal of Materials Chemistry C, 2015, 3(13): 3211-3218.

[128] Erro E M, Baruzzi A M, Iglesias R A. Fast electrochromic response of ultraporous polyaniline nanofibers[J]. Polymer, 2014, 55(10): 2440-2444.

[129] Dehmel R, Nicolas A, Scherer M R J, et al. 3D nanostructured conjugated polymers for optical applications[J]. Advance Functional Materials, 2015, 25(44): 6900-6905.

[130] Bera M K, Mori T, Yoshida T, et al. Construction of coordination nanosheets based on tris(2, 2'-bipyridine)-iron(Fe^{2+}) complexes as potential electrochromic materials[J]. ACS Applied Materials & Interfaces, 2019, 11(12): 11893-11903.

[131] Wang Y C, Lu H C, Hsiao L Y, et al. A complementary electrochromic device composed of nanoparticulated ruthenium purple and Fe(II)-based metallo-supramolecular polymer[J]. Solar Energy Materials and Solar Cells, 2019, 200(15): 109929.

[132] Li Z J, Shao J Y, et al. Nanocrystalline Sb-doped SnO_2 films modified with cyclometalated ruthenium complexes for two-step electrochromism[J]. Dalton Transactions, 2019, 48(6): 2197-2205.

第 3 章　稀土纳米材料

稀土纳米材料，是指稀土金属、过渡金属及其合金纳米材料，属于功能材料的范畴。由于稀土具有特殊的电子结构、光学特性和磁学特性，因此它们成为制备纳米光电子器件、光催化材料、磁记录材料等功能材料的重要基础。同时，稀土纳米材料还具有价格低廉、资源丰富、可再生等优点，是一种有着广阔应用前景的新型材料。在稀土纳米材料中，可以根据其应用和性质进行分类，主要有以下几种类型：

稀土发光材料：是由稀土 4f 电子在不同能级间跃出而产生的，能在受激发后发射特定波长的光。这类材料在纳米光电子器件和光催化材料中具有重要作用，能够改变物质的发光性能。

稀土磁性材料：以稀土金属为原料，是通过特定工艺技术制备的磁性材料。这类材料在磁记录材料、磁性存储器和磁存储器件等电子信息技术产品中扮演关键角色，是发展信息技术的不可缺少部分。

稀土储氢材料：具有储氢量高、无毒、无腐蚀性和良好安全性等优点，是新一代高容量储氢材料，有着广阔的应用前景。

稀土合金：是指稀土元素与其他元素经过合适工艺制备而成的金属材料，具有优良的物理性能，例如高磁导率、高硬度、低密度、高熔点等，在电子、信息技术、新能源汽车等高新技术产业领域得到广泛应用。

稀土陶瓷：是在陶瓷基体中掺入稀土元素的陶瓷材料，也称为稀土氧化物陶瓷或稀土永磁材料。其性能和应用主要取决于稀土元素的品种、质量、粒度以及在陶瓷中的含量和分布。

3.1　稀土元素

稀土元素是由 17 种元素组成的，包括镧（La）、铈（Ce）、镨（Pr）、钕（Nd）、钷（Pm）、钐（Sm）、铕（Eu）、钆（Gd）、铽（Tb）、镝（Dy）、钬（Ho）、铒（Er）、铥（Tm）、镱（Yb）、镥（Lu）、钪（Sc）和钇（Y）。稀土金属一般较软，具有可煅性和延展性，在高温下呈粉末状，且反应性尤为强烈。这组金属具有极强的化学活性，对氢、碳、氮、氧、硫、磷和卤素具有很高的亲和力，在空气中容易被氧化。尤其是重稀土元素钪和钇在室温下表面容易形成氧化保护层，因此一般将稀土金属保存在煤油中，或放置于真空和充满氩气的密封容器中，以防止其受到氧化。

稀土元素可以分为轻稀土和重稀土两大类，主要以稀土氧化物的形式存在。全球稀土资源储量中，中国、俄罗斯、美国、澳大利亚等国家位居前列。稀土在石油、化工、冶金、纺织、陶瓷玻璃、永磁材料等领域得到广泛应用，因其在这些领域的重要作用，被誉为"工业味精""工业维生素"和"新材料之母"。稀土被视为珍贵的战略金属资源，对许多高新技术产业的发展起着至关重要的作用。

3.2 稀土上转换发光材料

3.2.1 上转换发光材料简介

荧光是指一些敏感原子(或分子)在外部刺激(如光吸收、机械作用、化学反应等)下，从激发态中发射电磁辐射(光)的过程。光致发光是荧光的一种，它指的是物质在吸收特定波长的光子(如紫外光或可见光)后，经过短暂的时间间隔，辐射出具有不同波长的光。通常情况下，光致发光遵循斯托克斯定律，即发出的荧光波长应该比入射光的波长长，这称为"下转换发光"。然而，在某些情况下，发出的荧光波长可能比入射光短，产生比入射波长更高能量的光，这被称为"反斯托克斯发光"或"上转换发光(Up Conversion Luminescent, UCL)"。

上转换发光最早是由美国科学家 Bloembergen 提出的，后来在 20 世纪 60 年代由 John Porter 进行证明。它是一种非线性光学过程，通过多个低能量光子在长寿命中间能态的连续吸收，最终导致高能量光子的发射。近几十年来，已经报道了各种上转换发光的纳米粒子，包括稀土掺杂的上转换纳米粒子、碳量子点、石墨烯量子点、CdSe 和 CdS 纳米粒子、CdSe/InP 胶体纳米颗粒、PbSe/CdSe/CdS 异质结构等。

在这些上转换纳米粒子中，稀土掺杂的上转换纳米粒子由于其独特的理化性质而受到广泛关注。例如，半导体量子点的荧光发射与颗粒大小密切相关，而稀土掺杂的上转换纳米粒子的发射荧光受颗粒大小的影响较小。此外，稀土元素(稀土离子)的电子结构为 $[Xe]4f^n5s^25p^6(n=0\sim14)$，这表明 4f 电子受到外部 5s 和 5p 电子的严重屏蔽，因此 4f 到 4f 或 4f 到 5d 电子跃迁几乎不受周围环境的影响。所以，稀土掺杂的上转换纳米粒子具有能级高、荧光发射寿命长和带宽窄等出色的光谱特性[1]。所以，稀土掺杂的上转换纳米粒子对光闪烁和光漂白的抵抗力也更高[2]。由于这些独特的优势，稀土掺杂的上转换纳米粒子已广泛应用于生物成像[3]、生物传感[4]、光伏器件和光化学反应[5]等领域中。

此外，稀土掺杂的上转换纳米粒子通常可以被近红外光激发。例如，Yb^{3+} 敏化的上转换纳米粒子可以被 980nm 激光激发，而 Nd^{3+} 敏化的上转换纳米粒子可以被 808nm 激光激发。使用近红外光激发上转换纳米粒子中的光致发光，可以在生物学问题上实现更深的渗透深度，并可以进行非侵入性光疗。此外，与紫外线或可见光相比，近红外光的能量要低得多，这对生物样品的损害较小，并且从生物学背景产生的自发荧光较弱。

在过去的几年里，人们提出了各种新的合成方法来优化上转换发射，包括优化上转换纳米粒子的 3D 形貌[6]、介电超透镜介导法[7]、限制激发能迁移[8]、染料敏化策略[9]等。同时，上转换纳米粒子也已开始应用于一些新领域，例如超分辨率成像[10]、医学应用[11]、哺乳动物的近红外图像视觉[12]等新兴领域。

3.2.2 目前常见的合成方案

已经提出了各种方法来合成具有可控尺寸、形状、形貌以及高发光效率的稀土掺杂的上转换纳米粒子。到目前为止，热分解、水(溶剂)热、化学共沉淀是合成上转换纳米粒子的常用方法。

3.2.2.1 热分解法

热分解作为高质量合成纳米颗粒的最有效方法之一，指的是将金属有机前体溶解在高沸点有机溶剂中，然后在高温下分解。

常用的金属有机前体是稀土有机化合物，例如三氟乙酸盐、油酸酯、乙酸盐等。溶解金属有机前体的有机溶剂通常使用油酸和1-十八烯的混合物制成，有时也会加入油胺。在这些有机溶剂中，1-十八烯由于其高沸点(>300℃)，可以为反应提供高温环境，而油酸和油胺表面的长烷基链可有效防止纳米晶体在反应过程中聚集，因此油酸和油胺常被用作配位溶剂和表面活性剂。

目前的研究结果表明，可通过在油酸和十八烯存在下对 $La(CF_3COO)_3$ 前体进行热分解来制备单晶和单分散的 LaF_3 纳米板[13]。这种合成方法已被广泛用于合成高质量的上转换发光纳米晶体[14,15]，例如 $NaYF_4$、$LiYF_4$、$NaGdF_4$ 和 $NaLuF_4$。在这些研究中，稀土三氟乙酸盐 $RE(CF_3COO)_3$ 被用作可在热分解时同时提供 RE 和 F^- 离子的前体。然而，三氟乙酸盐在高温下的热分解会产生有毒的氟化碳和氧氟化碳，存在一定的安全隐患。

近年来，人们通过改变反应温度、反应时间、添加剂、配体等因素，控制热分解反应，实现了纳米晶的可控合成[16]。相关研究表明 $NaYF$：Yb、Er/Tm 上转换纳米粒子的形态可以通过不同的油酸/1-十八烯比值来控制。实验表明，随着油酸/1-十八烯比值增加到一定值以上，获得的上转换纳米粒子的形状从球状变为棒状，粒径减小，长径比增加，这是因为当添加更多的油酸分子时，单体附着在有核种子上的机会可能会减少。如图 3.1 所示，R、T、F 和 RE 代表不同的反应条件，R=0 和 R=1 分别代表油酸根阴离子和油酸分子的低比率和高比率；T=0 和 T=1 分别代表290℃和310℃的温度；F=0 和 F=1 分别代表不存在和存在 F^- 离子源；RE 代表稀土离子源。

尽管热分解法已成为合成具有高结晶度、均一尺寸和可调整形态的上转换纳米粒子的常用方法，但它仍存在两个缺点：①它通常需要较高的反应温度(>300℃)以及无氧或无水的反应环境，并且需要多个真空抽气和气体吹扫过程；②在水热分解方法中产生的纳米晶体通常表面被油酸或油胺覆盖，导致纳米晶体水溶性较差。

3.2.2.2 水(溶剂)热合成法

水(溶剂)热合成法是指温度为 100~1000℃、压力为 1MPa~1GPa 条件下利用水溶液中物质化学反应所进行合成的方法。在亚临界和超临界水热条件下，由于反应处于分子水平，反应活性提高，因而水热反应可以替代某些高温固相反应。借助原料(反应物)在高温和高压下的高溶解度和反应活性的优势，水热合成已成为一种合成具有可调节形态和结构的单分散纳米粒子的简单有效的方法。在典型的水热合成过程中，稀土类物质(例如氯化稀土、硝酸盐和乙酸稀土)可作为稀土源。各种氟化物(例如 HF、NH_4F、NaF、NH_4HF_2、$NaBF_4$ 和 HF)用作氟化物前体，以合成 REF_3 或 $MREF_4$(M=碱金属)化合物。如图 3.2 所示，通过改

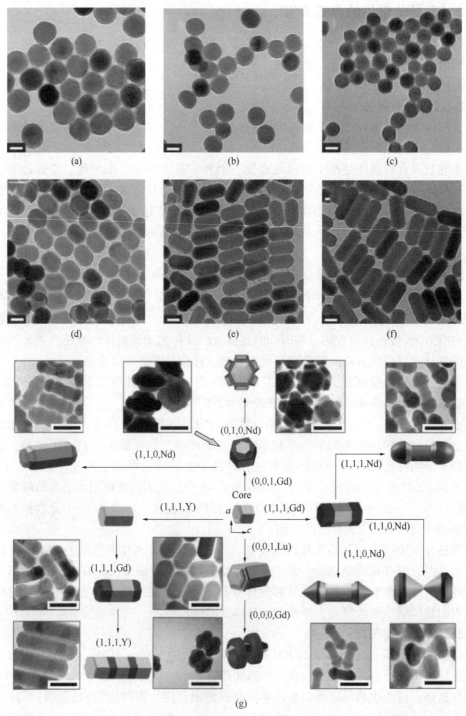

图 3.1　油酸和 1-十八烯的各种比例下 (a) 2∶19、(b) 4∶17、(c) 6∶15、(d) 10.5∶10.5、
(e) 15∶6 和 (f) 17∶4) 合成的 β-NaYF₄∶Yb、Er 上转换发光纳米颗粒的 TEM 图像，
(g) 反应条件及反应产物[16]

变 RE 和 F 摩尔比、pH 值、氟化物前体来源，调整 OH⁻ 浓度或加入配体试剂，如柠檬酸[17]、乙二胺四乙酸（EDTA）[18]、十六烷基三甲基溴化铵（CTAB）[19]和油酸[20]等，以实现可控合成纳米颗粒。

图 3.2　（a，b）分别具有（a）1∶8 和（b）1∶10 的 RE^{3+}/EDTA 的 $BaYF_5$的 TEM 和 SEM 图像，（c，d）分别在 pH=3 和 pH=5 下使用 NaF 作为氟化物源的 $NaYF_4$的 FESEM 图像，（e，f）分别用 1.00g 和 1.25g NaOH 合成的 β-$NaYF_4$：Yb^{3+}、Er^{3+}纳米晶体的 TEM 图像

迄今为止，水（溶剂）热过程中合成纳米晶体的常用方法是液固相（LSS）相转移-分离法。如图 3.3（a）所示，系统中形成了三相溶液：固相（亚油酸钠）、液相（乙醇和亚油酸）和

溶液相(包含金属离子的水/乙醇溶液)。以基于 LSS 模型合成 $NaYF_4$ 纳米晶体为例,当 $H_2O/EtOH$ 溶液相中的 RE 离子通过固/溶液相中的离子交换迁移至固相时,RE 离子和 F^- 离子共沉淀形成 $NaYF_4$ 纳米颗粒。同时,由于 $NaYF_4$ 纳米颗粒的质量较大和它们的疏水表面,$NaYF_4$ 纳米粒子主要分布在反应容器的底部。目前通过水热法已经合成了各种稀土掺杂的纳米晶体,例如 $NaYbF_4$、$NaYF_4$,碳包覆的 $NaLuF_4$、$NaGdF_4$、CaF_2、LnF_3($Ln = La$,Ce,Pr)等。研究人员还通过水热合成法合成了双色带的 β-$NaYF_4$ 微棒,其尖端掺杂有不同的活化剂,如图 3.3(b)所示。

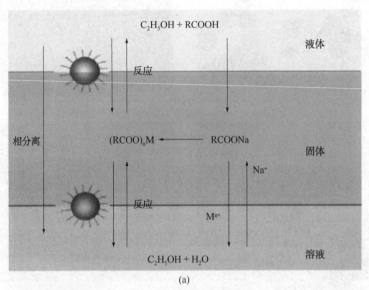

(a)

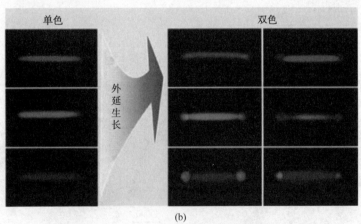

(b)

图 3.3 (a)液固固相转移合成方案;
(b)水热合成尖端掺杂有不同活化剂的双色带 β-$NaYF_4$ 微纳米棒

3.2.2.3 其他合成方法

化学共沉淀法是另外一种合成上转换纳米颗粒的简便方法,与其他技术不同,共沉淀法不需要严格的反应环境,因而逐渐引起了越来越多的关注。最新的研究实现了在 80℃ 的低温下通过共沉淀法合成晶体 $NaYF_4$:Yb、Pr 上转换纳米粒子。但化学共沉淀法也有缺陷,尽管这种方法可以在非常低的温度下合成纳米粒子，但它需要24h才能获得具有α相的纳米晶体，花费长达10天的时间才能获得β相。此外，化学共沉淀法合成的纳米晶体尺寸较大，通常产生从亚微米至微米的宽尺寸分布的纳米晶体。

3.2.3 材料优化方法

尽管上转换纳米粒子比其他荧光同类产品有许多优势，但上转换纳米粒子的发光效率仍然较差，这主要是由于上转换纳米粒子的吸收效率低，表面缺陷不可忽略，浓度猝灭等。因此，近年来，已经提出了多种改进方法例如修复表面缺陷，限制能量迁移等以改善上转换粒子的发光性能。

3.2.3.1 染料敏化方法

上转换纳米粒子的实际应用存在很多限制：一是因为它们的吸收截面极低；二是上转换纳米粒子在近红外区域的吸收带很窄。研究指出，常见的β-NaYF$_4$：Yb、Er上转换纳米粒子在975nm处的消光系数仅为$7 \times 10^{-5} \mathrm{g}^{-1}/\mathrm{cm}$，比商用花青染料IR-806在806nm处的消光系数小约5×10^6倍[21]。鉴于这种现象，研究人员研发了敏化材料，其中IR-806染料充当了一种天线，有效地吸收了800nm近红外光子，然后通过共振能量转移过程将激发能转移到Yb^{3+}离子的^{2}F$_{5/2}$能级。由于增加的光学截面和吸收带宽，染料敏化的β-NaYF$_4$：Yb、Er上转换纳米粒子的发射比未敏化的纳米粒子的发射显著增加了约3300倍。

后续，相关研究提出了能量级联上转换（ECU）的概念，能量级联上转换材料一般由外延核/壳上转换纳米粒子和附着在上转换纳米粒子表面的近红外染料组成。ECU机制包括以下步骤：首先，近红外染料收集激发光，然后穿过有机/无机表面传递到壳中的第一个敏化剂（离子Ⅰ），接着穿过核/壳界面传递到第二个敏化剂（离子Ⅱ），最终到达核心的活化剂（离子Ⅲ）以实现上转换发光，如图3.4（a）所示。由于近红外染料和两种类型的敏化剂的能级在较小的能隙之间分层排列，因此使供体发射和受体吸收之间存在最大重叠，这使得上转换量子效率达到了19%，约为传统的稀土掺杂上转换纳米粒子的100倍。

研究人员设计了一种基于核/壳/壳（CSS）上转换纳米粒子的有机-无机杂化材料，在纳米晶体表面上带有机吲哚氰绿（ICG）染料[22]。由于ICG染料壳中的增感剂将能量定向传递到核心中的发射源，导致了这种杂化材料在近红外-Ⅱ区（1000~1700nm）产生的发射强度增加了4倍，并且具有广泛的激发性（光谱范围为700~860nm），如图3.4（b）所示。据报道，染料敏化显著提高了不同尺寸的上转换纳米粒子的上转换量子产率，对于研究的最小颗粒（直径为10.9nm），其增幅最高达到10倍。通过用荧光染料敏化发射来增强上转换性能的方法突显了提高稀土掺杂上转换纳米粒子辐射速率的重要性，这将会为全新结构的上转换纳米粒子复合材料的设计提供更好的思路。

3.2.3.2 最小化浓度淬火方法

从单个上转换纳米粒子晶体的微观结构角度来看，通常包含数千种光子敏化剂和数百种光子活化剂，因此，理论上增加上转换纳米粒子中敏化剂和活化剂的浓度可以提高上转换发光的亮度和效率。然而，当掺杂剂浓度超过一定阈值时，进一步增加掺杂剂浓度会导致发光猝灭。当前，有两种常见的模型来解释浓度猝灭的起源：一种是增强的能量迁移到表面缺陷[23]，另一种是掺杂离子之间的有害交叉弛豫[24]。由于存在"浓度猝灭"效应，以

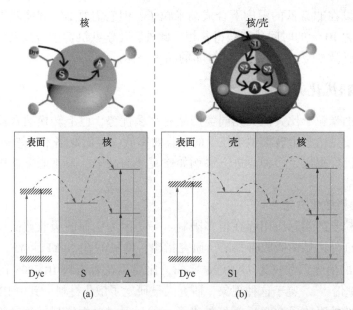

图3.4　（a）染料敏化纯核纳米晶；（b）染料敏化核/壳结构纳米晶[22]

（Dye为染料，S、S₁为增感剂，A为发射源）

典型的 Yb³⁺为例，其敏化剂浓度通常约为 20%（摩），而活化剂的浓度通常限制为 0.5%～5%（摩）。因此，开发减轻敏化剂和发射体离子上转换发光的浓度猝灭阈值的方法对于获得更亮的上转换纳米粒子并扩大其实际应用至关重要。

目前主要存在以下几种方法：

1）抑制表面相关的淬灭：众所周知，上转换纳米粒子表面存在许多淬灭中心，例如缺陷、配体和具有高能振动的溶剂分子。因此，克服浓度猝灭的最常见方法之一是设计核/壳结构，以足够厚度的惰性壳钝化发光核的表面。

2）消除有害的交叉松弛：交叉松弛指的是发光（激发）离子将其能量转移到相邻离子上，从而导致发光强度急剧降低。特别是，由于大多数稀土离子具有丰富的能态，在稀土掺杂的纳米晶体中，不同类型的掺杂剂之间更容易发生交叉弛豫。此外，交叉弛豫是两个离子之间的库仑相互作用，这种相互作用主要取决于离子与离子的距离[25]。这就是为什么在低掺杂浓度下可以忽略交叉弛豫的原因，但是当离子与离子间距为纳米级别或更小时，必须考虑高掺杂浓度下的交叉弛豫。因此消除高掺杂浓度下交叉弛豫过程的有害影响的方法之一是在空间上分离稀土离子并扩大掺杂剂与掺杂剂的距离。

3.2.3.3　限制能量迁移方法

尺寸调控已经被证明是调变上转换发光纳米材料能量迁移的有效途径。目前，相关领域的研究人员已经研发了一种通过控制晶格尺寸来调节 NaYbF₄晶格中能量迁移的方法[26]。如图3.5（a）所示，通过逐层外延生长过程合成了 NaYF₄@NaYbF₄：Tm@NaYF₄核-壳-壳纳米粒子，这种结构可以有效限制在 NaYbF₄内壳中的激发能的迁移。由于纳米壳内激发能的空间限制，可以有效避免激发能的长距离迁移，并降低 Yb 亚晶格可及的缺陷数量。当活性 NaYbF₄内壳的厚度从 17nm 减小到 1nm 时，Yb³⁺离子的寿命显著延长，这表明对主体晶格的能量损失得到了极大的抑制。如图3.5(b)所示，通过模拟NaYbF$_4$壳层中激发能的概率分布函数，发现随着内壳层厚度的减小，激发能被限制在一个较小的区域内，降低了激发能与缺陷耦合的可能性。

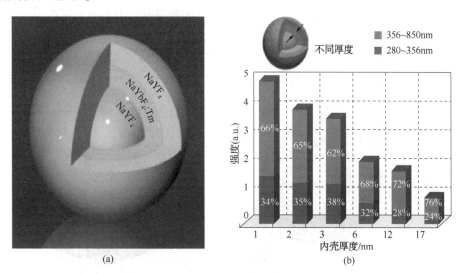

图3.5　(a)NaYF$_4$@ NaYbF$_4$：Tm@ NaYF$_4$核-壳-壳纳米粒子的示意图；
(b)上转换发射强度与内壳厚度的关系[26]

3.2.3.4　增强上转换发光的其他方法

（1）构建活性核心或活性外壳

增强上转换发射的最常用方法之一是构建核壳结构。在大多数情况下，壳是惰性的，主要是保护核中的发光离子免受表面缺陷以及溶剂和表面结合配体的振动失活的影响。近年来，已经提出了开发活性核/活性壳纳米体系结构的新方法，以增强上转换纳米粒子中的上转换发射。与传统的活性核/惰性壳结构相比，掺杂壳（通常是Yb^{3+}或Nd^{3+}掺杂）可作为敏化剂，并将吸收的激发光转移到发光核。此外，在活性核/活性壳结构中，核和壳中的敏化剂在空间上是分开的，由于较高的敏化剂浓度和降低了的浓度依赖性猝灭作用，有效提高了激发光的吸收率。研究人员通过在核心上涂覆20% Yb^{3+}掺杂的NaGdF$_4$壳（"活性壳"），大大增强了NaGdF$_4$：Yb、Er上转换纳米粒子的上转换发射，如图3.6(a)所示。发现活性核/活性壳的绿色（红色）发射比活性核/惰性壳上转换纳米粒子的绿色（红色）强3倍，比纯核上转换纳米粒子的绿色（红色）强13~20倍。

（2）耦合表面等离子体共振

耦合表面等离子体共振是指当光线入射到由贵金属构成的纳米颗粒上时，如果入射光子频率与贵金属纳米颗粒或金属传导电子的整体振动频率相匹配，纳米颗粒或金属会对光子能量产生很强的吸收作用，就会发生局域表面等离子体共振（LSPR）的现象，这时会在光谱上出现一个强的共振吸收峰[27]。由于金和银纳米的局域等离子体共振，它们已被广泛用于改善材料的上转换发射性能。例如，研究人员使用银纳米线增强NaYF$_4$：Yb、Er纳米晶体的上转换发射性能，这使得红色和绿色上转换发射的强度分别提高了3.7和2.3倍[28]。当前，已经提出了一些模型来解释由金属纳米结构的LSPR效应引起的上转换发射的增强的机理：首先，由于光通量与电场成正比，LSPR 过程中局部电场的放大可以增强入射光的通量，因此可以促进上转换纳米粒子的近红外光吸收并改善上转换发射[29]。此外，当 LSPR 与上转换发射耦合时，这种组合往往会增加光子的局部密度，并加速辐射衰减速率并增强发射强度。因此，当 LSPR 共振峰与上转换纳米粒子的激发和发射波长都匹配时，将会产生更大的 LSPR 辅助增强作用。受到这种机理的启发，研究人员设计了具有两个谐振光带的金纳米棒以分别匹配 ZrO_2 上转换纳米粒子(4nm)的激发和发射带，如图 3.6(b)所示。当 ZrO_2 扩散到相对于金纳米棒的最有利位置时，测量到的发光增强(522nm)高达 35000 倍。

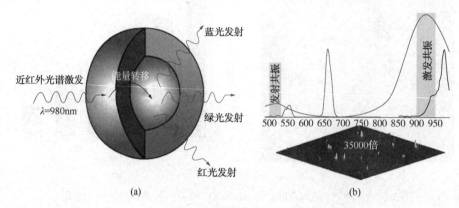

图 3.6　(a)活性核/活性壳纳米粒子结构示意图；
(b)金纳米棒的两个 LSPR 峰与 ZrO_2 上转换发光粒子的激发和发射光匹配示意图[29]

3.2.4　应用

3.2.4.1　生物成像

尽管传统的光学成像已成为可视化细胞和组织中形态学细节的常规技术，但它仍然受到一些限制，例如由生物学背景引起的自发荧光、有限的穿透深度以及对生物样品的光损伤。由于上转换纳米粒子具有独特的近红外辐射特性，在这种低能量的光激发下，来自细胞或组织的自发荧光非常弱，因此上转换纳米粒子的生物成像具有低的光学背景噪声和高的信噪比。此外，上转换纳米粒子成像还具有一些其他优势，如较大的反斯托克斯频移、窄的发射带宽、长的发射寿命，这使上转换纳米粒子成为生物成像应用的杰出选择。目前在体外[30]和体内[31]中，使用上转换纳米粒子进行生物成像的研究有很多。

相关研究人员已经开发出具有均匀 SiO_2 涂层的核-壳结构 $NaYF_4$：Yb、Er 纳米球，并将其成功地用作细胞成像中的荧光探针[32]。在 SiO_2/$NaYF_4$：Yb、Er 纳米球与细胞孵育 24h 后，在用 980nm 近红外激光照射的细胞中观察到了强荧光信号。另外，随着激光器输出功率的增加，只有荧光信号相应地增加，而来自生物细胞的背景信号仍保持恒定。

在过去的几十年中，出现了许多其他可以提供解剖和分子信息的成像系统，其中一些已经在临床和临床前使用，例如磁共振成像(MRI)、计算机断层扫描(CT)、超声、正电子发射断层扫描(PET)和单光子发射计算机断层扫描(SPECT)。但是，当应用于不同的生物样品时，每种成像技术都有其固有的优势和局限性[33]。例如，MRI 具有高灵敏度和无限的组织穿透深度，但是它需要较长的采集时间。光学成像具有许多优势，包括高灵敏度、实时成像和方便使用，但深度穿透率相对较低，临床转化方面存在限制。PET 具有很高的灵敏度和无限的深度穿透能力，但是它仍然具有一些缺点，例如较高的运营成本和较长的数据收集过程。

近年来，人们为开发多模态生物成像方法付出了巨大的努力，该方法将各种成像模态组合到一个纳米系统中，并且比任何一种模态都具有协同优势。在这方面，稀土掺杂的上转换纳米粒子有望实现多模态生物成像。相关研究人员已经开发了一种由 β-NaGdF$_4$：Yb/Er@β-NaGdF$_4$：Yb@β-NaNdF$_4$：Yb@MS-Au$_{25}$-PEG 组成的新型多功能癌症治疗平台，用于同时进行 PT/PA/UCL/MR/CT 生物成像[34]。在该系统中，Au$_{25}$ 壳层表现出较好的光热效应，并具有 PT 和 PA 特性，而上转换纳米粒子中的 Gd^{3+} 和 Yb^{3+} 离子具有 MR 和 CT 成像功能。

3.2.4.2 治疗应用

（1）光动力疗法

光动力疗法（PDT）是治疗癌细胞的一种光疗法，其主要原理是将某些光敏剂或光敏药物递送到所需/受影响的区域（例如癌细胞区域）中，当光敏剂暴露在一定波长的光时，会产生活性氧（ROS）并对机体周围的细胞造成氧化损伤。与紫外线和可见光相比，近红外光具有穿透人体组织的显著优势，这也使上转换纳米粒子成为深层组织癌症治疗中 PDT 应用的理想材料。

（2）光热疗法

光热疗法（PTT）是另一种光疗疗法，利用光诱导的热量来消融癌细胞。在光热疗法中，上转换纳米粒子的一个主要应用是作为成像探针，用于监控光热疗法过程中的温度变化。

（3）化学疗法

化学疗法是指利用一种或多种化学药物来治疗癌细胞的治疗方法。尽管化学疗法已成为治疗癌症的最常见和最有效的方法之一，但它仍然受到一些局限性，例如靶向效率差、药物依赖性和药物耐药性等。因此，迫切需要开发出一种更有效、更安全的药物输送系统来改善常规化学疗法的性能。近年来，由于用作药物载体的上转换纳米粒子具有独特的理化性质，易于在体内和体外进行药物递送，因此已得到广泛研究[35-38]。目前，设计基于上转换纳米粒子的药物输送系统主要有三种方法：

1）聚合物包裹上转换纳米粒子。

2）用介孔 SiO$_2$ 装饰上转换纳米粒子。

3）用中空介孔涂层球包裹上转换纳米粒子，如图 3.7 所示[39]。

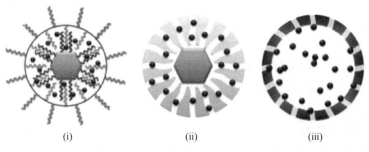

图 3.7　构建基于上转换纳米粒子的化学疗法示意图：
（ⅰ）疏水袋；（ⅱ）介孔二氧化硅壳；（ⅲ）空心介孔涂层球[39]

（4）放疗

放疗是一种非侵入性的临床治疗方法，它利用高能射线，如 X 射线、γ 射线或质子，来损伤癌细胞，从而减缓肿瘤的生长或阻止其在体内扩散。这些治疗射线会精确传递到特定的病变区域，以避免对附近健康组织的伤害。尽管放射疗法已广泛应用于约 50% 的癌症治疗中，但它面临两个主要挑战：一是准确定位肿瘤区域的位置，二是由于肿瘤区域内存在复杂的微环境（如低氧）以及癌细胞对辐射具有耐受性[40]。因此，虽然理论上可以通过增加辐射剂量来摧毁任何类型的肿瘤细胞，但随着辐射剂量的增加，对正常组织的潜在不利影响也在增加，这限制了高放射剂量放疗的临床应用。

研究表明，具有较高原子序数的物质对电离辐射具有更强的吸收能力[41]。因此，如果高原子序数物质优先递送到肿瘤细胞，则可以选择性地增加对肿瘤的辐射剂量，并导致更高的损伤区域剂量。在这种情况下，含有高原子序数元素的稀土掺杂上转换纳米粒子已成为提高缺氧细胞放射治疗效率的最有前途的药物之一。

目前，许多研究集中在基于上转换纳米粒子的治疗应用上[42]，其中大部分纳米粒子原则上可以响应各种外源性（温度、光、磁场等）或内源性刺激（pH、酶浓度、某些化学物质的表达水平等），从而选择性地靶向病变细胞，而不影响健康的正常细胞。但是，这种治疗方法需要首先识别特定的肿瘤生物标志物，然后通过物理化学反应，如质子化、表面化学变化和包囊剂分解等，以剂量控制的方式来实现治疗，这增加了治疗的复杂性并限制了靶向治疗的效率。因此，开发一种可以在正确的位置和正确的时间点发挥作用的基于上转换纳米粒子的纳米载体变得尤为重要，这也是未来癌症治疗的一个重要研究方向。

3.2.4.3　近红外辅助成像

众所周知，包括人类在内的哺乳动物的人眼只能检测到波长 400~700nm 的可见光，这主要是因为在哺乳动物眼中，由视蛋白及其共价连接的视网膜组成的感光体（视杆和视锥）不能吸收 700nm 以上的波长，因此哺乳动物无法有效地检测近红外光。

最近的一项研究中，相关研究人员制备了可眼部注射的感光受体上转换纳米粒子（pbUCNPs），这种核-壳结构的上转换纳米粒子（NaYF$_4$：Yb、Er@ NaYF$_4$）在 980nm 近红外光照射下可以在 535nm 处产生绿色发射。将这些纳米颗粒的溶液注入实验室小鼠的视网膜下空间后，小鼠将能够看到近红外辐射为绿光，如图 3.8（a）所示。注射 Pb 上转换纳米粒子的小鼠的瞳孔在 980nm 的光照射下显示出强烈的收缩，而未注射的对照小鼠在相同的照明下没有表现出瞳孔的光反射，如图 3.8（b）所示。通过 Y 形水迷宫行为实验［见图 3.8（c）］进一步证实了注射 Pb 上转换纳米粒子的小鼠对近红外光的感知。发现注射 Pb 上转换纳米粒子的小鼠能够区分近红外光的垂直或水平光栅，而未注射的对照小鼠则以随机方式作出选择，如图 3.8（d）~（f）所示。此外，实验表明这种植入的 Pb 上转换纳米粒子可使小鼠在长达 10 周的时间内保持对红外光的视觉敏感，而不会影响它们对可见光的感知能力。这种研究不仅有助于研究与动物视觉有关的各种行为，还可能潜在地用于治疗许多与视觉功能障碍相关的疾病。

3.2.4.4　感应与检测

荧光共振能量转移是指在两个不同的荧光基团中，如果一个荧光基团（供体）的发射光谱与另一个基团（受体）的吸收光谱有一定的重叠，当这两个荧光基团间的距离合适时（一

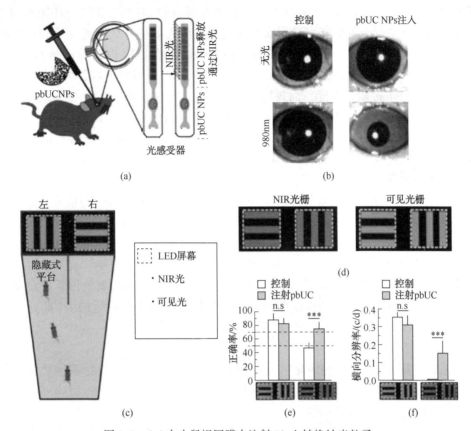

图 3.8 （a）在小鼠视网膜中注射 Pb 上转换纳米粒子；
（b）在 980nm 光刺激下未注射的对照小鼠和 Pb 上转换纳米粒子注射的小鼠瞳孔收缩对比；（c）Y 形迷宫图；
（d）近红外光栅和可见光光栅；（e、f）不同的光栅下小鼠的识别正确率和空间分辨率结果图

般小于 100Å），就可观察到荧光能量由供体向受体转移的现象，即前一种基团的激发波长激发时，可观察到后一个基团发射的荧光。简单地说，就是在供体基团的激发状态下由一对偶极子介导的能量从供体向受体转移的过程，此过程没有光子的参与，所以是非辐射的。供体分子被激发后，当受体分子与供体分子相距一定距离，且供体和受体的基态及第一电子激发态两者的振动能级间的能量差相互适应时，处于激发态的供体将把一部分或全部能量转移给受体，使受体被激发，在整个能量转移过程中，不涉及光子的发射和重新吸收。

在生命科学领域，荧光共振能量转移技术是检测活体中生物大分子纳米级距离和纳米级距离变化的有力工具，可用于检测某一细胞中两个蛋白质分子是否存在直接的相互作用。目前，共振能量转移已被广泛地用作一种有价值的工具以理解不同的生物和物理化学过程，如生物分子，分子间的相互作用，蛋白质-蛋白质相互作用等，研究人员开发的上转换纳米粒子-共振能量转移平台，已经成功地应用于检测各种类型的分析物，例如 pH、气体、温度、金属离子、DNA 等。

（1）pH 传感器

第一个光学 pH 传感器是由苏州大学的孙立宁教授提出的，它由上转换 $NaYF_4$：Er、Yb

纳米棒和溴百里酚蓝(BTB)pH 指示剂组成。根据水溶液的 pH 值，BTB-pH 染料对上转换发光纳米棒的红光和绿光发射产生强烈或不显著的内滤光效应，从而实现了 pH 值的测量。目前也有一些研究人员开发了一种纳米探针，将基于聚乙烯亚胺(PEI)涂层的上转换纳米粒子用于比例感测和细胞内 pH 成像[43]。上转换纳米粒子与 pH 敏感的红色染料结合后，原始的上转换发射在 550nm 附近下降，而观察到新的 pH 染料在 590nm 的敏感发射在酸性条件下增加。因此，550nm 的上转换发射和 590nm 的红色敏化发射之间的强度比，即 I_{550}/I_{590}，可以作为感知 pH 变化的有效手段。事实证明，这种基于上转换纳米粒子的 pH 纳米探针非常适合在体外模式下检测 pH 的变化。

（2）气体传感器

诸如 O_2、NO、CO_2 和 NH_3 等气体分子通常被认为是具有生物活性的信号分子，这些信号分子积极参与例如新陈代谢、免疫调节、细胞凋亡等各种生理行为，因此，检测和成像这些具有生物活性的信号分子已经引起广泛关注。最新的研究表明，可以利用近红外光感应氧分子[44]。在该系统中，$NaYF_4$：Yb、Tm 上转换纳米粒子充当纳米光源，并在 980nm 的激光激发下在 455nm 和 475nm 处发射短波，以激发氧气传感器，氧气传感器在 468nm 处具有最大吸光度，而氧分子在 470nm 附近的激发导致了在 568nm 附近的 Ir(Ⅲ)-络合物的绿色发射被氧强烈猝灭，从而实现了 O_2 的定量检测。

（3）温度传感器

众所周知，温度会影响细胞内化学反应和生物过程，故温度是生物系统数据采集中必不可少的参数。因此，具备感测温度的能力在生物学中具有重要意义，可为理解各种物理化学过程的机理提供有价值的见解。

最新的研究表明，基于 $NaYF_4$：Yb、Er 上转换纳米粒子的温度敏感荧光的纳米温度计能够精确测量溶液和 HeLa 细胞的温度。Er^{3+} 发射的绿色发射带（$^2H_{11/2} \rightarrow ^4I_{15/2}$ 和 $^4S_{3/2} \rightarrow ^4I_{15/2}$）随温度的变化而变化。基于这种传感方案，荧光纳米温度计可以测量活体的 HeLa 细胞的内部温度。基于上转换纳米粒子的温度传感器在纳米医学、生命科学等领域具有广阔的应用前景。

（4）金属离子传感器

虽然生物系统中的 Ca^{2+}、Fe^{3+}、Zn^{2+}、Cu^{2+} 等金属离子的浓度较低，但它们在蛋白质和酶中却起到了重要的结构和催化作用。因此，生物系统中的金属离子的成像和检测也变得十分重要。

Fe^{3+} 是人体内含量最丰富的微量元素，是参与各种生物过程的蛋白质和酶代谢的关键元素。目前，研究人员已经合成了一种基于 $NaYF_4$：Yb、Er、Tm@ $NaGdF_4$ 上转换纳米粒子的 Fe^{3+} 响应的尼罗红衍生物(NRD)探针，该探针实现了对水和活细胞中 Fe^{3+} 的高灵敏度检测。

Zn^{2+} 是人类大脑中含量第二高的痕量金属离子，是 200 多种酶具有催化活性所必需的元素。研究人员通过将上转换纳米粒子与发色团组装，开发了一种合理的 Zn^{2+} 纳米传感器。这种上转换材料可以通过荧光共振能量转移过程被发色团有效猝灭，但可以通过添加 Zn^{2+} 再次回收，从而可以定量检测 Zn^{2+}。

Cu^{2+} 是人体中第三多的微量金属，总质量为 $75\sim100mg$。尽管总量很小，但每个组织中都存在 Cu^{2+}，Cu^{2+} 对于维持全身皮肤和血管的强度至关重要。研究人员通过将罗丹明 B 衍生物(RBH)接枝到介孔 SiO_2 涂层的上转换纳米粒子上，构建了一种新的有机–无机杂化纳米探针[45]。添加 Cu^{2+} 后，上转换纳米粒子的原始绿色发射减少，而通过 $RBH-Cu^{2+}$ 到上转换纳米粒子的荧光共振能量转移过程在 580nm 处出现了新的发射带。这种新颖的 Cu^{2+} 纳米探针可以独家检测 Cu^{2+}，检测限为 0.82×10^{-6} mol/L，可用于监测活细胞中 Cu^{2+} 的亚细胞分布。

钙离子(Ca^{2+})是另一种微量元素，在细胞和生物体的生物化学和生理学中起着至关重要的作用。研究人员设计了一种基于荧光共振能量转移过程的上转换纳米传感器的方案，以检测活细胞中的 Ca^{2+}[46]。这种纳米传感器具有夹心结构(核心–内壳–外壳结构)，其中发射离子被限制在靠近颗粒表面的内壳处，以使供体到受体的距离最小。$NaYF_4@NaYF_4$：$Yb/Er@NaYF_4$ 上转换纳米粒子被用作发光体，而 Ca^{2+} 受体 Fluo-4(荧光-4)直接附着在上转换纳米粒子的裸露表面上。由于提高了荧光共振能量转移效率，这种构造的纳米探针的 Ca^{2+} 浓度检测限可低至 15×10^{-12} mol/L，动态范围从 15×10^{-12} mol/L 到 1.35×10^{-6} mol/L，超过了商业 Fluo-4 Ca^{2+} 指示剂。

3.3 催化材料

稀土元素具有独特的 4f 电子层结构，当将它们用作催化剂或催化组分时，这一特性导致它们具有独特的化学性能，对于铈(Ce)和镧(La)尤其如此。自 20 世纪 60 年代中期以来，稀土催化材料的催化性能已在世界范围内得到广泛研究。它们在化学加工领域的应用包括石油化工、化石燃料的催化燃烧、汽车排放控制、工业废气的净化、烯烃聚合和燃料电池(固体氧化物燃料电池)。根据其材料成分，可再生能源催化材料可分为可再生能源复合氧化物、可再生能源贵金属催化剂、可再生能源沸石催化剂等。催化剂中稀土材料的存在可以提高其存储氧的能力、材料的晶格氧反应性以及活性金属在载体上的分散性。还可以减少贵金属用量，并增强其热稳定性，从而显著提升催化剂的性能，使其成为石化、环境、能源、化工等催化应用领域不可或缺的重要组分[47]。

传统贵金属催化材料由于存在制备成本高和工艺复杂的缺点使其使用受到限制。稀土催化材料具有高效便捷、成本低廉及无污染的优点，制备工艺相对成熟，性能优良，并且我国稀土催化材料资源丰富，可以有效开发利用，可在环境保护方面得到更好的发展[48]。

3.3.1 氧化铈

3.3.1.1 资源现状

铈是人类应用最早的稀土元素，它是火石的主要成分，而人类应用火石已有数千年的历史。氧化铈(CeO_2)是较为重要的轻稀土产品。由于其具有特殊的性质，所以在工业部门中的用途日益广泛，用量迅速增加，前景广阔。20 世纪 50 年代末，我国成功研发了氧化铈制品。60 年代至 70 年代，因氧化铈在军工领域应用发展，推动了其逐步达到工业化生产水平，并能小规模量产。80 年代，由于采用了萃取法先进技术进行规模化生产氧化铈产品，氧化铈可达近百吨供各工业部门使用。90 年代以来，我国氧化铈的生产方法多样，产业规模扩大，产量大幅增加，质量也得到提高，可满足国内外市场的大量需求。目前，我国氧化铈的出口量及质量位于世界前列，并在世界同行业中占据主导位置[49]。

3.3.1.2 结构及性质

萤石晶体结构属于立方晶系，这种结构以阳离子构建的面心密堆为基础，四面体间隙被阴离子填充。Ca^{2+}离子位于立方面心的中心位置，其配位数为8。F^-离子位于立方体内8个小立方体的中心，其配位数是4。

氧化铈纯品为白色重质粉末，非纯品为浅黄色甚至粉红色至红棕色(因含有微量镧、镨等)。几乎不溶于水和酸，相对密度7.3，熔点1950℃，沸点3500℃，晶格参数0.541134nm。

从化学计量角度看，CeO_2的理想晶体结构是具有面心立方晶胞的立方萤石结构。在这种结构中，每个Ce^{4+}离子的配位数为8，每个O^{2-}离子由四个Ce^{4+}离子配位[见图3.9(a)][51]。

经高温(>950℃)还原后CeO_2能转化为非化学计量比的CeO_{2-x}氧化物(0<x<0.5)[见图3.9(b)]。值得注意的是，即使从晶格中失去相当数量的氧形成氧空位，CeO_{2-x}仍能保持萤石型晶体结构，而重新暴露在氧化环境中又能转化为CeO_2，因此二氧化铈具有很好的储氧和释放氧功能以及氧化还原反应能力[51]。

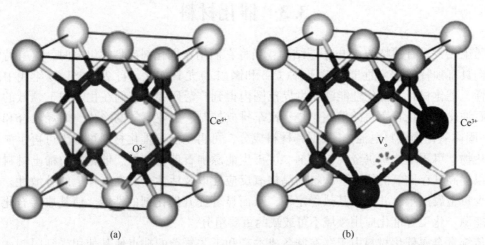

图3.9 (a)化学计量比的CeO_2结构[50]，(b)含有一个氧空位的CeO_{2-x}结构[51]

3.3.1.3 二氧化铈的应用

稀土元素由于具有特殊的电子层结构和镧系元素特征而具有独特的性能，在这些稀土元素中，地壳中铈的含量最高。电子结构为$4f^25d^06s^2$，铈具有+3价(Ce_2O_3)和+4价(CeO_2)两种氧化态。氧化铈来源广泛，无毒且低成本，由于其出色的氧化还原性能、大的储放氧量以及独特的氧化还原特性(在氧化还原条件下Ce^{4+}/Ce^{3+}可以在CeO_2和Ce_2O_3之间切换)而受到广泛关注[52]。此外，在Ce^{4+}和Ce^{3+}之间的氧化还原转变过程中容易产生不稳定的氧空位和具有较高迁移率的大量氧，这使得其在氧化过程具有很好的活性。到目前为止，CeO_2已广泛应用于高效催化剂、水煤气变换反应、紫外线屏蔽、氧气传感器、燃料电池、医疗诊断等。

近年来，已经通过各种合成方法开发了许多铈基催化剂。根据CeO_2在催化剂中的作用，它们可以分为三类：CeO_2作为载体；CeO_2作为助催化剂；CeO_2作为活性成分。

（1）CeO_2作为载体

负载型金属氧化物催化剂具有良好的催化性能并且成本较低，因此被广泛用于许多重要的催化反应中。研究人员发现，在负载型金属氧化物催化剂中，表面负载型组分的性能通常不可避免地受到载体的影响。负载型金属氧化物催化剂的载体通常可分为刚性载体，如Al_2O_3、SiO_2等，以及活性载体，如CeO_2、ZrO_2、TiO_2等。其中，活性载体与表面负载组分之间的相互作用更加激烈[53]。

对于以CeO_2为载体的负载型金属氧化物催化剂，活性组分可以高度分散在CeO_2的表面上[54]。此外，由于其出色的氧化还原性能、高存储/释放氧容量、适当的表面酸度和良好的Ce^{4+}/Ce^{3+}转换能力，CeO_2可以与表面负载组分发生强烈的相互作用，从而提高催化剂的性能[55]。但是，纯CeO_2载体存在一些缺点，如比表面积小、还原温度高以及由于烧结造成的表面积损失等，在一定程度上限制了其广泛应用[56]。据报道，在CeO_2中掺入外来金属离子以形成铈基复合氧化物可以有效克服上述缺点。最近，已广泛研究了负载在CeO_2-ZrO_2、CeO_2-ZrO_2和其他复合氧化物上的金属氧化物催化剂。CeO_2-ZrO_2载体是用于各种催化反应的最广泛使用的非碳载体，它可以增强负载的活性成分的分散性、质地和氧化还原能力，这有助于提高催化性能。CeO_2-ZrO_2载体具有显著的储氧能力，CeO_2的氧化还原性能以及对TiO_2和SO_2的良好耐受性，已广泛用于NH_3-SCR反应和Hg^0的催化氧化[57]。

（2）CeO_2作为助催化剂

由于其良好的物理化学性质，CeO_2也可以用作助催化剂以改善催化剂的催化性能。助催化剂可以定义为改善催化剂的催化性能的物质。CeO_2因其出色的氧化还原性能、储氧能力、表面酸碱性而经常被用作负载型金属氧化物催化剂的促进剂，以增强其催化性能和抗硫/水性能[58]。此外，加入CeO_2可改善活性物质的分散性和稳定性[59]。锰基催化剂由于其良好的氧化还原性能，已被证明在低温下具有良好的活性，可用于含NH_3的NO_x还原[60]。CeO_2的添加可以提高锰基催化剂在低温和高温下的性能，以及它们的耐硫和耐水性能。钒基催化剂具有广泛的优势，例如高活性、高选择性和对二氧化硫的耐受性，是最广泛使用的市售选择性催化还原（SCR）催化剂，但其在低温下的活性相对较低[61]。CeO_2的掺杂可以增加催化剂的表面积和V_2O_5的分散度。在$200\sim500℃$的宽温度范围内，催化活性得到了极大的提高[62]。

除某些SCR催化剂外，CeO_2还可用作具有较低催化性能的材料的助催化剂。这些材料通常具有较大的比表面积，可以高度分散CeO_2，例如碳基材料（活性炭、活性炭纤维、活性焦炭、生物质炭等），ZSM-5，钛柱撑膨润土（Ti-PILC）等。同时，这些材料的缺点（低催化活性、低选择性、有限的再生能力、狭窄的温度窗口等）可以通过浸渍CeO_2或Ce基氧化物来消除。由于CeO_2的强大氧化特性和储氧能力，CeO_2的添加将导致在其表面引入新的孔、含氧官能团（例如CO、C═O和COOH）和载体表面的活性氧，从而提高催化剂的催化性能[63]。

（3）CeO_2作为活性成分

除此之外，一些具有良好的热稳定性和高机械强度、酸碱性质变化广泛和一定的耐硫性的材料，如$\gamma-Al_2O_3$和TiO_2，也被用作基于CeO_2的载体催化剂，其中CeO_2是催化氧化反应的活性成分[64]。$\gamma-Al_2O_3$和TiO_2仅起到为催化反应提供空间或分散CeO_2颗粒的作用。

TiO_2具有出色的耐硫性，因为在存在SO_2的情况下，其表面仅受到部分可逆的硫酸化。通常，尽管存在许多类型的催化剂载体，但其基本功能是为催化反应提供空间或分散Ce活性位并弥补CeO_2的一些缺陷。

通过将某些金属离子掺入活性成分CeO_2的晶格中，开发出一些Ce基复合氧化物，可以有效克服二氧化铈的比表面积小、热稳定性差、高温易烧结等缺点，并改善其催化性能[65]。

此外，CeO_2与其他金属氧化物之间的协同作用有助于改善复合氧化物的催化性能。最常见的掺杂元素是过渡金属元素，例如Mn、Cu、Ti、W等，并且它们的氧化物也显示出对气态污染物的一定催化性能。据报道，$Mn-Ce$催化剂由于MnO_x与CeO_2（$Ce^{4+}+Mn^{3+}\longrightarrow Ce^{3+}+Mn^{4+}$）之间的强相互作用而具有良好的催化性能，可以提高氧化物的还原性以及Mn^{4+}和活性氧的量[66]。同样，CeO_2和CuO之间的协同作用可以增强$CuO-CeO_2$催化剂的氧化还原性能，并提供了高度分散的铜物种作为活性位点[67]。CeO_2和WO_3之间的强相互作用可能是导致CeO_2-WO_3混合氧化物催化剂高活性的主要原因。近来，已经开发了一些三元复合氧化物或多元复合氧化物以进一步增强CeO_2的性能。了解每种元素的作用以及这些元素的相互作用有利于开发在特定条件下使用的催化剂。此外，复合氧化铈的设计应着重提高耐硫、耐水和耐高温性能。

3.3.1.3.1 气态污染物净化

在过去的几十年中，铈基氧化物也被广泛用作控制气态污染物的催化剂，包括一系列常见的气态污染物，如NO_x、Hg^0、CO_2、CO、H_2S和$VOCs$，这些污染物可以通过多种铈基催化剂来控制。通过NH_3-SCR工艺将NO_x还原为N_2；Hg^0可以吸附在催化剂表面或氧化成水溶性Hg^{2+}；CO可以被氧化成CO_2；CO_2可以催化转化为燃料。可以通过选择性催化氧化除去H_2S。

（1）NH_3对NO_x的SCR

氮氧化物（NO_x）是大气中的主要空气污染物，主要来自化石燃料的燃烧过程，例如燃煤发电厂和交通运输工具等。SCR反硝化是一种成熟而有效的脱硝技术。在还原剂（NH_3）和催化剂的存在下，NO_x可以通过SCR技术转化为N_2和H_2O，如下式所示：

$$2NO(g)+2NH_3(g)+1/2O_2(g)\longrightarrow 2N_2(g)+3H_2O$$

在过去的几十年中，$V_2O_5-WO_3/TiO_2$或$V_2O_5-MoO_3/TiO_2$被广泛用作传统的商用SCR催化剂[68]。如今，用于SCR的环保型无钒催化剂备受关注，这主要归因于钒基催化剂的一些不可避免的缺点，例如V_2O_5的生物毒性，相对较窄的活性温度范围（$300\sim400℃$），高温等条件下N_2选择性低[69]。在许多可能的替代方法中，铈基氧化物因其出色的储氧/释放能力和氧化还原性能而备受关注。

铈基氧化物已被广泛研究作为金属氧化物催化剂的载体。近年来，合成了一系列带有CeO_2的催化剂（例如MnO_x/CeO_2、TiO_2/CeO_2、WO_3/CeO_2用于NO_x的NH_3-SCR），在较低温度下它们都表现出良好的催化活性。值得注意的是，负载的金属氧化物可以高度分散在CeO_2的表面，这有利于NH_3-SCR性能的提高。

CeO_2由于其独特的氧化还原特性，也可以有效地用作NH_3-SCR催化剂的主要活性成分。通常，CeO_2的活性成分是以Al_2O_3、TiO_2等作为载体，这些载体有助于CeO_2的均匀分散，并为反应提供了空间。众所周知，催化剂的制备方法对活性成分在载体上的分散有很大的影响。高等[70]利用三种方法（单步溶胶–凝胶法，浸渍法和共沉淀法）制备了 CeO_2–TiO_2催化剂，结果表明，单步溶胶–凝胶法制备的催化剂具有最佳的 NH_3–SCR 性能。这是因为单步溶胶–凝胶法可能导致高表面积、良好的氧化还原能力、较强的相互作用以及高度分散的纳米二氧化铈。

（2）Hg^0的吸附和催化氧化

烟道气中元素汞（Hg^0）的挥发性、毒性和生物蓄积性引起了全世界的关注。化石燃料燃烧是人为汞的主要排放源。燃煤烟气中的汞主要以三种形态存在，分别为零价态的颗粒汞、元素汞，以及正价态的氧化汞[71]。大部分 Hg^0和水溶性 Hg^{2+}可以通过现有的污染物控制设备有效去除，而 Hg^0因其高挥发性和低水溶性而难以捕获[72]。为了开发有效的吸附剂/催化剂以去除 Hg^0，已经进行了大量工作。铈基材料因其优良特性而被广泛研究以将 Hg^0转化为 Hg^{2+}/Hg^P。铈基吸附剂/催化剂上基本的 Hg^0去除机理可以简单描述如下：气态 Hg^0首先被吸附剂/催化剂表面上的吸附位点吸附。然后吸附的 Hg^0被具有一定催化氧化性能的活性部位氧化为 Hg^{2+}。单一的 CeO_2表现出较差的 Hg^0去除能力，而当 CeO_2作为载体、促进剂或活性成分时，可以获得良好的 Hg^0去除性能。

由于 Ce-Zr 载体具有良好的热稳定性、较大的表面积和优异的氧化还原性能，因此已广泛研究了基于 Ce-Zr 载体的 Hg^0脱除催化剂[73]。此外，Ce-Zr 载体可以促进负载的活性组分的分散，并在氧化过程中提供不同类型的活性氧。合成了一系列 V_2O_5/ZrO_2-CeO_2催化剂，以同时去除 Hg^0和 NO。结果表明，Zr 和 Ce 氧化物之间的协同作用可以改善 V_2O_5的结构（例如 BET 比表面积、分散度）和氧化还原性能。V_2O_5和 CeO_2产生的晶格氧有助于氧化吸附的 Hg^0，然后还原的 V_2O_4和 Ce_2O_3可以被气体中的 O_2再氧化。此外，氧化还原平衡（$Ce^{3+}+V^{5+}\longrightarrow Ce^{4+}+V^{4+}$）的存在有利于 Hg^0的氧化。

赵等[74]研究了在 CoO_x改性的 V_2O_5/ZrO_2-CeO_2催化剂上去除 Hg^0的性能［见图 3.10（a）］。结果表明，V、Co 和 ZrCe 载体之间可能存在强相互作用，所有这些都可以有效地增强 Hg^0催化氧化催化剂的活性。周等[75]开发了 $CuCl_2/ZrO_2$-CeO_2吸附剂，用于在无氯烟道气中去除 Hg^0［见图 3.11（b）］。他们发现，氯与 Zr-Ce 载体所提供的化学吸附氧之间的相互作用有助于生成具有出色氧化能力的活性氯。还开发了其他一些 CeO_2-ZrO_2负载的金属氧化物（MnO_x、RuO_2、IrO_2等），并显示出良好的 Hg^0去除性能[76]。

（3）一氧化碳氧化

一氧化碳（CO）主要来自汽车尾气以及燃料和固体废物的不完全燃烧过程，已成为主要的空气污染物之一。催化氧化作为一种有效的技术，可以将 CO 转化为 CO_2，其在低温下具有高活性和低能耗，因此备受关注。贵金属，例如 Ag、Au、Pd、Pt 等，一直被视为低温CO 氧化的有效催化剂。然而，高昂的成本限制了它们的进一步应用。近年来，基于 Ce 的催化剂已经成为研究的热点，因为添加 Ce 组分通常可以为催化剂提供优异的氧迁移率和足够的氧空位。

CeO_2载体通过氧化还原反应（$4CeO_2\longrightarrow 2Ce_2O_3+O_2$）表现出优异的氧迁移性能，这对于催化剂的催化活性是有利的。一些 CeO_2负载的金属催化剂，例如 Ag、Au、Pt、Ni 和 Cu 已用于 CO 氧化[77]。金属离子可以为 CO 提供化学吸附位点，并且 CeO_2的作用被认为可以在

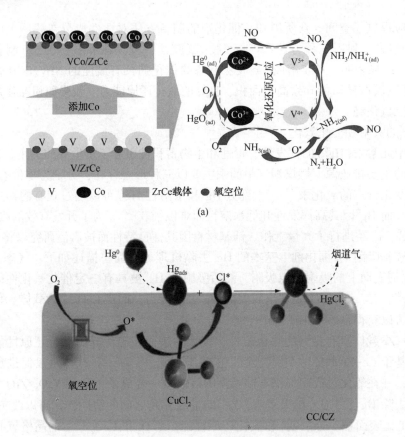

图 3.10 （a）CoO_x 改性的 V_2O_5/ZrO_2-CeO_2 催化剂同时去除 NO 和 Hg^0 的机理[74]；
（b）通过 $CuCl_2/ZrO_2-CeO_2$ 吸附剂去除 Hg^0 的机理[75]

金属-CeO_2 界面上提供氧空位，从而促使 CO 与氧物种发生氧化反应[78]。铜与 CeO_2 之间的强相互作用导致铜-铈位点的形成，这些位点在低温下对 CO 的氧化具有很高的活性。据报道，CeO_2 纳米棒的表面粗糙度和各种缺陷（如空隙、晶格畸变、弯曲、台阶和孪晶）以及强的金属-CeO_2 相互作用导致了 CO 氧化活性增强[79]。

CeO_2 由于其氧气存储和释放能力而被广泛用于增强催化剂的 CO 氧化性能，这可以补充催化剂消耗的氧种类。此外，独特的氧化还原对 Ce^{4+}/Ce^{3+} 可以与活性成分产生强烈的相互作用，从而增强活性成分的还原性[80]。邢等[81]提出了在 CeO_2 促进的 Co_3O_4 催化剂上的 CO 氧化机理。结果表明，吸附在钴位上的 CO 可以被来自 Co_3O_4 的晶格氧化成 CO_2，并且所消耗的晶格氧可以被烟道气和 CeO_2 中的氧补充。在该过程中，在催化剂表面上发生了 Co^{3+}—Co^{2+}—Co^{3+} 循环。CeO_2 的添加增强了 Co^{2+} 的稳定性和还原性，这有利于 Co^{2+} 向活性 Co^{3+} 的转化。

用于 CO 氧化的最广泛使用的复合铈氧化物是 Cu-Ce 催化剂，这是因为 Cu 和 Ce 活性成分具有很强的氧化能力。与浸渍法制备 $CuO-CeO_2$ 催化剂不同，Cu-Ce 催化剂主要通过共沉淀法制备。在过去的几年中，研究人员研究了某些催化剂制备参数（例如煅烧温度和铈前体)对 CO 氧化性能的影响。发现在 700℃煅烧的 $CuO-CeO_2$ 催化剂由于生成了 Cu-Ce-O 固溶体的稳定态而表现出优异的活性。Ce(Ⅲ)前体的 $CuO-CeO_2$ 催化剂显示出高还原性和 CO 氧化活性。这是因为高含量的 Ce^{3+} 通过 $Cu^{2+}+Ce^{3+}\longrightarrow Cu^++Ce^{4+}$ 的氧化还原平衡导致形成更稳定的 Cu^+ 物种[82]。

最近,李等[83]合成了具有较高孔体积和大孔的 3D $Cu-Ce-O_x$ 催化剂,可以引入更多的活性表面活性位(见图 3.11)。一方面,氧气通过 Cu-CeO 界面上的氧空位被活化成超氧离子(O^-),然后 O^- 可以与 Cu 物种吸附的 CO 反应形成 CO_2。另一个原因是,吸附的 CO 可以被 CeO_2 中的晶格氧化。一旦消耗了表面氧,铜附近的氧空位就可以从催化剂晶格中的大量扩散或气态氧中接收氧。此外,Cu^{2+}/Cu^+ 和 Ce^{4+}/Ce^{3+} 之间的电子转移也激活了晶格氧。此外,用于 CO 氧化的催化剂的开发应注意对 H_2O 和 CO_2 的耐受性,H_2O 和 CO_2 包含在由聚合物交换膜燃料电池(PEMFC)重整过程获得的富氢气体中。

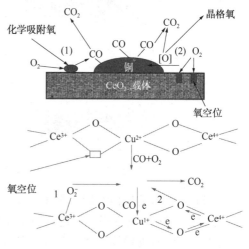

图 3.11　Cu-Ce 催化剂上的 CO 氧化机理[83]

(4) 二氧化碳转化

作为温室气体的主要成分之一,二氧化碳(CO_2)的过度排放引起了广泛关注。在减少二氧化碳排放的成本效益技术方面,已经进行了大量的研究。将二氧化碳转化为燃料是减少二氧化碳排放和解决日益增长的全球能源需求的有吸引力的方法。其中一种方法是通过甲烷的干重整(DRM),即 CH_4 的 CO_2 重整可以将两种温室气体(CH_4 和 CO_2)转化为合成气。由于 DMR 工艺具有很强的吸热特性,因此有必要提高操作温度以实现 CH_4 和 CO_2 的高平衡转化率。但是,高温下催化剂的烧结和 CH_4 分解或 CO 歧化引起的碳沉积会导致催化剂失活[84]。贵金属催化剂,例如 Pt、Ru 和 Rh,对碳沉积具有更高的阻碍能力,但是非常昂贵。相比之下,镍基催化剂由于其适当的活性和较低的成本而被广泛用于 CH_4 重整,但它们的耐碳性较差[85]。结果,基于铈的氧化物由于其高的氧容量、氧化还原活性和一定的耐碳性而被研究用作重整催化剂的载体或促进剂,这有利于碳的气化。

$$CH_4(g)+CO_2(g)\longrightarrow 2CO(g)+2H_2(g)$$
$$CH_4(g)\longrightarrow 2H_2(g)+C$$
$$2CO(g)\longrightarrow CO_2(g)+C$$

据报道,镍基催化剂具有出色的 CH_4 的 C—H 键活化和离解能力。CeO_2 负载于 Ni 上用于 CH_4 的 CO_2 重整。刘等[86]发现强烈的 Ni-Ce 相互作用激活了 Ni 用于 CH_4 的解离。Li 等[87]发现高温还原 Ni/CeO_2 可以在 Ni 和 CeO_2 之间产生牢固的结合,从而抑制了 Ni 颗粒的烧结。此外,高温(≥873K)诱导的 Ni 纳米颗粒的装饰/包封可以显著影响催化活性并减少 DRM 工艺中的碳沉积。在 $Ni-SiO_2$ 催化剂上添加 CeO_2 可以提高催化性能,并对碳的形成有明显的抑制作用。与热分解的 Ni/CeO_2-SiO_2-C 相比,进一步开发的等离子体分解的 Ni/CeO_2-SiO_2-P 具有更多的活性氧种类以及金属-载体界面上甲酸类的更多可及位置[88](见图 3.12)。

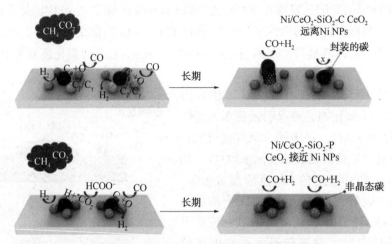

图 3.12　Ni/CeO$_2$-SiO$_2$-C 和 Ni/CeO$_2$-SiO$_2$-P 上 CH$_4$ 重整的反应途径[88]

（5）硫化氢的选择性催化氧化

硫化氢（H$_2$S）是许多工业过程中毒性最强的空气污染物之一，包括煤炭和生物质气化、油气生产、废水处理等。已经开发出各种技术来去除气态 H$_2$S。H$_2$S 选择性催化氧化由于将 H$_2$S 直接转化为元素硫而被认为是一种有效、有前途的技术。但是，在 H$_2$S 催化氧化过程中也会发生一些其他的反应。因此，开发对 H$_2$S 催化氧化具有更高活性和选择性的催化剂至关重要。

由于 CeO$_2$ 活性成分具有良好的氧化还原特性，一些复合氧化铈还具有选择性氧化 H$_2$S 的潜力。通过络合技术制备的 Ce-V 混合氧化物在 250℃ 时具有极高的硫选择性值（接近 1），这归因于 CeVO$_4$ 活性相的形成[89]。具有相同制备方法制备的 Ce-Fe 混合氧化物在 200~300℃ 也表现出很高的硫选择性，这是由于掺入 CeO$_2$ 引起的氧化还原能力增强[90]。Park 等[91]提出了 Ce-Zr 催化剂在克劳斯反应的机理，即 H$_2$S 的选择性氧化是由 Ce-Zr 催化剂中的晶格氧引起的，而 SO$_2$ 的还原则归因于还原催化剂产生的晶格氧空位。张等[92]合成了 La$_{1-x}$Ce$_x$FeO$_3$ 钙钛矿型催化剂，发现适当取代 Ce 可以增强表面碱性，并促进催化剂表面氧空位的形成，从而提高 H$_2$S 的吸附率和晶格氧的迁移率。

3.3.1.3.2　污水处理

臭氧因其强大的氧化能力而在水处理技术中得到广泛利用，由于其与有机污染物的反应固有的选择性，因此在高 COD 废水中的应用受到限制。非均相催化剂可用于臭氧氧化，以改善在较温和条件下与不同类型有机污染物的反应性，从而降低成本。

Orge 等[93]使用沉淀法和水热合成法制备的 CeO$_2$，作为苯胺、草酸和活性染料臭氧化的催化剂。在所有情况下，TOC（总有机碳）去除率均接近 100%。在硝酸介质中使用铈和臭氧时，发现 Ce^{3+} 被臭氧氧化为 Ce^{4+}，与未催化的臭氧氧化相比，苯酚的转化率增加。在这项研究中，铈氧化还原对与臭氧具有协同作用。用氧化铈纳米棒、纳米立方体和纳米八面体探索了氧化铈几何形状对硝基苯酚的催化臭氧氧化作用。无论表面积如何，二氧化铈纳米棒显示出最大的降解效率[94]。在另一项研究中，发现光预处理可以丰富 CeO$_2$ 表面的氧空位，从而提高硬脂酸降解中的催化活性，从而强调了 CeO$_2$ 上氧空位缺陷水平对其催化臭氧氧化性能的重要性[95]。

含碳材料，如活性炭和碳干凝胶，已被广泛作为催化臭氧氧化过程中二氧化铈的载体。增强的催化活性归因于碳和 CeO_2 界面结构的协同作用，这些结构能够增强臭氧化过程中自由基种类的产生[96]。在 Orge 等的研究中，催化活性随复合物中碳含量的增加而增加[97]。研究人员报道了在 CeO_2-活性炭复合材料上进行的苯磺酸、磺胺酸和苯胺的催化臭氧氧化反应的可比结果。Gonçalves 等证明了在二氧化铈活化的碳复合材料上草酸和苯胺的矿化中，活性炭和 CeO_2 具有明显的协同作用，催化效率受表面 Ce^{3+} 种类的数量影响[98]。

3.3.2　稀土钙钛矿

3.3.2.1　结构及其性质

钙钛矿，最早指的是钛酸钙矿物（$CaTiO_3$），现在通常指具有 $CaTiO_3$ 构型化学式为 ABX_3 的材料。其中，A、B 为阳离子，A 为有机离子或无机金属离子等；B 为金属离子；X 为阴离子。钙钛矿结构的金属氧化物的化学组成可用 ABO_3 来表达。其中，A 是较大的阳离子，位于体心并与 12 个氧离子配位，而 B 则是较小的阳离子，位于八面体中心并与 6 个氧离子配位[99]（见图 3.13）。

钙钛矿正成为研究的热点，这是因为它具有可变的配方、灵活的结构、众多独特的性能和广泛的应用领域。两种不同的阴离子和各种金属阳离子形成卤化物钙钛矿和氧化物钙钛矿。多样的成分和结构赋予钙钛矿材料以多种多样的结构、性质和广泛的应用，发光钙钛矿已用于照明、显示、传感、生物成像等领域；一些光电钙钛矿已被用于光伏、光

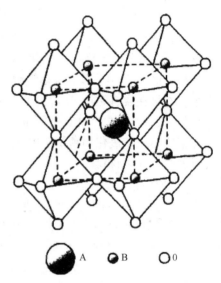

图 3.13　钙钛矿型氧化物结构示意图[99]
（A 和 B 为阳离子（A 的半径大于 B 的半径），X 为卤素或氧阴离子）

电催化、电催化等；钙钛矿还用于制备介电设备、离子导体等，以及磁性制冷、信息储存、生物医学成像和其他领域。

但是，原始钙钛矿具有一些固有的缺陷，例如，某些卤化物钙钛矿具有较差的稳定性（对水、氧气、热等），并且对光学和电子性能的调节性有限。一些钙钛矿氧化物的催化、光学和电磁性能不尽如人意。科学家已将外来金属离子掺入钙钛矿材料中以克服这些缺点。可变价态和电子结构赋予钙钛矿材料灵活的氧化还原特性，并赋予其独特的发光和电磁性能。因此，RE 被广泛地掺入钙钛矿纳米结构中，以改善其性能并扩展其应用。

3.3.2.2　稀土钙钛矿的应用

为了获得具有稳定结构和优异性能的多功能稀土钙钛矿，应精心设计其组成和结构。除了最典型的金属氧化物和卤化物组成外，元素周期表中的许多元素都可以使用作为制备钙钛矿材料的组成部分，但仅有少数能够构造稳定的钙钛矿结构。此外，稀土元素本身可以用作稳定钙钛矿的基质元素，特别是钙钛矿的稳定性取决于公差系数（t）和八面体系数（m），这与稀土元素在钙钛矿中掺杂的难度密切相关[100]。此外，还可以根据预期的性能和

应用选择合适的化学成分，并掺入以构建功能性钙钛矿。

（1）太阳能电池

众所周知，基于卤化铅的钙钛矿具有优异的光学和电学性能，已广泛应用于钙钛矿太阳能电池（PSC）领域。但是，基于卤化铅的钙钛矿具有一些缺点，例如对热、光和湿气的稳定性差。为了克服这些缺点，在 $CsPbI_3$ 钙钛矿中掺入了稀土离子对 $Eu^{2/3+}$，其中 $Eu^{2/3+}$ 的氧化还原特性可以稳定结构。掺入 $Eu^{2/3+}CsPbI_3$ 的太阳能电池不仅具有很高的光电转换效率（PECE），而且使用寿命长。此外，当用作太阳能电池的光吸收材料时，卤化物钙钛矿的吸收能力相对受到紫外线（UV）到可见光的限制，这在很大程度上使太阳光无法在红外区使用，并限制了 PSC 的 PECE。在这方面，Yb^{3+}、Ce^{3+} 被掺入钙钛矿中，显示出明显的光吸收向近红外（NIR）区域扩展，并且制备的 PSC 显示出较高的 PECE。

与卤化物钙钛矿相比，氧化物钙钛矿材料通过掺入稀土离子而显示出各种特殊功能。通过将发光的 RE 离子掺杂到氧化物钙钛矿中，制备了一系列光学材料，可用于照明、显示、检测。例如，$GdFeO_3$ 氧化物钙钛矿对 NO_x 表现出高度敏感的气体响应和 $2\mu L/L$ 的低检测水平，并且在含有磁性 RE 离子的钙钛矿存在下表现出高电阻变化。例如，$Gd(Tb)FeO_3$ 具有良好的磁性，在 T2 MRI 造影剂（横向弛豫造影剂）中在生物医学领域具有巨大潜力。此外，在某些稀土基氧化物钙钛矿中还注意到了优异的介电性能，这些钙钛矿可以用作各种电气设备中的介电材料[101]。

（2）OER 催化

氢气作为能源载体的生产和使用的优点是燃烧热量高，自然资源丰富且对环境的影响小。水电解是生产氢气最重要的方法之一。它是一种简单且环保的技术，但其主要缺点是高昂的能源和经济成本[101]。因此，使用高活性催化剂进行水分解半反应对于减轻这些缺点是必不可少的，如析氢反应（HER）和析氧反应（OER）。然而，OER 表现出较慢的动力学，因此是水分解的瓶颈。为该半反应开发活性和稳定性好的阳极是发展高效水电解的关键[102]。

基于贵金属的氧化物，例如 IrO_2 和 RuO_2，被认为是 OER 的最有效催化剂。然而，由于它们的稀缺性和高价格，这些材料的应用受到限制。作为替代品，钙钛矿氧化物具有多种氧化还原特性，良好的离子和电子导电性以及出色的化学稳定性，对 OER 具有良好的活性[103]。

钙钛矿作为电催化剂的优点在于其通用的结构，其中至少两种类型的阳离子位于其晶格中。通过阳离子取代促进结构变化和产生带电缺陷，可以提高电催化性能。镧基钙钛矿由于镧含量高而特别适合实际应用，使其成为进一步大规模应用的候选材料[104]。它们具有 $LaBO_3$ 化学计量，其中 La^{3+} 是 A 阳离子，而 B 阳离子也是三价元素，通常是第三周期的过渡金属。通过改变过渡金属阳离子，可以制成许多钙钛矿镧，因此会影响催化性能。也可以通过掺杂、离子取代、电子缺陷产生和缺氧促进几种结构变化，以改善其电催化性能。通过在优化的条件下使用这些材料，可以获得高的电催化活性[105]。

（3）发光材料

钙钛矿作为无机氧化物是高度稳定的，与通常在生物环境中不稳定的有机荧光团相比，具有优势。与通常在镉或硒等剧毒元素中基于量子点的标记相比，钙钛矿无毒且具有生物相容性[106]。这些材料是通常具有较宽带隙的绝缘体，从而可以有效地激发和发射来自红外和可见光频率中嵌入的发光中心的光。

在各种发光源中，镧系元素离子具有生物医学应用所需的几个优点。镧系元素具有电子结构[Xe]$6s^24f^n$。它们通常表现出+3 氧化态（尤其是在水溶液中），并且在某些环境中也观察到+2 氧化态。对于这两种情况，两个 6s 电子都丢失了，并且光学特性被部分填充的 4f 轨道中的电子所支配。光学跃迁有两种类型：4f-4f 跃迁和 5d-4f 跃迁，其中 4f-4f 跃迁对发光标记更有用[107]。这是因为 4f 电子被外部 5s 和 5p 电子强烈屏蔽，因此 f-f 跃迁对环境非常不敏感。此外，f-f 跃迁在近红外具有特征发射线，这是生物成像最有用的频率范围。内源性荧光团的自发荧光在可见光和紫外光范围内产生很强的背景。镧系元素离子的毒性比量子点生物标签中的重金属元素低约 1000 倍[106]，并且如果嵌入生物相容的宿主材料中，它甚至会变得更加安全。

3.4　稀土永磁材料

稀土永磁材料是一类以稀土金属元素 RE（Sm、Nd、Pr 等）和过渡族金属元素 TM（Fe、Co 等）所形成的金属间化合物为基础的永磁材料，利用稀土-过渡族金属间化合物发展的稀土永磁材料具有优异的永磁性能，是当前耐久性最高、磁能积最大的一类永磁材料[108]。

20 世纪 40 年代末出现了 AlNiCo 永磁，50 年代诞生了铁氧体永磁，60 年代研制出了第一代稀土永磁 $SmCo_5$，70 年代开发成功第二代稀土永磁 Sm_2Co_{17}，20 世纪 80 年代佐川真人和美国通用汽车公司各自研发出钕铁硼永磁（NdFeB），为第三代稀土永磁材料。第三代稀土永磁材料钕铁硼因其优异的综合磁性能，广泛应用于计算机、通信、医疗、交通、音响设备办公自动化与家电等各种支柱产业与高新技术产业。

自 21 世纪以来，全球钕铁硼产业在中国的带动下持续放量增长。2002~2017 十五年期间，我国和全球烧结钕铁硼产量的年平均增长率分别为 17.8% 和 14.5%，黏结钕铁硼产量的年平均增长率分别为 10.1% 和 5.6%[109]。

稀土永磁材料应用日益广泛，已成为现代文明社会发展水平的重要标志，对于"中国制造 2025"的成功实施，起到重要支撑作用。在目前已探明的稀土储量中，我国储量居世界第一，号称稀土王国。这为今后我国大力发展稀土永磁产业打下了坚实的基础。稀土永磁材料的出现对推动工业进步，特别是电机工业、办公自动化等起到了积极的作用[110]。

3.4.1　稀土永磁材料应用

从历史上看，稀土永磁体的发展因战略性原材料的供应危机而中断。20 年代后期，卡尔·斯特纳特发现并开发了第一批基于 Sm-Co 合金的稀土磁体，他于 20 世纪 70 年代发起了一系列稀土磁体研究会。当时，"alnicos"（即 Al-Ni-Co-Fe 磁体）构成了磁体市场的另一个重要部分。2011 年稀土危机的冲击，导致人们对 20 世纪 80 年代和 20 世纪 90 年代关于可能含有很少或根本没有稀土（或重稀土）的新型硬磁体的许多想法进行了重新评估[111]。

Nd-Fe-B 磁体经过精心、巧妙地优化，可广泛应用于要求以合理的价格获得高性能应用的场合。当需要高温稳定性时，Sm-Co 是首选材料，而 Sm-Fe-N 磁体正在进入某些特殊应用领域。例如，具有电动驱动装置的汽车和卡车。随着特定永磁体的局限性变得越来越清晰，围绕它们可以进行各种设计，以有效地利用可用的稀土资源[111]。

永磁体是通过产生磁场而无须电力来转换电能和机械能的材料，它们是高性能、最小化和高效率的电器关键材料之一。例如空调、冰箱、牵引电动机和电动发电机、燃料电池、混合动力和插电式混合动力汽车（通常称为"xEV"）以及风力涡轮机。

由于永磁电机和设备生产的增加，并且需要保护全球环境，即减少导致全球变暖的 CO_2 排放，因此对高性能磁体的需求预计会增加。从环境角度来看，安装在车辆中的内燃机将逐渐被电动机取代，预计到 2040 年其销量将超过汽油和柴油发动机。英国和法国政府已经宣布到 2040 年禁止使用传统汽车发动机，其他欧洲国家、印度和中国也在遵循这一趋势。目前，xEV 的销量已达到约 1000 万辆，而到 2050 年，这一数字有望达到 1.5 亿。这些 xEV 中的大多数将配备永磁电动机[111]。

风力等可再生能源在环境保护中也很重要。风力涡轮机的应用确实在增长。每个发电机的功率输出正在增加，特别是在海上风力发电中。钕磁铁可有效减少这种高输出发电机的尺寸。发电机所使用的磁铁的重量相当大，尽管它取决于发电系统（直接驱动或带齿轮箱以提高速度）。如果所有发电机都使用永磁体，那么到 2050 年，当累计装机容量预计为 2500GW 时，风力涡轮机将使用 1 万~200 万 t 永磁体[112]。

3.4.2　未来发展

稀土永磁体的发展尚处于成熟阶段，但还远远不够。当前使用的技术（在这种情况下为 Nd-Fe-B 和 Sm-Co 磁体）具有内在的优势，即可以更轻松地将已建立并充分理解的技术改进到其绝对极限，而不是重新开始。互补金属氧化物半导体（CMOS）和硬盘记录就是很好的例子。毫无疑问，随着电动汽车和机器人技术的兴起，稀土磁体市场将继续扩大，稀土金属供求之间将达到平衡，预计将更多地关注高温磁体物理学。

3.5　稀土储氢材料

3.5.1　稀土储氢材料概况

稀土储氢材料中的稀土为 La、Ce、Pr、Nd 等，含量为 35%（质）左右。由于稀土永磁材料产业的发展使得镧、铈等稀土产品大量积压，因此以镧、铈等高丰度稀土为主要组分的稀土储氢材料的研发及产业化，不仅可以推动混合动力汽车的发展，还将促进稀土资源的可持续利用和稀土行业的可持续发展。

3.5.2　结构和性质

储氢合金由两种金属元素组成，即分别对 H 具有正亲和力和负亲合力的 A 和 B 元素。根据 A 与 B 的比例不同，储氢合金可主要分为 AB_5 型合金、AB_2 型合金、A_2B_7 型 RE-Mg-Ni 基超晶格合金。每种合金的性能由于其不同的组成和结构而在储氢容量、放电容量、活化和稳定性方面有很大差异。

AB$_5$型储氢合金的典型代表是LaNi$_5$，具有CaCu$_5$型六边形结构，有三个八面体位点和三个四边形位点，H优先占据包含A$_2$B$_2$、AB$_3$和B$_4$的四面体位点，可以吸收六个氢原子形成LaNi$_5$H$_6$氢化物。AB$_2$型储氢合金具有较高的电化学容量，其典型代表相是六方碳原子C$_{14}$和立方碳Laves相。然而，由于其氢化物的高稳定性，二元AB$_2$型化合物在碱性电解质中显示出不良的电化学性能。通过多元素优化C$_{14}$/C$_{15}$相的比例并形成第三相并优化合金组成可以改善其性能。RE-Mg-Ni基储氢合金作为Ni-MH电池的新型负极材料，主要包含LaNi$_5$和(La、Mg)Ni$_3$相。在RE-Mg-Ni基储氢合金中，LaNi$_5$相不仅是氢吸收相，而且还充当催化剂来激活(La、Mg)Ni$_3$以吸收/解吸氢，以及La、MgNi$_3$相可增强电极反应动力学，使RE-Mg-Ni储氢合金具有更好的电化学性能[113]。

3.5.3　稀土储氢材料应用

3.5.3.1　在电池上的应用

储能极大地影响着人们的生活，是解决21世纪资源危机的最重要方法之一。一方面，风能、潮汐能和太阳能等新兴能源无法持续供应稳定的输出功率，因此有必要在能量存储设备上储存电量。另一方面，工业需要持续能量保持运行。在这种情况下，大型固定式能量存储设备是一种可靠的解决方案。能量存储设备在人们的日常生活中也是必不可少的，所有便携式设备(包括手机、笔记本电脑)需要电池来供电。电动车也是一种环保的交通工具，可以替代传统汽油燃料汽车。为了满足工业和日常生活中更好的储能需求，已经开发了一系列设备。锂离子电池和超级电容器是新能源的两个代表存储设备。在各种能量存储设备中，最重要的组件是电极[114]。

稀土基氢化物也是镍氢电池的重要阴极。除了传统的能量存储设备，还有很多，包括基于稀土元素的电极、掺杂稀土元素的电极和稀土纳米复合电极等新型先进能量存储设备。

通常认为RE元素是电化学惰性的。但是，大多数RE元素(例如Ce、Dy、Er、Eu、Ho、Nd、Pr、Sm、Tm、Tb和Yb)具有RE^{3+}/RE^{2+}或RE^{4+}/RE^{3+}氧化还原对。这表明基于RE的电化学能量存储在热力学上是可用的。一些具有适当电势的氧化还原对可能在有机或水性电池中具有活性，例如Ce^{4+}/Ce^{3+}、H$^+$/Ce^{3+}、Eu^{3+}/Eu^{2+}、Sm^{3+}/Sm^{2+}和Yb^{3+}/Yb^{2+}，这些氧化还原对可以潜在地用作储能设备中的氧化还原活性成分。

VanVucht等[115]首次报道了在20世纪20年代后期具有可逆的氢吸收/解吸特性的LaNi$_5$合金。20世纪70年代，Ewe等[116]报道了LaNi$_5$合金的电化学性能。然而，由于在充电/放电过程中溶解，显示出差的循环性能，不久之后，COMSAT实验室开发出了使用LaNi$_5$合金作为负极的Ni-MH电池，但是循环寿命仍然不符合实际应用要求。从那时起，人们一直在通过使用合金元素替代La和Ni来改善LaNi$_5$合金的循环寿命。

20世纪80年代，LaNi$_5$的生命周期取得了突破，通过用Co部分取代Ni来实现。这一发现是镍氢电池进入市场的关键。从那时起，为了改善整体性能并降低这种合金的成本，已经完成了重要的研究。简而言之，A面(La)被混合金属[富铈的混合金属(Mm)或富镧的混合金属(Ml)]取代，而B面(Ni)被Co、Mn、Al、Sn、Fe部分取代。AB$_5$型合金的容量在250~350mA·h/g之间。与LaNi$_5$母体化合物相比，部分取代可以获得更大的可逆电化学容量和更好的动力学。La$_{0.62}$Ce$_{0.27}$Pr$_{0.03}$Nd$_{0.08}$Ni$_{3.55}$Co$_{0.75}$Mn$_{0.4}$Al$_{0.3}$在当今的镍氢电池中得到了广泛应用，并且已经充分满足了电池的使用要求[117]。

不幸的是，这种合金中的原材料成本很高，因为它们含有 Co、Pr 和 Nd，即使它们的含量很低。钴是上述商用储氢合金中长寿命的关键元素，占典型合金总成本的 40%～50%。尽管 Pr 和 Nd 可以改善储氢合金的活化性能并提高其高倍率放电性能和循环稳定性，但 Pr 和 Nd 的价格约为 La-Ce 的 5～10 倍。因此，重要的是减少高成本的 Co、Pr 和 Nd 的含量以提高 Ni-MH 电池的市场竞争力。结果，大量的工作集中在开发高性能、无 Co、Pr 和 Nd 或低 Co、Pr 和 Nd 储氢合金上。例如，Wei 等[118]报道，无 Co，无 Pr、Nd 的 $La_{0.9}Li_{0.1}Ni_{3.2}Co_{0.3}Al_{0.3}$ 合金的最大放电容量为 328mA·h/g，经过 230 次充电/放电循环后保留了 71.5%。Balogun 等[119]研究了一系列 La-Ni-Co-Mn-Al 合金的电化学性能，并指出 $LaNi_{4.2}Co_{0.3}Mn_{0.3}Al_{0.2}$ 合金的最大放电容量为 330.4mA·h/g，并显示出良好的循环活性。制备的不含 Pr/Nd 的 $La_{9.5}Ce_{6.4}Ni_{69}Co_{4.7}Mn_{4.3}Al_{5.7}Zr_{0.1}Si_{0.3}$ 合金的最大放电容量约为 340mA·h/g，与包含 Pr 和 Nd 的商用 AB_5 合金相同。

到目前为止，商用 AB_5 型储氢合金的可逆容量约为 320～350mA·h/g。显然，AB_5 型储氢合金的电化学容量具有很小的空间改善，这是由于其结构而导致的不幸情况。因此，需要开发具有更高储氢密度的新型电极合金，以适应镍氢电池中增加能量密度的要求。

一些二元 La-Ni 合金，例如 LaNi（AB 型）、$LaNi_2$（AB_2 型）、$LaNi_3$（AB_3 型）和 La_2Ni_7（A_2B_7 型），其理论电化学容量比 $LaNi_5$ 合金高，但较高氢化物的稳定性限制了它们的发展。在 20 世纪 90 年代，Kadir 等[120]报道了一系列通过烧结制备的新型三元 RMg_2Ni_9 合金（其中 R=La、Ce、Pr、Nd、Sm 或 Gd）。后来的研究发现，RE-Mg-Ni 基合金包含 $(La,Mg)_2Ni_7$ 具有菱形 $PuNi_3$ 型结构或 $(La,Mg)_2Ni_7$ 具有六方 Ce_2Ni_7 型结构。

Chen 等[121]测试了 $LaCaMgNi_9$、$CaTiMgNi_9$、$LaCaMgNiAl_3$ 和 $LaCaMgNiMn_3$ 合金，它们均显示出良好的活化性能。$LaCaMgNi_9$ 的最大放电容量达到 356mA·h/g，高于 AB_5 型合金，但循环性能差，高倍率放电率低。大约在同一时间，Kohno 等[122]报道说，$La_{0.7}Mg_{0.3}Ni_{2.8}Co_{0.5}$ 合金的最大放电容量为 410mA·h/g，远高于商业镍氢电池。张等[123]研究了 $La_{0.7}Mh_{0.3}Ni_{2.975-x}Co_{0.525}Mn_x$（x=0、0.1、0.2、0.3、0.4）合金的结构和电化学性能，发现所有这些合金主要具有菱形 $PuNi_3$ 型结构的 Mg_2Ni_9 相和具有 $CaCu_5$ 型结构的 $LaNi_5$ 相。该合金的最大放电容量为 330～360mA·h/g，具有极高的放电速率，但循环寿命很短。$La_{1.5}Mg_{0.5}Ni_7$ 合金具有 Gd_2Co_7 型和 Ce_2Ni_7 型相的双相结构，其电化学容量可达 390mA·h/g。因此，作为 Ni-MH 电池的负极材料，A_2B_7 型和 AB_3 型 RE-Mg-Ni 储氢合金越来越受到关注。

为了改善 RE-Mg-Ni 基储氢合金的电化学性能，研究者们已经作出了巨大的努力。廖等[124]研究了三元 $La_xMg_{3-x}Ni_9$（x=1.0～2.2）合金，发现 $La_xMg_{3-x}Ni_9$ 合金的放电容量和循环寿命显示出随着 Mg 含量的增加而增加的趋势。特别地，La_2MgNi_9 的最大放电容量为 397.5mA·h/g，并且 HRD[高倍率放电性能（52.7%）]表现出良好的整体电化学性能。郭等[125]获得了相同的结论。王等[126]研究了一系列 $La_{0.7}Mg_{0.3}(Ni_{0.85}Co_{0.15})_x$（x=2.5～5.0）合金的电化学性能，发现这种合金显示出高放电容量、出色的高倍率放电性能、动力学好，但容量保持率低。基于上述研究，刘等[127]配制了 $La_{0.7}Mg_{0.3}Ni_{3.4-x}Co_xMn_{0.1}$（x=0-1.6）合金，并指出合金电极的容量保持率随 Co 含量的增加而增加。该合金在 x=0.75 时获得了最佳的电化学性能。后来他们用 Al 部分取代了 Ni，从而获得了一系列 $La_{0.7}Mg_{0.3}Ni_{2.65-x}Co_{0.75}Al_x$

$(x=0\sim0.5)$ 合金，发现放电容量和高倍率放电能力仅略有降低，但是经过 100 次充放电循环后，容量保持率从 $32.0\%(x=0)$ 明显提高到 $73.8\%(x=0.3)$。进一步的研究表明，在循环过程中，合金表面形成了致密的 Al_2O_3 层，通过限制活性材料的粉碎和溶解来提高容量保持率。

3.5.3.2　氢气的储存

氢气作为一种近乎理想的能量载体，有望在可再生和可持续的未来能源中发挥主导作用。经过清洁的燃烧反应，氢气单位质量能量密度($39.4kW \cdot h/kg$)要比其他化石燃料高得多，例如石油($11.6kW \cdot h/kg$)[128]。

在氢气的存储和输送领域，H_2 通常存储在高压钢瓶中或在低温条件下冷凝。尽管钢瓶可以承受 700bar 以上的压力，但其缺点包括体积大、质量能量密度差、爆炸的风险和高昂的成本，这些限制了它们目前的大规模应用。由于氢的临界温度低(33K)，液态氢容器是开放系统，因此氢的损失难以控制。

自 20 世纪 20 年代后期以来，可以通过金属氢化物的形式存储氢来显著提高密度[129]。荷兰飞利浦研究实验室发现，金属间化合物 $LaNi_5$ 能够可逆地吸收大量氢气。这种类型的结构仅限于组成 MH、MH_2 和 MH_3，氢原子适合金属晶格中的八面体或四面体孔，或两者的组合。在发现 $LaNi_5$ 之后不久，人们就意识到电极可以作为新的电化学存储介质，并且可以成为 Cd 电极的竞争替代品。可以通过分别引入分子氢或将水还原到电解质中来加载氢。分子氢在表面解离，随后被吸收在主体晶格内部，而两个 H 原子在气态吸附过程中重组为 H_2 分子。

Aoyagi 小组[130]较早地研究了 $LaNi_5$ 储氢材料，并报告说采用球磨法在氩气气氛中制备 $LaNi_5$。但是，研究人员发现 $LaNi_5$ 的主要缺点是严重的变性，并且在循环过程中容易被粉碎。此外，元素取代和非化学计量比被认为是催化氢吸附和改变储氢合金动力学特性的有效方法。元素 Co 可以降低储氢合金的显微硬度和氢化后的体积膨胀，抑制合金表面的溶解，从而提高合金的使用寿命。Asano 等[131]阐明了在 $10\sim50$bar 的氢气压力范围内，随着钴替代量的增加，$LaNi_{5-x}Co_x(x=0\sim2)$ 的氢化和脱水行为以及氢气的平衡压力降低。具有不同 Co 含量的 $LaNi_5$ 基电极的粉碎过程主要是在第一次充电过程中通过电化学声发射测量进行的，这为电极激活和随后循环降解的机理提供了新见解。

刘等[132]通过比较证明，Mn 替代 Ni 可以缩短激活周期，而 Co 和 Al 替代可以延长激活周期。结果表明，Ni 的部分取代可以改善循环性能，增强抗电氧化能力，同时通过 Ni 取代提高合金放电反应的极化程度。在广泛的 Al 替代范围内，高原压力已经降低，由于焓增加而形成的氢化物具有更高的稳定性，因此可以取代。同时，磁滞随着单位晶胞体积的增加而减小。Sakai 等研究了替代 $LaNi_{5-x}M_x$ 中的元素(M = Mn、Cu、Cr、Al 和 Co)对合金的循环寿命和力学性能的影响。

Kadir 等研究了 $LaMg_2Ni_9$ 合金和 $(La_{0.65}Ca_{0.35})(Mg_{1.32}Ca_{0.68})Ni_9$ 的压力-温度曲线[134]。在室温和 3.3MPa H_2 压力下，$LaMg_{8.40}Ni_{2.14}Al_{0.20}$ 合金在 558K 时的可逆储氢能力为 3.22%(质)，远高于 $LaMg_{8.40}Ni_{2.34}$ 合金。用 Al 代替 Ni 可有效提高合金的储氢能力和氢化/脱水动力学，有证据表明 $LaMg_{8.40}Ni_{2.14}Al_{0.20}$ 合金可在 573K 的 1500s 内释放 89% 的氢，而 $LaMg_{8.40}Ni_{2.34}$ 合金中仅处于饱和状态的 74% 的氢在相同条件下释放。类似地，La-Mg-Ni 系列储氢合金具有较高的储氢能力，但是其活化性能和循环寿命需要进一步提高。Co 和 Al 的协同作用可以提高 La-Mg-Ni 系列储氢合金的循环寿命。

此外，稀土的组成对于储氢性能也起着关键作用。原子半径较大的元素的增加通常导致各相晶格体积的减少和平台压力的增加。但是，当涉及高速率放电、循环寿命和低温性能时，少量的替代却是有效的。超高压处理已被用于调整稀土-镁-镍合金的储氢性能，而在超高压样品中除了 $LaMg_2Ni$ 和 Mg_2Ni 相以外，还观察到了新的 $LaMg_3$ 相[133]。超高压合金（973K 下为 5GPa）的氢解吸量在 573K 下为 2.69%（质），相当于饱和容量的 89.6%。然而，在铸态合金中，相应的值分别变为 1.75%（质）和 58.3%（质）。已经通过粉末烧结法合成了新的 $La_{1-x}Nd_xMgNi_{4-y}Co_y$ 合金，该合金的储氢能力在 1.1% ~ 1.7%（质）范围内。同样，微波烧结已成功地引入到 La-Mg-Ni 合金制备中，该合金在 573K 下可以在 600s 内吸收 4.1%（质）的 H_2，在 1500s 内吸收 3.9%（质）的 H_2。Balcerzak 小组[134]首先通过机械合金化（MA）和热处理制备了 $La_{1.5}Mg_{0.5}Ni_7$ 合金，这清楚地表明，La_2Ni_7 合金中的 Mg 部分取代 La 可以改善该系统的电化学和氢吸附性能。La-Mg-Ni 合金的储氢容量会随着 Mg 含量的增加而增加，最大达到 1.53%（质），最大的放电容量为 248mA/g。

3.6　稀土合金

稀土合金是由一种稀土金属（混合和单一金属）或其他金属与非金属元素结合而成的，并可制成二元或多元的稀土合金产品。稀土金属及其合金以其优异的磁性、吸氢、渗透、催化等功能特性而被广泛应用于现代技术的各个领域。

3.6.1　稀土合金的制备

3.6.1.1　熔融盐中电化学法制备稀土合金

3.6.1.1.1　稀土-镁合金

（1）稀土-镁合金

大部分稀土元素与镁的原子尺寸半径相差在 ±15% 范围内，在镁中有较大固溶度，具有良好的固溶强化、沉淀强化作用；可以有效地改善合金组织和微观结构，提高合金室温及高温力学性能，增强合金耐蚀性和耐热性等；稀土元素原子扩散能力差，对提高镁合金再结晶温度和减缓再结晶过程有显著作用；稀土元素还有很好的时效强化作用，可以析出非常稳定的弥散相粒子，从而能大幅度提高镁合金的高温强度和蠕变抗力。因此在镁合金领域开发出一系列含稀土的镁合金，使它们具有高强、耐热、耐蚀等性能，将有效地拓展镁合金的应用领域[135]。通过在 Mg 电极上电沉积和在熔融氯化物或氟化物体系中共还原 Mg（Ⅱ）和 RE（Ⅲ），研究了 RE-Mg 合金的电化学形成过程。

在 $MgCl_2$-$LaCl_3$-KCl 熔盐体系中，采用电化学共还原法制备了 Mg-La 合金。而相关研究者[136]能够通过在 LiCl-KCl-$RECl_3$ 熔体中的 Mg 电极上电沉积 Pr（Ⅲ）和 Er（Ⅲ）制备出 Mg-Pr 和 Mg-Er 合金，而对于 Mg-Nd 中间合金，则可以通过控制熔盐成分、阴极电流、电解温度和添加速度等条件在 LiF-BaF_2-NdF_3-Nd_2O_3 熔体中得到液态 Mg 电极[137]。

由于稀土氧化物对氧极为敏感，极易形成固体氯氧化合物和氧化物，因此选用稀土氧化物作为制备稀土镁合金的原料。提出了一种以氧化钇为原料，在 LiCl-KCl-$MgCl_2$ 盐中进行电化学共还原制备 Gd-Mg 合金的方法[138]。结果表明，稀土氧化物可以用 $MgCl_2$ 氯化并形成 $RECl_3$，反应如下：

$$RE_2O_3(S) + MgCl_2(l) \longrightarrow 3MgO(s) + 2RECl_3(l)$$

研究表明，$DyMg_3$ 金属间化合物能够通过恒电位电解形成。而在熔融 $LiCl-KCl-YbCl_3$ 体系中可以制备出 Yb-Mg 合金薄膜。在 Mo 电极上静态电解 $LiCl-KCl-MgCl_2-LuCl_3$ 熔体形成 LuMg 金属间化合物，而在 $LiCl-KCl-LuCl_3$ 熔体的 Mg 电极上静态电解形成 Lu_5Mg_{24} 和 LuMg 两种金属间化合物和 Lu 金属。

（2）Mg-Li-稀土合金

Mg-Li 合金具有一些优异的性能，然而，由于 Mg-Li 合金强度低、抗蠕变性能差、热稳定性差，限制了其应用。稀土元素在 Mg-Li 合金中的固溶度均较小，能与 Mg 形成多种金属间化合物，在 Mg-Li 合金加入稀土元素，通过固溶强化和形成细小弥散的金属间化合物，提高其综合性能。

一些研究者对 KCl-LiCl 熔体中 Mg-Li-RE 合金的电化学共还原形成方面进行了一些探讨。在含 La_2O_3 的 $LiCl-KCl-KF-MgCl_2$ 体系中，采用恒流电解法制备了不同锂和镧含量的 Mg-Li-La 合金。Mg 元素在 Mg-Li-La 合金中分布均匀，并且与 Mg 相比，La 的离子半径更大，电负性更低，主要存在于晶界，抑制了晶粒的生长速度。以 $KCl-LiCl-MgCl_2-ReCl_3$ 熔体为材料，在 Mo 电极上共还原 Mg、Li 和 RE，Zhang 等研究了制备 Mg-Li-RE 合金的电化学方法[139]。同时，还研究了 Mo 电极上添加无水 Re_2O_3 粉末后 $MgCl_2-LiCl-KCl-KF$ 熔体中 Mg-Li-RE 合金的形成。Mg-Li-RE 合金中锂和稀土的含量可以通过改变 $MgCl_2$ 的浓度、Yb_2O_3 的含量和电解条件来控制。以 $LiCl-KCl-MgCl_2-Gd_2O_3$ 为熔体，Wei 等采用恒流电解法在 Mo 电极上电化学共沉积制备 Mg-Li-Gd 合金[140]。通过实验可知该合金中 Mg 含量为 96.53%（质），Li 含量为 0.27%（质），Gd 含量为 3.20%（质）。通过控制电解时间和 LCl-KCl 熔体中 Gd_2O_3 的含量可以调节合金的组成。

3.6.1.1.2　稀土-铝合金

铝合金广泛应用于不同的工业，如自动化，建筑，特别是航空航天部门，具有成本低，优异的强度重量比和耐腐蚀等优势。铝合金加入稀土元素，随着稀土元素加入量的增加，铝合金的强度、塑性均有所提高。熔盐中稀土离子的电化学还原为一步制备稀土合金提供了一个独特的机会，这可以节省能源并实现具有成本竞争力的生产。

相关研究者研究了 RE-Al（RE = La、Ce、Gd、Tb、Dy、Ho、Er）合金的电化学形成，发现可以从熔盐中分离和提取 $RE^{[141-146]}$。采用了循环伏安法（CV）、方波伏安法（SWV）和开路计时电位法（OCP）等电化学技术研究 RE（Ⅲ）和 Al（Ⅲ）离子在 Mo 电极上的共还原。在 $LiCl-KCl-ReCl_3$ 熔体中进行恒电压和恒电流电解制备不同的稀土铝金属间化合物。研究发现，在 $LiCl-KCl-AlCl_3-LaCl_3$ 共晶熔体中，$Al_{11}La_3$、Al_3La 和 Al_2La 均可获得共还原产物。还探索了以稀土氧化物为原料，辅助 $AlCl_3$ 在熔融 LiCl-KCl 盐中制备 Al-RE（RE = Ce、Gd、Tb、Ho）合金[3,8-10]。稀土氧化物可被 $AlCl_3$ 氯化，在 $LiCl-KCl-Re_2O_3-AlCl_3$ 体系中生成稀土氧化物，反应如下：

$$RE_2O_3(s) + 2AlCl_3(l) \longrightarrow Al_2O_3(s) + 2ReCl_3(l)$$

使用铝作为工作电极，Shi 等利用不同 Dy-Al（$DyAl_3$ 和 DyAl）和 Er-Al（$ErAl_3$ 和 $ErAl_2$）金

属间化合物[11,146]实验得知，控制施加电势可以获得不同的 RE-Al 金属间化合物。采用瞬态电化学技术研究了 La-Al 合金在 698~798K 范围内在 Al 电极上 LiCl-KCl 共晶熔体中的电化学行为，通过恒电位电解可形成 La-Al 合金 $Al_{11}La_3$。在 LiCl-KCl-SmCl$_3$ 熔体中，随着电解电位和电解时间的变化，在铝电极上恒电位电解形成不同相结构的 Sm-Al 合金（$SmAl_2$、$SmAl_3$ 和 $SmAl_4$），发现 Sm-Al 合金中形成了大量的针状析出相。在铝电极上制备了稀土铝合金，或在氯化物和氟化物液中预沉积铝电极。通过在熔融盐中共沉积 RE(Ⅲ) 和 Al(Ⅲ)，或在 Al 电极上电沉积制备 RE-Al 合金。稀土铝化合物形成的原因是稀土沉积在预沉积铝电极或反应铝电极上可以与铝形成合金。还对添加稀土氧化物后的 LiCl-KCl-AlCl$_3$ 熔体中 Al(Ⅲ)、Li(Ⅰ) 和 RE(Ⅲ) 离子的电化学共还原过程也进行了研究，结果表明在惰性电极上生成了 Al-Li-RE 合金。

3.6.1.1.3 稀土-铁合金

稀土-铁合金，是稀土元素跟铁元素的结合物，稀土合金因用途不一样，稀土元素的含量也不同，其中镝铁、钆铁均为钕铁硼的添加物，稀土元素纯度较高。稀土和铁组成的磁致伸缩材料具有耦合力学变量和磁变量的特性。提出了一种在熔融盐中的 Fe 电极上制备稀土铁合金的方法。

有研究者研究了在 NdF$_3$-LiF 和 NdF$_3$-LiF-BaF$_2$ 熔体中分别添加 Nd$_2$O$_3$ 后 Nd-Fe 中间合金的电化学形成[147]。详细讨论了熔盐组成、电解温度和电流密度对电流效率的影响，其中电流效率可达 85.21%。通过使用 GdF$_3$-LiF 熔体在铁阴极上制备了 Gd-Fe 合金，研究了不同条件下对合金成分和稀土产率的影响。还有研究者研究了在熔融 LiCl-KCl-DyCl$_3$[0.50%（质）]体系中 Dy-Fe 合金薄膜的电化学形成。通过恒电位电解在铁电极上形成 DyFe$_2$ 薄膜。用类似的方法，提出了以纯铁棒为阴极，以氧化钬为原料，在 HoF$_3$-LiF 熔体中制备 Ho-Fe 合金的方法，该合金在电化学形成过程中具有能耗低、容量大、偏差小的特点，适合在工业上大量生产。

3.6.1.1.4 稀土-镍合金

RE-Ni 合金因其优异的吸氢、磁性性能以及催化性能等功能特性而受到大家广泛的关注。不少人研究了不同熔盐条件下 RE-Ni(RE=La、Pr、Nd、Sm、Gd、Tb、Dy、Ho、Yb、Y) 合金在 Ni 电极上的电化学形成。

在 NaCl-KCl 熔体中，一些研究者研究了 RE-Ni 合金的制备。其中部分研究者能够在不同电位下对镍板电极进行恒电位电解得到不同的 RE-Ni(RE=Pr、Nd、Dy) 合金相。Y-Ni 合金分别在 -2.0V 和 -2.2V(vs Ag/AgCl) 下通过恒电位电解 0.5h 进行电沉积，可以得到不同的 Y-Ni 金属间化合物。采用电化学位移、电化学共沉积等方法通常可以在研究 LiCl-KCl 熔体中电化学制备 RE-Ni 合金。以镍为工作电极，在 723K 的 LiCl-KCl-TbCl$_3$[0.50%（摩）]熔融液中研究了 Tb-Ni 合金的电沉积，用恒电位电解法制备了合金样品，合金相仅为 TbNi$_2$。而在熔融 LiCl-KCl-DyCl$_3$ 体系中，可以形成 Dy-Ni 合金，DyNi$_2$ 薄膜的生长速率非常高，并且依赖于应用电位，形成的 DyNi$_2$ 电极可以通过电化学位移转化为其他相，还发现 Dy-Ni 金属间化合物的扩散速率高于表面阴极的电化学反应速率，从而产生富 Dy-Ni 化合物，在不同电位下进行恒电位电解可以选择性地得到不同的 RE-Ni 化合物，在熔融氯化物或氟化物中，通过在镍电极上电沉积制备了 RE-Ni 合金。

3.6.1.2　纳米稀土氧化物制备可变价稀土合金

由于在氯化物体系中，RE(Ⅱ)对RE(0)的还原电位甚至比溶剂的还原电位更负，所以原则上不可能直接用熔盐氯化物电解制备可变价稀土金属。制造可变价稀土金属的唯一方法是用低压还原镧、铈或它们的混合物，然后在真空中进行高温蒸馏。然而，这种方法有许多缺点，如低制造量、复杂和不连续的生产和高能耗过程。在这一过程中，电解制备的镧、铈是必不可少的还原材料，但成本较高。不同价态的RE_2O_3(RE=Eu、Sm、Yb)在熔盐中的溶解度极低，在熔盐中用电解法从RE_2O_3中直接获得价态可变的合金是不可能的。通常制备可变价稀土合金的原料是通过稀土氧化物的氯化和氟化得到稀土氯化物和氟化物，然而，由于RE(Ⅲ)对O^{2-}离子非常敏感，电解过程中必须将有毒腐蚀性的HCl和HF气泡注入熔体，以避免形成RE_2O_3沉淀。为了克服以氯化物和氟化物为前驱体的路线的缺点，可在熔盐中通过电化学还原从各自的氧化物中获得金属、非金属或合金。

采用溶胶-凝胶法制备了Eu_2O_3、Sm_2O_3、Yb_2O_3和Y_2O_3：Eu^{3+}纳米粒子。在480℃的LiCl-KCl熔体中，以相应的纳米稀土氧化物为原料，电解制备变价稀土(RE=Sm、Eu、Yb)合金。首先利用纳米效应制备稀土合金的新方法可以克服RE_2O_3在熔盐中溶解度低的局限性，且不需要用到有毒腐蚀性的HCl和HF，采用溶胶-凝胶法制备纳米级Eu_2O_3、Sm_2O_3和Yb_2O_3，图3.14(a)、(d)和(g)分别为Eu_2O_3、Sm_2O_3和Yb_2O_3样品的典型形貌概述。所得样品由球形纳米颗粒聚集而成，粒径在10~50nm之间，HRTEM图像和相应的FFT衍射图谱[见图3.14(b)、(c)、(e)、(f)、(h)、(i)]显示Eu_2O_3、Sm_2O_3和Yb_2O_3为单个纳米颗粒是单晶，纳米颗粒中未发现缺陷。

与普通材料相比，纳米材料中的纳米粒子相互交错，形成多孔网络结构，从而产生更大的孔隙率，导致团聚的纳米Sm_2O_3的密度较低。这种更高的孔隙率和较低的密度是由于以下原因导致的。首先与普通RE_2O_3相比，纳米级RE_2O_3的粒径大大减小，导了更多的悬浮键存在于材料中。从而增加了表面能。此外，这些悬浮键倾向于结合其他原子。因此，它们成为吸附原子的活性中心，促使一些热力学过程和化学反应更容易发生。

其次，由于纳米颗粒的尺寸更小，比表面积更大，有利于RE_2O_3与Cl_2的接触，因此，纳米颗粒相对于普通的颗粒具有更多的活性原子，这些原子对于吸收大量的Cl_2具有很高的活性，促进了RE_2O_3纳米颗粒在熔体中的扩散。这意味着纳米RE_2O_3能均匀分散在熔体中，而不会沉积。

最后，铝元素因其优异的力学性能而被选为可变价稀土合金的合金元素，研究了含$AlCl_3$和RE_2O_3(Sm、Yb、Eu)的LiCl-KCl熔盐在钼电极上的电化学行为。利用Eu^{3+}发光特性作为探针，可清楚地观察到纳米RE_2O_3在低温下能很好地分散在LiCl-KCl熔盐中。由于纳米RE_2O_3这种良好的分散性，在预沉积铝上的低电位沉积导致Al-RE(RE=Sm、Yb、Eu)合金的形成。纳米效应使稀土在熔体中具有较高的溶解度和均匀的分散性，从而导致稀土在Al上沉积，形成Al-RE合金，这一合金形成的信号可通过循环伏安法检测，并且还可以通过方波伏安法和开路计时电位法检测。

3.6.1.3　固态化学路线制备铂-稀土纳米合金

金属或合金材料是各种化学或电化学过程的重要催化剂。铂-稀土金属(Pt-RE)合金是一类对一系列反应具有卓越电催化性能的材料，特别是对质子交换膜燃料电池(PEMFC)中

图 3.14 （a）Eu_2O_3 的透射图；（b、c）Eu_2O_3 的高分辨率透射图；（d）Sm_2O_3 的透射图；
（e、f）Sm_2O_3 的高分辨率透射图；（g）Yb_2O_3 的透射图；（h、i）Yb_2O_3 的高分辨率透射图

的氧还原反应（ORR）[148,149-154]。其中 Pt-Gd 合金优异的活性源于合金核心上压缩应变 Pt 表层的形成，由此反应中间体（如 ORR 的 OH^-）的结合能调整到最佳值[14,15,16,19]，而且与含 Co 和 Ni 等过渡金属的常规 Pt 合金相比，Pt-RE 合金表现出极负的合金形成能，这为 RE 原子从合金核心向表面扩散创造了一个巨大的动力学屏障。然而，稀土金属的溶解性能也比后期过渡金属低得多，因此，在反应条件下，合金表面的稀土原子更容易被浸出。在这方面，在合金表面形成薄铂层将是防止合金脱合金的第二个屏障。这两个屏障将在 PEMFC 运行期间提供 Pt-RE 合金的长期稳定性。

　　铂-稀土（Pt-RE）纳米合金是最活跃的电催化剂之一，有望在质子交换膜燃料电池中实现长期稳定性。高温固态化学路线是一种简单、可扩展的化学方法，可以用来合成 Pt-RE 纳米合金催化剂。Pt-RE 纳米合金的形成是一系列连续的化学和物理过程，首先是具有富氮前体的聚合过程，然后是多孔碳化二亚胺的形成，随后是金属流动阶段的碳支持，最后是减少稀土金属的合金化反应。这种对合成过程机理的透彻理解为优化合成过程以及调控这种方法合成具有预期结构和性能的 Pt-RE 合金材料奠定了基础。

Pt-RE 纳米合金的合成主要包括在稀释的 H_2 气氛中对常用前驱体混合物进行一步热处理，合成的合金的性能得到了很好的控制，目前已经合成了一系列粒径在 $1 \sim 10nm$ 的纯相 Pt_2RE、Pt_3RE、Pt_5RE 合金，如 Pt_2Gd、Pt_3Y、Pt_3Tb、Pt_5Ce、Pt_5La 等。高温固态化学路线合成过程始于在空气中制备前驱体混合物，包括水合或无水 Pt 和稀土金属盐、氮前驱体（如 CN_2H_2）和碳载体。水合金属盐和氮前驱体的水解反应导致浆液的形成，这有助于合成过程。在升温至特定温度时，CN_2H_2 聚合成一系列 C-N 化合物，最终形成聚合物氮化碳，然后在更高的温度下部分分解。在此过程中，金属离子稳定在各种 C-N 化合物的结构中，通过蒸发和 NH_4Cl 的形成分别将 H_2O 和 Cl^- 从结构中除去。在 700℃进一步热处理和 H_2 还原的条件下，Pt 离子被还原为金属纳米粒子，这一过程加速了聚合物氮化碳的分解，使多孔的 $RE_2(CN_2)_3$ 相形成。这两种金属相在碳载体上都具有较高的迁移率，这可能是由聚合物氮化碳的分解驱动的，它们倾向于相互黏附并形成大小不一的团簇，这确保了所有 Pt 随后都将形成合金。随后，H_2 通过多孔相 $RE_2(CN_2)_3$ 扩散至 $Pt-RE_2(CN_2)_3$ 界面，在 Pt-RE 合金极负的合金形成能推动下，引发了稀土离子的还原，最终形成 Pt-RE 合金纳米粒子。由此可以说明 Pt-RE 合金的合成机理，解决了在看似不可能的条件下形成 Pt-RE 合金的一系列难题，为优化合成工艺、调整合金性能和合成新合金材料提供基础。

3.6.1.4 碳热法制备稀土合金

稀土硅铁合金是由硅铁、稀土、钙、生铁或废钢等按一定比例经高温熔融而成的合金。稀土硅铁合金的生产是在矿热炉中进行的，耗电量大。常用于铸铁铸钢，有较强脱氧、脱硫的效果，是生产球化剂和蠕化剂的基础材料，在钢、铁生产中能作为添加剂、合金剂。

使用便宜的矿石原料，在容量很大的矿热炉中直接制取合金的方法被称为碳热法，此方法可以大大地降低产品成本。其机理为碳还原 SiO 和 CaO 生成硅和硅钙，所生成的硅和硅钙会还原稀土氧化物，得到稀土硅化物，反应如下：

$$REO_2+3Si \Longrightarrow RESi_2+SiO_2$$

$$2RE_2O_3+7Si \Longrightarrow 4RESi+3SiO_2$$

$$RE_2O_3+Ca+5Si \Longrightarrow 2RESi_2+(CaO \cdot SiO_2)$$

冶炼过程中，由于还原剂会相对过剩，从而造成碳化硅、碳化钙及稀土金属碳化物的生成，这些生成物易于聚集，使炉底迅速上涨，炉况恶化，影响生产技术指标，可通过加入大量钢屑分解碳化物，或采用电阻率高、化学活性好的碳质还原剂等措施解决。

3.6.2 稀土合金的性能

3.6.2.1 稀土合金的磁性

Kondo 效应与磁性之间的竞争在异常稀土合金和锕系合金中起着非常重要的作用。4f 态的轨道简并性在稀土合金物理中扮演着关键角色，4f 电子具有很好的局域性，许多稀土合金要么是近道电子型，要么是混合价电子型[155]。事实上，许多价态跃迁是伴随着系统磁性性质的实质性变化。这是由于负责混合价态的定域 f 轨道同时也负责离子的固有磁矩。当这些轨道的占据发生变化时，合金的磁性能就会发生改变。具体来说，混合价离子的不同磁态叠加可能导致价态异常。此外，许多元素（主要是 Ce 和 Yb）形成混合价的合金（例如

$CeSn_3$、$CePd_3$、YbInAu），也形成了其他合金（例如 $CeAl_2$、CeSb、YbCuAl），这些合金不处于混合价态（MVS），因此一个合理的稀土合金模型应该能够在这些极端之间进行插值。

由于 Anderson 杂质模型成功地解释了孤立稀土离子的物理性质，因此它被扩展为定义了所谓的周期安德森模型（PAM）：

$$H=-t\sum_{(i,j)}\sum_{\sigma} c_{i\sigma}^+ c_{j\sigma}+\epsilon_f\sum_{j,\sigma} n_{j,\sigma}^f+U\sum_j n_{j\uparrow}^f n_{j\downarrow}^f+V\sum_{j,\sigma}(f_{j\sigma}^+ c_{j\sigma}+H.c.).$$

其中，H 代表系统的哈密顿量。t 是电子在局域（d 或 f）轨道和非局域（s 或 p）轨道之间跃迁的能隙。$c_{i\sigma}^+$ 和 $c_{j\sigma}$ 分别表示在晶格点上自旋 σ 的电子产生和湮灭算符。$\sum_{j,\sigma}$ 是 f 轨道上的能级。U 是 f 电子之间的相互作用能。$n_{j,\sigma}^f$ 表示在晶格点上自旋 σ 的电子数。V 是局域 f 电子与非局域电子之间的混杂参数。$H.c.$ 是厄密共轭（Hermitian Conjugate）的缩写。

尽管 PAM 对大量稀土合金的理论描述具有重要意义，但对该模型的理解仍然很不完整。这一现象的基本原因是，假定的 f 轨道之间的长程相关性是由传导电子介导的：传导电子之间的相关性只是通过与相关的 f 轨道的杂化间接引入的。因此，f 轨道之间的有效相互作用本身就是与传导电子有效相互作用的结果。PAM 最成功的方法是将模型映射到一个简单的系统，明确流动和本地化轨道之间的相互作用，或平均场方法无法正确确定基态性质。同时，PAM 的大状态空间也给数值模拟带来了困难。KLM（等效电路）模型可以更好地帮助理解稀土化合物中铁磁性的出现，在非常大的 Kondo 耦合中，传导电子形成了具有定域自旋的单线态，并成为惰性态。剩余的、未耦合的定域自旋在双交换机制中是铁磁性的。近藤效应形成和双交换之间不存在竞争。在较低的近藤耦合中，双交换铁磁性仍然存在，因为在传导电子上存在过量的定域自旋：每个传导电子必须屏蔽不止一个定域自旋。

低维稀土合金的富相图往往包含铁磁（FM）相，低维稀土铁磁性是由双交换机制引起的。对于一维 PAM 在图卢兹极限下，利用玻色化法导出了相关 f 电子的有效哈密顿量。得到的有效哈密顿量给出了中间耦合时的 FM 相位。在低维强相关电子系统中使用的各种方法不能检测金属绝缘体或磁相变。但是，所使用的玻色子化法是获得一维相互作用系统精确临界行为的理想方法。在二维和三维空间中，会遇到与得到的结果相似的情况。也就是说，在更高的维数下，可以看出在四分之一装填附近的中间耦合器处存在 FM 相位岛。这也可以从相关的高维 KLM 模型中推断出来，例如，在二维中，接近四分之一填充的小区域是铁磁性的。其他严格的结果，即使在一维中，也只存在于强不对称 PAM 中。某些情况下，由于平坦带机制，铁磁性只出现在参数空间的一个非常有限的区域。此外，在一维中，磁性是双交换机制，并由传导电子的离域长度控制。即给出极化云长度的离域长度是双交换相互作用的有效范围。在这个长度内，f 自旋与传导电子的自旋方向相反，换句话说，每个电子被一团 f 自旋包裹，也就是说，它们形成一个自旋极化子。当这些极化子有序时，FM 相位出现。在 FM 相位以下，由于强烈的电荷波动，f 电子将开始参与费米能级过程，其结果是极化云，即自旋极化子，将逐渐被破坏。该模型将进入一个 MVS。然而，在调频相位以上，偏振云开始强烈地干扰。这将导致自旋翻转过程，传导电子将脱离极化云，最终破坏量子有序-无序型跃迁机制中的调频序。

3.6.2.2　稀土合金的热力学性质

稀土元素的热力学特性对于开发从一次或二次资源中有效回收稀土的过程至关重要。

可以利用电动势测量法研究二元 Nd-Bi 和 Nd-Sn 合金的热力学性质，电动势测量法是通过能斯特方程直接确定 Nd 的化学势。使用熔融卤化物盐或固体电解质如 CaF_2 和 β-Al_2O_3，通过精确的电磁场测量，测定了碱和碱土合金的热化学性质。测量 Nd-Bi 合金和 Nd-Sn 合金在 $725 \sim 1250K$ 时熔盐电解质（$LiCl$-KCl-$NdCl_3$ 和 CaF_2-NdF_3）的电动势值，并使用纯 Nd(s) 作为参考系统评估测量的稳定性和再现性，以确定合适的方法减轻副反应。

通过在新的固态 CaF_2-NdF_3 电解质中进行电动势测量，已经确定了 Nd-Bi 合金（x_{Nd} = 0.20）中 Nd^{3+} 离子的还原过程（$Nd^{3+} + 3e^- \rightleftharpoons Nd$）。这个实验在氟化物电解质（$LiF$-$CaF_2$）进行[156]，基于 CaF_2 的固体电解质能够准确测量活性碱土合金的电动势。将固体电解质的电动势值与 $LiCl$-KCl-$NdCl_3$ 电解液中电解出少量纯 Nd(s) 的结果进行了比较。此外，在熔融 $LiCl$-KCl-$NdCl_3$ 电解质中，两相 Nd-Bi（x_{Nd} = 0.20）合金作为反应性较差的参比电极材料。二元 Nd-M 合金（M = Bi 或 Sn）的热力学性质是由这些合金相对于纯 Nd 金属的电动势测量确定的，使用的电化学电池为：Nd(s) | 含 Nd^{3+} 的电解质 | Nd-M 合金，其中，纯 Nd(s) 为参比电极（RE），Nd-M 合金为工作电极（WE），金属 M 在电化学上比 Nd 更有利。利用固态 CaF_2-NdF_3 电解液和在熔融 $LiCl$-KCl-$NdCl_3$ 电解液中电沉积少量纯 Nd 的瞬态技术实现了 Nd-Bi（x_{Nd} = 0.20）的可靠电动势测量。在电动势测量中观察到晶相转变（L-NdBi = $NdBi_2$）为斜率的不稳定性（dE/dT），采用 Nd-Bi（x_{Nd} = 0.20）合金作为稳定的参比电极在熔融 $LiCl$-KCl-$NdCl_3$ 电解质中，将两相转变和降低反应活性与纯 Nd(s) 相比。测量的 Nd-Bi（x_{Nd} = 0.15-0.40）和 Nd-Sn（x_{Nd} = 0.10）的电磁场值是稳定和可重复性的。利用与温度相关的电动势数据，测定了 Nd 合金的热力学性质。

3.6.2.3 稀土合金的热电性能

热电材料是一种可以利用废热产生电能并具有固态冷却器能力的材料，因此引起了人们广泛的兴趣。基于这些材料的器件展现出许多优点，包括低噪声、高可靠性、长寿命等。然而，目前热电发电器的能量转换效率还不够高。这主要是因为大多数普通热电材料的热电参数较低。热电材料的效率通常通过热电性能图中的无量纲参数 $ZT = S^2\sigma T/\kappa$ 估计，其中 S 为塞贝克系数（热电功率），σ 为电导率，κ 为热导率。ZT 值较大（如单位量级）的材料具有较好的热电效率。高效的热电材料应具有较大的热电功率、高电导性和低热导系数。此外，Wiedemann-Franz 定律限制了电子对金属电导率和热传导率的贡献率。该比率应与温度成如下比例：$\kappa/\sigma = LT$。稀土体系具有特殊的性质，其独特性与 4f 壳层对电子能谱的影响以及重原子在原子晶格中的行为有关。为了提高 ZT，可以尝试降低晶格导热系数。另一种方法是通过优化费米能级附近的电子态密度来提高塞贝克系数和金属电导率。此外，由于稀土原子存在价态不稳定性和 Kondo 效应，也可以实现 ZT 值的提高[157]。通常，具有低能电子谱小尺度特征的系统表现出较高的塞贝克系数。特别是，由于电导电子和 f 电子之间的杂化，重费米子系统在态密度上具有显著的特征，因此被认为是低温热电应用的候选材料[158]。合成含有简单元素和过渡元素原子的稀土合金，采用纵向稳定状态法测定了样品的热导率，用差示锰-康铜热电偶测量了样品之间的温差。

在测量过程中，可揭示以下经验结构规律，这些规律对大多数研究的合金均有效：①与初始晶胞相比，有序化（对称性的变化）导致热功率和电阻的增加；②有序化将少量其他原子引入晶胞（有序地引入原子而无变化）（单位电池的对称性）导致热功率的增加和电阻的减小；③将少量其他原子无序地引入到晶胞中（无序地引入原子而不改变晶胞的对称性）导致热功率和电阻的降低；④在晶胞中无序地替换原子导致热功率和电阻的降低；⑤在晶胞中按顺序替换原子会导致热功率和电阻的增加。热功率和电阻率对温度具有依赖性，根据 Mott 公式，由以下表达式确定扩散热功率：

$$S(T) = \frac{\pi^2 k_B^2}{3|e|} \frac{d}{dE} \ln N(E) \big|_{E=E_F}$$

这种由 f 态的贡献引起热功率和电阻率对温度的依赖（通常与状态密度的显著温度依赖结合在一起）发生在反常的稀土系统中，即在 Kondo 晶格和重费米子和中间价的化合物中。根据研究数据可知，Kondo 系统（例如：$CeSi_2$ 或 $Ce_{1-x}Y_xNiSb$）确实表现出高的塞贝克系数值以及电阻和热电的强烈温度依赖性。Kondo 晶格可以区分以下两种状态[159]：①摄动理论体系：$T>T_K$；②低温状态为 $T<T_K$，可在 T_K 较高的系统中实现。

3.6.3　稀土合金的应用

3.6.3.1　稀土合金化改性镁基合金

以镁为基础的轻合金的需求不断增长，与典型的变形镁合金（如 AZ31、ZK60）相比，含有稀土元素（RE）的镁合金产生的织构要弱得多，也不常见。为量化选择稀土添加物在轧制和退火过程中对镁片织构的改变作用，探索由此产生的织构和显微组织，以提高板材的延性和强度，减少各向异性，研究了 4 种添加少量稀土元素的 ZK 基合金（Mg-Zn-Zr）和一种参比 ZK-混合稀土金属合金（富 Ce），分别经过热轧、退火和冷轧拉伸，量化选择稀土添加物在轧制和退火过程中对镁片织构的改变作用，并探索由此产生的织构和显微组织，以提高板材的延性和强度，减少各向异性。

由于稀土元素在镁中的固溶性不同（Gd>Nd>Ce>La），由于重溶质/颗粒效应，稀土元素的变形和再结晶性能有很大差异。对不同稀土元素添加量的 ZEK100 镁合金进行热轧、退火和室温拉伸试验，研究不同稀土元素对板材成形性和各向异性的影响，以及相关的组织和织构发展，可知：稀土添加量的选择对 ZEK100 镁合金板材变形行为有显著影响。不同的稀土元素导致了不同的显微结构，包括平均晶粒尺寸、第二相形成和固溶性的变化，从而赋予了不同的性质。Gd 对轧制和退火镁的织构有最大的影响。而轻稀土元素：Ce、La、Nd 和稀土元素均为普通的稀土薄片结构，其特征是基底成分较弱，基底极向薄片横向分布较宽，而 Gd 则有不同的稀土纹理，以较弱强度（2.5MRD）的软离基面取向突出。由于 Gd 合金化产生的独特的片状织构，尽管相对于其他合金的晶粒尺寸较粗，但其室温延性和平面各向异性均有显著提高。通过增加锌含量（锌是一种有效的强化剂）或细化晶粒尺寸（Hall-Petch 效应）强度性能，特别是屈服强度肯定会得到一定程度的改善。然而，挑战在于同时保持强度和延展性的良好平衡。在轧制后的显微组织中发现了粒子刺激形核 PSN 的迹象，它与大的 Mg-Zr 颗粒有关，而与含稀土的析出物无关。

在目前的情况下，PSN 被认为是重织弱化背后的机制之一，但绝对不是最重要的机制。对于高溶性稀土元素 Gd 和 Nd，溶质相关效应在重织化过程中起着重要作用。溶质原子向晶界偏析并影响晶界运动，这可能改变常规镁合金中常见的再结晶和晶粒长大概念。此外，溶质团簇与可剪切颗粒具有相似的作用，导致应变非均质性，影响再结晶的形核和生长过程。然而，目前的研究结果并没有提供确凿的证据来证实这一假设。对于 La 和 Ce，由于在 Mg 中的不溶性和第二相的形成而在基体中溶质浓度很少的情况下，即使有析出物存在，溶质原子对织构的改变也可能是重要的。La 和 Ce 是最大的稀土元素，因此与位错和晶界有很强的相互作用。在热轧和退火过程中，析出相的几何形状对织构发展的可能影响还有待研究。增强的室温延性和相应的弱拉伸织构强烈地表明在变形过程中多种变形机制被激活。与常规镁合金相比，稀土合金化在镁基滑移和拉伸孪晶疲劳时促进了镁的硬变形机制。

3.6.3.2　稀土合金对锌腐蚀行为的改善

ZnO、Zn(OH)$_2$ 和各种碱性锌盐等腐蚀产物的电绝缘体性质和高耐蚀性可以作为保护锈蚀层。锈蚀层的密度对防腐蚀也很重要。稀土盐已成功地应用于铝合金和镀锌钢的水环境腐蚀防护。

研究(Ce、Er、Y)对 Zn-5%Al(Galfan)合金在中性充气硫酸钠溶液中的腐蚀行为的影响，结果表明，稀土元素的加入显著提高了 Galfan 合金的耐蚀性，对含 Er 合金的影响更为明显。用开路电位和电化学阻抗谱(EIS)测定了 Zn$_{99}$Gd$_1$、Zn$_{99}$Dy$_1$ 和 Zn$_{99}$Er$_1$(摩尔比)合金在 0.1mol/L NaCl 溶液中、pH 接近中性、无搅拌和与空气接触时的耐蚀性。为了进行比较，还对非合金锌进行了电化学测试。比较 Zn$_{99}$R$_1$(R=Gd、Dy、Er)合金与非合金 Zn 合金的腐蚀行为，以了解这些合金元素在腐蚀过程中所起的作用。通过固定电化学技术和电化学阻抗谱(EIS)评估 Zn$_{99}$R$_1$ 合金在中性充气氯化钠溶液中的腐蚀行为。所有 Zn$_{99}$R$_1$ 合金均呈现两相形态，其特征是在锌基中形成富锌金属间相，其原子组成为 Zn$_{12}$R，对应于共晶中含有小于 0.11%(摩)的合金元素。随着暴露时间的增加，所有合金的 R_{HF} 都有所增加，说明腐蚀产物层阻碍了腐蚀过程，与非合金锌合金相比，稀土合金表现出更高的 R_{HF} 值，这证明了增强的表面层保护性能，Zn$_{99}$R$_1$ 合金的特点是相对于非合金锌来说，电容 C 值更低，这证实了由于提高了表面腐蚀产物层的保护能力，Zn$_{99}$R$_1$ 合金具有更好的耐腐蚀性。可以通过电化学测量得出以下结论：①稀土元素(Gd、Dy、Er)的加入显著提高了非合金锌的耐蚀性。②稀土合金通过形成"镧掺杂"腐蚀产物层(羟基氯化锌、Zn$_5$(OH)$_8$Cl$_2$·H$_2$O)提高了锌的耐蚀性，与未合金锌相比具有更高的保护效果。③SEM-EPMA 表征表明，Zn$_{99}$R$_1$ 合金具有较好的腐蚀性能，这是因为合金表层存在大量氧化物/氢氧化物形式的稀土。由于稀土氧化物/氢氧化物的高度绝缘特性，腐蚀产物层的阻隔性能显著提高。此外，稀土离子以氧化物/氢氧化物形式存在于表层时，可能对腐蚀过程起到抑制作用，从而赋予腐蚀产物层一定的腐蚀保护性能。

3.7　稀土陶瓷

3.7.1　有序介孔稀土氧化物陶瓷薄膜的制备

镧系氧化物陶瓷与钪、钇一起统称为稀土氧化物。除了非化学计量相外，稀土氧化物通常有三种成分，即一氧化物(REO)、二氧化物(REO$_2$)和倍半氧化物(RE$_2$O$_3$)。其中，倍半氧化物是最稳定、最重要的镧系氧化物陶瓷，在较宽的温度范围内有三种不同的晶型，对于较重的氧化物，c 型(立方晶)多型性已知是稳定的，(在散装)在环境条件下，它采用立方结构，单元格由 80 个原子组成，相当于 16 个 RE_2O_3 分子式单元。

可以利用不同亲疏性的二嵌段共聚物与水合氯化物前驱体溶液相结合的方法来制备一系列亚微米厚的稀土三氧化物族介孔膜，并对其进行表征。在相对湿度较低（10% ~ 15%）的条件下，使用 2-甲氧基乙醇和冰醋酸合成具有良好结构有序的材料，就周期性和整体结构同质性而言，可以获得最佳结果。2-甲氧基乙醇作为协溶剂，有助于减缓无机/有机复合膜的干燥过程，从而获得更均匀的薄膜和更高的孔隙有序度。冰醋酸则通过某种络合作用积极防止氯化物的重结晶，如果没有它，在干燥过程中光学透明的薄膜会变得浑浊。在这些条件下，充分的薄膜干燥时间是保证形成具有立方孔对称性的良好介观结构材料的关键。在 800℃ 空气中热处理后，孔洞网络发育良好，孔洞大小形状均匀。氧化陶瓷在加热到 900℃ 后之所以没有出现面外散射，是因为薄膜在这个方向上的形貌各向异性明显较少，并且在结晶和晶粒生长过程中纳米尺度结构发生了微小的变化，而较重的稀土倍半氧化物可以在短时间内承受 1000℃ 的退火温度，这是聚合物模板介孔金属氧化物所特有的。

利用各种先进技术对片状形态和微观结构进行研究结果表明：①通过选择聚合物 SDA，可以对其孔径进行大范围调整，17 ~ 42nm 不等；②纳米级结构在高达 800℃ 或更高的温度（对较重的氧化物可高达 1000℃）下仍然保持完整；③光学性质与单晶体相似；④在纳米尺度、微观尺度以及原子水平上存在大量的缺陷，但可以被排除。在所研究的温度范围内，各种不同的氧化物陶瓷都表现为单相结构，特别是 Sm_2O_3 和 Lu_2O_3 薄膜，表现出强烈的晶体结构，这是聚合物模板介孔薄膜的特性。研究数据表明，这一合成过程不仅简单易行，而且可以制备高质量的纳米材料，并可能适用于许多（如果不是全部）稀土氧化物。

3.7.2 稀土陶瓷的应用

3.7.2.1 无铅稀土改性 $BiFeO_3$ 陶瓷

如今，陶瓷在很多应用中备受欢迎。例如，$Pb(Zr, Ti)O_3$（PZT）和铋层结构陶瓷因其独特的优点在一些电子器件中得到了广泛的应用。然而，低居里温度（T_C）和低压电常数（d_{33}）可能会分别影响铁电陶瓷和铋层结构陶瓷的实际应用。而 $BiFeO_3$（BFO）在室温下具有较高的 T_C（830℃）、奈耳温度（T_N 约 370℃）以及铁电性和磁性，因此，其可能成为高温压电陶瓷。由于高浓度的 Fe^{2+} 和氧空位产生严重的泄漏电流，BFO 器件的突破很少[31,32]，这使得实现增强电性能变得困难，目前液相烧结技术可以有效抑制 BFO 陶瓷的泄漏电流。在BFO 陶瓷中经常检测到一些杂质相（如 $Bi_{25}FeO_{40}$ 和 $Bi_2Fe_4O_9$），为了抑制杂质相的形成，提高 BFO 陶瓷的电性能，稀土元素的加入可以改变 BFO 陶瓷的相结构。掺杂稀土元素的类型和浓度改变可以诱导不同的相结构，BFO 陶瓷的电性能也强烈依赖于相结构和掺杂元素类型。

通过采用快速热淬火技术能够制备几种稀土元素（Eu、Pr、Sm、La、Dy）改性的高温 $BiFeO_3$ 陶瓷，可以得知稀土元素含量对其相组织、显微组织和电学性能的影响。相结构具有很强的成分依赖性。除 Dy^{3+} 外，稀土元素陶瓷可实现高 d_{33} 值 [>40pC/N 即局部电荷（pC）和正面作用力（N）之比] 和低介电损耗（≤0.01）。此外，低浓度 Eu、Pr、Sm 或 La 的陶瓷均能获得较强的铁电性，而添加 Pr 或 La 的陶瓷在不同退火温度下均能获得优异的压电稳定性。$BiFeO_3$ 陶瓷能够作为一种高温压电材料发展。

3.7.2.2 稀土氧化物陶瓷的防垢

结垢或沉淀污垢是溶液中坚硬的固体盐的结晶，在很多行业中，热交换器、锅炉、反应堆和管道中会形成厚重的垢沉积。对于那些盐具有与温度反向溶解度特性的情况，结垢通常发生在高温区。二水硫酸钙（$CaSO_4 \cdot 2H_2O$），又称石膏，就是这种盐的一种，它是在各种植物中形成的，特别是那些利用含有高硫酸盐浓度的海水作为其处理水的植物。各种参数，包括温度、压力、pH 值和溶液中其他离子的存在，都可以极大地影响石膏的溶解度，导致在工厂的不同部分结垢[160,161]。

目前，减少或延迟结垢的技术主要依靠化学或机械方法，或两者的结合。对于化学方法，通过添加化学添加剂来改变沉淀平衡，或者通过降低结晶动力学来起到抑制剂的作用。机械技术则依靠物理去除、超声波、电场和磁场来进行处理。

对 REOs 特别是 CeO_2、Er_2O_3 和 Gd_2O_3 的防垢性进行了评估，这些陶瓷薄膜通过溅射沉积在玻璃衬底上，并在 50℃ 的饱和石膏溶液中浸泡 60h。作为对比，还对玻璃和不锈钢衬底进行了测试。变化过程如图 3.15 所示。定量分析了材料的总表面能及其极性组分。此外，由于石膏垢积累在这些表面所增加的质量是通过对比在结垢实验前后基质的质量来确定的，还对表面能及其组分对因结垢而增重的影响进行了评估。同时，利用一种独特的微尺度方法，将石膏盐颗粒黏附在无尖端悬臂上，以测量盐和基体之间的附着力。根据黏附力数据计算了分离能（黏附功），并与理论盐基界面能进行了比较，发现两者之间存在很强的正相关关系。研究发现，REOs 表现出优异的抗结垢性能，因为它们的表面能中极性成分最少，这导致了结垢成核和黏附的显著减少。鉴于其卓越的耐用性，REOs 在恶劣环境下具备优异的防垢性，可谓理想之选。

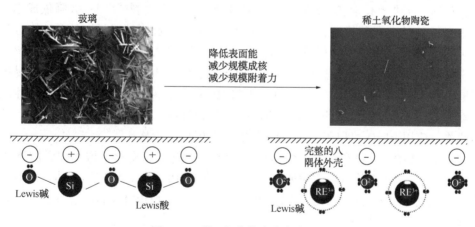

图 3.15 稀土氧化物陶瓷合成原理

对于 REOs（特别是 CeO_2、Gd_2O_3 和 Er_2O_3），研究了它们在石膏垢形成方面的性能，并显示其防垢/疏垢特性。利用经典形核理论和 VanOss-Chaudhury-Good 方法计算了这些陶瓷的总表面能及其极性组分，结果显示表面能与尺度沉积之间存在直接关联，与玻璃和不锈钢相比，REOs 具有较低的表面能（约 $24mJ/m^2$）。这些陶瓷的表面能的极性组分是导致结垢的主要原因。

由于稀土元素独特的电子结构，REOs 表现出最小的表面能极性组分（$0.1mJ/m^2$），从而使其表面的 Lewis 酸和 Lewis 碱位点数量最小。石膏垢导致的增重与玻璃和不锈钢相比，这两种材料分别减少了 55% 和 77%。此外，使用石膏微粒黏附在无尖端悬臂上的原子力显微镜来评估盐和测试基底之间的附着力。可知已形成的盐颗粒与 REOs 表面的附着力约为玻璃和不锈钢的一半，黏附力与表面总能和表面能的极性组分有很强的正相关关系。因此，具有最小 Lewis 酸和 Lewis 碱位点的表面将导致最小的盐成核或沉积和盐黏附；因此，它们最适合用于防垢目的。REOs 的防垢性特别令人感兴趣，因为这类陶瓷可以承受恶劣的环境。

3.8　稀土复合材料

3.8.1　几种稀土复合材料的制备

3.8.1.1　支化聚酯酰胺/稀土氧化物（HBPEA）复合材料的制备

超支化聚合物（HBP）具有独特的性能，可以解决与共混体系有关的加工性能、性能折中和相容性问题，在工程材料中作为添加剂和改性剂具有很大的潜力[161]。一些聚合物体系在 HBPEA 上的研究应用实例已经被证明是成功的，适量的 HBPEA 可以使聚乳酸在加工性能、热性能和力学性能方面具有优势。因为 HBPEA 含有许多分支酯键，因此其也可作为一种新型的生物可降解添加剂。然而，从应用的角度来看，将昂贵的 HBPEA 作为添加剂用于塑料和橡胶加工等一般工业领域是不切实际的。

无机材料与 HBP 复合是克服这一高成本瓶颈的一种有效和通用的方法，它可提供多种可能性，包括：①调整化学和物理性能；②功能化合成复合材料[36,162]；③降低成本。在实际应用中，基于 HBP 的无机复合材料已经在聚合物领域引起了越来越多的关注，近年来有许多关于基于 HBP 的无机复合材料的报道。然而，大部分人还没有注意到某些有价值的低成本稀土材料，即混合稀土氧化物（RE_2O_3，RE＝La、Ce、Pr、Nd 等），可以很容易地从原矿中提取。基于 HBP 的 RE_2O_3 复合材料由于将 RE_2O_3 的神奇性能与 HBP 的独特性能相结合，可能成为一种新型的低成本、多功能的稀有复合材料。此外，在某些情况下，替代纯稀有氧化物，应用 RE_2O_3 可以出乎意料地获得更好的性能/价格比[176]。

以顺丁烯二酸酐（MA）和二乙醇胺（DEA）为原料，合成超支化不饱和聚酰胺酯 AB_2 单体。在此条件下，AB_2 单体可以成功地自缩聚，形成 HBPEA 的有机连续基体，同时也在一定程度上与无机 RE_2O_3 颗粒发生了牢固的化学结合。有机的 HBPEA 特征黏度相对较低，这可能与其多支链分子结构有关。

根据 UV-vis 和 XPS 实验结果，HBPEA 和 RE_2O_3 之间的牢固结合被分配到 RE^{3+} 配位与 HBPEA。在合成 HBPEA/RE_2O_3 的过程中，RE_2O_3 颗粒表面的离子化反应导致 RE^{3+} 的释放，显著提高了 HBPEA/RE_2O_3 的热稳定性。这种热稳定性主要表现为"自由基俘获"和"质量输运阻挡"等效应。以制备低成本多功能复合材料为目标，开发了一种可行且相对简单的 HBPEA 和 RE_2O_3 复合工艺，可作为制备新型复合材料的有效途径。

3.8.1.2　稀土氟化物复合材料 CoCrW 的制备

随着航空发动机和列车制动系统的发展，在非润滑状态下，制动套和制动盘的磨损越来越严重。特别是高温磨损是影响机械零件工作寿命的主要因素之一。近年来，为满足设备高温摩擦学设计的需要，制造了多种类型的自润滑复合材料。钴基材料是高温合金中的一种，在高温下具有比其他合金更好的力学性能、抗氧化性和耐磨性。在许多工业领域，钴基合金作为高温机械零件得到了广泛的应用。对耐磨钴基材料的研究主要集中在能明显提高零件表面抗氧化性、耐磨性和硬度的耐磨涂层上[163,40,164]。

由于钴材料的高温磨损依赖于高温，合金不可能具有良好的润滑性能，特别是在低温下。因此，有必要从低温到高温制备钴基自润滑复合材料。因此采用热压法制备了含稀土 LaF_3 的 CoCrW 基体自润滑复合材料。复合材料的摩擦系数和耐磨性均有较大提高，硬度下降幅度较小。这是由于原位形成和额外添加的固体润滑剂（Ag、$LaCrO_3$、Ag_2MoO_4、AgF_3 和金属氧化物）以及氧化物膜的协同作用，改变了摩擦过程中的磨损模式。

在基体中加入 LaF_3、Mo、Ag，设计了高温连续自润滑 CoCrW 复合材料（室温~1000℃）。研究了添加相对合金组织、相及摩擦学性能的影响。在球盘摩擦试验机上对 Si_3N_4 球在 24（室温）~1000℃条件下的摩擦磨损行为进行了研究，提出了摩擦磨损机理。Co 基自润滑复合材料组织致密，成分在基体中的分布均匀。LaF_3 和 Ag 降低了材料的硬度，而 Mo 由于固溶强化作用而增强了材料的硬度。靶向材料由 LaF_3 和银组成。在低温下，LaF_3 和 Mo 破坏了合金的润滑性能和耐磨性。复合材料具有较高的摩擦系数和磨损率。在高温下，LaF_3 和 Mo 明显改善了合金的摩擦学性能。钴基复合材料具有连续的自润滑性能，这是由于从室温到1000℃添加了银。其主要原因是铬酸盐、钼酸盐、银、金属氧化物和 LaF_3 的润滑作用。LaF_3 仅在600℃以上显示润滑。当 Mo 形成化合物时，其具有润滑作用。银形成富银润滑膜，提高了低温摩擦学性能。$Co-15Cr-7W-10LaF_3-8Mo-9Ag$ 在室温~1000℃时表现出最优异的摩擦磨损性能，磨损率约为 $1.2~3.6×10^{-5} mm^3/N \cdot m$。氧化膜的存在改变了磨损模式。复合材料的磨损机理主要为磨粒磨损和氧化磨损。

3.8.2 稀土复合材料的应用

3.8.2.1 金刚石-稀土复合材料的光应用

稀土（REs）的电子特性对各种光子技术和器件非常有用，特别是在光电探测器、用于量子信号处理和量子存储器的波导、激光、生物标签、红外辐射显像仪等方面。由于重稀土材料具有明亮的发光特性，它们被广泛应用于某些发光装置。

在一些应用中，大量吸收的 X 射线辐射会转化为热能，可能导致材料的热破坏。因此，制造稳定的高功率光束探测器和可视化仪器成为一个巨大的挑战。为了解决这个问题，可以通过降低稀土化合物吸收颗粒浓度和减小探测器厚度来降低有机基质复合稀土材料的散热性和吸收系数[165-168]。然而，这些方法并没有显著改善设备的热特性，甚至可能增加设备在高能光束下的不可逆损伤概率。因此，焦点已转向具有高导热系数的材料。尽管已经取得一些进展，但相对较低的 X 射线发光强度仍然限制了实际应用的可能性。因此，研发新型探测器和显像器，如复合发光金刚石，成为 X 射线光学领域的重要任务。

在金刚石中直接掺杂稀土是困难的，因为必须将较大的稀土原子放置在金刚石的密度最大的晶格中。理论和实验研究表明，单个稀土原子，即使嵌在金刚石晶格中，也可能变得无旋光性，使其不可能实际应用。近年来，为了扩大发光光谱范围，提高整体发光强度，成功地在聚晶金刚石中引入一些物质。这就允许应用研究充分的离子来获得在可见光谱范围内具有适当波长的光和 X 射线发光。尽管取得了成功，但由于个别铕化合物的使用，信噪比很低。个别稀土物质的使用导致发光的浓度猝灭。将这些活性稀土引入具有固溶结构的物质中，会产生更强的发光。选择 Eu 作为发光源是因为积累了大量关于其 2$^+$ 和 3$^+$ 价态的特征带和各种电子跃迁的对称基团的知识，并在其吸收光谱和发光光谱中观察到。

在金刚石中使用铕掺杂物质而不是使用纯化合物会导致发光强度的增加。这项工作的目的是开发具有高强度 X 射线和光致发光的抗荧光复合材料，以显示高功率辐射。实现了 NaGdF$_4$：Eu 纳米粒子(NPs)的合成以及化学气相沉积(CVD)多晶金刚石与氟化 NPs 复合膜的制备方法。制备了稀土复合材料的 X 射线发光金刚石复合材料，并首次对其进行了测试。在前面的工作中，只研究了复合材料的 PL 光谱，没有研究 X 射线发光响应，并且引入了不同的 RE 化合物，即 NaGdF$_4$：Eu，而不是之前使用的 EuF$_3$。新型金刚石-稀土复合材料具有较好的性能，在同步加速器和自由电子激光器中作为辐射监测屏具有广阔的应用前景。

采用 CVD 生长法，制备了嵌套在多晶金刚石中的 NaGdF$_4$：Eu 纳米粒子为基体的光致发光光谱(PL)发光和 X 射线致发光复合材料。PL 和 X 射线荧光光谱(XRL)显示 Eu^{3+} 离子在 612nm 处的 $^5D_0$-$^7F_2$ 跃迁信号，PL 和 XRL 的 FWHM(荧光半高宽)分别为 2nm 和 6.1nm。空间映射揭示了高面积密度的发光源，使得金刚石-氟化物复合材料适合于高分辨率的紫外和 X 射线成像。金刚石具有高透明度、极高的导热系数和辐射硬度的特点，有望成为同步辐射源等高功率 X 射线束设备上坚固发光薄膜的材料。实现了重金刚石复合材料的制备，使工程材料具有可调谐的发光特性，如，通过改变重光源的波长和特征衰减时间，调节 XRL 强度的目标灵敏度值浓度(低于饱和水平范围内)和 NPs 的种类、厚度和设备的尺寸改变金刚石衬底的基体材料。虽然在单晶金刚石中嵌入 RE-NPs 是可能的，但基于含有 RE 的多晶金刚石薄膜的发光屏可能具有更大数量级的横向尺寸。

3.8.2.2　稀土纳米(FG)复合膜

随着工业表面工程需求的不断增长，先进复合材料领域发展迅速。由两种或两种以上复合材料制成的薄膜具有优良性能，微纳米粒子的加入虽然可以改善膜的力学性能，但也会产生相应的缺点，从而大大降低了耐蚀性。为解决上述问题，提出了机械匹配性较低的功能梯度材料。由金属基体中微/纳米颗粒的不均匀分布形成的 FG 材料形成了一种特殊的成分结构，可以减少分层和残余应力[46,47]。

目前，大量的氧化物或碳化物作为增强颗粒，形成了性能优良的 FG 复合材料。在不同的增强粒子中，具有特殊 4f 壳层电子结构和独家催化性能的稀土纳米粒子具有独特的性能，已广泛应用于金属基复合材料中。制备 FG 薄膜的方法多种多样，电沉积法相对于其他方法具有更加良好的应用条件而得到了广泛的应用，通过不断改变反应条件制备 FG 薄膜。氧化铒(Er$_2$O$_3$)是一种具有优异的高温化学稳定性和热稳定性的稀土氧化物。因此，通过在金属或非金属基体中共沉积 Er$_2$O$_3$ 增强粒子，可以获得性能优良的新型复合材料。

鉴于其优异的性能，Ni-W/Er$_2$O$_3$ 薄膜在催化、减摩、防腐等领域具有巨大的潜在应用价值。虽然 Ni-W/Er$_2$O$_3$ 复合膜具有许多潜在的优点，但文献报道较少。因此，在电化学沉积工艺中，通过持续地调整电流密度和搅拌速度，以获得多层结构的 Ni-W/Er$_2$O$_3$ 纳米复合薄膜。这是第一次通过改变电流密度或搅拌速率来制备 FG 型 Ni-W/Er$_2$O$_3$ 电沉积膜[169]。

为了沿着厚度方向逐渐改变 Er_2O_3 纳米粒子的含量，考察了电流密度或搅拌速率的连续变化能力。对电沉积膜的化学成分、表面形貌、显微组织和显微硬度进行了表征，并比较了 FG 膜与均匀膜的耐蚀磨损性能。

在新开发的无氨电解液中，通过连续改变沉积参数（平均电流密度或搅拌速率），成功地电沉积了多层 $Ni-W/Er_2O_3$ 复合薄膜。所有 $Ni-W/Er_2O_3$ 复合材料中，氧化铒颗粒的数量从基材/薄膜界面向薄膜表面增加，钨含量的变化趋势一致。较高的平均电流密度（搅拌速率不同）或较低的平均电流密度（不同的平均电流密度）下产生的镀层具有较高的显微硬度，这可以归因于氧化铒颗粒的嵌入增强、钨含量较高和晶粒细化。

同时，薄膜的表面粗糙度增大。FG 型 $Ni-W/Er_2O_3$ 纳米复合膜比均匀的 $Ni-W/Er_2O_3$ 纳米复合膜具有更好的耐磨性，且在较高的搅拌速率或较低的平均电流密度下制备的 FG 型复合膜具有更强的耐蚀性。电化学镀液中悬浮 $7.0g/L Er_2O_3$ 粉末，平均电流密度为 $50mA/cm^2$（不同搅拌速率）或 $100r/min$（不同平均电流密度），可制备出功能优良的 FG 型 $Ni-W/Er_2O_3$ 薄膜。

参 考 文 献

[1] Carlos L D, Ferreira R A S, Bermudez V D, et al. Lanthanide-containing light-emitting organic-inorganic hybrids: a bet on the future[J]. Advanced Materials, 2009, 21(5): 509-534.

[2] Wu S W, Han G, Milliron D J, et al. Non-blinking and photostable upconverted luminescence from single lanthanide-doped nanocrystals[J]. Proceedings of the National Academy of Sciences of the United States of America, 2009, 106(27): 10917-10921.

[3] Shen J, Sun L D, Yan C H. Luminescent rare earth nanomaterials for bioprobe applications[J]. Dalton Trans, 2008, (42): 5687-5697.

[4] Hampl J, Hall M, Mufti N A, et al. Upconverting phosphor reporters in immunochromatographic assays[J]. Analytical Biochemistry, 2001, 288(2): 176-187.

[5] Van Sark W, de Wild J, Rath J K, et al. Upconversion in solar cells[J]. Nanoscale Research Letters, 2013, 8: 10.

[6] Liu D M, Xu X X, Du Y, et al. Three-dimensional controlled growth of monodisperse sub-50nm heterogeneous nanocrystals [J]. Nature Communications, 2016, 7: 8.

[7] Liang L L, Teh D B L, Dinh, et al. Upconversion amplification through dielectric superlensing modulation[J]. Nature Communications, 2019, 10: 9.

[8] Chen X, Jin L M, Kong W, et al. Confining energy migration in upconversion nanoparticles towards deep ultraviolet lasing [J]. Nature Communications, 2016, 7: 6.

[9] Garfield D J, Borys N J, Hamed S M, et al. Enrichment of molecular antenna triplets amplifies upconverting nanoparticle emission[J]. Nature Photonics, 2018, 12(7): 402-407.

[10] Liu Y J, Lu Y Q, Yang X S, et al. Amplified stimulated emission in upconversion nanoparticles for super-resolution nanoscopy[J]. Nature, 2017, 543(7644): 229.

[11] Chen S, Weitemier A Z, Zeng X, et al. Near-infrared deep brain stimulation via upconversion nanoparticle-mediated optogenetics[J]. Science, 2018, 359(6376): 679-683.

[12] Ma Y Q, Bao J, Zhang Y W, et al. Mammalian near-infrared image vision through injectable and self-powered retinal nanoantennae[J]. Cell, 2019, 177(2): 243.

[13] Zhang Y W, Sun X, Si R, et al. Single-crystalline and monodisperse LaF_3 triangular nanoplates from a single-source precursor[J]. Journal of the American Chemical Society, 2005, 127(10): 3260-3261.

[14] Liu S T, De G J H, Xu Y S, et al. Size, phase-controlled synthesis, the nucleation and growth mechanisms of $NaYF_4$: Yb/Er nanocrystals[J]. Journal of Rare Earths, 2018, 36(10): 1060-1066.

[15] Lu S, Tu D T, Li X J, et al. A facile "ship-in-a-bottle" approach to construct nanorattles based on upconverting lanthanide-doped fluorides[J]. Nano Research, 2016, 9(1): 187-197.

[16] Na H, Woo K, Lim K, et al. Rational morphology control of beta-$NaYF_4$: Yb, Er/Tm upconversion nanophosphors using a ligand, an additive, and lanthanide doping[J]. Nanoscale, 2013, 5(10): 4242-4251.

[17] Lin H, Xu D K, Li A M, et al. Morphology evolution and pure red upconversion mechanism of beta-$NaLuF_4$ crystals[J]. Scientific Reports, 2016, 6: 12.

[18] Zhou R S, Li X. Effect of EDTA on the formation and upconversion of $NaYF_4$: Yb^{3+}/Er^{3+}[J]. Optical Materials Express, 2016, 6(4): 1313-1320.

[19] Qiu P Y, Sun R J, Gao G, et al. An anion-induced hydrothermal oriented-explosive strategy for the synthesis of porous upconversion nanocrystals[J]. Theranostics, 2015, 5(5): 456-468.

[20] Li F, Li J, Chen L, et al. Hydrothermal synthesis and upconversion properties of about 19nm Sc_2O_3: Er^{3+}, Yb^{3+} nanoparticles with detailed investigation of the energy transfer mechanism[J]. Nanoscale Research Letters, 2018, 13: 9.

[21] Zou W Q, Visser C, Maduro J A, et al. Broadband dye-sensitized upconversion of near-infrared light[J]. Nature Photon-

ics, 2012, 6(8): 560-564.

[22] Shao W, Chen G Y, Kuzmin A, et al. Tunable narrow band emissions from dye-sensitized core/shell/shell nanocrystals in the second near-infrared biological window[J]. Journal of the American Chemical Society, 2016, 138(50): 16192-16195.

[23] Stouwdam J W, Van Veggel F. Near-infrared emission of redispersible Er^{3+}, Nd^{3+}, and Ho^{3+} doped LaF_3 nanoparticles[J]. Nano Letters, 2002, 2(7): 733-737.

[24] Zhang Y H, Liu X G. Nanocrystals: Shining a light on upconversion[J]. Nature Nanotechnology, 2013, 8(10): 702.

[25] Auzel F. Upconversion and anti-stokes processes with f and d ions in solids[J]. Chemical Reviews, 2004, 104(1): 139-173.

[26] Vetrone F, Naccache R, Mahalingam V, et al. The active-core/active-shell approach: a strategy to enhance the upconversion luminescence in lanthanide-doped nanoparticles[J]. Advanced Functional Materials, 2009, 19(18): 2924-2929.

[27] Willets K A, Van Duyne R P. Localized surface plasmon resonance spectroscopy and sensing[J]. Annual Review of Physical Chemistry, 2007, 58: 267-297.

[28] Feng W, Sun L D, Yan C H. Ag nanowires enhanced upconversion emission of NaYF4: Yb, Er nanocrystals via a direct assembly method[J]. Chemical Communications, 2009, (29): 4393-4395.

[29] Liu X, Swihart M T. Heavily-doped colloidal semiconductor and metal oxide nanocrystals: an emerging new class of plasmonic nanomaterials[J]. Chemical Society Reviews, 2014, 43(11): 3908-3920.

[30] Wang C, Cheng L, Xu H, et al. Towards whole-body imaging at the single cell level using ultra-sensitive stem cell labeling with oligo-arginine modified upconversion nanoparticles[J]. Biomaterials, 2012, 33(19): 4872-4881.

[31] Chen G Y, Shen, Ohulchanskyy T Y, et al. (alpha-NaYbF$_4$: Tm^{3+})/CaF_2 core/shell nanoparticles with efficient near-infrared to near-infrared upconversion for high-contrast deep tissue bioimaging[J]. ACS Nano, 2012, 6(9): 8280-8287.

[32] Li Z Q, Zhang Y, Jiang S. Multicolor core/shell-structured upconversion fluorescent nanoparticles[J]. Advanced Materials, 2008, 20(24): 4765.

[33] Weissleder R, Pittet M J. Imaging in the era of molecular oncology[J]. Nature 2008, 452(7187), 580-589.

[34] Liu Q, Feng W, Li F Y. Water-soluble lanthanide upconversion nanophosphors: Synthesis and bioimaging applications in vivo[J]. Coordination Chemistry Reviews, 2014, 273: 100-110.

[35] Zhao N, Wu B Y, Hu X L, et al. NIR-triggered high-efficient photodynamic and chemo-cascade therapy using caspase-3 responsive functionalized upconversion nanoparticles[J]. Biomaterials, 2017, 141: 40-49.

[36] Liu G, Liu N, Zhou L Z, et al. NIR-responsive polypeptide copolymer upconversion composite nanoparticles for triggered drug release and enhanced cytotoxicity[J]. Polymer Chemistry, 2015, 6(21): 4030-4039.

[37] Liu J N, Bu W B, Pan L M, et al. Simultaneous nuclear imaging and intranuclear drug delivery by nuclear-targeted multifunctional upconversion nanoprobes[J]. Biomaterials, 2012, 33(29): 7282-7290.

[38] Wang C, Cheng L A, Liu Z A. Drug delivery with upconversion nanoparticles for multi-functional targeted cancer cell imaging and therapy[J]. Biomaterials, 2011, 32(4): 1110-1120.

[39] Shen J, Zhao L, Han G. Lanthanide-doped upconverting luminescent nanoparticle platforms for optical imaging-guided drug delivery and therapy[J]. Advanced Drug Delivery Reviews, 2013, 65(5): 744-755.

[40] Hainfeld J F, Dilmanian F A, Slatkin D N, et al. Radiotherapy enhancement with gold nanoparticles[J]. Journal of Pharmacy and Pharmacology, 2008, 60(8): 977-985.

[41] McMahon S J, Paganetti H, Prise K M. Optimising element choice for nanoparticle radiosensitisers[J]. Nanoscale, 2016, 8(1): 581-589.

[42] Mura S, Nicolas J, Couvreur P. Stimuli-responsive nanocarriers for drug delivery[J]. Nature Materials, 2013, 12(11): 991-1003.

[43] Nareoja T, Deguchi T, Christ S, et al. Ratiometric sensing and imaging of intracellular pH using polyethylenimine-coated photon upconversion nanoprobes[J]. Analytical Chemistry, 2017, 89(3): 1501-1508.

[44] Achatz D E, Meier R J, Fischer L H, et al. Luminescent sensing of oxygen using a quenchable probe and upconverting nanoparticles[J]. Angewandte Chemie-International Edition, 2011, 50(1): 260-263.

[45] Xu Y X, Li H F, Meng X F, et al. Rhodamine-modified upconversion nanoprobe for distinguishing Cu^{2+} from Hg^{2+} and live cell imaging[J]. New Journal of Chemistry, 2016, 40(4): 3543-3551.

[46] Li Z, Lv S W, Wang Y L, et al. Construction of LRET-based nanoprobe using upconversion nanoparticles with confined emitters and bared surface as luminophore[J]. Journal of the American Chemical Society, 2015, 137(9): 3421-3427.

[47] 张欣烨, 张伟, 张利锋, 等. 稀土催化材料的性能及应用[J]. 中国化工贸易, 2015, (27): 187.

[48] 张文毓. 稀土催化材料的研究进展与应用[J]. 精细石油化工进展, 2020, 21(3): 35-39, 53.

[49] 林河成. 氧化铈的生产、应用及市场状况[J]. 湿法冶金, 2002, 24(1): 22-24.

[50] Laachir A, Perrichon V, Badri A, et al. Reduction of CeO_2 by hydrogen[J]. Journal of the Chemical Society, Faraday Transactions, 1991, 87: 1601-1609.

[51] Ma Y, Gao W, Zhang Z, et al. Regulating the surface of nanoceria and its applications in heterogeneous catalysis[J]. Surface Science Reports, 2018, 73: 1-36.

[52] Zhang R, Zhong Q, Zhao W, et al. Promotional effect of fluorine on the selective catalytic reduction of NO with NH_3 over CeO_2-TiO_2 catalyst at low temperature[J]. Applied Surface Science, 2014, 289(289): 237-244.

[53] Yao X J, Gong Y T, Li H L, et al. Research progress of ceria-based catalysts in the selective catalytic reduction of NO_x by NH_3[J]. Acta Physico-Chimica Sinica, 2015, 31(5): 817-828.

[54] Zhang L, Li L, Cao Y, et al. Getting insight into the influence of SO_2 on TiO_2/CeO_2 for the selective catalytic reduction of NO by NH_3[J]. Applied Catalysis B Environmental, 2015, 165: 589-598.

[55] Zhu J, Gao F, Dong L, et al. Studies on surface structure of M_xO_y/MoO_3/CeO_2 system(M=Ni, Cu, Fe) and its influence on SCR of NO by NH_3[J]. Applied Catalysis B-Environmental, 2010, 95: 144-152.

[56] A L L, A J C, A L Q, et al. Influence of supports structure on the activity and adsorption behavior of copper-based catalysts for NO reduction-ScienceDirect[J]. Journal of Molecular Catalysis A: Chemical, 2010, 327: 1-11.

[57] Liu H, Fan Z, Sun C, et al. Improved activity and significant SO_2 tolerance of samarium modified CeO_2-TiO_2 catalyst for

NO selective catalytic reduction with NH_3[J]. Applied Catalysis B-Environmental, 2019, 244: 671-683.

[58] Dou B, Lv G, Wang C, et al. Cerium doped copper/ZSM-5 catalysts used for the selective catalytic reduction of nitrogen oxide with ammonia[J]. Chemical Engineering Journal, 2015, 270: 549-556.

[59] O L H, F R S, M A C, et al. Gold supported on metal-doped ceria catalysts(M=Zr, Zn and Fe)for the preferential oxidation of CO(PROX)[J]. Journal of Catalysis, 2010, 276: 360-370.

[60] Li X, Zhang S, Jia Y, et al. Selective catalytic oxidation of NO with O_2 over Ce-doped MnO_x/TiO_2 catalysts[J]. Journal of Natural Gas Chemistry-Elsevier, 2012, 21: 17-24.

[61] Huang Y, Tong Z, Wu B, et al. Low temperature selective catalytic reduction of NO by ammonia over $V_2O_5-CeO_2/TiO_2$ [J]. Journal of Fuel Chemistry and Technology, 2008, 36: 616-620.

[62] Chen L, Li J, Ge M. Promotional effect of Ce-doped $V_2O_5-WO_3/TiO_2$ with low vanadium loadings for selective catalytic reduction of NO_x by NH_3[J]. Journal of Physical Chemistry C, 2009, 113: 21177-21184.

[63] Tian L, Li C, Li Q, et al. Removal of elemental mercury by activated carbon impregnated with CeO_2[J]. Fuel, 2009, 88 (9): 1687-1691.

[64] Li P, Xin Y, Li Q, et al. Ce-Ti amorphous oxides for selective catalytic reduction of NO with NH_3: confirmation of Ce-O-Ti active sites[J]. Environmental Science & Technology, 2012, 46(17): 9600-5.

[65] Luo M, Chen J, Chen L, et al. Structure and redox properties of $Ce_xTi_{1-x}O_2$ solid solution[J]. Chemical Materials, 2001, 13: 197-202.

[66] Cui M, Li Y, Wang X, et al. Effect of preparation method on MnO_x-CeO_2 catalysts for NO oxidation[J]. Journal of Rare Earths, 2013, 31: 572-576.

[67] Zou H, Dong X, Lin W. Selective CO oxidation in hydrogen-rich gas over CuO/CeO_2 catalysts[J]. Applied Surface Science, 2006, 253: 2893-2898.

[68] A L L, A I N, B G R, et al. Characterization and reactivity of $V_2O_5-MoO_3/TiO_2$ De-NO_x SCR catalysts-science direct [J]. Journal of Catalysis, 1999, 187(2): 419-435.

[69] Jiang Y, Zhang X, Lu M, et al. Activity and characterization of Ce-Mo-Ti mixed oxide catalysts prepared by a homogeneous precipitation method for selective catalytic reduction of NO with NH_3[J]. Journal of the Taiwan Institute of Chemical Engineers, 2018, 86: 133-140.

[70] Gao X, Jiang Y, Fu Y, et al. Preparation and characterization of CeO_2/TiO_2 catalysts for selective catalytic reduction of NO with NH_3[J]. Catalysis Communication, 2010, 11: 465-469.

[71] Shan Y, Yang W, Li Y, et al. Preparation of microwave-activated magnetic bio-char adsorbent and study on removal of elemental mercury from flue gas[J]. Science of the Total Environment, 2019, 697: 40-49.

[72] Xu W, Hussain A, Liu Y. A review on modification methods of adsorbents for elemental mercury from flue gas[J]. Chemical Engineering Journal, 2018, 346: 692-711.

[73] Zhou G, Shah P R, Kim T, et al. Oxidation entropies and enthalpies of ceria-zirconia solid solutions[J]. Catalysis Today, 2007, 123: 86-93.

[74] Zhao L, Li C, Du X, et al. Effect of Co addition on the performance and structure of V/ZrCe catalyst for simultaneous removal of NO and Hg^0 in simulated flue gas[J]. Applied Surface Science, 2018, 437: 390-399.

[75] Zhou Z, Liu X, Hu Y, et al. An efficient sorbent based on $CuCl_2$ loaded CeO_2-ZrO_2 for elemental mercury removal from chlorine-free flue gas[J]. Fuel, 2018, 216: 356-363.

[76] Songjian Z, Wanmiao C, Wenjun H, et al. Elemental Mercury Catalytic Oxidation Removal and SeO_2 Poisoning Investigation over RuO_2 Modified Ce-Zr Complex[J]. Applied Catalysis A: General, 2018, 564: 64-71.

[77] Park Y, Kim S K, Pradhan D, et al. Surface treatment effects on CO oxidation reactions over Co, Cu, and Ni-doped and codoped CeO_2 catalysts[J]. Chemical Engineering Journal, 2014, 250: 25-34.

[78] Kang Y, Sun M, Li A. Studies of the catalytic oxidation of CO over Ag/CeO_2 catalyst[J]. Catalysis Letters, 2012, 142: 1498-1504.

[79] Mock S A, Sharp S E, Stoner T R, et al. CeO_2 nanorods-supported transition metal catalysts for CO oxidation[J]. Journal of Colloid and Interface Science, 2016, 466: 261-267.

[80] Miao Y, Wang J, Li W. Enhanced catalytic activities and selectivities in preferential oxidation of CO over ceria-promoted Au/Al_2O_3 catalysts[J]. Chinese Journal of Catalysis, 2016, 37: 1721-1728.

[81] Huan W, Li J, Ji J, et al. In situ studies on ceria promoted cobalt oxide for CO oxidation[J]. Chinese Journal of Catalysis, 2019, 40: 656-663.

[82] Qi L, Yu Q, Dai Y, et al. Influence of cerium precursors on the structure and reducibility of mesoporous $CuO-CeO_2$ catalysts for CO oxidation[J]. Applied Catalysis B: Environmental, 2012, 119-120: 308-320.

[83] Li L, Han W, Zhang J, et al. Controlled pore size of 3D mesoporous Cu-Ce based catalysts and influence of surface textures on the CO catalytic oxidation[J]. Microporous and Mesoporous Materials, 2016, 231: 9-20.

[84] Han J, Zhan Y, Street J, et al. Natural gas reforming of carbon dioxide for syngas over Ni-Ce-Al catalysts[J]. International Journal of Hydrogen Energy, 2017, 42: 18364-18374.

[85] Zhang G, Liu J, Xu Y, et al. A review of CH_4CO_2 reforming to synthesis gas over Ni-based catalysts in recent years(2010-2017)[J]. International Journal of Hydrogen Energy, 2018, 43: 15030-15054.

[86] Liu Z, Grinter D C, Lustemberg P G, et al. Dry Reforming of Methane on a Highly-Active Ni-Ce_2 Catalyst: Effects of Metal-Support Interactions on CH Bond Breaking[J]. Angewandte Chemie, 2016, 128(26): 7581-7585.

[87] Maoshuai L, Van Veen André C. Tuning the catalytic performance of Ni-catalysed dry reforming of methane and carbon deposition via Ni-CeO_{2-x} interaction[J]. Applied Catalysis B Environmental, 2018, 237: 641-648.

[88] Yan X, Hu T, Liu P, et al. Highly efficient and stable Ni/CeO_2-SiO_2 catalyst for dry reforming of methane: Effect of interfacial structure of Ni/CeO_2 on SiO_2[J]. Applied Catalysis B Environmental, 2019, 246: 221-231.

[89] Yasyerli S, Dogu G, Dogu T. Selective oxidation of H_2S to elemental sulfur over Ce-V mixed oxide and CeO_2 catalysts prepared by the complexation technique[J]. Catalysis Today, 2006, 117(1-3): 271-278.

[90] Koyuncu D D E, Yasyerli S. Selectivity and Stability Enhancement of Iron Oxide Catalyst by Ceria Incorporation for Selective

125

Oxidation of H_2S to Sulfur[J]. Industrial & Engineering Chemistry Research, 2009, 48(11): 5223-5229.

[91] Park N K, Han D C, Lee T J, et al. A study on the reactivity of Ce-based Claus catalysts and the mechanism of its catalysis for removal of H_2S contained in coal gas[J]. Fuel, 2011, 90(1): 288-293.

[92] Zhang F, Zhang X, Jiang G, et al. H_2S selective catalytic oxidation over Ce substituted $La_{1-x}Ce_xFeO_3$ perovskite oxides catalyst[J]. Chemical Engineering Journal, 2018, 348: 831-839.

[93] Orge C A, O'rfão J J M, Pereira M F R. Catalytic ozonation of organic pollutants in the presence of cerium oxide-carbon composites[J]. Applied Catalysis B: Environmental, 2011, 102: 539-546.

[94] Afzal S, Quan X, Sen L. Catalytic performance and an insight into the mechanism of CeO_2 nanocrystals with different exposed facets in catalytic ozonation of pnitrophenol[J]. Applied Catalysis B: Environmental, 2019, 248: 526-537.

[95] Dong Y, Wu L, He A, et al. Preparation of ceria nanocatalysts and its application for ozonation[J]. Environmental Science & Technology, 2012, 35(12): 212-229.

[96] Faria P C C, Monteiro D C M, Orfo J J M, et al. Cerium, manganese and cobalt oxides as catalysts for the ozonation of selected organic compounds[J]. Chemosphere, 2008, 74(6): 818-824.

[97] Orge C A, José J M órfao, Pereira M F R, et al. Ozonation of model organic compounds catalysed by nanostructured cerium oxides[J]. Applied Catalysis B Environmental, 2011, 103(1-2): 190-199.

[98] Gonçalves A, Joaquín Silvestre-Albero, Enrique V, et al. Highly dispersed ceria on activated carbon for the catalyzed ozonation of organic pollutants[J]. Applied Catalysis B Environmental, 2012, 113-114: 308-317.

[99] 段碧林, 曾令可, 刘平安, 等. 稀土钙钛矿型复合氧化物催化剂研究现状(Ⅰ)[J]. 陶瓷, 2006(8): 5-9, 30.

[100] Zeng Z, Xu Y, Zhang Z, et al. Rare-earth-containing perovskite nanomaterials: design, synthesis, properties and applications[J]. Chemical Society Reviews, 2020 Feb 24; 49(4): 1109-1143.

[101] Bu Y, Kim S, Kwon O, et al. A composite catalyst based on perovskites for overall water splitting in alkaline conditions [J]. ChemElectro Chem, 2019, 6(5): 1520-1524.

[102] Hong W T, Risch M, Stoerzinger K A, et al. Toward the rational design of non-precious transition metal oxides for oxygen electrocatalysis[J]. Energy & Environmental Science, 2015, 8(5): 1404-1427.

[103] Mefford J T, Rong X, Abakumov A M, et al. Water electrolysis on $La_{1-x}Sr_xCoO_3-\delta$ perovskite electrocatalysts[J]. Nature Communications, 2016, 7: 11053.

[104] Omari E, Omari M, Barkat D. Oxygen evolution reaction over copper and zinc co-doped $LaFeO_3$ perovskite oxides[J]. Polyhedron, 2018, 156: 116-122.

[105] Zhu H, Zhang P, Dai S. Recent advances of lanthanum-based perovskite oxides for catalysis[J]. ACS Catalysis, 2015, 5: 6370-6385.

[106] Barreto J A, O'Malley W, Kubeil M, et al. Nanomaterials: applications in cancer imaging and therapy[J]. Advanced Materials, 2011, 23(12): H18-H40.

[107] Gai S, Li C, Yang P, et al. Recent progress in rare earth micro/nanocrystals: soft chemical cynthesis, luminescent properties, and biomedical applications[J]. Chemical Reviews, 2013, 114: 2343-2389.

[108] 刘佳音. 探索稀土永磁材料发展方向, 培育国际贸易竞争优势——我国稀土永磁专利战略发展建议[J]. 中国金属通报, 2019(06): 8-9.

[109] 郭小明. 稀土永磁材料的发展及应用[J]. 江西化工, 2018(06): 242-243.

[110] 王喆. 稀土永磁材料产业现状分析[J]. 河南科技, 2014(20): 62-64.

[111] M D Coey. Perspective and Prospects for Rare Earth Permanent Magnets[J]. Engineering, 2020, 6(2): 119-131.

[112] Nakamura, Hajime. The current and future status of rare earth permanent magnets[J]. Scripta Materialia, 2017: 273-276.

[113] Liu Z, Jian L H, Hui W, et al. Progress of hydrogen storage alloys for Ni-MH rechargeable power batteries in electric vehicles: A review[J]. Materials Chemistry and Physics, 2017, 200: 164-178.

[114] Winter M, Brodd R J. What Are Batteries, Fuel Cells, and Supercapacitors? [J]. Chemical Reviews, 2004, 104(10): 4245-4269.

[115] J H N, Van Vucht, F A Kuijpers, et al. Reversible room-temperature absorption of large quantities of hydrogen by intermetallic compounds[J]. Philips research reports, 1970, 25: 133-140.

[116] Ewe H, Justi E W, Stephan K. Elektrochemische Speicherung und Oxidation von Wasserstoff mit der intermetallischen Verbindung $LaNi_5$[J]. Energy Conversion, 1973, 13(3): 109-113.

[117] Rade I, Andersson B A. Requirement for metals of electric vehicle batteries[J]. Journal of Power Sources, 2001, 93: 55-71.

[118] Wei X, Tang R, Liu Y, et al. Effect of small amounts of Li on microstructures and electrochemical properties of non-stoichiometric low-Co AB_5-type alloys[J]. International Journal of Hydrogen Energy, 2006, 31(10): 1365-1371.

[119] Balogun M S, Wang Z M, Chen H X, et al. Effect of Al content on structure and electrochemical properties of $LaNi_{4.4}$ $xCo_{0.3}Mn_{0.3}Al_x$ hydrogen storage alloys[J]. International Journal of Hydrogen Energy, 2013, 38(25): 10926-10931.

[120] Kadir K, Sakai T, Uehara I. Synthesis and characterization determination of a new series of hydrogen storage alloys: RMg_2Ni_9 (R=La, Ce, Pr, Nd, Sm and Gd) built from $MgNi_2$ Laves-type layers alternating with AB_5 layers-ScienceDirect[J]. Journal of Alloys and Compounds, 1997, 257(1-2): 115-121.

[121] Chen J. Hydrogen storage alloys with $PuNi_3$-type structure as metal hydride electrodes[J]. Electrochemical and Solid-State Letters, 2000, 3: 249-252.

[122] Kohno T, Yoshida H, Kawashima F, et al. Hydrogen storage properties of new ternary system alloys: La_2MgNi_9, $La_5Mg_2Ni_{23}$, La_3MgNi_{14}[J]. Journal of Alloys and Compounds, 2000, 311(2): L5-L7.

[123] Zhang X B, Sun D Z, Yin W Y, et al. Effect of Mn content on the structure and electrochemical characteristics of $La_{0.7}Mg_{0.3}Ni_{2.975 x}Co_{0.525}Mn_x(x=0-0.4)$ hydrogen storage alloys[J]. Electrochimica Acta, 2005, 50(14): 2911-2918.

[124] Liao B, Lei Y Q, Chen L X, et al. Effect of the La/Mg ratio on the structure and electrochemical properties of $La_xMg_{3x}Ni_9$ $(x=1.6-2.2)$ hydrogen storage electrode alloys for nickel-metal hydride batteries[J]. Journal of Power Sources, 2004, 129(2): 358-367.

[125] Jin G, Dan H, Guangxu L, et al. Effect of La/Mg on the hydrogen storage capacities and electrochemical performances of

La-Mg-Ni alloys[J]. Materials Science & Engineering B, 2006, 131: 169-172.

[126] Pan H, Liu Y, Gao M, et al. A Study of the structural and electrochemical properties of $La_{0.7}Mg_{0.3}(Ni_{0.85}Co_{0.15})_x$($x$=2.5-5.0)hydrogen storage alloys[J]. Journal of The Electrochemical Society, 2003, 150(5): 565-A570.

[127] Liu Y, Pan H, Gao M, et al. Effect of Co content on the structural and electrochemical properties of the $La_{0.7}Mg_{0.3}Ni_{3.4-x}Mn_{0.1}Co_x$ hydride alloys: The structure and hydrogen storage[J]. Journal of Alloys & Compounds, 2004, 376(1-2): 296-303.

[128] Züttel A, Borgschulte A, Schlapbach L. Hydrogen as a future energy carrier[M]. Weinheim: Wiley-VCH Verlag GmbH & Co. KGaA, 2008, 5.

[129] Züttel A. Materials for hydrogen storage[J]. Materials Today, 2003, 6: 24-33.

[130] Aoyagi H, Aoki K, Masumoto T. Effect of ball milling on hydrogen absorption properties of FeTi, Mg_2Ni and $LaNi_5$[J]. Journal of Alloys and Compounds, 231: 804-809.

[131] Asano K, Yamazaki Y, Iijima Y. Hydriding and dehydriding processes of $LaNi_5-xCo_x$(x=0-2)alloys under hydrogen pressure of 1-5 MPa[J]. Intermetallics, 2003, 11: 911-916.

[132] Liu J, Yang Y, Li Y, et al. Comparative study of $LaNi_{4.7}M_{0.3}$(M=Ni, Co, Mn, Al)by powder microelectrode technique [J]. International Journal of Hydrogen Energy, 2007, 32: 1905-1910.

[133] Peng X, Liu B, Zhao X, et al. Effects of ultra-high pressure on phase compositions, phase configurations and hydrogen storage properties of $LaMg_4Ni$ alloys[J]. International Journal of Hydrogen Energy, 2013, 38: 14661-14667.

[134] Balcerzak M, Nowak M, Jurczyk M. Hydrogenation and electro-chemical studies of La-Mg-Ni alloys[J]. International Journal of Hydrogen Energy, 2017, 42: 1436-1443.

[135] Bai Y, Fang C F, Hao H, et al. Effects of yttrium on microstructure and mechanical properties of Mg-Zn-Cu-Zr alloys [J]. Transactions of Nonferrous Metals Society of China, 2010, 2(20): 66-69.

[136] Wang Y C, Li M, Han W, et al. Electrochemical extraction and separation of praseodymium and erbium on reactive magnesium electrode in molten salts[J]. Journal of Solid State Electrochemistry, 2015, 19(12): 3629-3638.

[137] Yang Q S, Chen J J, Xie J Q. Preparation of Mg-Nd intermediate alloy by electrolyzing in fluoride smelt salt[J]. Chinese Journal of Rare Metals, 2007, 1(31): 45.

[138] Yang Y S, Zhang M L, Han W, et al. Selective extraction of gadolinium from Sm_2O_3 and Gd_2O_3 mixtures in a single step assisted by $MgCl_2$ in LiCl-KCl melts[J]. Journal of Solid State Electrochemistry, 2014, 18(3): 843.

[139] Zhang M L, Cao P, Han W, et al. Preparation of Mg-Li-La alloys by electrolysis in molten salt[J]. Transactions of Nonferrous Metals Society of China, 2012, 22(1): 16-22.

[140] Wei S Q, Zhang M L, Han W, et al. Electrochemical co-deposition of Mg-Li-Gd alloys from $LiCl-KCl-MgCl_2$[J]. Transactions of Nonferrous Metals Society of China, 2011, 21(4): 825-829.

[141] Wang L, Liu Y L, Liu K, et al. Electrochemical extraction of cerium from CeO_2 assisted by $AlCl_3$ in molten LiCl-KCl[J]. Electrochimica Acta, 2014, 147(147): 385-391.

[142] Liu K, Liu Y L, Yuan Y, et al. Electroextraction of gadolinium from Gd_2O_3 in $LiCl-KCl-AlCl_3$ molten salts[J]. Electrochimica Acta, 2013, 109: 732-740.

[143] Luo L X, Liu Y L, Liu N, et al. Document electroreduction-based Tb extraction from Tb_4O_7 on different substrates: understanding Al-Tb alloy formation mechanism in LiCl-KCl melt[J]. RSC Advances, 2015, 5(85): 69134-69142.

[144] Su L L, Liu K, Liu Y L, et al. Electrochemical behaviors of Dy(Ⅲ) and its co-reduction with Al(Ⅲ) in molten LiCl-KCl salts[J]. Electrochimica Acta, 2014, 147: 87-95.

[145] Liu K, Liu Y L, Yuan L Y, et al. Electrochemical formation of erbium-aluminum alloys from erbia in the chloride melts [J]. Electrochimica Acta, 2014, 116: 434-441.

[146] Bae S E, Park Y J, Min S K, et al. Aluminum assisted electrodeposition of europium in LiCl-KCl molten salt[J]. Electrochimica Acta, 2010, 55(8): 3022-3025.

[147] Zhang Z H, Jiao S Z, Wu D W, et al. Study of oxide electrolysis prepare Nd-Fe alloy[J]. Journal of Rare Earths, 1993, 14(1): 29.

[148] Escudero-Escribano M, Malacrida P, Hansen M H, et al. Tuning the Activity of Pt Alloy Electrocatalysts by Means of the Lanthanide Contraction[J]. Science, 2016, 352(6281): 73-76.

[149] Greeley J, Stephens I E L, Bondarenko A S, et al. Alloys of platinum and early transition metals as oxygen reduction electrocatalysts[J]. Nat. Chem, 2009, 1(7): 552-556.

[150] Hernandez-Fernandez P, Masini F, McCarthy D N, et al. Mass-selected nanoparticles of Pt_xY as model catalysts for oxygen electroreduction[J]. Nat. Chem, 2014, 6(8): 732-738.

[151] Hu Y, Jensen J O, Cleemann L N, et al. Synthesis of Pt-Rare Earth Metal Nanoalloys[J]. J. Am. Chem. Soc, 2020, 142(2): 953-961.

[152] Peera S G, Lee T G, Sahu A K. Pt-rare earth metal alloy/metal oxide catalysts for oxygen reduction and alcohol oxidation reactions: an overview[J]. Sustainable Energy & Fuels, 2019, 3: 1866-1891.

[153] María Escudero-Escribano, Verdaguer-Casadevall A, Malacrida P, et al. Pt_5Gd as a highly active and stable catalyst for oxygen electroreduction[J]. J Am. Chem. Soc. 2012, 134(40): 16476-16479.

[154] Brown R, Vorokhta M, Khalakhan I, et al. Unraveling the surface chemistry and structure in highly active sputtered Pt_3Y catalyst films for the oxygen reduction reaction[J]. ACS Applied Materials & Interfaces, 2020, 12(4): 4454-4462.

[155] Hewson A C. The Kondo Problem to Heavy Fermions[M]. Cambridge University Press, 1997.

[156] Hamel C, Chamelot P, Taxil P. Neodymium(Ⅲ)cathodic processes in molten fluorides[J]. Electrochim. Acta, 2004, 49(25): 4467-4476.

[157] Bauer E, Berger S, Paul C, et al. Effect of ionic valence and electronic correlations on the thermoelectric power in some filled skutterudites[J]. Physica B: Condensed Matter, 2003, 328: 49-52.

[158] Zlatic V, Hewson A C. Properties and Applications of Thermoelectric Materials[J]. 2009, 356: 258-465.

[159] Azimi G, Papangelakis V G, Dutrizac J E. Development of an MSE-based chemical model for the solubility of calcium sulphate in mixed chloride-sulphate solutions[J]. Fluid Phase Equilibria, 2008, 266: 172-186.

［160］Mezzenga R, Boogh L, M Nson J A E. A review of dendritic hyperbranched polymer as modifiers in epoxy composites［J］. Composites Science and Technology, 2001, 61(5): 787-795.

［161］Huang H J, Ramaswamy S, Tschirner U W, et al. A review of separation technologies in current and future biorefineries ［J］. Separation and Purification Technology, 2015, 62(1): 1-21.

［162］Bartkowski D, Mynarczak A, Piasecki A, et al. Microstructure, microhardness and corrosion resistance of Stellite-6 coatings reinforced with WC particles using laser cladding［J］. Optics & Laser Technology, 2015, 68: 191-201.

［163］Conceic, ã o L D' Oliveira A. The effect of oxidation on the tribolayer and sliding wear of a Co-based coating［J］. Surface & Coatings Technology, 2016, 288: 69-78.

［164］Yanagida T, Fujimoto Y, Ito T, et al. Development of X-Ray-Induced Afterglow Characterization System［J］. Applied Physics Express, 2014, 7(6), 062401.

［165］Loef E V D V, Dorenbos P, Eijk C W E V, et al. High-energy-resolution scintillator: Ce^{3+} activated $LaCl_3$［J］. Applied Physics Letters, 2000, 77(10): 1467-1468.

［166］Nagarkar V V, Miller S R, Tipnis S V, et al. A new large area scintillator screen for X-ray imaging［J］. Nuclear Instruments & Methods in Physics Research, 2004, 213: 250-254.

［167］Martin T, Koch A. Recent developments in X-ray imaging with micrometer spatial resolution［J］. Journal of Synchrotron Radiation, 2006, 13: 180-194.

［168］Dong Y S, Lin P H, Wang H X. Electroplating preparation of $Ni-Al_2O_3$ graded composite coatings using a rotating cathode-ScienceDirect［J］. Surface and Coatings Technology, 2006, 200(11): 3633-3636.

［169］Lai G Q, Liu H Z, Chen B D, et al. Electrodeposition of functionally graded $Ni-W/Er_2O_3$ rare earth nanoparticle composite film［J］. International Journal of Minerals, Metallurgy and Materials, 2020, 27: 818-829.

第4章 稀土纳米催化材料在光催化中的应用

当今世界面临的能源危机和环境污染问题备受关注。尽管化石燃料的工业化和使用汽油、柴油和甲烷为人类带来了便捷和舒适的生活方式，却也造成了上述问题[1-3]。根据国际能源署的报告，全球能源消耗量从 2008 年的 143851TW·h 增加到 2022 年的约 167852TW·h，增幅约为 18%[4]。随着能源需求的增长和气候变化，构建全球可持续能源系统以保护环境成为迫切挑战，研究人员必须关注于开发可持续和清洁的方法来生产燃料和化学品[5]。将可再生能源(如风能、太阳能等)的电能高效转化为化学能，是充分利用和储存能源的有效方法[6]。同时，减少二氧化碳排放可以缓解温室效应，并通过碳循环(包括一氧化碳、甲酸盐、甲醛、甲烷、甲醇、以及 C_2^+ 碳氢化合物和含氧化合物)提供化学原料。

水分解涉及两个半电池反应，可以产生清洁的氢气燃料[7]。燃料电池是一种环保型的能量转换设备，涉及氧气反应和燃料氧化两个半反应[8]。此外，氮还原反应可以将大气中的氮分子转化为氨，氨是一种更高价值的产品[9]。为了在清洁、可持续的条件下激活和高效地转化上述能量分子，电化学和光化学过程的发展至关重要。实现这一目标的关键在于开发改进的电催化剂和光催化剂，以实现与能量分子转化相关的高效率和选择性。已经开发了许多用于相关反应的催化剂，例如析氢反应(HER)[10]、氢氧化反应[11]、析氧反应(OER)[12]、氧还原反应(ORR)[12]、甲醇/乙醇氧化反应(M/EOR)[13]、二氧化碳还原反应(CO₂RR)和氮还原反应(NRR)[14]。目前，IrO_2、RuO_2 和 Pt/Cd 等是这些催化过程的基准电催化剂；然而，这些材料的稀缺性和高成本限制了其广泛的应用。虽然各种金属基、金属氧化物基和碳基催化剂经过了广泛研究，但它们的活性、稳定性和成本仍有提升的空间。

太阳能是化石燃料最有吸引力的可再生替代能源，因为它资源丰富、取之不尽、用之不竭且分布广泛。然而，由于太阳辐射的分散性和间歇性，从太阳收集的能量必须高效地转化为可储存、可传输和可按需使用的化学燃料[15,16]。这一需求推动了人工光合作用过程的发展，旨在模仿自然光合作用，利用太阳能从水和二氧化碳中生成燃料[17,18]。将太阳能转化为化学能提供了一种高效存储太阳能的方法，作为可持续的能源载体，对环境影响最小。总体而言，决定太阳能燃料生产总效率的制约因素与三个连续过程的效率直接相关：光吸收效率(η_{abs})、电荷分离和传输效率(η_{sep})以及表面化学反应效率(η_{cat})[19]。因此，通过掺杂和敏化来实现优越的光吸收能力[20-23]，通过结构和晶面控制来实现高效的电荷载流子分离，以及通过设计助催化剂来实现高效的反应动力学，都需要付出相当大的努力[24-28]。

自 21 世纪初以来，利用半导体材料对辐射(可见光和紫外线)进行光催化降解污染物的方法已经成为研究热点。光催化降解涉及一系列光促进的化学反应。基本上，半导体能够吸收高于其带隙能量的光子，导致在价带(VB)中形成正电子-空穴，同时在导带(CB)中形

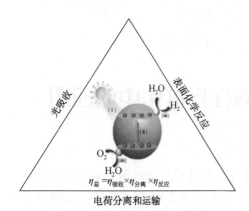

图 4.1　典型光催化过程的示意图，
包括光吸收、电荷分离和转移
以及表面反应[30]

成电子[29]。因此，半导体光催化材料必须具备特定的电子能带结构，以对光辐射做出响应并表现出光催化特性。合适的禁带宽度(1.7~3.2eV)使其能够响应太阳光，同时能带位置需与有机物的氧化还原电势匹配，高电子-空穴迁移率和低复合速率，以及对环境无害且稳定性良好等，都是优秀的半导体材料特点[30]。当入射光的能量大于光催化剂的禁带宽度时，价带上的电子会被激发跃迁到导带上，价带中则留下对应的空穴，光生电子和空穴就这样产生并扩散迁移到半导体光催化剂材料表面。半导体光催化材料在光辐射下能够在 fs 量级的时间内生成电子-空穴对，这个速度远高于其捕获(ns 或 ps 量级)或复合速率，如图 4.1 光催化过程所示。

尽管目前已经设计和研究了许多光催化剂，但到目前为止，将光能转化为化学能的效率和对目标产物的选择性仍然不够令人满意。值得注意的是，在高效电催化剂和光催化剂的开发中，稀土材料因其独特的物理化学性质在提高催化性能方面发挥着重要作用。被称为"现代工业中的维生素"的稀土元素，作为掺杂或组成部分，对各种材料的物理化学性质进行调控。稀土元素包括 15 种镧系元素(Ln：La、Ce、Pr、Nd、Pm、Sm、Eu、Gd、Tb、Dy、Ho、Er、Tm、Yb 和 Lu)以及钪(Sc)和钇(Y)在内的元素[31,32]。稀土离子的价态变化和电子结构变化使其具备了丰富的化学性质，同时也表现出了特殊的光学性质和电磁性质。近年来，稀土光催化剂，包括稀土合金、稀土氧化物、稀土氮化物、稀土硫化物、稀土掺杂材料、稀土单原子材料和稀土复合材料，已成功应用于光催化反应，并且这些稀土电催化剂表现出优异的电催化活性，在能源转换方面具有重要的应用价值。

4.1　光催化有机物降解

石油和煤炭是能源消耗的主要来源，而这些能源的过度使用导致环境污染的加剧。随着人口的增加，对材料和清洁能源的需求也在增加，从而进一步推动了能源消耗的上升[33]。化学工业在满足人们需求的同时，生产纺织品、染料、化肥等，然而，不法排放污染废水不仅影响水资源的纯净度，还造成了水污染[34]。工业、家庭和纺织行业排放的有机污染物和有毒有机染料，如酚、氯酚、表面活性剂、杀虫剂和氰化物等，对不健康的环境状况负有巨大责任[35-37]。含有机污染物的工业废水还可能与其他化学物质发生反应，产生剧毒的污染物，例如水生酚与氯发生反应生成剧毒的多氯苯[38,39]。据统计，全球已合成出超过 10000 种不同的染料和颜料，每年新增合成染料种类超过 7 种[40,41]。

在光催化中，太阳光照射在光催化剂表面，光催化剂吸收光子，分别在价带和导带中产生电子-空穴对。这些光生电子和空穴对可以重新组合产生热能，也可以在催化剂表面进行扩散。扩散的光激发电子-空穴对会与有机污染物发生反应，从而降解染料。在光催化降解有机染料的典型过程中，价带产生的空穴与水反应生成羟基离子(OH^-)，随后这些羟基离子会吸附在催化剂表面并形成高活性的羟基自由基(OH·)。导带产生的电子会与氧气反应，生成超氧自由基($O_2\cdot^-$)，整个光催化染料降解过程受到这些高活性自由基的影响。有机污染物光催化降解机理如图 4.2 所示。

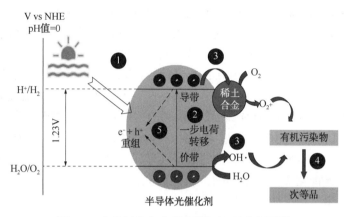

图 4.2　有机污染物光催化降解机理示意图[42]

稀土金属具有一些独特的特性。它们具有部分填充的 4f 轨道和空的 5d 轨道，因此它们很容易与有机染料的官能团结合。为了有效降解染料，催化剂必须与有机染料和污染物相互作用[42]。有机染料的相互作用可以很好地解释为镧系金属离子与有机化合物(如胺、硫醇、醇等)的络合物形成，这是由于存在有效吸收有机污染物的 f 轨道电子。由于镧系元素可以与有机染料的官能团强烈相互作用，掺杂稀土金属离子可以有效提高半导体的光催化能力[43]。

此外，通过将金属氧化物纳米粒子掺杂到稀土金属中，可以将吸收能力扩展到可见光范围，从而增强了主体材料的光催化活性[44]。此外，研究表明稀土金属的掺杂可以增加氧空位的数量，同时由于 4f 电子的存在，可提高热稳定性。稀土金属很容易从金属氧化物导带捕获光生电子，从而降低电子-空穴对的复合速率[45]。尽管稀土金属因其可用性较差和较高的成本而受到限制，但其在提高光催化性能方面引起了研究人员的兴趣。此外，通过掺杂少量的稀土金属与过渡金属氧化物纳米粒子，可以有效地增强光催化析氢反应[45,46]。

此外，稀土金属的功函数小于金属氧化物纳米粒子，这使得稀土材料更容易从金属氧化物表面释放电子。因此，稀土材料因其与金属氧化物之间功函数的显著差异而备受关注，特别是在有机物降解中[47]。基于上述所有特性，这些主要用于染料降解的材料也可应用于光催化水分解。虽然目前尚不适用于光催化水分解制氢，但这些材料具备光学特性、高比表面积、活性位点等特点，不久的将来有望克服环境问题，满足可持续和绿色能源的需求。

Luo 等通过静电纺丝和煅烧路线成功合成了由纳米颗粒组成的 Gd 掺杂 ZnO 纳米棒。结果表明，在 500℃下煅烧 7h 的 Gd 掺杂 ZnO 催化剂显示出最好的光降解活性[48]。1h 的短煅烧时间会产生大量的残余碳和 ZnO 的低结晶度，不利于电荷分离。将煅烧时间增加到 3h 或 5h，有利于电荷转移，适量的残留碳比结晶度更为关键。当煅烧时间进一步延长至 9h 时，纳米颗粒尺寸增长，从而导致光催化性能下降。因此，降解活性的效率由残余碳、结晶度和纳米颗粒尺寸的综合效应决定。

由于不同热处理时间引起的 C 含量和晶相结构的变化对光催化活性产生显著影响，因此进行了元素分析和 XRD 表征。0.50GdZnO$_{-n}$在 500℃下煅烧不同时间后的残余碳含量如图

4.3(a)所示。显然，7h 或 9h 的煅烧时间可以去除大部分碳，而 1h 会在样品中留下 6.5%（质）的碳。0.50GdZnO$_{-n}$的 XRD 图谱如图 4.3(b)所示。可以看出，所有样品的衍射峰都与 ZnO 的六方纤锌矿结构的特征峰(JCPDS 卡号 36-1451)很好地匹配。随着煅烧时间从 1h 延长到 5h，峰强度持续增加，然后随着热处理时间的增加发生细微变化。该现象表明在 500℃下热处理 7h 足以使 ZnO 结晶。此外，没有检测到任何其他不纯的衍射峰，表明 Gd 高度分散在样品表面，或者它们太小而无法检测到。图 4.3(c)显示了纯 ZnO 和 0.50GdZnO$_{-n}$ 的光催化降解活性的比较。可以发现 0.50GdZnO$_{-1}$表现出较低的光催化活性。这可能是由于大量残留碳，导致光生电荷载流子更容易重组，这一点也可以通过光致发光(PL)分析得到证实。与纯 ZnO 相比，0.50GdZnO$_{-3}$和 0.50GdZnO$_{-5}$展现出更好的降解活性，这可能是因为 Gd 掺杂起到了促进作用。同时，经过 40min 紫外光照射后，0.50GdZnO$_{-3}$在降解活性方面表现出更高的性能，这可能是因为少量的残留碳有利于电子转移，这也在图中得到了展示。因此，煅烧时间对光催化活性产生影响，而残留碳、结晶度和纳米颗粒尺寸的协同作用影响着降解活性的效率。

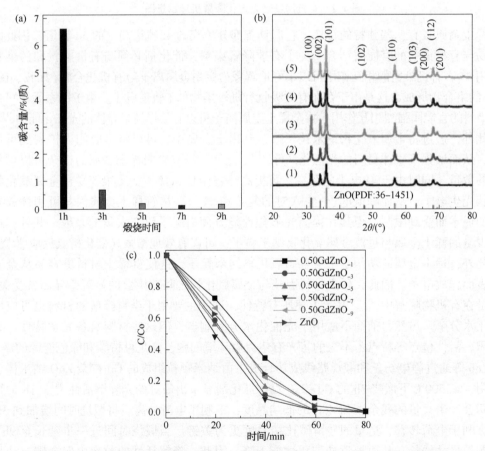

图 4.3　0.50GdZnO 在不同煅烧时间后的残留碳含量(a)、样品(b)的 XRD 图谱：
(1)0.50GdZnO$_{-1}$，(2)0.50GdZnO$_{-3}$，(3)0.50GdZnO$_{-5}$，(4)0.50GdZnO$_{-7}$和(5)0.50GdZnO$_{-9}$，
以及纯 ZnO 和 0.50GdZnO$_{-n}$的光催化降解活性比较(C)[48]

此外，Oranuch 等研究人员采用声化学方法成功合成了未掺杂的 ZnO 以及掺杂了 Gd 的 ZnO 纳米结构[49]。探究了 Gd 掺杂剂浓度对相态、形貌以及光催化活性的影响。XRD 分析证实了合成后的 0~3%（摩）Gd 掺杂 ZnO 具有六方体锌矿结构。SEM 和 TEM 图像显示纳米棒状沿 c 轴生长。图 4.4（a）显示了合成后的无 Gd、1%（摩）Gd 和 3%（摩）Gd 掺杂 ZnO 产品的 XRD 图谱。可以看出，所有样品的衍射峰都与 ZnO 的六方纤锌矿结构的特征峰（JCPDS 卡号 36-1451）很好地匹配。通过在 ZnO 中掺杂 1%（摩）和 3%（摩）Gd，它们的 XRD 图谱仍然与纯纤锌矿 ZnO 结构相同，没有检测到与氧化钆和其他杂质对应的其他峰。Gd 掺杂的 ZnO 不能通过将 Gd 掺杂剂增加到 4%（摩）来合成，可能是 Gd 掺杂剂过量。为了证实 Gd 掺杂的 ZnO 中 Gd^{3+} 离子可能取代 Zn 离子，纯 ZnO 相在 32.11°、34.75°和 36.57°处分别对应 ZnO 的（100）、（002）和（101）面，随着 Gd^{3+} 浓度的增加，衍射角降低，掺杂 3%（摩）Gd-ZnO 的 2θ 降低至 31.99°、34.65°和 36.49°[见图 4.4（b）]。

这些表明 Gd 在结晶 ZnO 结构中的部分取代。通过测量紫外和可见光照射下亚甲基蓝的降解来确定合成产物的光催化活性。在这项研究中，3%（摩）Gd 掺杂的 ZnO 表现出最高的光催化活性。研究者测量了在具有不同 Gd 掺杂含量的 Gd 掺杂 ZnO 存在下对亚甲基蓝的降解，结果表明，在 120min 内，Gd 掺杂的 ZnO 表现出比纯 ZnO 更高的光催化活性，除了 ZnO 和 1%（摩）Gd 掺杂的 ZnO。Gd 掺杂的 ZnO 的光催化活性随着 Gd 含量的增加而逐渐增加，尤其是 3%（摩）Gd 掺杂的 ZnO 对 MB 的光降解性能最好。

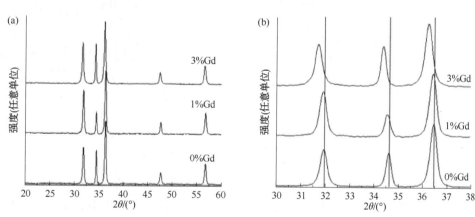

图 4.4　未掺杂 ZnO 和 1%（摩）Gd、3%（摩）Gd 掺杂 ZnO 在
（a）20°~60°和（b）30°~38°的 2θ 范围内的 XRD 图谱[49]

为了研究 Gd 掺杂对 $BiFeO_3$（BFO）光催化活性的影响，Zhang 等使用溶胶-凝胶的简便方法合成了含有不同 Gd 掺杂含量（$Bi_{1-x}Gd_xFeO_3$，$x=0.00$、0.01、0.03、0.05）的 Gd 掺杂 BFO 纳米颗粒[50]。用 XRD、SEM、TEM、XPS、DRS 对所得产物进行表征。图 4.5（a）显示了所制备的纯 BFO 和 Gd 掺杂 BFO 样品的 XRD 图谱。纯 BFO 的衍射图案与具有 R3c 空间群的菱面体结构（JCPDS 卡号 86-1518）很好地匹配，表明通过目前的溶胶-凝胶工艺可以获得单晶 BFO 相。对于 Gd 掺杂的 BFO 样品，衍射图案与纯 BFO 的相似，并且没有观察到二次杂质或其他相的额外峰，表明 Gd 掺杂剂在 BFO 主体中具有良好的分散性。然而，从 2θ 附近 32°附近的放大 XRD 图案[见图 4.5（b）]可以看出，随着 Gd 掺杂剂含量的增加，分离

的(104)和(110)衍射峰明显向更高的 2θ 值移动,这是由于 BFO19 中较小尺寸的 Gd^{3+}(9.38Å)离子替代 Bi^{3+}(10.3Å)离子引起的。这表明 BFO 的菱面体结构被 Gd 取代扭曲,这在其他稀土掺杂的 BFO 材料中也观察到。计算的晶胞参数证实了,由 Gd 取代引起的 BFO 结构变形可能导致晶格参数、晶胞和体积的收缩。

此外,使用 Scherer 公式计算了纯 BFO、Gd1%-BFO、Gd3%-BFO 和 Gd5%-BFO 的晶体尺寸,分别为 40.23nm、32.18nm、27.81nm 和 27.71nm。随着 Gd 掺杂量的增加,Gd 掺杂 BFO 的晶体尺寸逐渐减小,进一步揭示了 Gd 掺杂引起的 BFO 结构畸变。通过可见光下罗丹明 B 在水溶液中的光催化分解来评价其光催化活性。结果发现 Gd 掺杂量对制备的 Gd 掺杂 BFO 的光催化活性有显著影响,光催化活性随着 Gd 掺杂量的增加而增加进而达到最高值,然后随着 Gd 掺杂量的进一步增加而降低。为了证明 Gd 掺杂 BFO 的增强光催化机制[50],进行了捕获实验、光致发光、光电流和电化学阻抗测量。基于这些实验结果,Gd 掺杂 BFO 的光催化活性增强可归因于光吸收增加、光生电荷载流子的有效分离和迁移以及电子-空穴对的复合概率降低。

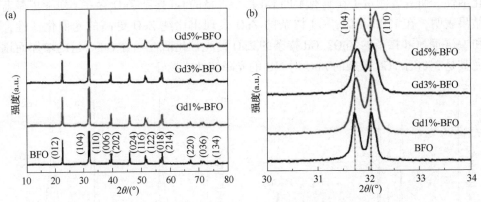

图 4.5　(a)$Bi_{1-x}Gd_xFeO_3$($x=0.00$、0.01、0.03、0.05)的 XRD 图谱,
(b)$Bi_{1-x}Gd_xFeO_3$ 在 30°~34° 范围内的放大图[50]

Shi 等采用溶胶-凝胶法制备了一系列不同掺杂量和煅烧温度的 Ce 掺杂 TiO_2 纳米粒子。用 XRD、TEM 和 DRS 对所得样品进行表征[51]。为了研究掺杂量的影响,制备了不同掺杂量(即 0.05%、0.10%、0.50% 和 2.00%)在 500℃ 下煅烧的 Ce 掺杂 TiO_2 样品。图 4.6(A)显示了这些样品的 XRD 图谱。在所有样品中只检测到单一锐钛矿型 TiO_2。随着 Ce 掺杂量的增加,锐钛矿相的衍射峰宽度变宽,强度变弱,这表明 Ce 掺杂抑制了纳米晶尺寸的生长。

图 4.6(B)为 $TiCe_{0.05}$ 的 TEM 图片。由于量子尺寸效应,较小的晶体尺寸意味着更强大的氧化还原能力,较小的晶体尺寸有利于光生载流子转移到光催化剂表面并与反应物反应。也就是说,Ce 掺杂提高了光生载流子向周围载体的转移效率,进而提高了 TiO_2 的光催化活性。通过甲基橙的光催化降解来评价它们的光催化活性,结果表明,Ce 掺杂抑制了晶体尺寸的增长和锐钛矿向金红石的相变,导致 TiO_2 的晶格畸变和膨胀。此外,Ce 掺杂带来了吸收分布的红移和 400~600nm 范围内光子吸收的增加。甲基橙光催化降解表明 Ce 掺杂提高了 TiO_2 的光催化活性。在其实验中,最佳掺杂量为 0.05%(摩),最佳煅烧温度为 600℃。

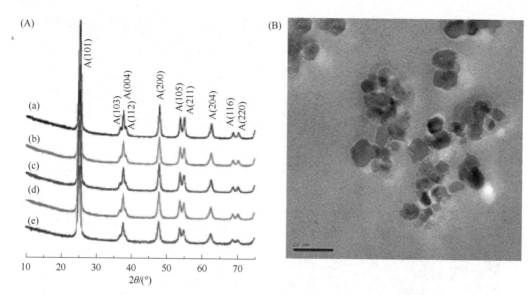

图4.6 （A)样品的 XRD 图谱(锐钛矿)：(a)Ti；(b)TiCe$_{0.05}$；
(c)TiCe$_{0.10}$；(d)TiCe$_{0.50}$；(e)TiCe$_{2.00}$；(B)TiCe$_{0.05}$的 TEM 图像[51]

Malik 等同样制备了 Ce 掺杂 TiO$_2$，使用溶胶-凝胶法合成了掺杂不同浓度铈[Ce，1%~10%(摩)]的纳米晶 TiO$_2$颗粒[52]。制备的颗粒通过标准分析技术如 XRD、FTIR、SEM 和 TEM 进行表征。XRD 分析表明掺杂不同浓度 Ce 后 TiO$_2$的晶体结构没有变化，表明为单相多晶材料。SEM 分析表明未掺杂的部分结晶性质，掺杂的 TiO$_2$和 TEM 分析表明粒径在 9~14nm 范围内。通过扫描电子显微镜对 TiO$_2$和 Ce 掺杂的 TO$_2$纳米粒子的微观结构进行表征。未掺杂和 7% Ce 掺杂的 TiO$_2$颗粒在 400℃下煅烧 4h 的形态如图4.7所示。未掺杂和掺杂的 TiO$_2$在不同放大倍率下的 SEM 图像显示了部分结晶性质。掺杂后掺杂材料的形貌保持不变，呈现出表面粗糙的非晶性质。交流电分析表明，介电常数和介电损耗随着频率的增加而减小。介电性能随着掺杂剂浓度的增加而降低。还观察到阻抗随着掺杂剂浓度的增加而增加。合成粒子(Ce 掺杂的 TiO$_2$)在 500W 卤素线性灯的化学反应器中，掺杂浓度为 9%(Ce)的光催化活性对染料衍生物活性蓝的降解具有最高的光催化活性。

稀土金属经常被用作 ZnO 纳米粒子的有效掺杂剂，因为它们降低了电子-空穴对的复合率，并通过在带隙内产生能级来提高光吸收。R. Kumar 等报道了使用溶液燃烧法简单、快速、高产率地合成 Ce 掺杂的 ZnO 纳米粒子及其在光催化降解中的应用[53]。将几种浓度的 Ce(0.5%、1.39%、2.55%、3.28%、3.71% 和 4.14%)掺杂到 ZnO 中，Ce 含量为 0.5%、1.39%、2.55%、3.28%、3.71% 和 4.14%，掺杂 ZnO 样品分别命名为 CZ-1、CZ-2、CZ-3、CZ-4、CZ-5、CZ-6。通过多种技术对制备的纳米粒子的形态、结构、组成、光学和光催化性能进行表征。详细的表征研究表明，制备的 Ce 掺杂 ZnO 纳米颗粒结晶良好，具有良好的光学性能。从场发射扫描电镜(FESEM)图像可以明显看出，制备的材料具有纳米颗粒形状并以非常高的密度生长(见图4.8)。

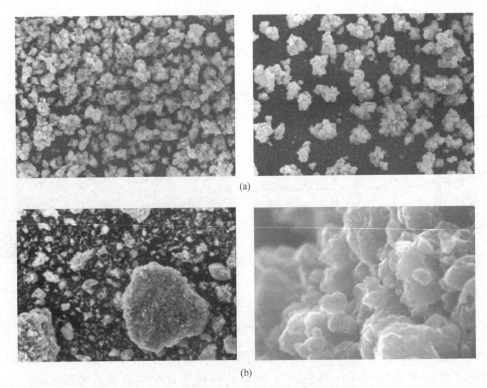

图 4.7　(a)未掺杂 TiO_2 煅烧温度：400℃，煅烧时间：4h；

(b)7% $Ce-TiO_2$ 煅烧温度：400℃，煅烧时间：4h[52]

　　有趣的是，所有 Ce 掺杂的 ZnO 纳米颗粒的形状几乎相同，纳米颗粒的典型尺寸在 50nm±5nm。还观察到纳米颗粒的尺寸随着 Ce 掺杂浓度的增加而减小。为了检查元素组成，制备的纳米颗粒通过附有 FESEM 的能量色散光谱(EDS)进行评估。图 4.8 的插图代表典型的 EDS 光谱以及 CZ-1～CZ-6 样品的 Ce 掺杂 ZnO 纳米颗粒的元素组成。值得注意的是，0.5% Ce 掺杂的 ZnO 纳米颗粒样品(CZ-1)没有任何 Ce 峰，这可能是由于存在非常低浓度的 Ce 离子。然而，所有其他样品都表现出明确的 Ce 离子峰。此外，光谱中除 Zn、O 和 Ce 外，未见其他与任何杂质相关的峰，达到 EDS 的检测限，证实制备的纳米颗粒为 Ce 掺杂的 ZnO，无明显杂质。为了检查结晶度和晶相，制备的 Ce 掺杂 ZnO 纳米颗粒通过 XRD 图案进行表征。图 4.9 显示了制备的 Ce 掺杂 ZnO 纳米粒子的典型 X 射线衍射(XRD)图，所观察到的 XRD 图谱分别对应于 ZnO 面。除了 ZnO 纤锌矿六方相的明确衍射反射外，还可以看到在 $2\theta = 28.7°$ 处出现的弱反射，这归因于 CeO 晶体结构的 (111)面。

　　有趣的是，该峰的强度随着 Ce 掺杂浓度的增加而增加。此外，制备的 Ce 掺杂的 ZnO 纳米粒子用于光催化降解有害有机染料，从光催化实验中可以看出，Ce 掺杂的 ZnO 纳米粒子表现出可观的光催化活性，且降解率随着 Ce 浓度的增加而增加，达到最大值；然而，当 Ce 浓度进一步增加时，光催化降解减少。因此，在最佳 Ce 浓度(3.28%)下，制备的 Ce 掺杂 ZnO 纳米粒子仅在 70min 内就表现出明显的光催化降解(约 99.5%)。

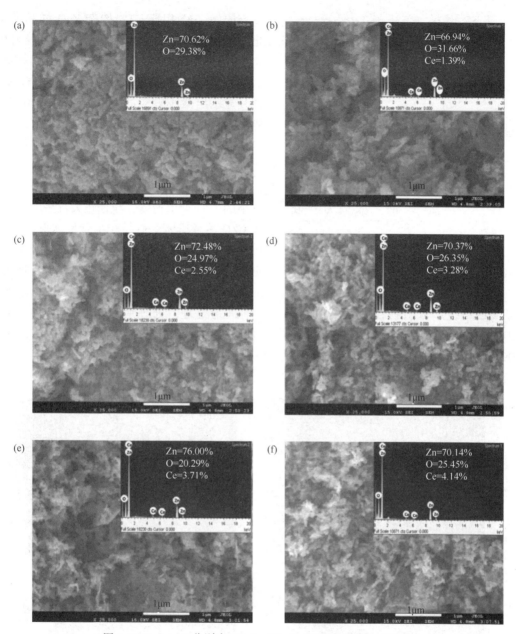

图 4.8　(a)～(f)分别为 CZ-1、CZ-2、CZ-3、CZ-4、CZ-5、
CZ-6、Ce 掺杂的 ZnO 纳米粒子的典型 FESEM 图像，
每个图的插图代表 Ce 掺杂的 ZnO 纳米粒子的相应 EDS 光谱[53]

　　M. Ahmad 等采用简便快速燃烧法合成不同铈浓度[0.5%(质)～10.0%(质)]的 ZnO 和 Ce 掺杂 ZnO(CZO)纳米晶粉末光催化剂[54]。采用 XRD、SEM、EDX、TEM、DRS、BET 和 PL 等多种表征技术对制备的样品进行表征，研究晶体结构、表面形貌、化学成分和光学性质。XRD 结果表明，合成的粉末具有六方纤锌矿结构，最小晶粒尺寸约为 13nm。吸收光谱表明，铈掺杂增强了对可见光区域的光吸收特性。

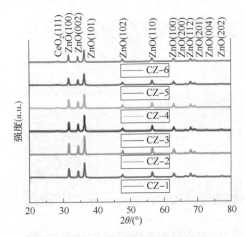

图 4.9　CZ-1、CZ-2、CZ-3、CZ-4、
CZ-5、CZ-6、Ce 掺杂
ZnO 纳米粒子的典型 XRD 图谱[53]

与原始 ZnO 相比，Ce 掺杂 ZnO 样品的 PL 光谱表现出相对较弱的近带边缘（NBE）发射峰。图 4.10 显示了纯 ZnO 和 Ce 掺杂 ZnO 纳米粉末的表面形貌。未掺杂的 ZnO 纳米粉末的 SEM 显微照片显示出微小颗粒的簇，而 CZO-5 纳米粉末则显示出带有空隙或孔洞的超细颗粒薄片。在纳米粉末中观察到的高孔隙率可能是由于在燃烧过程中释放了大量气态产物，如水蒸气、CO_2 和 N_2。从图 4.10 的 TEM 图像中可以观察到，对于未掺杂的 ZnO 纳米粉体，粒径较大且呈球形，而对于 CZO 纳米粉体，粒径较小且呈球形。因此，铈掺杂改变了最终产品的形态。通过在紫外光和可见光（$\lambda \geqslant 420nm$）照射下光催化降解罗丹明 B（RhB）来评估所制备样品的光催化活性。对含有

有机物的纺织厂流出物在阳光下使用光催化剂进行处理，处理后流出物的化学需氧量（COD）的降低表明有机分子被完全破坏并去除了颜色。结果表明，与纯 ZnO 相比，掺杂 3.0%（质）Ce 的 CZO 光催化剂的光催化活性提高了 4 倍。增强的光催化活性可归因于延长的可见光吸收和电子-空穴对复合的抑制。

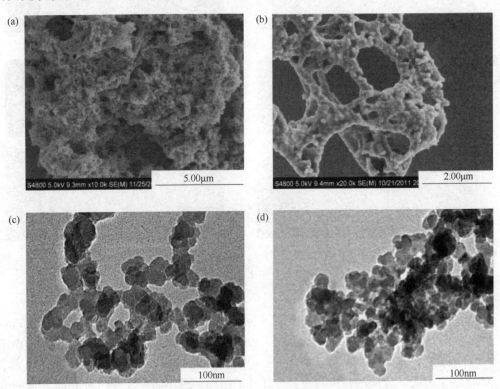

图 4.10　纯 ZnO(a)和 CZO-4(b)样品的 SEM 显微照片；
纯 ZnO(c)和 CZO-4(d)样品的 TEM 图像[54]

138

AwareDinkar 等采用改进的超声辅助溶胶–凝胶法合成了一系列不同摩尔浓度的纳米晶 Sm 掺杂二氧化钛纳米粒子，并在 500℃ 下煅烧 2h[55]。使用 XRD、TEM、XPS、UV–vis、DRS 和 BET 分析对合成的纳米材料进行了详细表征。图 4.11 显示了纯二氧化钛和 Sm 掺杂的 TiO₂ 纳米颗粒在 500℃ 下煅烧的典型 XRD 图。所有合成样品的 XRD 峰都很宽，证实了光催化剂的纳米晶性质。峰值位于 25.40°、37.93°、48.23°、54.05°、55.22°、62.93°、68.9°、70.28° 和 75.07° 分别对应于样品的（101）、（004）、（200）、（105）、（211）、（204）、（116）、（220）和（215）面。从 XRD 获得的所有衍射峰都与报告的 JCPDS（21–1272）卡号一致，

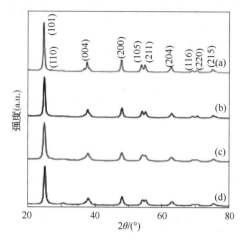

图 4.11　（a）PT、（b）0.5%SmT、（c）1.0%SmT、（d）2.0%SmT 在 500℃ 下煅烧的 XRD 图谱[55]

是锐钛矿型二氧化钛。除了以上的峰外，在 27.16° 处的非常弱的衍射峰对应于纯二氧化钛的（110）面，表明存在小的结晶相。从 XRD 获得的结果证实，Sm 的掺杂抑制了样品从锐钛矿到金红石的相变。

此外，还观察到，在掺杂样品的情况下，没有记录到与 Sm 相对应的衍射峰，这可能是由于掺杂剂浓度低（即低于 XRD 仪器的检测限）。通过 Scherer 方程估计微晶尺寸，发现其在 12.8～19.0nm 的范围内，掺杂材料的微晶尺寸减小可能是由于 Sm 离子在二氧化钛晶相的偏析，通过控制二氧化钛晶粒的直接接触来延缓晶粒生长，光催化活性结果表明，掺杂样品对模型污染物茜素红–S（ARS）表现出优异的光降解效率，几乎 93% 的染料在 120min 内降解。在 50mg/L 的催化剂剂量下，对于 1% 的 Sm 掺杂样品，观察到最高的光降解效率。研究者还比较了合成纳米颗粒的光催化活性与市售的 ZnO 和 TiO₂（Degussa，P–25）光催化剂，发现合成的纳米材料比市售的半导体光催化剂显示出更高的光催化效率。

Mohd Faraz 等通过凝胶煅烧途径合成了掺 Sm 的 ZnO 纳米颗粒（1%、3% 和 5%），并证明了它们作为高效光催化剂降解孔雀石绿（MG）染料的应用[56]。通过光谱技术（UV–vis 和 PL）、显微照片技术（SEM 和 TEM）、XRD 和 EDS 对这些纳米颗粒进行表征，以评估它们的光学和结构特性、粒度分布和形态学。图 4.12（a）显示了 ZnO 和 Sm 掺杂的 ZnO 纳米粒子的 XRD 图谱，其组成为 1%、3% 和 5%。ZnO 和掺杂 ZnO 的 XRD 图谱显示出单相六方纤锌矿结构，这与标准卡片 JCPDS–89–1399 一致，这些图案中未显示任何其他附加峰，例如 Sm 簇或 Sm₂O₃。这表明在 ZnO 纳米粒子晶格中 Sm³⁺ 取代了 Zn²⁺ 离子。如图 4.12（b）所示，Sm 掺杂的 ZnO 晶格的两个突出峰（002）和（101）向更高的 2θ 移动。在图 4.12（b）中，注意到对于 1% Sm 掺杂的 ZnO、3% Sm 掺杂的 ZnO 和 5% Sm 掺杂的 ZnO 纳米粒子，对应于（101）平面的 XRD 峰略微偏移到更高的 2θ。之后，当 Sm 掺杂进一步增加时，没有观察到偏移。这可能是由于随着 Sm 掺杂的增加，只有一小部分 Sm 替代了 ZnO 晶格中的 Zn，而其他的可能在晶界处发生偏析。此外，Sm 掺杂的 ZnO 纳米颗粒的衍射峰强度降低，峰变宽取

决于掺杂剂的百分比。这表明，由于 Sm 的掺杂，ZnO 晶格的生长受到抑制，类似于早先报道的情况。

当 Sm 掺杂从 0 增加到 5% 时，ZnO 的平均微晶尺寸从 34.2nm 减小到 29.3nm。Sm 掺杂的 ZnO 纳米粒子晶粒尺寸的减小可能是由于掺杂产物表面形成 Sm-O-Zn，这抑制了晶粒的生长[19,39]。还计算了晶格常数[见图 4.12(c)]。由于 Sm³⁺ 的离子半径与 Zn²⁺ 的离子半径并不接近，因此计算出 ZnO 的平均微晶尺寸为 35nm，并发现随着 Sm 浓度的增加而减小。粒径的减小主要是由于杂质 Sm³⁺ 使主体 ZnO 晶格发生畸变，这导致 ZnO 纳米粒子的成核和随后的生长速率降低。据报道，自由电荷是导致晶格扩展的最重要因素，但锌位点和氧空位等缺陷以及螺纹位错等也可能有助于晶格常数。UV-vis 研究表明[见图 4.12(d)]，Sm 掺杂增加了 ZnO 纳米粒子的可见光吸收能力，并且与 ZnO 纳米粒子相比，Sm 掺杂 ZnO 纳米粒子出现了红移。Sm 掺杂的 ZnO 纳米粒子的光吸收增强表明它可以在可见光照射下用作有效的光催化剂。同时研究者也提出了 MG 染料在可见光照射下降解的机制。叔丁醇和乙二胺四乙酸二钠盐作为光催化过程中的清除剂的作用表明，羟基自由基(·OH)和空穴(h⁺)是导致 MG 降解的活性物质。证明了 Sm 掺杂的 ZnO 纳米颗粒用于 MG 染料降解的可回收性。

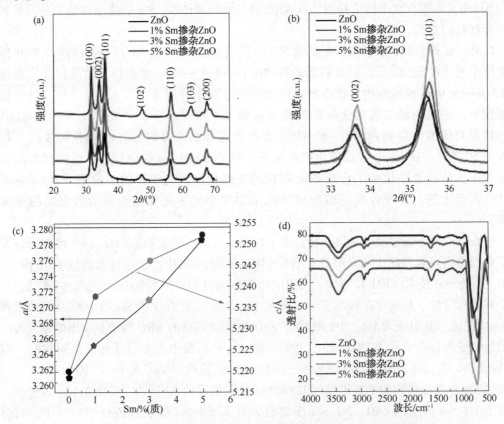

图 4.12 （a）ZnO 和 Sm 掺杂的 ZnO 纳米颗粒的粉末 X 射线衍射图；
（b）（002）和（101）峰向较低的 2θ 值移动；（c）晶格参数 a 和 c 随不同浓度 Sm 离子的变化；
（d）ZnO 和 Sm 掺杂的 ZnO 纳米粒子的 FTIR 光谱[56]

同样 Ba-Abbad 等通过简单的溶胶-凝胶法成功合成了 Sm 离子掺杂的球形 ZnO 纳米粒子[57]。使用特定表征方法对所有样品的结构、形态、光学性质和表面积进行了研究。测定了 ZnO 和 Sm 掺杂 ZnO 纳米粒子的六方纤锌矿结构。结果表明，随着 Sm 离子浓度的增加，Sm 掺杂的 ZnO 纳米粒子的尺寸减小。值得注意的是，在 Sm 离子存在下，带隙从 ZnO 的 3.198eV 略微变为 Sm 掺杂 ZnO 的 3.288eV，在紫外区吸收增强。这可以归因于电子从导带跃迁到 Sm 的能级。Sm 掺杂的 ZnO 的 XPS 结果表明，Sm 只有一种氧化态，很好地掺入到 ZnO 基体中，没有氧化钐的峰。

BET 分析表明，掺杂 Sm 的 ZnO 获得了更高的表面积，这归因于颗粒尺寸较小。在 30~800℃ 的温度范围内研究了纯 ZnO 和 Sm^{3+} 掺杂的 ZnO NPs 的热稳定性。图 4.13 显示了在相同条件下制备的 ZnO 和 Sm^{3+} 掺杂 ZnO 前体的 TGA-DSC 曲线。从 TGA-DSC 曲线来看，在加热曲线中观察到 ZnO 的两个吸热峰和 Sm^{3+} 掺杂的 ZnO 的三个峰，并有相应的质量损失。对于 Sm^{3+} 掺杂的 ZnO 样品，第一个峰最小，出现在 50~75℃ 的温度范围内。这归因于乙醇的损失，由于掺杂的材料的性质，掺杂离子会增加乙醇的损失。该峰可能是由于 Sm^{3+}

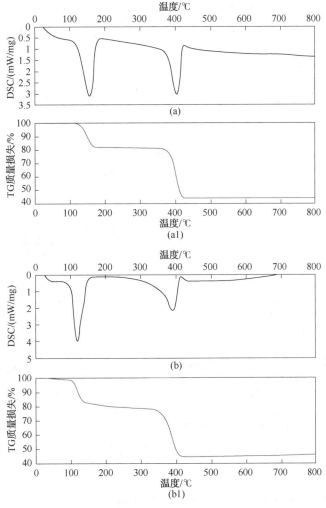

图 4.13　(a, a1)纯 ZnO 和(b, b1)0.5%(质)Sm^{3+}掺杂 ZnO 的 TGA-DSC 曲线[57]

掺杂 ZnO 样品的结构中存在乙醇，与纯 ZnO 样品相比，乙醇需要更多时间才能释放和干燥。在 100~140℃ 之间观察到水的去除作为两个样品的第二个峰。此外，在 Sm^{3+} 掺杂的 ZnO 样品中，在 190℃ 之前出现了第三个小峰，这归因于硝酸盐（掺杂剂的前体）作为氮氧化物的释放。两个样品的最终峰可归因于草酸盐热分解为 ZnO NP。研究了在阳光下在 ZnO 和 Sm 掺杂的 ZnO 纳米粒子存在下光催化降解 2-氯苯酚。在相同的实验条件下，与纯 ZnO 纳米粒子相比，观察到 0.50%（质）的钐掺杂 ZnO 对 2-氯苯酚的光催化降解性能更高。

  MinWanga 等通过水热法制备了不同 Sm 含量（xSm-Bi_2MoO_6，$x\% = 0.0\%$、0.4%、0.6%、0.8%、1.0%、1.2%）的系列 Sm 掺杂 Bi_2MoO_6 光催化剂，以提高纯 Bi_2MoO_6 的光催化性能[58]。通过 XRD、XPS、SEM、TEM、HRTEM 和 PL 技术对样品进行表征。结果表明 Sm^{3+} 离子成功地掺杂到 Bi_2MoO_6 中，并且带隙值随着 Sm 掺杂浓度的增加而逐渐减小。研究者进行了 XPS 测试以确定纯 Bi_2MoO_6 和 $0.8Sm-Bi_2MoO_6$ 的元素组成和化学状态。如图 4.14（a）所示，对于纯 Bi_2MoO_6，Bi^{3+} 的结合能位于 $E_b = 159.1eV$ 和 $164.4eV$，对于 $0.8Sm-Bi_2MoO_6$，$E_b = 159.2eV$ 和 $164.4eV$，分配给 Bi $4f^{5/2}$ 和 Bi $4f^{7/2}$。结果表明 Sm 掺杂对铋的化学状态没有影响。从图 4.14（b）可以看出，Bi_2MoO_6 的 Mo 3d XPS 光谱在 $E_b = 232.4eV$ 和 $235.5eV$ 处有两个对称峰，分别对应于 Mo $3d^{5/2}$ 和 Mo $3d^{3/2}$。$0.8Sm-Bi_2MoO_6$ 的 Mo 3d XPS

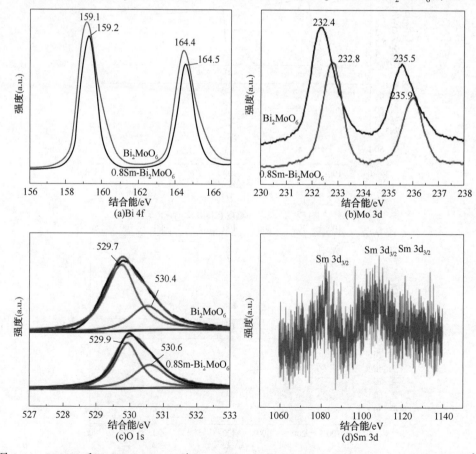

图 4.14　Bi_2MoO_6 和 $0.8Sm-Bi_2MoO_6$ 对 Bi 4f（a）、Mo 3d（b）、O 1s（c）、Sm 3d（d）的 XPS 光谱[58]

光谱也由 E_b =232.8eV 和 235.9eV 处的两个对称峰组成，分别对应于 Mo 3d$^{5/2}$ 和 Mo 3d$^{3/2}$。所有峰都是 Mo^{6+} 物种的特征[28]。Sm 掺杂后 Mo 3d 的结合能增加。纯 Bi$_2$MoO$_6$ 和 0.8Sm-Bi$_2$MoO$_6$ 的 O 1s XPS 光谱如图 4.14(c) 所示，Sm 3d XPS 光谱如图 4.14(c、d) 所示。至于 O 1sXPS 光谱，对于纯 Bi$_2$MoO$_6$ 和 E_b =529.7eV 和 530.4eV，不对称峰可以拟合成两个峰，即纯 Bi$_2$MoO$_6$ 的 E_b =529.8eV 和 530.5eV，表明存在两种形式的氧在这些样品表面上。位于 529.78eV 的 O1 结合能归因于晶格氧（O$_{latt}$），而位于 530.45eV 的结合能则分别归属于吸附氧（O$_{ads}$）。根据 O$_{latt}$ 和 O$_{ads}$ 的峰积分面积，可计算出 Bi$_2$MoO$_6$ 和 0.8Sm-Bi$_2$MoO$_6$ 的 O$_{latt}$/O$_{ads}$ 摩尔比分别为 0.39 和 0.65，Sm 掺杂后 O$_{latt}$/O$_{ads}$ 摩尔比增加，有利于提高光催化活性。

此外，XPS 中 Bi$_2$MoO$_6$ 和 0.8Sm-Bi$_2$MoO$_6$ 的 Bi/Mo 摩尔比分别为 2.03 和 2.08，接近 2.0，表明纯 Bi$_2$MoO$_6$ 和 0.8Sm-Bi$_2$MoO$_6$ 比例良好，Sm 掺杂 Bi$_2$MoO$_6$ 光催化剂的光催化活性受 Sm 掺杂量的影响显著。与纯 Bi$_2$MoO$_6$ 相比，Sm 掺杂的 Bi$_2$MoO$_6$ 样品表现出更高的光催化活性，0.8% Sm 掺杂的 Bi$_2$MoO$_6$ 表现出最高的 RhB 光降解率，在可见光照射下 50min 内降解率为 89%。Sm 掺杂的 Bi$_2$MoO$_6$ 提高的光催化活性可归因于增强的可见光吸收、更窄的带隙和来自 Sm 捕获光生电子的电子-空穴对的更高分离率。但相结构、特殊表面积和形貌对 Sm 掺杂 Bi$_2$MoO6 较高的光催化活性影响不大。

4.2　析氢反应(HER)

世界能源消耗主要以碳氢燃料为主，化石燃料引发的温室效应和环境污染问题日趋严重，迫使清洁能源成为全世界开发和利用的研究热点，其中具有代表性的有风能、潮汐能、太阳能、地热能等可再生能源[59]。然而这些可再生能源发电系统由于运行的间歇性和地处偏远地区，使洁净、安全、高效方便的能源载体成为这些清洁能源利用的关键技术。电作为迄今为止最方便的洁净能源载体被广泛应用于全世界各个地区，尽管有时发电用的化石燃料如煤、石油和天然气并不是洁净能源。

氢是宇宙中最丰富的元素，宇宙中 75% 的质量由氢元素构成，地球上也分布着大量的氢、水中就含有氢，取之不竭，用之不尽。氢是周期表中最轻的一个元素，与其他物质相比，具有最高的质量比能量，达到 34.15kcal/g；而汽油仅 13kcal/g，甲烷为 13.3kcal/g，喷气飞机用燃料为 2.15kcal/g，煤和生物质能仅是 4.837kcal/g。氢的燃烧产物是水，对其清洁不会对环境产生任何污染，当然氢气在空气中燃烧会像其他燃料一样产生氮氧化物，但要比石油基燃料低 80%。氢是另一种洁净能源载体，氢在燃烧或催化氧化后的产物为液态水或水蒸气，氢作为能源载体，相对于其他载体如汽油、乙烷和甲醇来讲，具有来源丰富、质量轻、能量密度高、绿色环保、储存方式与利用形式多样等特点，因此氢作为电能这一洁净能源载体最有效的补充，可以满足几乎所有能源的需要，从而形成一个解决能源问题的永久性系统[60,61]。

氢能在 21 世纪有可能在世界能源舞台上成为一种举足轻重的能源，氢的制取、储存、运输、应用技术也将成为 21 世纪备受关注的焦点。氢燃烧的产物是水，是世界上最干净的能源[62]。在许多制氢方法中，蒸汽甲烷重整和煤气化会导致烃裂解制氢，产生有毒气体和废水，从而造成环境污染，因此通过水分解生产清洁氢气因其再生、清洁和绿色的优势被认为是最重要的方法之一[63]。直接利用太阳能，光催化水分解由于其产生高纯度氢气和高工艺灵活性而引起了人们广泛关注，光催化水分解现象被认为是以氢作为燃料产生能量的最合适的方法，通过这种方法可以满足当前和未来的能量需求[64-67]。但该技术的大规模应用需要高效且具有成本效益的催化剂[68]。

水分解通常由电或光照触发，由析氢和析氧两个半反应组成，水分解过程在热力学上是非自发的，吉布斯自由能正变化为237kJ/mol，需要外部能量来驱动。HER 过程涉及中间体 H 的吸附和 H_2 在催化剂表面的重组解吸，这两者都可以是速率决定步骤[69]。

作为光催化剂的半导体材料吸收可见光谱（380~700nm）中的光子，激发的电子从价带跃迁到导带，在价带中产生空穴。光致电子和空穴传输到催化剂表面并参与吸附水分子的还原和氧化[70]。光催化水分解中涉及的每个步骤在确定氢气生产的整体效率方面都起着关键作用。光捕获、电荷分离、电荷传输、电荷利用和表面吸附能力是影响光催化量子效率的步骤。因此，设计光催化剂以设计所需的性能一直是当前的研究重点。Fujishima 和 Honda 展示了 TiO_2 半导体材料将水分解成 H_2 和 O_2 的潜力[71,72]。他们的工作引发了半导体光催化在广泛的环境和能源应用中的发展。在过去的 40 年中，人们开发了各种光催化剂材料，以在紫外线和可见光照射下将水分解成 H_2 和 O_2。使用颗粒光催化剂直接分解水将是大规模生产清洁和可回收氢气的好方法。已经提出了许多光催化剂，并在紫外线照射下实现了高量子效率。目前，缺乏具有足够带隙位置的合适材料用于整体水分解，以及缺乏实际应用所需的稳定性。通常，高效的光催化材料包含具有 d0 电子构型的过渡金属阳离子（例如，Ta^{5+}、Ti^{4+}、Zr^{4+}、Nb^{5+}、Ta^{5+}、W^{6+} 和 Mo^{6+}）或具有 d10 电子构型的典型金属阳离子（例如，In^{3+} 和 Sn^{4+}，Ga^{3+}、Ge^{4+}、Sb^{5+}）作为主要阳离子成分，其中的 d 或 sp 轨道形成各自导带的底部[73,74]。具有 d0 或 d10 金属阳离子的金属氧化物光催化剂的价带顶部通常由 O_2p 轨道组成，与普通氢电极（NHE）相比，其位于约+3eV 或更高，因此会产生的带隙太宽而无法吸收可见光。

此外，含有 d0 过渡金属阳离子的（氧）氮化物，如 Ta_3N_5、TaON 和 $LaTiO_2N$，是实现水分解的潜在光催化材料。近年来稀土材料在电催化水分解领域蓬勃发展，考虑到稀土元素独特的物理化学性质，有必要对它们进行系统的组合。含稀土光催化催化剂具有特殊的电子和催化性能。这些独特的特性源于外部 5s 和 5p 子壳中的电子有效地屏蔽了 4f 子壳中的电子。因此，通过掺杂稀土元素，可以控制催化剂中活性位点的电子结构，从而设计出新的催化剂材料[75]。

Ma 等研究了 CeO_2/CoS_2 异质结催化剂在可见光下的光催化析氢活性[76]。XRD 和 XPS 等表征研究证明成功合成了 CeO_2/CoS_2 催化剂。从图 4.15(a) 中可以看出，CoS_2 的主要衍射峰位于 27.9°、32.3°、36.2°、39.7°、46.2° 和 54.9°，分别对应于（111）、（200）、（210）、（211）、（220）和（311）晶面。在图 4.15(b) 中，对于制备的纯 CeO_2，在 28.6°、33.1°、47.6° 和 56.3° 处的衍射峰对应于 CeO_2 标准的（111）、（200）、（220）和（311）晶面。结果表明成功合成了单一的 CeO_2 和 CoS_2。图 4.15(a) 和（b）中的插图分别显示了与 CeO_2 和 CoS_2 标准卡对应的晶胞结构和参数。CeO_2 和 CoS_2 都具有立方结构。从图 4.15(c) 中可以看出，COCS-3 样品含有 CoS_2 的主要衍射峰，但在 28.6° 处只有一个属于 CeO_2 的弱衍射峰。一方面，原因可能是 CoS_2 的峰强度较高，掩盖了 CeO_2 的衍射峰。另一方面，可能是 CeO_2 的含量较低，分散性较好[36,37]。图 4.15(d) 显示了 COCS-X(X=1，2，3，4，5) 的 XRD 图。可以看出，不同 CeO_2 含量的二元复合样品的衍射峰相似，没有出现杂质峰，表明成功合成了高纯度的 CeO_2/CoS_2 光催化剂，CeO_2 和 CoS_2 质量比为 1：20 的复合催化剂活性最好，析氢速率达到 $5172.20\mu mol/(g \cdot h)$。

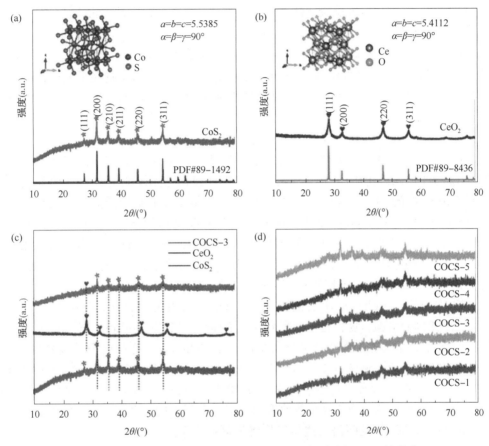

图 4.15　(a) CoS_2(插图：CoS_2 的晶胞)，(b) CeO_2(插图：CeO_2 的晶胞)，
(c) CoS_2、CeO_2 和 COCS-3，(d) COCS-X 的 XRD 图谱(X=1、2、3、4、5)[76]

BET 和 UV-Vis DRS 表征表明，CeO_2 的引入不仅增加了复合催化剂的比表面积，而且改善了光催化剂对可见光的响应。此外，PL 和电化学实验表明，CeO_2/CoS_2 催化剂的电子和空穴可以快速分离和转移，从而加速了析氢反应的动力学。在上述研究的基础上，提出了 CeO_2/CoS_2n-n 异质结催化剂的光催化反应机理。在光催化体系中，EY 分子吸附在 COCS-3 光催化剂的表面。在系统中提供可见光后，EY 分子吸收光子能量形成单重激发态 EY1∗。然后通过系统跃迁(ISO)形成能量最低的三重激发态 EY3∗。此时，TEOA 提供电子(e^-)以将 EY3∗ 还原为 EY-∗。由于 EY-∗ 本身的电子传输特性，EY-∗ 会将电子转移到 CeO_2/CoS_2 催化剂的活性位点，使 EY-∗ 因失去电子而还原为 EY 分子。

同时，在可见光下，CeO_2 和 CoS_2 受光激发后各自产生 e^- 跃迁到 CB(导带)，在 VB(价带)留下带正电的空穴(h^+)。根据 CeO_2 和 CoS_2 半导体的 CB 和 VB 的位置，推测在它们的界面处形成了 I 型异质结：一方面，CeO_2 的 CB 位置比 CoS_2 的 CB 位置更负，因此 CeO_2 CB 中的 e^- 迁移到 CoS_2 的 CB 中，并与 EY 提供的 e^- 一起参与水的还原反应生成 H_2。另一方面，CeO_2 的 VB 位置比 CoS_2 的 VB 位置更正，因此 CeO_2 的 VB 中的 h^+ 向 CoS_2 的 VB 迁移。然后，TEOA 与 CoS_2 VB 中的空穴反应并消耗空穴，进一步抑制了 e^- 和 h^+ 的复合，从而显著提高了 COCS-3 催化剂的光催化析氢反应活性，该工作为设计具有高稳定性和析氢活性的复合光催化剂提供了实验基础。

Zheng 等通过自组装和煅烧的方法将 p 型 $CuInS_2$ 量子点（QD）掺入 n 型聚合氮化碳（CN）中，合成了一种用于水分解的 p-n 异质结光催化剂[77]。通过 XRD 研究了 $CuInS_2$/CN 复合材料的化学结构。原始 CN 的 XRD 图有两个明显的衍射峰[见图 4.16（a）]。27.4° 处更强的衍射峰被索引为（002）峰，层间 d 间距为 0.336nm，对应于 π 共轭 CN 层的堆叠。13.0° 处较弱的衍射峰被标为（100）峰，代表 0.672nm 的晶面分离。

此外，在 27.9°、46.4° 和 55.0° 处的主要衍射峰被索引为（112）、（220）/（214）和（116）/（312）方向 $CuInS_2$ QDs（JCPDS 卡号 47-1372）的四方黄铜矿晶体结构。明显变宽的衍射峰表明 $CuInS_2$ 量子点的尺寸很小。合成后的 $CuInS_2$ 量子点的平均微晶尺寸约为 5nm，根据（112）方向的 Debye-Scherrer 公式，在 $CuInS_2$/CN 杂化物的 XRD 图中可以找到 CN 和 $CuInS_2$ 的代表峰，证明在 $CuInS_2$/CN 杂化物中同时存在 CN 和 $CuInS_2$。随着 $CuInS_2$ 比例的增加，$CuInS_2$/CN 杂化物在 46.4° 和 55.0° 处的衍射峰逐渐增加，27.4° 处的衍射峰逐渐下降。DRS 光谱揭示了 $CuInS_2$/CN 杂化物的光学特性[见图 4.16（b）]。

与原始 CN 相比，$CuInS_2$/CN 杂化物在 UV-Vis 区域表现出更强的光捕获能力。随着 $CuInS_2$ 量子点比例的增加，复合材料的吸光度逐渐提高。当 CN 与 $CuInS_2$ 量子点结合时，捕获可见光的能力显著提高。通过光化学实验评估了 $CuInS_2$/CN 样品电荷分离效率的提高。黑暗中的电化学阻抗谱[见图 4.16（c）]显示 5% $CuInS_2$/CN 的直径小于 CN。与 CN 相比，$CuInS_2$/CN 产生增强的瞬态光电流，这强烈表明光激发载流子的迁移率提高[见图 4.16（d）]。受益于电子-空穴分离效率的提高和可见光捕获能力的提高，$CuInS_2$/CN 杂化物的析氢速率（HER）是原始 CN 的两倍。这项工作将为创造用于太阳能转换的高效光催化剂开辟新的途径。

Khalida 等通过溶胶-凝胶法和水热法等两步法合成了高效的 Eu-TiO_2/石墨烯复合材料[78]。通过 XRD、TEM、XPS、UV-vis 和 PL 光谱对合成的光催化剂进行了表征。结果证实，平均尺寸为 10nm 的锐钛矿 Eu-TiO_2 纳米粒子成功地沉积在二维石墨烯片上。通过 Debye Scherrer 公式计算样品的平均微晶尺寸，得到的 T、ET、TG、1ETG、2ETG 和 3ETG 的结果分别约为 11nm、10.5nm、10.7nm、10.2nm、9.6nm 和 9.3nm。这种微晶尺寸的减小清楚地证实了 Eu 原子掺杂到 TiO_2 中，这抑制了 TiO_2 晶体的生长。

TEM 用于研究制备的纳米粒子的大小和形状。图 4.17（a）显示了 Eu 掺杂的 TiO_2 粉末样品（ET）的图像，显示出非常相同的纳米颗粒，平均粒径为 10nm，与 XRD 结果非常吻合。图 4.17（b）展示了 2% Eu-TiO_2/石墨烯复合材料（2ETG）的图像。在该图像中，Eu 掺杂的 TiO_2 纳米颗粒随机分布在整个石墨烯片上。石墨烯片的平坦、平面和透明外观显示出其纳米级厚度。UV-vis 光谱显示由于 Eu 掺杂和石墨烯掺入导致 TiO_2 的吸收边出现红移。此外，与 TiO_2/石墨烯、Eu-TiO_2 和纯 TiO_2 相比，通过 PL 发射光谱证实了 Eu-TiO_2/石墨烯复合材

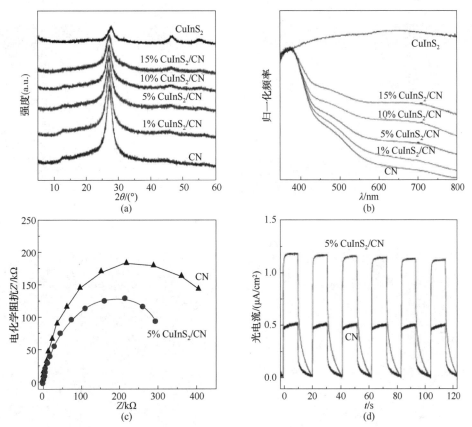

图 4.16　(a)XRD 图谱；(b)归一化 UV-vis DRS 光谱；(c)在黑暗中 $-0.2V$ 与 SCE 的
电化学阻抗谱的奈奎斯特曲线；(d)周期性开/关瞬态光电流 $CuInS_2/CN$ 样品的响应[77]

料中的有效电荷分离。在可见光照射($\lambda \geqslant 400nm$)下研究了制备的复合材料析氢反应的光催
化活性。结果表明，光催化剂用于制氢的光催化性能随着 Eu 的掺杂浓度增加到 2%(摩)而
增加。然而，在此最佳水平之上进一步增加掺杂含量会降低光催化剂的性能。

　　析氢的增强光催化性能归因于扩展的可见光吸收，$Eu-TiO_2$/石墨烯复合材料在可见光
照射下被光激发以产生电子-空穴对。然后，由于石墨烯/石墨烯氧化还原电位(0.08eV)略
低于 TiO_2 的导带(0.24eV)，因此 TiO_2 导带中的光生电子通过 Eu 转移到石墨烯。因此，
TiO_2 的导带和石墨烯表面都作为光催化过程中析氢的活性位点。这种情况抑制了光生电子-
空穴对的复合，从而提高了光催化制氢的性能(由于 Eu 和石墨烯的协同作用抑制了电子-空
穴对的复合)。

　　Ahmada 等采用燃烧法合成了钇和铈共掺杂的 ZnO 纳米颗粒[79]，并使用 XRD、SEM、
BET、EDS、XPS、UV-vis、PL 和 EIS 技术对其进行了表征。图 4.18(a、b)表明 3%Y-ZnO
和 3%Ce-3%Y-ZnO 样品的形貌由不规则的近球形形态组成，这两个样品的直径在 30～
50nm。很明显，随着 Ce 浓度的增加，由于粒径减小(与 XRD 一致)，ZnO 微晶的形态变得
更致密，构象粗糙，如图 4.18(c、d)所示。在较高的 Ce 负载浓度下，近似颗粒的不规则
团聚占主导地位，即使是过量 Ce 的偏析，确定掺杂对晶体生长的影响与上述结果一致。钇
离子的引入有效地增加了 Ce^{3+} 离子在 ZnO 中的相对百分比。

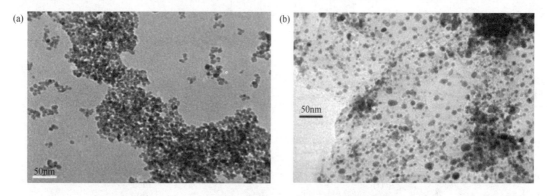

图 4.17 (a)ET 和(b)2ETG 复合材料的 TEM 图像[78]

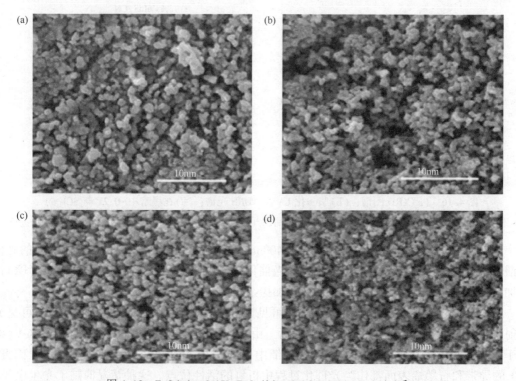

图 4.18 ZnO(a)、3%Y-ZnO (b)、3%Ce-3%Y-ZnO (c)和
5%Ce-3%Y-ZnO(d)光催化剂的 SEM 照片[79]

钇和铈共掺杂的 ZnO 显示出有效的析氢光活性[10.61mmol/(g·h)]，高于之前报道的稀土共掺杂 ZnO 光催化剂的最佳值。这种显著增加的析氢可归因于 Y^{3+}/Y^{2+} 和 Ce^{4+}/Ce^{3+} 氧化还原电对的电子锚定效应之间的协同作用。该研究提出了利用离子锚定效应合成高效光催化剂的新思路，还测试了在可见光下使用 Na_2S 和 Na_2SO_3 作为电子供体的析氢反应。合成的光催化剂也表现出高稳定性，四个连续循环中再循环的 5%Ce-3%Y-ZnO 样品的析氢活性基本不变。合成的催化剂在前三个循环中表现出良好的稳定性，而第四个循环的氢气释放率接近第一个循环的 87%。稳定性测试在四个连续的 H_2 演化测试中表现出有限的 H_2 演化

损失。5%Ce-3%Y-ZnO 样品的 XRD 在析氢后保持不变，表明合成的催化剂对析氢活性具有良好的稳定性。

Poornaprakasha 等通过简单的共沉淀技术制备了未掺杂的、Co 掺杂的、Er 掺杂的和(Co、Er)共掺杂的 ZnS 纳米颗粒(NPs)[80]。XRD 结果表明，Co 和 Er 离子有效地取代了四面体位点的 Zn 离子。ZnS 的可调光学带隙是通过掺杂和共掺杂来实现的。所有制备的 NP 都描绘了具有不同荧光效率的相同蓝色发射。与未掺杂的纳米粒子相比，(Co、Er)共掺杂的纳米粒子表现出增强的光催化染料(孔雀石绿 MG)降解。图 4.19(a)描绘了未掺杂的、Co 掺杂、Er 掺杂和(Co、Er)共掺杂 ZnS 的 XRD 图案，并说明了典型的闪锌矿相(JCPDS 卡号 05-0566)，显示(111)、(200)和(311)衍射平面。Co(Ⅱ)离子掺入硫化锌晶格导致(111)峰向高角侧移动，由于与 Zn 相比，Co(Ⅱ)的原子半径小，导致晶格减少。相比之下，与 ZnS 相比，Er 掺杂 ZnS 中的(111)峰向更低的衍射角移动，由于 Er(Ⅲ)的原子半径比 Zn(Ⅱ)的原子半径大，导致晶格膨胀。在主晶格中引入 Co(Ⅱ)和 Er(Ⅲ)离子会导致 ZnS(111)峰向较低的角度移动，从而导致晶格的微弱膨胀。

通过 Scherrer 公式计算微晶的平均直径，发现其位于 3~6nm。制造样品的 BET 分析表明，Co、Er 共掺杂的 NPs 具有比其他样品更高的表面积。图 4.19(b)为光催化降解的动力学线性模拟。图 4.19(c)描绘了在 300nm 激发下制造的 NPs 的 PL 光谱。所有制造的 NPs 都显示出相同的蓝色发射，具有不同的荧光效率。蓝色发射可能是由于 ZnSNPs 的表面缺陷状态。掺杂和共掺杂会降低 ZnS 的荧光效率。特别是，Co、Er 共掺杂的 NPs 表现出比其余样品更小的 PL 强度。掺杂和共掺杂 NPs 的荧光效率猝灭是由 Co 和 Er 的单掺杂和共

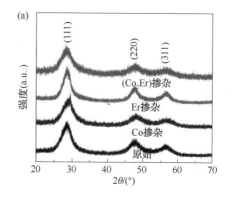

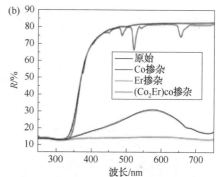

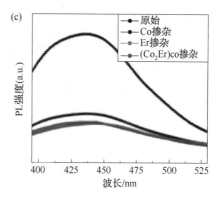

图 4.19 (a)光催化活性；(b)MG 光催化降解的动力学线性模拟；(c)原始、Co 掺杂、Er 掺杂和 Co、Er 共掺杂 ZnS 的析氢性能[80]

掺杂引起的。这表明电子-空穴对的复合减少。所制造的 NPs 被用作太阳光下溶液中 MG 降解的吸附剂。对于完全染料降解，分别选择 140min、100min、80min 和 60min 来制造原始、共掺杂、Er 掺杂和 Co、Er 共掺杂 NPs，共掺杂的 Co、Er 能够比其余样品更快地降解 MG，Co、Er 共掺杂 NPs 的改进的 PCD 是由于光学带隙减小和电子-空穴对的复合减少。此外，通过人工太阳光照射和水分解测量这些样品的氢气产生。其中，Co、Er 共掺杂 NPs 在 5h

内表现出最高的产氢能力[9824μmol/(h·g)]。

Poornaprakasha等通过简单的回流路线合成了CdS、CdS/Er[2%(摩)]和CdS/Er[4% (摩)]纳米颗粒[81]。根据综合结构分析，Er³⁺离子在取代位和间隙位处掺入到CdS主晶格中，而没有改变原始结构。CdS、CdS/Er[2%(摩)]和CdS/Er[4%(摩)]纳米粒子的TEM图像如图4.20(a-c)所示。合成样品的TEM分析表明形成了具有均匀尺寸分布的相同纳米颗粒。通过TEM分析估计的制备纳米颗粒的微晶尺寸在5~8nm，这与通过XRD分析确定的那些非常一致。CdS/Er[4%(摩)]纳米粒子的STEM图像和纳米粒子中Cd、Er和S的空间分布如图4.19(a-d)所示。STEM结果表明，合成的样品由尺寸分布均匀的纳米颗粒组成。空间分布图像证实存在具有预期组成比的Er掺杂离子、Cd离子和S阴离子。

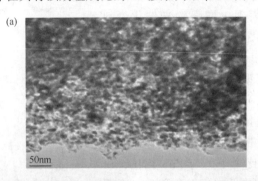

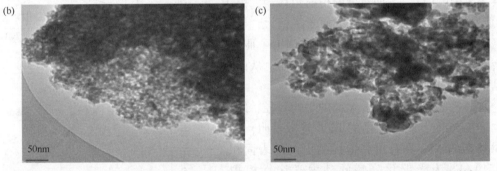

图4.20 (a)CdS、(b)CdS/Er[2%(摩)]和(c)CdS/Er[4%(摩)]纳米粒子的TEM照片[81]

光催化测量表明，2%(摩)Er掺杂的CdS纳米粒子的降解效率在可见光照射100min内达到100%。反应5h后，CdS、CdS/Er[2%(摩)]和CdS/Er[4%(摩)]纳米粒子的析氢速率分别为16.19μmol/(g·h)、25.29μmol/(g·h)和22.33μmol/(g·h)。CdS/Er[2%(摩)]纳米粒子在模拟太阳光照射下表现出增强的光催化产氢。这可归因于样品的光能收集能力、大量电荷载流子的存在(例如分离的电子-空穴对)以及电荷向纳米光催化剂表面的迁移。值得注意的是，合成颗粒的小尺寸(<10nm)和较差的结晶度是电荷载流子产生及其向光催化剂表面迁移的最有利条件。此外，在Er掺杂浓度<2%时，由于没有俘获位点、较少的缺陷位置以及催化剂表面存在少数电荷载流子，氢的生成速率会降低。因此，根据所获得的结果，CdS/Er[2%(摩)]纳米粒子是用于废水处理和氢燃料生产的有前途的半导体光催化材料。

Mao等将无定形CoSₓ与稀土配合物LaMnO₃结合，合成了CoSₓ/LaMnO₃异质结催化剂，CoSₓ占LaNiO₃复合催化剂的13.5%(质)、15%(质)、17.5%(质)、20%(质)和22.5%

（质），分别表示为 CS/LMO-1、CS/LMO-2、CS/LMO-3、CS/LMO-4 和 CS/LMO-5[82]。通过 SEM 场发射扫描电子显微镜确定样品的形态。从图 4.20(a) 可以看出，煅烧前的 LaMnO$_3$ 尺寸约为 100nm，形貌为八面体；高温煅烧后的 LaMnO$_3$ 尺寸约为 800nm，具有不规则的小麦穗状结构[见图 4.21(b)]。CoS$_x$ 的无定形状态很大，约 5μm[见图 4.21(c)]，表面附着有小颗粒。它可以作为敏化剂，协同催化剂提供大量的附着位点。

从 CS/LMO-3 复合材料的扫描可以看出，LaNiO$_3$ 的不规则小麦穗形状均匀分布在 CoS$_x$ 上[见图 4.21(d)]。TEM 和 SEM 结果与图 4.21(e) 中的复合催化剂一致，深色部分为 LaMnO$_3$ 材料。从图 4.21(f) 可以得到复合样品的晶格条纹。0.274nm、0.194nm 和 0.158nm 的间距分别对应 LaMnO$_3$ 的 (200)、(220) 和 (024) 晶面。形成的复合界面进一步缩短了由 CoS$_x$ 物种产生的光电子到 LaMnO$_3$ 的传输路径。有效的电荷传输抑制了电子–空穴的复合率，优化了复合材料的析氢能力。图 4.21(g-m) 显示了复合样品的元素图，表明存在 La、Co、Mn、S 和 O 元素，进一步证明了复合催化剂的成功合成。两者的完美结合增加了催化剂的比表面积，复合材料暴露出更多的活性位点，两者之间形成的紧密接触界面有效地提高了光生载流子的分离和传输，复合材料对光的感知能力也显著增强。优化复合催化剂的制氢条件后，可见光（≥420nm）下 5h 的析氢量达到 458.8μmol，分别是纯 LaMnO$_3$ 和 CoS$_x$ 的 6.8 倍和 4.5 倍，析氢稳定性非常好。

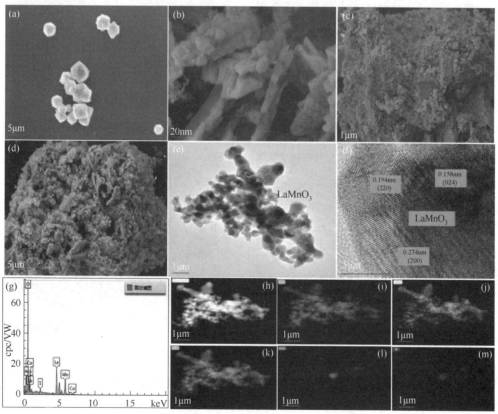

图 4.21 （a）煅烧前 LaMnO$_3$ 的 SEM 图像，（b）煅烧 LaMnO$_3$，（c）CoS$_x$ 和（d）CS/LMO-3 样品，（e）TEM，（f）HRTEM 和（g）CS/LMO-3 的能量色散 X 射线光谱图，（h-m）元素 CS/LMO-3 的映射[82]

Wang 等制备了 Ce 基有机骨架材料[UIO-66(Ce)]，并通过微波辐照获得了 UIO-66(Ce)/ZnCdS 复合材料[83]。

图 4.27 显示了样品的形态。SEM 图像显示，UIO-66(Ce)是一种粒径均匀的小颗粒，单个粒径约为 200nm[见图 4.22(a、b)]。UIO-66(Ce)/ZnCdS 样品[见图 4.22(c、d)]显示大颗粒表面存在许多小纳米颗粒。TEM 图像进一步证明大颗粒表面被纳米颗粒团聚体修饰，晶格边缘清晰，此外，评价了光催化制氢活性。实验结果表明，在 UIO-66(Ce)表面修饰了 ZnCdS 纳米粒子，UIO-66(Ce)显著提高了 ZnCdS 纳米粒子的析氢能力。UIO-66(Ce)/ZnCdS 的析氢收率达到 3.958mmol/g h，是 ZnCdS(2.031mmol/g h)的 1.95 倍左右。

析氢能力的增强是由于增加了对可见光的吸收，阻碍了光激发电荷的复合。由于 ZnCdS 的导带强度低于 UIO-66(Ce)，因此 ZnCdS 导带处的光激发电子转移到未占据的电子 UIO-66(Ce)上的分子轨道。同时，价带中的空穴被牺牲剂消耗，导带中的电子具有较高的存活率，限制了光激发电子-空穴对的复合。当 OH^- 被空穴氧化成·OH，然后扩散到其他部位，进一步促进水的离解，会提供更多的 H^+ 被还原成 H_2。

图 4.22　UIO-66(Ce)(a、b)和 UIO-66(Ce)/ZnCdS 的 SEM 照片[83]

Li 等采用简单的水热离子交换法成功制备了稀土金属改性石墨氮化碳(g-C_3N_4)的光催化纳米材料，氧化钐(Ⅲ)@硫化镍-石墨碳氮化物(Sm_2O_3@ Ni_7S_6/g-C_3N_4)[84]。图 4.23 为该催化剂的相关表征：该催化剂在可见光照射 3 次后的析氢量接近 3mmol/($g·h$)，远大于使用 Ni_7S_6/g-C_3N_4 催化剂获得的量。采用 SEM、TEM、XRD、XPS、UV-vis 和荧光光谱等

手段测定了 $Sm_2O_3@Ni_7S_6/g-C_3N_4$ 的特性。结果表明，沉积的 $Sm_2O_3@Ni_7S_6$ 均匀分散在 $g-C_3N_4$ 片材上，以 $Sm_2O_3@Ni_7S_6$ 为助催化剂，提高了电子转移率和析氢率，降低了电子和空穴的复合率。复合材料 $Sm_2O_3@Ni_7S_6$ 和 $g-C_3N_4$ 之间有很强的协同作用，提高了光催化性能。UV-vis 光谱表明，$Sm_2O_3@Ni_7S_6/g-C_3N_4$ 的吸收范围扩大，禁带宽度变小。BET 结果表明，$Sm_2O_3@Ni_7S_6/g-C_3N_4$ 具有更大的比表面积和孔体积，有利于染料分子的吸附，增强了光催化活性，因此，稀土金属钐氧化物可能是设计光催化领域新型光催化剂的潜在助催化剂。

图 4.23 (a) $Sm_2O_3@Ni_7S_6/g-C_3N_4$ 的 SEM 图；(b) 原始 $Sm_2O_3@Ni_7S_6/g-C_3N_4$ 的 TEM 图；(c) 原始 $Sm_2O_3@Ni_7S_6/g-C_3N_4$ 的 HRTEM 图；(d) $Sm_2O_3@Ni_7S_6/g-C_3N_4$ 光催化剂的 EDS 分析结果[84]

Wang 等将 MoO_2 颗粒通过高温煅烧成功负载到碳棒上，并与 CeO_2 结合形成异质结，并将廉价的碳棒引入 CeO_2/MoO_2 的 S 型异质结中作为电子转移通道[85]。S 型异质结的构建大大提高了单一催化剂的还原活性，有效抑制了光生电子和空穴的复合。CeO_2 和 MoO_2 界面处的碳棒可以保证空间电荷的快速转移，从而显著提高光生载流子的分离效率。

CeO_2、MoO_2-C 和复合样品 30%-MOCCO 的微观结构通过 SEM 和 TEM 进行了表征。如图 4.24(a) 所示，很明显 CeO_2 呈带状结构。图 4.24(b) 显示了 MoO_2-C 的微观形貌。碳棒上均匀分布的 MoO_2 颗粒表明 MoO_2-C 已成功合成。图 4.24(c) 中 CeO_2 和 MoO_2-C 有明显的组合，证明样品成功合成。图 4.24(d、e) 显示了复合样品的 TEM 图像。CeO_2 的带状结构清晰可见，并与 MoO_2-C 结合。图 4.24(e) 中可以清楚地看到不规则的 MoO_2 颗粒和碳棒的组合。此外，在 HR-TEM 图像中准确地观察到复合样品的晶格条纹[见图 4.24(f、g)]。无序区域是由于碳棒中没有晶格条纹。0.34nm、0.24nm、0.17nm、0.15nm 和 0.14nm 的晶格间距分别对应于 MoO_2 的(011)、(-112)、(022)、(031)和(-204)晶面，0.31nm、0.27nm、0.19nm 和 0.16nm 的晶格间距分别对应于 CeO_2 的(111)、(200)、(220)和(311)晶面。CeO_2 的晶格间距相同。复合样品的能量色散谱(EDX)如图 4.24(h)所示。Mo、O、C、Ce 等元素的存在如图 4.24(h)所示，再次证明了复合样品的成功制备。

优化后，30% CeO_2/MoO_2-C(6725μmol/g)的光催化析氢量分别是 CeO_2(373μmol/g)和 MoO_2-C(2771μmol/g)的 18.6 倍和 2.43 倍，30% CeO_2/MoO_2-C 在光催化循环实验中表现出良好的稳定性。同时，稳态荧光和电化学表征表明，碳棒的引入促进了电子的空间转移。该工作作为 S 型异质结的应用和开发提供了一种新的设计思路和方法。

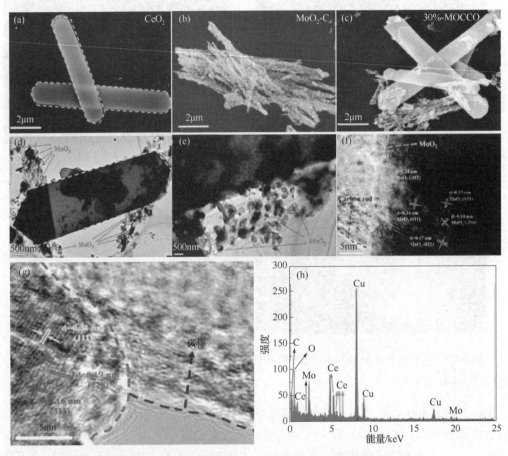

图 4.24　(a)CeO_2 的 SEM 照片，(b)MoO_2-C、(c)30%-MOCCO、
(d~g)30%-MOCCO 的 HRTEM 图像和(h)EDX 图像[85]

Wang 等通过简单的溶剂热法，使双金属硫化物纳米材料(Ni-Mo-S)成功地在 CeO_2 表面生长，抑制了 CeO_2 剧烈的光生电子-空穴复合[86]。

样品的 SEM 图像如图 4.25 所示，分别显示了 CeO_2、CeO_2/Ni-S、CeO_2/Mo-S 和 CeO_2/Ni-Mo-S-5 的形态特征。图 4.25(a)展示了纯 CeO_2 纳米片的光滑平整表面。图 4.25(b)和图 4.25(c)表明 CeO_2 纳米片分别负载在 Mo-S 和 Ni-S 纳米颗粒上。在图 4.25(d)中，可以

看到由于 Ni-Mo-S 助催化剂的作用，CeO_2 纳米片的表面略有变形，并且在 CeO_2 的边缘变得粗糙，表明 Ni-Mo-S 已附着在 CeO_2 的表面。为了进一步研究 CeO_2/Ni-Mo-S-5 的微观结构，进行了透射电子显微镜分析。如图 4.25(e) 所示，其主体中的 CeO_2 呈现出明显的层状结构。CeO_2 的表面被 Ni-Mo-S(一种复合催化剂)粗糙化，在其表面分级生长，这表明 Ni-Mo-S 在 CeO_2 上的分级生长是成功的。如图 4.25(f) 所示，可以发现几个晶格条纹，间距为 0.32nm 和 0.27nm，归因于 CeO_2 的(111)和(200)晶面。0.41nm 和 0.56nm 是 Ni_xS_6 的(130)和(002)晶面，而 MoS_2 的(006)和(003)晶面是从 0.31nm 和 0.61nm 间距观察到的。0D 金属硫化物颗粒和 2D CeO_2 片之间存在紧密接触界面有利于电荷转移。同时，在二维 CeO_2 上引入 Ni-Mo-S 纳米粒子可以加速表面电子迁移率，从而明显抑制电子和空穴的结合。

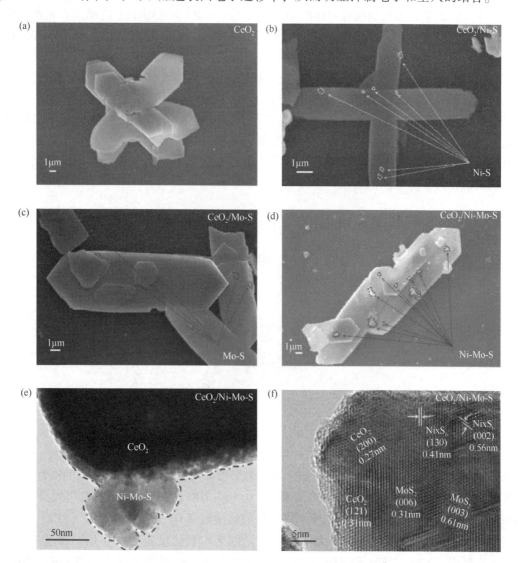

图 4.25 (a)纯 CeO_2、(b)CeO_2/Ni-S、(c)CeO_2/Mo-S、(d)CeO_2/Ni-Mo-S-5 的 SEM 图像，(e)TEM 图像和(f)CeO_2/Ni-Mo-S-5 的 HRTEM 图像[86]

此外，表面引入了许多金属硫化物的不饱和位点，析氢过电位低，可作为析氢的活性位点。此外，CeO_2的二维结构可以为0D Ni-Mo-S颗粒提供支撑框架，从而大大减少有用电子和空穴的复合。以上讨论的光催化剂的所有这些优点都有助于提高光催化剂的催化性能，相当于纯CeO_2的66倍左右。此外，还从不同角度进行了一系列研究测试，以支持相关结果并提出可能的反应机制。

4.3　析氧反应(OER)

光催化水分解(OWS)是一个热力学上坡过程($\Delta H\varphi = 285.5kJ/mol$)，不能自发发生。它由两个半反应组成，即析氢反应(HER)和析氧反应(OER)，这两个反应都是吉布斯自由反应的过程。它可以通过光催化剂上的太阳光照射来实现，由于具有清洁、低成本和高物理化学稳定性的优点，已成为生产清洁能源最有前途的方法之一[87]。由于析氧反应是光催化OWS过程中的速率决定步骤(见图4.26)，因此对这些高效水氧化光催化剂有一些关键要求，包括：①光催化剂的价带(VB)电位应高于O_2/H_2O(1.23eV)；②为了更多地利用太阳能，光催化剂的带隙应在1.23~3eV；③光催化剂内的光生电子-空穴对在光照下应能快速分离，然后在光催化剂表面及时发生相应的氧化还原反应[88,89]。此外，水的氧化活性位点应有足够的光催化剂表面，以抑制表面上光生电子和空穴的快速复合。目前，多相光催化剂仍然是研究最多的光催化剂。

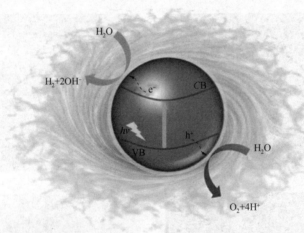

图4.26　光催化水分解示意图[88]

Hernández等研究了Ce和Er掺杂的ZrO_2纳米粉体对太阳光催化水氧化的活性[90]。他们通过水热法引入Ce和Er(以氧化物为基础，0.5%~10%(摩))合成了具有可调量的四方、单斜和立方多晶型的ZrO_2粉末。这项工作的目的是研究ZrO_2基质中富含电子(Er^{3+})和完全空能级(Ce^{4+})的稀土(RE)离子在太阳驱动的光催化水氧化反应中的作用。通过UV-vis、XRD、N_2吸附、XPS、TEM和EDS对样品进行了表征。对于主要含有单斜(m-)相的裸ZrO_2，发现越来越多的稀土(RE)掺杂剂可以提高BET表面积并稳定四方(t-)或立方(c-)ZrO_2在室温下的多晶型物。

图 4.27 显示了纯氧化锆、Ce 掺杂[见图 4.27(a)]和 Er 掺杂[见图 4.27(b)]ZrO_2样品的 XRD 图案。水热合成的 ZrO_2 样品显示出晶体结构，具有两种多晶型变化——四方相和单斜相。XRD 测量表明，RE 掺杂剂含量的增加有利于四方相($t-ZrO_2$)的形成，而不是单斜晶相($m-ZrO_2$)；纯 ZrO_2 样品主要包含单斜晶相，但是，通过增加 RE 掺杂剂的量，主要的 ZrO_2 相变为四方相。在 EZ10 样品的情况下，Er 的插入可能使 ZrO_2 的立方多晶型稳定。实际上，对于含有 5%和 10%掺杂剂的样品(其他样品含有过多的 $m-ZrO_2$，其峰与 $t-ZrO_2$ 和 $c-ZrO_2$ 的峰重叠，因此无法进行可靠的分析)。$c-ZrO_2$ 的这种比率(约 1.8，ICDD 参考代码 00-049-1642)低于 $t-ZrO_2$(01-079-1770)。CZ5(2.00)、CZ10(2.23)和 EZ5(2.04)的比率表明 $t-ZrO_2$ 的存在可能降低了预期的比率，而 EZ10(1.79)表明存在 $c-ZrO_2$。因此，该样品(EZ10)的 Rietveld 细化分析是使用单斜相而不是四方相进行的。随着 Ce 和 Er 掺杂剂的引入，$t-ZrO_2$ 的晶体尺寸略有增加(高达约 6nm)。另外没有一个样品存在易于形成 REO 相的衍射峰，这表明掺杂剂(包括 Er)可能已成功插入 ZrO_2 基体中。

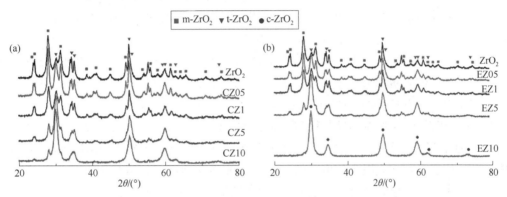

图 4.27　纯 ZrO_2(a，黑色)和 RE 掺杂 ZrO_2[(a)RE=Ce，(b)RE=Er]的 XRD 图谱[90]

制备的样品在 AM1.5G 模拟阳光照射下从水中产生的光催化 O_2 与其光学、结构和化学性质相关。阐明了掺杂剂浓度对 Er 和 Ce 掺杂 ZrO_2 材料的化学物理和光催化性能的影响。含有 5%RE 氧化物的样品最活跃，即是纯氧化锆的三倍。发现它们优异的光催化活性主要与两个因素相关：①首先 RE 离子的最佳表面浓度约为 3.7%，这导致了 $t-ZrO_2$ 拥有更多的表面缺陷和更高的表面积，进而增加了电荷载流子在光催化剂表面的分离速率，从而增强了反应动力学。②其次，通过合理调控氧化锆单斜晶和四方(或立方)多晶型物的比例，最佳比例约为 70/30 的 $t-ZrO_2$/$m-ZrO_2$。与此相反，RE 掺杂 ZrO_2 材料对可见光的吸收能力增加对 Ce 掺杂 ZrO_2 材料的光催化活性影响较小。

固溶体的构建方法在调整多种物理化学性质方面具有很好的效果，包括光吸收、导电性能、电导率、磁性和催化性能等。这涉及对化合物电子结构的局部键合和组成环境进行精细调控。实际上，与母体化合物相比，许多固溶体的光催化性能得到了提升，尽管不同化合物的改善幅度有所不同。

Zhang 等合成了 $LaTaON_2$ 和 $BaTaO_2N$ 的完全固溶体，即 $La_{1-x}Ba_xTaO_{1+y}N_{2-y}$，并已将它们用作水氧化反应的可见光活性光催化剂[91]。将 $BaTaO_2N$ 引入 $LaTaON_2$ 的结构会导致局部 Ta 键合环境发生明显变化，因此是控制光催化性能的有用工具。图 4.28 是样品 $La_{1-x}Ba_x$

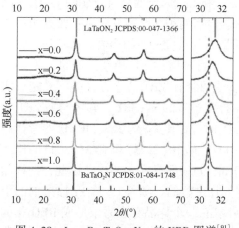

图 4.28　$La_{1-x}Ba_xTaO_{1+y}N_{2-y}$ 的 XRD 图谱[91]

$TaO_{1+y}N_{2-y}$ 的 XRD 图谱，还包括 $BaTaO_2N$（JCPDS：01-084-1748）和 $LaTaON_2$（JCPDS 卡号 00-047-1366）的标准模式。所有反射都很好地对应于 $BaTaO_2N$ 和 $LaTaON_2$ 的标准图案，没有任何杂质反射，表明单相形成。然而，随着 x 的增加，注意到所有反射向低角度单调偏移，这表明由于将 $BaTaO_2N$ 掺入 $LaTaON_2$，晶胞逐渐膨胀。$LaTaON_2$（$x=0.0$）和 $BaTaO_2N$（$x=1.0$）在可见光照射下仅表现出轻微的析氧量，这与之前的报道非常一致[30,50]。然而，观察到它们的固溶体析氧量明显增加。特别是，$La_{0.2}Ba_{0.8}TaO_{1+y}N_{2-y}$（$x=0.8$）的氧气产量比 $LaTaON_2$ 和 $BaTaO_2N$ 增加了 2 倍以上。

如此高的光催化性能可能不是由于大的表面积，因为 $La_{1-x}Ba_xTaO_{1+y}N_{2-y}$ 的表面积小于或与 $LaTaON_2$ 和 $BaTaO_2N$ 的表面积相当。

BET 测量也证明了这一点。通过改变 CoO_x 助催化剂的负载量，进一步研究了 $La_{1-x}Ba_xTaO_{1+y}N_{2-y}$（$x=0.8$）的光催化活性。较少的助催化剂不能提供足够的反应位点，而过载会阻碍样品的光吸收。发现 CoO_x 的最佳量为 2%（质）。

Zhang 等使用 CeO_2 纳米棒作为模型光催化剂，研究了氧空位在光催化水氧化中的关键作用[92]。他们通过原位还原处理的一步水热法制备了形态相似但氧空位浓度不同的 CeO_2 纳米棒。发现析氧过程中光吸收、电荷转移效率和光催化活性密切依赖于氧空位的浓度。采用一步水热法原位还原处理合成了缺氧 CeO_2 纳米棒。

图 4.29（a）显示了所制备的 CeO_2 纳米棒的典型 XRD 图谱，其中在 $2\theta=28.54°$、$33.04°$、$47.43°$、$56.31°$、$59.08°$、$69.33°$、$76.68°$和$79.05°$处有八个主要衍射峰，属于立方萤石二氧化铈（JCPDS 卡号 34-0394）的（111）、（200）、（220）、（311）、（222）、（400）、（331）和（420）晶面。与原始 CeO_2 相比，缺氧 CeO_2 没有相变，也没有检测到任何其他杂质的峰。图 4.29（b-e）中的 TEM 图像显示，CeO_2 呈现出纳米棒形态，原始 CeO_2-NR 的长度约为 95nm，直径约为 9.0nm。合成中还原剂的加入使棒长度变短，但不改变整体形态。图 4.29（f）中的 HRTEM 图像和电子衍射进一步显示纳米棒是多晶面，主要是（110）。比表面积在 98～112m^2/g 范围内略有变化。

然后进行密度泛函理论计算以揭示氧空位的作用并了解水的氧化机制。他们发现氧空位的存在缩小了带隙并调节了电子结构以加速电荷转移，这与实验观察结果非常吻合。他们筛选了整个氧气生成途径，发现氧空位降低了 O—O 键形成的限速步骤的势垒能，抑制了 O 和 H 的逆反应，从而改善了氧缺陷 CeO_2 的 O_2 生成动力学。该研究深入了解了氧空位在光催化水氧化中的关键作用，有助于设计高效的光催化剂以克服水分解的瓶颈。

钙钛矿由于其广泛的可见光吸收而成为有希望的半导体材料[93]。已经报道了使用这些光催化剂进行水氧化和析氢反应，包括 $CaNbO_2N$（λ_{max} 约 600nm）、$SrNbO_2N$（λ_{max} 约 690nm）和 $BaNbO_2N$（λ_{max} 约 740nm）[94,95]。镧类似物 $LaNbON_2$ 的带隙约为 1.65eV，对应于 750nm 附

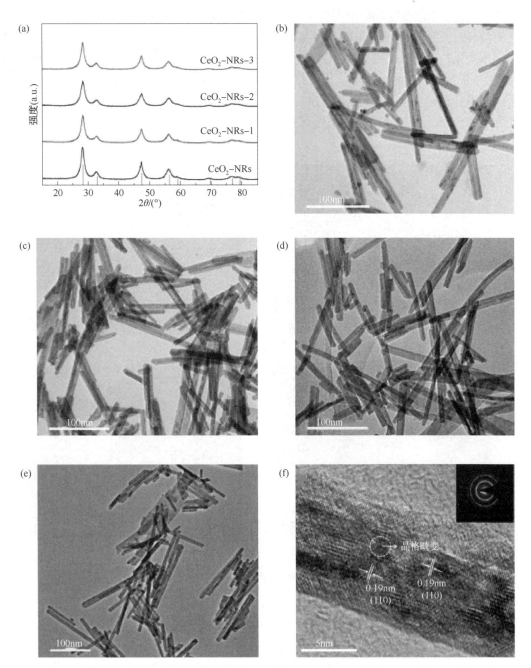

图 4.29　（a）XRD，（b）CeO$_2$-NRs、（c）CeO$_2$-NRs-1、（d）CeO$_2$-NRs-2、

（e）CeO$_2$-NRs-3TEM 图像和（f）CeO$_2$-NRs-2 的 HRTEM 图像（插图：快速傅里叶变换图案图像）[92]

近的吸收带边缘，可以吸收大部分可见光[95]。Wan 等通过在 Ar 中的后退火处理，阴离子空位被带入 LaNbON$_2$，LaNbON$_2$可以作为半导体中的载体。

费米能级和价带最大值（EF-EVBM）之间的差异表明空穴的氧化能力增强。LaNbON$_2$样品的 SEM 图像如图 4.30 所示。从 La$_3$NbO$_7$ 衍生的 LaNbON$_2$样品的粒径小于从 LaNbO$_4$衍生的样品，这是由于制备过程中副产物 La_2O_3 的形成和随后去除的结果。退火后的 $LaNbON_2$ 样品的粒径与未处理的样品相似，只是在退火处理后 $LaNbON_2$ 颗粒之间的连接发生了破裂。具体来说，$LaNbON_2$-f. 114-Ar700 的颗粒约为 100nm，$LaNbON_2$-f. 317-Ar700 的颗粒约为 30nm。退火后的 $LaNbON_2$ 光催化剂首次获得水氧化能力，并通过结合 CoO_x 作为助催化剂而得到改善。与由 $LaNbO_4$ 衍生的 $LaNbON_2$ 相比，由 La_3NbO_7 衍生的退火 $LaNbON_2$ 具有更小的粒径、更高的阴离子空位浓度、更大的 EF-EVBM 和更好的光催化析氧反应性能。

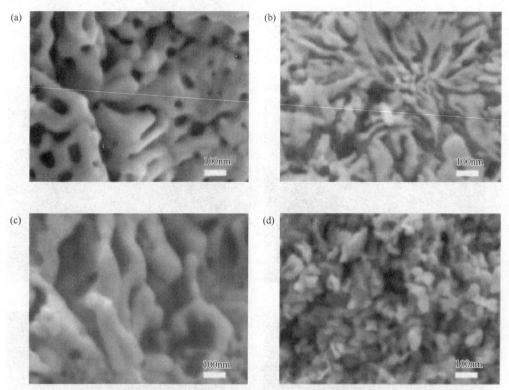

图 4.30 （a）$LaNbON_2$-f. 114，（b）$LaNbON_2$-f. 317，
（c）$LaNbON_2$-f. 114-Ar700 和（d）$LaNbON_2$-f. 317-Ar700 的 SEM 照片[95]

4.4　氮还原反应（NRR）

氮是对生命过程至关重要的各种生物大分子（如蛋白质和核酸）不可缺少的元素。生物体通常以氨或硝酸盐的形式获取氮元素，而不是直接利用 N_2 分子，即使大气中 N_2 的含量非常高。这是因为非极性 N≡N 三键具有约 941kJ/mol 的高键能，难以裂解和氢化[96]。目前，固氮主要通过三种途径进行：①一些固氮菌的生物固氮可以用固氮酶固定 N_2 分子；②地球化学反应过程中的高能固氮，例如闪电；③通过能量广泛的 Haber-Bosch 方法进行工业固氮。然而，生物和地球化学固氮仅占固定氮供应的一小部分。

Haber-Bosch 工艺是以 N_2 和 H_2 为原料，以铁基材料为催化剂的工业合成氨的主要路线。

这个过程需要大量的能量输入，同时会产生大量的副产品(例如二氧化碳)，这可能会导致一些不良的全球环境变化。考虑到人类社会的可持续发展，开发环保且能源依赖较少的方法来替代 Haber-Bosch 法生产氨是非常可取的[97,98]。在自然界中，固氮菌中的固氮酶可以在常温常压下进行固氮过程。受自然过程的启发，人们普遍认为，氮的光化学和电化学还原在环境条件下对无二氧化碳排放的氨合成具有巨大潜力，其中氮还原反应(NRR)是通过添加质子和电子进行的使用太阳能或可再生资源发电作为驱动力[99]。在这两种方法中，空气中的 N_2 分子和丰富的 H_2O 作为氮源和质子源，固氮可以在室温和大气压下进行。这些优势特性赋予光化学和电化学 NRR 具有低能耗和低 CO_2 排放的特性。

相比之下，在工业氨合成过程中，质子源来源于 H_2，需要高温高压力。这两种方法也被认为是有前景的。然而，尽管研究工作一直致力于寻找和设计合适的光催化剂，氨的收率仍然很低，这些方法远不能取代 Haber-Bosch 过程[100]。这些异构的效率不足水溶液中的 NRR 过程可能是因为弱 N_2 分子在催化剂表面的吸附和活化困难，高能中间体的参与和复杂的多电子转移反应在环境条件下由氮和水合成氨是最具吸引力但最具挑战性的反应路线之一。近年来，越来越多的关于水溶液中光(电)催化和电催化氮还原反应(NRR)的研究引起了人们广泛关注，这对于室温和常压下的固氮具有很大的应用前景。NRR 机理如图 4.31 所示。

众所周知，能否发生光催化氧化还原反应很大程度上取决于被吸附物质的氧化还原电势和半导体的能带位置[7,101-103]。例如，半导体的导带位置应高于氮气加氢的还原电位，而价带的位置应低于氧气的析氢电位。最大能量的过渡态位于第一个电子转移(-4.16V vsNHE)和质子耦合电子转移过程之间，这限制了整个反应的动力学。在此基础上，这是激活 N_2 分子以形成 NH_3 所必须克服的两个主要限制[104]。最重要的是保持半导体的较小带隙，最好是在可见光区域，以确保可以满足 N_2 转化成 NH_3 的热力学还原电位。此外，有必要抑制半导体光催化剂中电荷载流子的复合，以提高反应的太阳能转换效率和表观量子产率(AQY)。

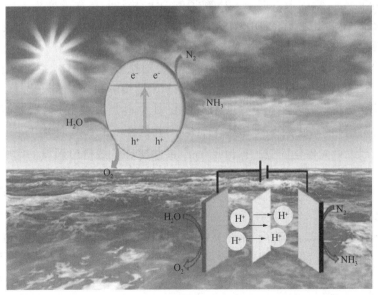

图 4.31　NRR 示意图[104]

Liu 等成功地将单个 La 原子锚定在 MoO_{3-x} 中，由于 La 的不饱和轨道，单个 La 原子与缺氧 MoO_{3-x} 上的双配位晶格氧强键合，形成 O_2c-La-O_2c 配位[105]。这种强大的金属-载体相互作用使单个原子免于分离或聚集，并防止催化剂失活。同时，La 占据的 5d 轨道将电子回馈给吸附的 N_2 的 $2\pi*$ 分子轨道，这基本上激活了惰性 $N≡N$ 键以实现连续氢化。并且单个 La 原子可以优化 MoO_{3-x} 载体的电子性质以促进光催化固氮。

DFT 计算可用于预测 MoO_{3-x} 和单个 La 原子的氧空位位置。研究者计算了三种不同氧空位的形成能，发现末端氧空位的形成能只需 10.87eV，远低于 2 配位 O 位点（Mo-O-Mo）和 3 配位的 O 位点（O_2c 和 O_3c 空位位点，分别为 11.03eV 和 12.72eV），表明末端氧空位在热力学中是最可行的。如图 4.33（a、b）所示，MoO_{3-x} 的表面主要由二配位和三配位的晶格氧（分别为 O_2c 和 O_3c）和五配位的不饱和 Mo（Mo_5c，末端氧空位）终止，除了一配位的氧（末端氧），其中末端氧空位被假设构成单个 La 原子锚定位点。

为了进一步确定单个 La 原子的位置，如图 4.32（a）所示，研究者计算了位于氧空位位置的单个 La 原子的形成能。位于末端氧空位、O_2c 空位和 O_3c 空位的单个 La 原子的形成能分别为-5.08eV、-2.82eV 和-0.78eV，证实了末端氧空位最适合锚定单个 La 原子，单个 La 原子的位置如图 4.32（b）所示。因此，上述 DFT 计算证实了单个 La 原子理论上倾向于占据末端氧空位并与 O_2c 配位形成 O_2c-La-O_2c 配位。随后，进行了第一性原理计算，模拟了 O_2c-La-O_2c 位点上的氮吸附和活化，阐明了 La 原子的作用。对电子密度差异的分析清楚地表明，氮以侧向配置吸附在 La 上，在 La/MoO_{3-x} 的 $N≡N$ 键中积累了大量电子[见图 4.32（c）]，与氮侧向吸附在 MoO_{3-x} 上的情况不同，后者的电子积累可忽略不计[见图 4.32（d）]。

相应的 Mulliken 电荷分析结果也表明，吸附在 La/MoO_{3-x} 上的氮可以获得 0.03e；相比之下，吸附在载体上的氮损失了 0.04e。理论上，金属的 d 轨道与 N_2 的 p 轨道耦合，有利于电子填充到氮的 $\pi*2p$ 轨道中。从这个意义上说，电子将从单个 La 原子的 5d 轨道转移到吸附氮的 $\pi*2p$ 轨道[见图 4.32（e、f）]。研究者又通过状态密度（DOS）分析进一步重现了该场景。有趣的是，N_2 的未占据 $\pi*2p$ 轨道的 DOS 移动到更深的能级，部分低于费米能级（E_f），而 La 的占据 5d 轨道的 DOS 在横向移动后位于 E_f 以上的更高能级（失去电子），这意味着电子从 La 的 5d 轨道转移到 N_2 的 $\pi*2p$ 轨道[见图 4.32（g）、（h）]。这些 DFT 结果表明，单个 La 原子显著优化了局部电子性质，吸附在 O_2c-La-O_2c 位点上的氮分子可以被 $\pi*2p$ 轨道上的累积电子有效激活，有利于 $N≡N$ 键裂解和进一步氢化。

He 等采用微波水热法成功制备了 PAL 材料（其原料是坡缕石）纳米复合材料（LaF_3：Yb^{3+}，Tm^{3+}/Pal）负载的敏化剂 Yb^{3+} 和活化剂 Tm^{3+} 共掺杂 LaF_3，并使用 LaF_3：Yb^{3+}、Tm^{3+}/Pal 作为光催化剂进行光催化固氮，探讨了 Tm^{3+} 掺杂比和负载量对固氮的影响[106]。结果表明，改性的天然 PAL 纳米棒具有较大的表面积，有利于稀土氟化物纳米颗粒的固定。

在太阳光照射下氨的总量最高可达 43.2mg/L，而在近红外（NIR）光照射下也可达到 5.7mg/L。图 4.33 展示了改性 PAL 和 LaF_3：Yb^{3+}、Tm^{3+}/Pal 纳米复合材料的 TEM 图像，其负载量从 10%（质）到 50%（质）。改性 PAL 在图 4.33（a）中的平均直径为 30~40nm，并且表面粗糙，这可能归因于酸预处理，导致羟基的产生。改性 PAL 的表面被尺寸 10~20nm 的颗粒覆盖，如图 4.33（b~f）所示，LaF_3：Yb^{3+}、Tm^{3+}/Pal 的选区电子衍射（SAED）图像明显显示结晶状态的不断演变。如图 4.33（e、f）所示，当负载量高于 30%（质）时，LaF_3：Yb^{3+}、

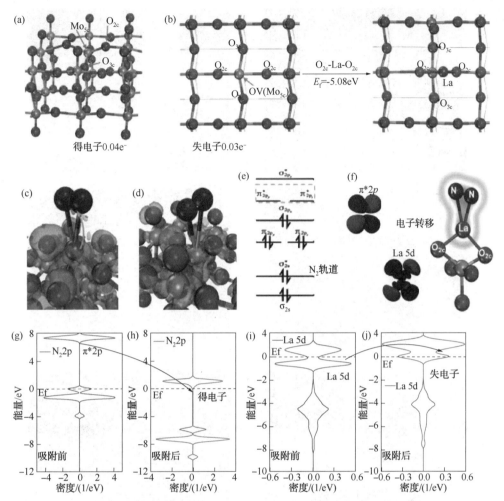

图 4.32　（a）MoO$_{3-x}$ 的优化结构（侧视图），（b）MoO$_{3-x}$ 结构的俯视图和末端氧空位处 La 原子的优化构型，（c）N 与 La/MoO$_{3-x}$ 和（d）MoO$_{3-x}$ 之间的电子密度差，（e）氮 π*2p 轨道示意图，（f）从 La 到吸附氮的电子转移图，N$_2$2p 轨道 DOS（g）吸附前和（h）在 La/MoO$_{3-x}$ 上吸附后，（i）N$_2$ 吸附前的单个 La 原子和（j）N$_2$ 吸附后的 La 5d 轨道 DOS[105]

Tm^{3+} 纳米粒子的过度沉淀和过度生长导致明显的团聚。LaF$_3$：Yb^{3+}、Tm^{3+}/Pal 的高分辨率 TEM 图像（HRTEM）和快速傅里叶逆变换（IFFT）中的清晰晶格条纹可以在图 4.33（g）中识别。包括 La、Yb、Tm 和 F 在内的主要元素在电子衍射光谱（EDS）中得到证明，如图 4.33（h）所示，除了 Cu 和 C 元素来自 TEM 网格，这表明明确地负载了 LaF$_3$：Yb^{3+}、Tm^{3+} 纳米粒子。

　　增强的光催化固氮能力归因于 LaF$_3$：Yb^{3+}、Tm^{3+} 的上转换能力，将 NIR 转换为可见光和紫外光，提高了全太阳光谱的利用率。同时，LaF$_3$：Yb^{3+}、Tm^{3+} 和修饰的 PAL 形成由氟空位（FV）介导的间接 Z 型异质结构，有利于光生电子-空穴的分离并保持高还原-氧化电位。此外，有缺陷的 FV 有效地提供了有利于 N$_2$ 吸附和解离的活性位点。当 Tm^{3+} 在 LaF$_3$ 中的掺杂量为 1.5%（摩）且负载量为 3h 时，最高可达 43.2mg/L。LaF$_3$：Yb^{3+}，Tm^{3+} 为 30%（质），在单独的 NIR 照射下甚至达到 5.7mg/L。

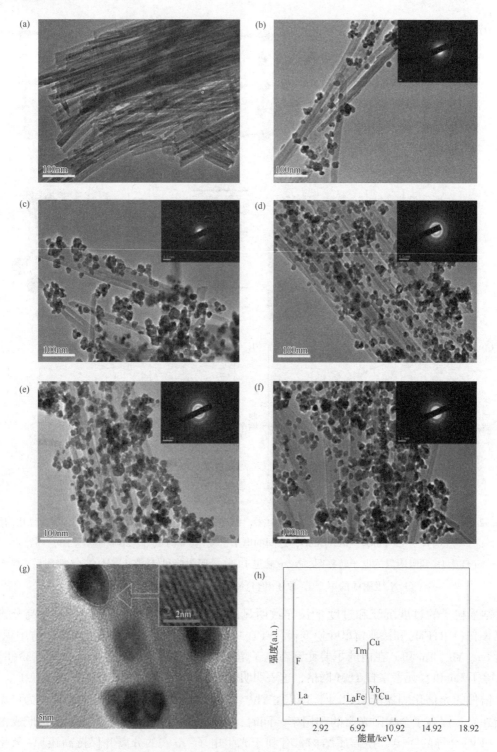

图 4.33　(a)改性 Pal 的 TEM 照片：LaF$_3$：Yb^{3+}，Tm^{3+}/Pal 不同负载量(b)10%(质)、
(c)20%(质)，(d)30%(质)，(e)40%(质)，(f)50%(质)；
(g)30%(质)样品的 HRTEM 照片；(h)30%(质)样品的 EDS 照片[106]

Zhang 等通过溶胶-凝胶法制备了掺铒钴酸镧/凹凸棒土复合材料(LaCoO₃：Er³⁺/ATP)。研究了 Er 掺杂比和 LaCoO₃：Er³⁺负载量对可见光照射下氨气生成速率的影响[107]。

结果表明，Er³⁺掺杂的 LaCoO₃ 可以将可见光转化为紫外光，在 Er 元素掺杂量为 6%(摩)时达到最高转化率，提高了太阳能的利用率，图 4.34 显示了不同负载量的 LaCoO₃：Er³⁺/ATP 样品的 TEM 图像。图 4.34(a)显示钙钛矿纳米颗粒以 5%(质)的负载量均匀分散在 ATP 上，粒径比较小，接近 10nm。图 4.34(b~d)分别显示了负载量为 10%(质)、20%(质)和 25%(质)的样品的图像。随着负载量的增加，ATP 表面的纳米颗粒显著增加。然而，钙钛矿纳米颗粒在图 4.34(d)中经历了相对明显的团聚。图 4.34(e)显示了 10%(质)样品的 HRTEM 图像。ATP 上负载的纳米粒子的晶格间距为 0.268nm，对应 104 晶面，表明 LaCoO₃：Er³⁺成功负载在 ATP 上，晶体结构稳定，这与 XRD 结果一致，因为少量 Er 掺杂可能不会明显改变原来的格子距离。图 4.34(f)显示了负载为 10%(质)样品的 EDS 图。

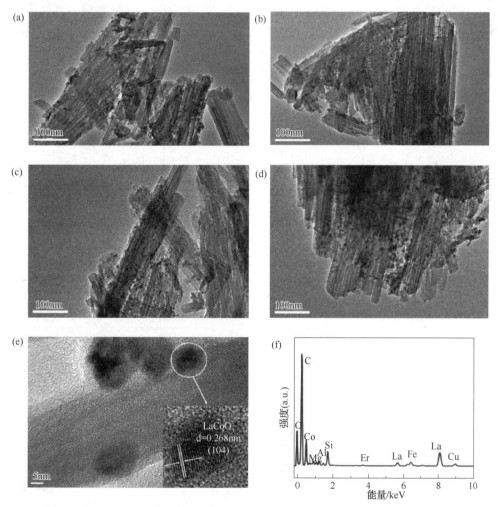

图 4.34　LaCoO₃Er³⁺/ATP 催化剂在不同负载量下的 TEM 和 EDS 图像：(a)5%(质)，(b)10%(质)，(c)20%(质)，(d)25%(质)；(e)10%(质)HRTEM；(f)10%(质)样本的 EDS[107]

该复合材料由 La、Co、Er、Al、Fe、Si 和 O 元素组成，其中 C 和 Cu 源于铜网格。ATP 表面丰富的活性位点增强了 N_2 的吸附和活化，ATP 有助于 N_2 的吸附，Co 掺杂剂削弱了 N≡N 键，有利于 N_2 的活化。此外，当负载量为 10%（质）时，$LaCoO_3$：Er^{3+} 和 ATP 之间直接形成 Z 型异质结构，有利于载流子的分离并保持高氧化还原电位，从而提高光催化固氮性能。同时，Co 掺杂剂化学吸附和活化 N_2，促进电子从催化剂转移到 N_2。Er 的 6%（质）掺杂量表现出最强的上转换发光效率。当 $LaCoO_3$：Er^{3+} 的负载量为 10%（质）时，铵离子的生成率达到最大值 71.51μmol/（g·h）。

Feng 等通过自牺牲一部分 $g-C_3N_4$ 作为阴离子源，采用简便的原位水热法合成了 $LnCO_3OH/g-C_3N_4$（Ln-CN）异质结[108]。对 Ln-CN 异质结的光催化活性在模拟太阳光照射下进行评价。结果表明，与 $g-C_3N_4$ 和 $LnCO_3OH$ 相比，单键 CN 在光催化方面表现出相当大的改善。图 4.35（a、b）显示了单键 CN 和 CN 材料的 XRD 结果。13.0° 和 27.6° 的峰对应于 CN 的（100）和（002）晶面。在与 Ln^{3+} 进行水热反应后，出现了 $LnCO_3OH$ 的峰，其晶体结构与六方晶相关（$LaCO_3OH$ 和 $PrCO_3OH$ 的 JCPDS 卡分别为 26-0815 和 27-1376）。Ln-CN 的（002）层间堆叠峰向更高的角度（27.7°）移动，这意味着比 CN 更短的晶面间距。这归因于水热过程中的强压力，因为在不添加 Ln^{3+} 的情况下制备的 HCN 表现出相同的现象。并且 Ln-CN 的（100）和（002）峰明显变弱，证明单键 CN 剥离成比 CN 更小的纳米片。

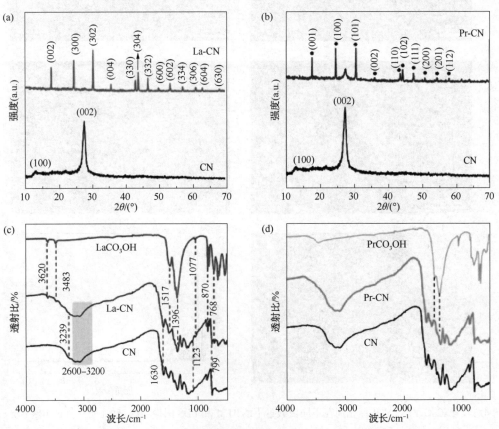

图 4.35　Ln-CN 和 CN（a、b）的 XRD 衍射图。CN、$LnCO_3OH$、Ln-CN 样品（c、d）的 IR 光谱[108]

此外，制备了与温度和时间相关的 Ln-CN，随着水热反应时间或温度的增加，CN 的峰强度降低，$LnCO_3OH$ 增加。这表明在水热过程中 CN 分解并成功制备了 $LnCO_3OH$。对于 Pr-CN，当反应温度为 180℃时形成斜方晶系 $PrCO_3OH$，这意味着在水热过程中得到的产物的相结构发生了变化。由于两个晶相的溶解度不同，六方体的 $PrCO_3OH$ 会溶解形成斜方的 $PrCO_3OH$。此外，为了测量样品的元素含量，进行了 ICP-OES 和元素分析。La 和 Pr 的含量分别为 22.2% 和 12.3%。与 CN 相比，La-CN 和 Pr-CN 的碳氮比变化不大，说明 La-CN 中的 CN 几乎没有空位。化学吸附提供的强大的氮吸附能保证了更多的氮在单键 CN 表面被吸附和活化[见图 4.35(c、d)]。

此外，在单键 CNZ 型异质结中，$LnCO_3OH$ 的 CB 处的电子通过单键 N 界面通道转移到 $g\text{-}C_3N_4$ 的 VB，这导致载流子的复合率降低，在 $g\text{-}C_3N_4$ 的 CB 处留下更多的电子以减少吸附的氮。时间分辨荧光光谱、光电流和 EIS 特性的结果进一步证明了 Ln-CN 显示出光生电荷载流子的低复合率。最后，Ln-CN 具有较高稳定性，这对实际应用具有重要意义。这个研究提出了一种简单的自牺牲方法来合成 $LnCO_3OH/g\text{-}C_3N_4$ 异质结，该方法可以扩展到其他 $g\text{-}C_3N_4$ 基异质结的制备。

Wang 等通过化学沉积将 TiO_2 沉积在介孔 SBA-15 分子筛上，并在催化剂表面进一步沉积稀土(RE)金属钕(Nd)，得到 $Nd\text{-}TiO_2\text{-}SBA\text{-}15$ 光催化剂[109]。通过 XRD、TEM、EDS 和 N_2 吸附-脱附对制备的光催化剂进行分析。研究者通过使用甲基橙代表偶氮染料来评估 $Nd\text{-}TiO_2\text{-}SBA\text{-}15$ 光催化剂的活性。图 4.36 显示了 SBA-15、$TiO_2\text{-}SBA\text{-}15$ 和 $Nd\text{-}TiO_2\text{-}SBA\text{-}15$ 的 HRTEM 图像。图 4.36(a)中 SBA-15 显示出孔径约为 7nm 的二维有序孔形态。图 4.37(b)中，TiO_2 纳米颗粒沉积在 SBA-15 上，尽管 TiO_2 没有破坏 SBA-15 的孔结构。图 4.36(c)中，TiO_2 纳米颗粒均匀分布在 $TiO_2\text{-}SBA\text{-}15$ 上。此外，合成的 $Nd\text{-}TiO_2\text{-}SBA\text{-}15$ 纳米光催化剂具有介孔结构；因此，它具有较大的比表面积，不易结块。图 4.36(d)中，具有明显晶格条纹的 TiO_2 纳米颗粒是椭圆形而不是球形，长粒径约为 10nm，短粒径约为 7~8nm。

另外，通过专业的软件分析，从 $Nd\text{-}TiO_2\text{-}SBA\text{-}15$ 纳米光催化剂的 HRTEM 图像中，(101)面的晶格间距为 0.35nm。这表明制备的纳米光催化剂上的 TiO_2 具有粒径小、结晶性好、分散性高等特点。图中未观察到 Nd 颗粒，这可能归因于纳米光催化剂中 Nd 的含量低。不同 Nd 沉积量和不同溶液 pH 值对光催化剂性能有不同的影响。结果表明，合成的光催化剂形成了具有介孔结构的锐钛矿晶体。光催化剂的比表面积和孔径分别为 548.2m^2/g 和 6.5nm。随着 Nd 沉积量的逐渐增加，光催化剂的活性经历了一个先上升后下降的过程。此外，该光催化剂在 2~10 的 pH 值范围内保持较高的光催化活性，表现出良好的酸碱适应性。

4.5　二氧化碳还原反应(CO₂RR)

CO_2 的过量排放极大地影响了自然界碳循环的平衡，导致了严重的环境问题，尤其是温室效应。捕获二氧化碳并将其转化为高附加值的碳氢燃料，因其能够为解决碳排放和能源危机提供解决方案的优势，已成为科学研究的热点之一[110-113]。光催化 CO_2 还原可以直接将 CO_2 和 H_2O 转化为碳氢化合物太阳能燃料，利用无尽的太阳能作为唯一的能源[114-117]。由于

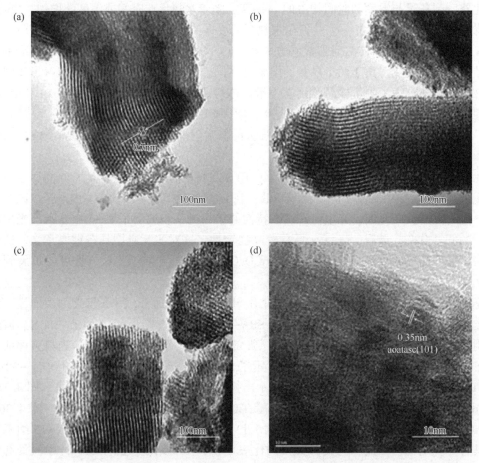

图 4.36　(a) SBA-15、(b) TiO$_2$-SBA-15、
(c) Nd-TiO$_2$-SBA-15 和(d) Nd-TiO$_2$-SBA-15 的 HRTEM 图像[109]

Inoue 等的开创性工作，光催化 CO$_2$ 还原已被广泛研究[118]。尽管各种半导体光催化剂已被证明在 CO$_2$ 还原反应中具有活性，低效率和较差的产物选择性限制了它们的进一步应用[119-122]。

　　CO$_2$ 作为碳的最高氧化态，通过获得不同数量的电子和质子，可以还原成多种产物，如 CO、HCOOH、HCHO、CH$_3$OH 和 CH$_4$[123,124]。除了这些 C$_1$ 产物外，在光催化 CO$_2$ 还原反应中也可以检测到一些 C—C 偶联反应产生的 C$_2$ 产物(C$_2$H$_4$、C$_2$H$_6$、CH$_3$CH$_2$OH)，获得 C$_2$ 产物的关键步骤是稳定 C$_1$ 自由基或中间体，并确保它们参与 C—C 偶联反应[125]。此外，H$_2$O 是 CO$_2$ 还原过程中必不可少的质子供体。H$_2$O 的直接光催化还原可能产生的析氢反应(HER)成为一个可观察到的竞争过程[126]。在光催化 CO$_2$ 还原反应中也应考虑抑制 HER 速率[127]。收获高产率的目标产物是光催化 CO$_2$ 还原反应的关键目标。不需要的副产物消耗有价值的光生电子并降低目标产物的输出。此外，低产品选择性会导致多种产品混合，多种产品的分离是另一大挑战。调节产物选择性对于提高目标产物的收率和加深对反应机理的理解具有重要意义。

迄今为止，电催化CO_2还原反应的产物选择性已经得到广泛而深入的分析。光催化和电催化CO_2还原反应都是涉及电子和质子的表面催化反应。对于光催化，光激发产生光生电子和空穴，然后光生电子迁移到表面催化反应位点进行反应。电子的还原能力与半导体光催化剂的导带（CB）电位有关。电催化CO_2还原反应直接利用电能提供电子，电子的还原能力取决于外加电压。良好的导电性是电催化剂的必要要求之一，这样电子才能很好地从电极转移到催化剂表面进行催化反应。在产物选择性方面，外加电压、电解质、CO_2吸附/活化、催化活性位点和中间体吸附/解吸是电催化CO_2还原反应的重要因素。在光催化CO_2还原反应过程中，光激发属性、能带结构和光生载流子的分离效率是影响催化CO_2还原反应中光生电子的三个重要因素，可以调节产物的选择性。此外，CO_2吸附/活化、催化活性位点和中间吸附/解吸对于调节光催化CO_2还原反应的产物选择性也很关键。

Ji 等报告了一种新的原子限制和配位（ACC）方法，以实现单原子分散密度可调的氮化碳纳米管（Er1/CN–NT）上负载的稀土单铒（Er）原子的合成[128]。图 4.37（a）展示了使用ACC 方法制备稀土 Er 单原子催化剂的过程。首先，将三聚氰胺海绵（MES）氮源浸泡在尿素和五水合硝酸铒[$Er(NO_3)_3 \cdot 5H_2O$]的水溶液中，剧烈搅拌均匀地充满混合溶液。然后，饱和海绵在黑暗条件下使用液氮在容器中快速冷冻，形成具有均匀浓度前体 $Er(NO_3)_3 \cdot 5H_2O$和尿素的冷冻海绵。随后，冷冻海绵经过冻干以确保完全去除水分，然后在 N_2 气氛下进行热退火，得到锚定在氮化碳纳米管（Er1/CN–NT）上的孤立的单铒（Er）原子。在这种合成方法中，具有多孔结构和高比表面积的海绵可以提供充足的空间来储存和限制 Er 前体溶液。由于海绵中的氮原子与尿素的配位以及液氮的超低温，足够的铒离子被固定在海绵中，限制了它们的随机迁移，从而导致形成低密度 Er 单原子催化剂（LD–Er1/CN–NT），Er 质量负载为 2.5%（质），通过电感耦合等离子体原子发射光谱（ICP–AES）测定。研究者对材料进行扫描电子显微镜（SEM）和透射电子显微镜（TEM），以研究所制备的单原子 LD–Er1/CN–NT 和 HD–Er1/CN–NT 催化剂的形态。LD–Er1/CN–NT 和 HD–Er1/CN–NT 催化剂均呈现一维（1D）纳米管结构，表面被破坏。

与氮掺杂纳米管（CN–NT）的形貌相比，Er 物种的引入使纳米管的壁更薄，并在纳米管表面提供了更多的多孔结构。能量色散光谱（EDS）映射表明 Er、N 和 C 原子均匀分布在整个框架中[见图 4.37（b）、（e）]。HD–Er1/CN–NT 中 Er 负载的 EDS 定量分析与 ICP–AES结果一致。即使在高达 20.1%（质）的超高质量 Er 负载下，HD–Er1/CN–NT 在 26.2°处仅表现出一个更宽的衍射峰，这与氮掺杂碳的共轭芳族体系的堆叠有关。没有检测到与金属 Er物种相关的峰，表明 Er 物种在 LD–Er1/CN–NT 和 HD–Er1/CN–NT 中高度分散。与 CN–NT相比，LD–Er1/CN–NT 和 HD–Er1/CN–NT 样品的相对较弱和较宽的峰表明额外的 Er 物种导致形成具有许多缺陷位点的更无序的结构。为了进一步确认 Er 原子的分散状态，进行了像差校正的 HAADF–STEM（ACHAADF–STEM）测量。如图 4.37（c）、（d）所示，孤立的亮点与 LD–Er1/CN–NT 的基体有明显的区别，表明 LD–Er1/CN–NT 中 Er 物种的原子分散。进一步观察 HD–Er1/CN–NT 的 ACHAADF–STEM 图像，即使 Er 负载高达 20.1%（质）仍显示了单个和高密度的亮点[见图 4.37（f）、（g）]。此外，逐渐增加了 Er 前驱体的用量，得到了 Er 质量负载为 20.1%（质）的高密度 Er 单原子催化剂（HD–Er1/CN–NT）。

结果表明，ACC 方法能够调节 Er 单原子催化剂的 Er 金属含量。Er1/CN–NT 是一种高效且坚固的光催化剂，在纯水系统中表现出出色的 CO_2RR 性能。实验结果和密度泛函理论计算揭示了单个 Er 原子在促进光催化 CO_2RR 中的关键作用。

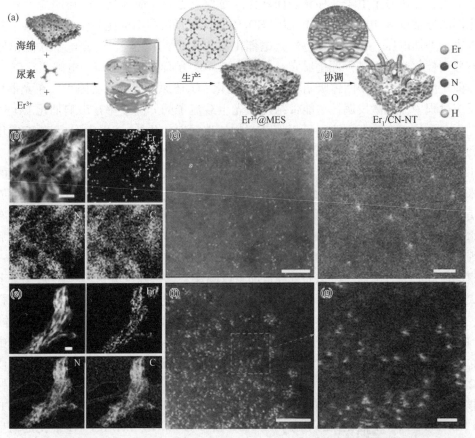

图 4.37　单原子 Er1/CN-NT 催化剂的合成和结构表征。(a)单原子 Er1/CN-NT 催化剂的合成流程示意图；
　　　　(b)LD-Er1/CN-NT 的 HAADF-STEM 图像和相应的元素图，比例尺等于 200nm；
　　　　(c)LD-Er1/CN-NT 的 AC HAADF-STEM 图像；(d)为(c)虚线框区域的放大图；
　　　　(e)HD-Er1/CN-NT 的 HAADF-STEM 图像和相应的元素图，比例尺等于 200nm；
　　　　(f)HD-Er1/CN-NT 的 AC HAADF-STEM 图像；(g)为(f)虚线框区域的放大图[128]

高效的光催化 CO_2 还原和 H_2 评价性能非常有吸引力，是清洁能源利用和缓解环境污染的理想选择。Tang 等首次成功合成了不同含量(2%、4%、6%、8%和10%)的新型可见光活化 Eu(Ⅲ)掺杂 $g-C_3N_4$ 复合材料[129]。Eu(Ⅲ)物种作为路易斯酸可以捕获具有优异能力的光激发电子。为了观察 Eu 掺杂催化剂的表面特性，纯 $g-C_3N_4$ 和 8% $Eu/g-C_3N_4$ 催化剂的 SEM 和 TEM 图像包含其相应的元素映射，如图 4.38 所示。可以看出，纯 $g-C_3N_4$ 呈现出具有不规则卷边的二维(2D)层状结构[见图 4.38(a)]，而 8% $Eu/g-C_3N_4$ 催化剂则继承了 $g-C_3N_4$ 的形态并表现出较小的片状结构[见图 4.38(b)]。此外，很明显，Eu 物种均匀地分散在 $g-C_3N_4$ 的表面上。为了进一步验证上述结论，还进行了 EDX 元素作图分析。如图 4.38(c)所示，C、N、O 和 Eu 元素共存于杂化催化剂中，并且 Eu 物种在 8% $Eu/g-C_3N_4$ 表面上表现出良好的分散性。$Eu/g-C_3N_4$ 催化剂的光催化活性在可见光照射下、在水的存在下以及在

CO_2 光还原和 H_2 生成中表现出优异的稳定性。在 8%Eu/g-C_3N_4 催化剂上获得的最大 CH_4 和 H_2 产率分别为 22.8μmol/(h·gcat) 和 78.1μmol/(h·gcat)，约是纯 g-C_3N_4 的 2.2 倍和 7.3 倍。

原位 FTIR 分析表明，HCOOH 是 CO_2 转化过程中的主要中间体。Mott-Schottky 方法还表明 Eu/g-C_3N_4 催化剂中存在大量的光生载体，有利于 CO_2 转化为 CH_4。这种显著的光催化活性的起源可以解释如下：①Eu^{3+} 物质捕获光生电子并抑制光生电子-空穴对的复合；②掺杂的 Eu^{3+} 使带隙变窄，可见光吸收能力增强；③Eu^{3+} 的引入增加了活化比表面积。这项工作可为稀土金属在提高光催化剂性能方面的应用提供有意义的指导。

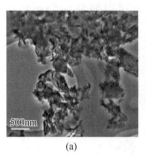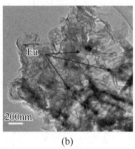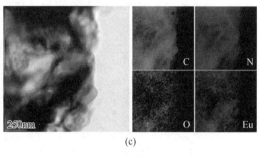

(a)   (b)   (c)

图 4.38　(a)纯 g-C_3N_4 的 TEM 照片，(b)8% Eu/g-C_3N_4 的 TEM 照片，
(c)8% Eu/g-C_3N_4 催化剂中 C、N、O 和 Eu 的 EDX 元素映射[129]

Guo 等采用溶胶-凝胶法成功制备了 Sm-TiO_2 纳米复合材料[130]。研究者使用 XRD 检查了原始 TiO_2 和 Sm-TiO_2 的结晶质量和微晶尺寸。如图 4.39 所示，所有光催化剂均显示锐钛矿晶相。在 $2\theta =$ 25.3°、37.7° 和 48.1° 处检测到三个峰，它们对应于 TiO_2 的 (101)、(004) 和 (200) 晶面的衍射峰（JCPDS21-1272）。在所有光催化剂样品中仅观察到锐钛矿相的特征衍射峰，没有观察到 Sm_2O_3 的特征衍射峰，这表明 Sm 可以进入 TiO_2 的晶格中。与原始 TiO_2 相比，随着 Sm 量的增加，TiO_2(Sm 掺杂) 的 XRD 变得更宽和更弱，这表明 Sm 掺杂剂对锐钛矿颗粒的生长具有抑制作用。

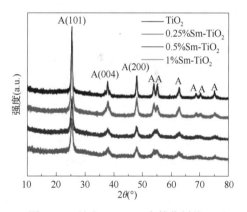

图 4.39　纯和 Sm-TiO_2 光催化剂的
XRD 图谱[130]

Debye-Scherrer 方程用于计算所有样品的晶体参数，Sm 掺杂的 TiO_2 的粒径小于纯 TiO_2 的粒径，并且随着 Sm 含量的增加而减小。这可能是由于掺入 Sm 后 TiO_2 晶格的变形，导致应变能的积累。此外，尚未进入晶格的 Sm 离子可以在晶体界面和晶格间隙中形成其他化合物，从而阻止相变和晶粒生长的发生。在辐照 6h 下测试合成样品的 CO_2 光还原活性，结果表明 0.5%Sm-TiO_2 催化剂具有优异的性能和稳定性。0.5%Sm-TiO_2 催化剂的 CO 和 CH_4 产率分别为 55.47μmol/gcat 和 3.82μmol/gcat，是 TiO_2 产率的 5.02 和 2.67 倍。通过综合表征和光电化学分析研究了 Sm 掺杂 TiO_2 的可能机理。Sm 掺杂后，TiO_2 中的光生电子可以迁移到 Sm 4f 能级，其中一部分可以通过将 Sm^{3+} 还原为 Sm^{2+} 来捕获，从而降低电子和空穴对的复合率。因此，增强的光催化性能可归因于较大的比表面积、较快的电子-空穴对分离速率

和较高的可见光响应。此报告为研究 CO_2 光催化还原提供了一些有意义的尝试。

Koči 采用溶胶–凝胶法制备了铈掺杂的 TiO_2 光催化剂（0~0.8% Ce）[131]。通过使用氮物理吸附、XRD、UV-vis 和接触电位差测量，详细表征了 Ce/TiO_2 光催化剂的结构、光学和电子特性（见图4.40）。证明了 TiO_2 中铈离子含量的增加减小了锐钛矿微晶尺寸，这对应于光催化剂比表面积的增加，并且减小了吸收边缘（将光谱响应向可见光移动地区）。所制备的光催化剂在搅拌间歇式环形反应器中进行了 CO_2 光催化还原试验，主要产物为甲烷。一氧化二氮的光催化分解在间歇式反应器中循环进行，反应产物仅检测到氧气和氮气。结果表明，电子和空穴的能量在这两种光催化反应中都起关键作用，并且可以明显地受到铈掺杂 TiO_2 的影响。

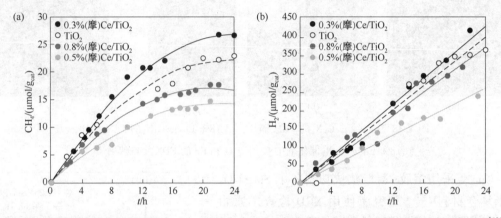

图4.40　在 CO_2 光催化还原过程中，(a)甲烷产率和(b)氢产率对 Ce/TiO_2 光催化剂的时间依赖性[131]

Qian 等通过两步水热路线合成了用 Cu_xO 修饰的 $La_2Sn_2O_7$（$Cu_xO/La_2Sn_2O_7$），并在没有牺牲试剂的情况下应用于光催化 CO_2 还原[132]。通过 XRD 分析研究了所制备样品的晶体结构。如图4.41(a)所示，LSO 的衍射峰位于 28.8°、33.4°、36.6°、48.0°和57.0°，可归因于(222)、(400)、(331)、(440)和(622)立方 $La_2Sn_2O_7$ 平面（JCPDSNo.73-1686）。在 Cu_xO/LSO 中没有观察到相应的 CuO 衍射峰，这可能是由于复合材料中 CuO 的高分散和低含量。

所制备样品的平均晶体尺寸由 Scherrer 公式在 28.8°处的衍射峰的半宽计算。与 LSO（13.2nm）相比，2.4%Cu_xO/LSO（14.5nm）的微晶尺寸略有增加，表明 Cu_xO 的改性可能具有促进晶体生长的优势。得到的 ICP-AES 结果表明复合样品中确实存在 Cu，准确的 Cu 含量与最初添加的物质的量基本一致。UV-vis DRS［见图4.41(b)］显示 LSO 约315nm 处的光学吸收边缘对应于 3.93eV 的带隙能量（$\lambda_g = 1240/E_g$）。与空白 LSO 相比，所有 mCu_xO/LSO 复合材料的吸收边逐渐向更长的波长移动。随着 Cu_xO 负载量的增加，Cu_xO/LSO 复合材料的光响应范围变宽，光吸收增加，与样品逐渐变暗一致。此外，500~800nm 区域的宽吸收可归因于 Cu^{2+} 离子的 d-d 跃迁。Mott-Schottky 曲线显示出正斜率，表明 LSO 属于 n 型半导体材料。曲线的线性部分与 x 轴的交点表明 LSO 的平带电位约为-0.89V（vs Ag/AgCl），相当于-0.28V（vs NHE）。因此，确定 LSO 的 CB 电位为-0.38V（vs NHE），VB 电位为 3.55V（vs NHE），优化后的 2.4% $Cu_xO/La_2Sn_2O_7$ 复合材料表现出优异的 CO_2 还原活性，在 3h 光照下 CH_4、CO 和 H_2 产率分别为 7.6μmol/g、109.4μmol/g 和 185.6μmol/g。总利用光电子数（UPN）达到 650. 8μmol/g，大约是参考的 $La_2Sn_2O_7$ 和 $Au/La_2Sn_2O_7$ 的 6 倍和 3 倍。

增强的光催化性能归因于 $CuO/Cu_2O/Cu$ 簇的形成，俄歇光谱和 HRTEM 证明了这一点，导致光生电荷的有效空间分离。这项工作揭示了用于光能应用的高性能 Cu_xO 改性光催化剂的设计和构建。

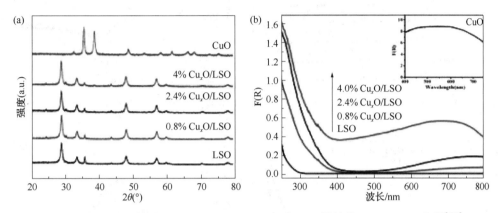

图 4.41　（a）XRD 谱图和（b）LSO、mCu_xO/LSO 和 CuO 样品的 UV-vis DRS 光谱[132]

Jiang 等为了提高 CO_2RR 的光催化活性，通过沉淀和水热法将中空 CeO_2（$H-CeO_2$）和 $MoSe_2$ 复合，然后置于快速加热炉中在 H_2 气氛中煅烧，制备出富含氧空位（Vo）的 $H-Vo-CeO_2@49.7\%$（质）$MoSe_2$ 异质结[133]。Vo 的引入有利于 CO_2 捕获电子，促进光催化 CO_2RR 的过程。研究者通过粉末 X 射线衍射（PXRD）研究了不同比例的 $H-CeO_2$、$MoSe_2$ 和 $H-Vo-CeO_2@MoSe_2$ 复合光催化材料的相纯度和晶体结构（见图 4.42）。衍射图有几个宽峰，分别出现在 57.6°、39.3° 和 33.2°，分别对应于 $MoSe_2$ 的（110）、（103）和（100）晶面（JCPDS 卡号 29-0914），这些峰表明 $MoSe_2$ 材料已成功合成。此外，衍射峰比较尖锐和强烈，没有杂质峰，证实了产品的高纯度和结晶性。对于 $H-CeO_2$，实验图案在 $2\theta=28.5°$、47.3° 和 56.1° 处显示多个峰，对应于 $H-CeO_2$（JCPDS No. 34-0394）的（111）、（220）和（311）晶面，表明所设计的合成 $H-CeO_2$ 的方法是可行的。

从复合材料 $H-Vo-CeO_2@MoSe_2$ 的 PXRD 图可以看出，随着 $MoSe_2$ 含量的增加，对应的（100）、（103）和（110）晶面逐渐增加，而 CeO_2 对应的（220）晶面上的衍射峰强度逐渐降低。还需要注意的是，$H-Vo-CeO_2@MoSe_2$ 复合材料对应于 $H-CeO_2$ 和 $MoSe_2$ 的角度向左移动，这可能是由于 H_2 还原导致产物中有更多的 Vo。根据 XPS 光谱，由于引入了氧空位，Ce^{4+} 变成了 Ce^{3+}。为了保持电中性，空位浓度越高，Ce^{3+} 的数量就越多。Ce^{3+} 的半径大于 Ce^{4+} 的半径。因此，样品的晶胞会膨胀，导致晶格畸变和晶面间距（d）增加。通过 XRD 原理（$2d\sin\theta=n\lambda$），当晶面间距增加时，θ 变小并向左移动。此外，$H-Vo-CeO_2@MoSe_2$ 的 PXRD 图谱显示出宽的无定形特征，没有结晶相的峰，这可以归因于其较低的负载量和煅烧后复合样品的结晶度变差。然而，这些也意味着在 $H-Vo-CeO_2@MoSe_2$ 表面上的良好分散。制备的 $H-Vo-CeO_2@49.7\%$（质）$MoSe_2$ 表现出增强的 CO_2RR 光催化活性，4h 内 CH_4 和 CO 的产量分别为 10. 2μmol 和 33. 2μmol。利用原位 DRIFTS 技术和 DFT 计算研究界面电子相互作用，系统研究了 CO_2 光催化还原的反应机理以及结构与性能之间的关系。

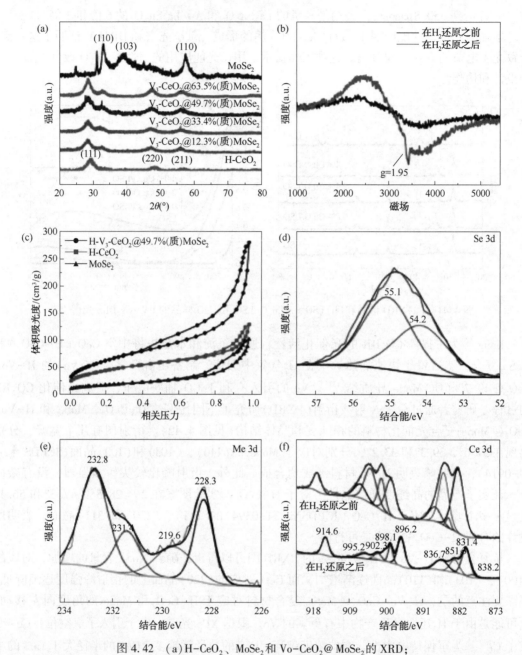

图 4.42 （a）H-CeO₂、MoSe₂ 和 Vo-CeO₂@ MoSe₂ 的 XRD；

（b、c）H-CeO₂、MoSe₂ 和 Vo-CeO₂@49.7%（质）MoSe₂ 异质结的 CO₂ 光还原为 CO/CH₄ 的自由能图；

（d-f）H-CeO₂、MoSe₂ 和 Vo-CeO₂@49.7%（质）MoSe₂ 异质结的态密度（DOS）[133]

Oliveiraab 等使用光活性碱性硝酸铋（Bi₆O₄₊ₓ（OH）₄₋ₓ（NO₃）₆₋ₓ）·nH₂O、x=0~2、n=0~3 和五氧化二铌纳米复合材料（BBN/Nb₂O₅）将 CO₂ 光催化转化为有价值的化学品[134]。较温和的水热合成（在 120℃）保持 BBN 前体 [Bi₆O₅（OH）₃（NO₃）₅·3H₂O] 的晶格，而在 230℃下进行的合成导致层状 Bi₂O₂（OH）（NO₃）产生。

XRD 图谱 4.43（a）显示 Nb-BBN120 和 Nb-BBN230 的 XRD 图，分别对应于 Bi_6O_5 $(OH)_3(NO_3)_{5.3}H_2O$（ICSD00-2406）和 $Bi_2O_2(OH)(NO_3)$（ICSD15-4359）相。由于 BBN 的化学成分复杂且成分繁多，通常难以识别纯相，因此需要额外的表征。事实上，在 Nb-BBN230 的情况下，主要的 XRD 峰类似于 $Bi_2O_2(OH)(NO_3)$（ICSD15-4359）和 $Bi_6O_6(OH)_3$ $(NO_3)_3$ $1.5H_2O$（JCPDS53-1038））[见图 4.43（b）、（c）]。根据文献，$Bi_2O_2(OH)(NO_3)$ 的拉曼光谱在约 $155cm^{-1}$ 处呈现出强烈的拉曼模式，这在任何其他 BBN 化学计量中均未观察到。Nb-BBN230 在 $160cm^{-1}$ 处呈现拉曼模式，证实了 Nb-BBN230 的 $Bi_2O_2(OH)(NO_3)$ 相。这种突出的振动模式与 $(Bi_2O_2)^{2+}$ 层的存在有关，进一步证明所制备的 Nb-BBN230 是层状结构的 $Bi_2O_2(OH)(NO_3)$。此外，与 Nb-BBN230 相比，Nb-BBN120 呈现出更多与硝酸根离子相关的拉曼模式，这证实了通过 XRD 观察到的信息，即 Nb-BBN120 由含有比 Nb-BBN230 更多的 NO_3^- 的 BBN 相组成。尽管在 230℃ 处理的样品没有呈现还原 CO_2 所需的带边缘位置，但所有其他材料都对 CO_2 光还原具有活性，CO[约 $2.8\mu mol/(g\cdot h)$] 被确定为主要产物，其次是 C_2H_4[约 $0.1\mu mol/(g\cdot h)$]，后者更倾向于使用在 120℃ 下生产的纳米复合材料。

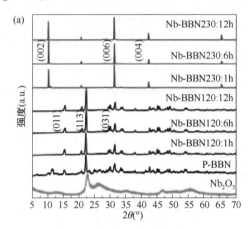

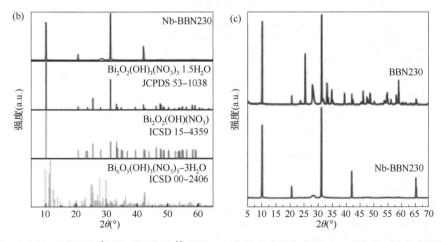

图 4.43　（a）Nb-BBN120 和 Nb-BBN230 的 XRD，（b）$Bi_6O_5(OH)_3(NO_3)_5\cdot 3H_2O$、$Bi_2O_2(OH)(NO_3)$ 和 $Bi_6O_6(OH)_3(NO_3)_3 1.5H_2O$ 的 XRD 图以及（c）BBN230 的 XRD[134]

参 考 文 献

[1] Bilgen S. Structure and environmental impact of global energy consumption[J]. Renewable and Sustainable Energy Reviews, 2014, 38(2): 890−902.

[2] Wuebbles D J, Jain A K. Concerns about climate change and the role of fossil fuel use[J]. Fuel Processing Technology, 2001, 71(1): 99−119.

[3] Okkerse C, Van Bekkum H. From fossil to green[J]. Green Chemistry, 1999, 1(2): 107−114.

[4] Mehtab A, Ahmed J, Alshehri S M, et al. Rare earth doped metal oxide nanoparticles for photocatalysis: a perspective[J]. Nanotechnology, 2022, 33(14): 142001.

[5] Chu S, Majumdar A. Opportunities and challenges for a sustainable energy future[J]. Nature 2012, 488(7411): 294−303.

[6] Ross M B, De Luna P, Li Y, et al. Designing materials for electrochemical carbon dioxide recycling[J]. Nature Catalysis, 2019, 2(8): 648−658.

[7] Roger I, Shipman M A, Symes M D. Earth−abundant catalysts for electrochemical and photoelectrochemical water splitting[J]. Nature Reviews Chemistry, 2017, 1(1): 0003.

[8] Debe M K. Electrocatalyst approaches and challenges for automotive fuel cells[J]. Nature, 2012, 486(7401): 43−51.

[9] MacFarlane D R, Cherepanov P V, Choi J, et al. A Roadmap to the Ammonia Economy[J]. Joule, 2020, 4(6): 1186−1205.

[10] Zhao G, Rui K, Dou S, et al. Heterostructures for Electrochemical Hydrogen Evolution Reaction: A Review[J]. Advanced Functional Materials, 2018, 28(43): 1803291.

[11] Yang F, Bao X, Li P, et al. Boosting Hydrogen Oxidation Activity of Ni in Alkaline Media through Oxygen−Vacancy−Rich CeO_2/Ni Heterostructures[J]. Angewandte Chemie International Edition, 2019, 58(40): 14179−14183.

[12] Stacy J, Regmi Y N, Leonard B, et al. The recent progress and future of oxygen reduction reaction catalysis: A review[J]. Renewable and Sustainable Energy Reviews, 2017, 69: 401−414.

[13] Huang L, Zhang X, Wang Q, et al. Shape−Control of Pt−Ru Nanocrystals: Tuning Surface Structure for Enhanced Electrocatalytic Methanol Oxidation[J]. Journal of the American Chemical Society, 2018, 140(3): 1142−1147.

[14] Wan Y, Xu J, Lv R. Heterogeneous electrocatalysts design for nitrogen reduction reaction under ambient conditions[J]. Materials Today, 2019, 27: 69−90.

[15] Tachibana Y, Vayssieres L, Durrant J R. Artificial photosynthesis for solar water−splitting[J]. Nature Photonics, 2012, 6(8): 511−518.

[16] Green M A, Bremner S P. Energy conversion approaches and materials for high−efficiency photovoltaics[J]. Nature Materials, 2017, 16(1): 23−34.

[17] Kudo A, Miseki Y. Heterogeneous photocatalyst materials for water splitting[J]. Chemical Society Reviews, 2009, 38(1): 253−278.

[18] Zhu S, Wang D. Photocatalysis: Basic Principles, Diverse Forms of Implementations and Emerging Scientific Opportunities[J]. Advanced Energy Materials, 2017, 7(23): 1700841.

[19] Wang Q, Domen K. Particulate Photocatalysts for Light−Driven Water Splitting: Mechanisms, Challenges, and Design Strategies[J]. Chemical Reviews, 2020, 120(2): 919−985.

[20] Huang Z F, Song J, Wang X, et al. Switching charge transfer of C_3N_4/$W_{18}O_{49}$ from type−Ⅱ to Z−scheme by interfacial band bending for highly efficient photocatalytic hydrogen evolution[J]. Nano Energy, 2017, 40: 308−316.

[21] Pan L, Zou J J, Zhang X, et al. Water−Mediated Promotion of Dye Sensitization of TiO_2 under Visible Light[J]. Journal of the American Chemical Society, 2011, 133(26): 10000−10002.

[22] Jiang L, Yuan X, Pan Y, et al. Doping of graphitic carbon nitride for photocatalysis: A reveiw[J]. Applied Catalysis B: Environmental, 2017, 217: 388−406.

[23] Sun X, Mi Y, Jiao F, et al. Activating Layered Perovskite Compound Sr_2TiO_4 via La/N Codoping for Visible Light Photocatalytic Water Splitting[J]. ACS Catalysis, 2018, 8(4): 3209−3221.

[24] Yu Y, Yan W, Wang X, et al. Surface Engineering for Extremely Enhanced Charge Separation and Photocatalytic Hydrogen Evolution on g−C_3N_4[J]. Advanced Materials, 2018, 30(9): 1705060.

[25] Sun S, Feng Y, Pan L, et al. Integrating Pt@ Ni(OH)$_2$ nanowire and Pt nanoparticle on C_3N_4 with fast surface kinetics and charge transfer towards highly efficient photocatalytic water splitting[J]. Applied Catalysis B: Environmental, 2019, 259: 118028.

[26] Ai M, Zhang J W, Gao R, et al. MnO_x−decorated 3D porous C_3N_4 with internal donor−acceptor motifs for efficient photocatalytic hydrogen production[J]. Applied Catalysis B: Environmental, 2019, 256: 117805.

[27] Li M, Yu S, Huang H, et al. Unprecedented Eighteen−Faceted BiOCl with a Ternary Facet Junction Boosting Cascade Charge Flow and Photo−redox[J]. Angewandte Chemie International Edition, 2019, 58(28): 9517−9521.

[28] Lin R, Wan J, Xiong Y, et al. Quantitative Study of Charge Carrier Dynamics in Well−Defined WO_3 Nanowires and Nanosheets: Insight into the Crystal Facet Effect in Photocatalysis[J]. Journal of the American Chemical Society, 2018, 140(29): 9078−9082.

[29] Qiu X, Miyauchi M, Sunada K, et al. Hybrid Cu_xO/TiO_2 Nanocomposites As Risk−Reduction Materials in Indoor Environments[J]. ACS Nano, 2012, 6(2): 1609−1618.

[30] Li H, Ni Y, Cai Y, et al. Ultrasound−assisted preparation, characterization and properties of porous Cu_2O microcubes[J]. Journal of Materials Chemistry, 2009, 19(5): 594−597.

[31] Xu J, Chen X, Xu Y, et al. Ultrathin 2D Rare−Earth Nanomaterials: Compositions, Syntheses, and Applications[J]. Advanced Materials, 2020, 32(3): 1806461.

[32] Zhao H, Xia J, Yin D, et al. Rare earth incorporated electrode materials for advanced energy storage[J]. Coordination Chemistry Reviews, 2019, 390: 32−49.

[33] Liu L, Cheng S Y, Li J B, et al. Mitigating Environmental Pollution and Impacts from Fossil Fuels: The Role of Alternative

Fuels[J]. Energy Sources, Part A: Recovery, Utilization, and Environmental Effects, 2007, 29(12): 1069-1080.

[34] Lonngren K E, Bai E W. On the global warming problem due to carbon dioxide[J]. Energy Policy, 2008, 36(4): 1567-1568.

[35] Navarro R M, Sánchez-Sánchez M C, Alvarez-Galvan M C, et al. Hydrogen production from renewable sources: biomass and photocatalytic opportunities[J]. Energy & Environmental Science, 2009, 2(1): 35-54.

[36] Prévot M S, Sivula K. Photoelectrochemical Tandem Cells for Solar Water Splitting[J]. The Journal of Physical Chemistry C, 2013, 117(35): 17879-17893.

[37] Walter M G, Warren E L, McKone J R, et al. Solar Water Splitting Cells[J]. Chemical Reviews, 2010, 110(11): 6446-6473.

[38] Ali M, Sreekrishnan T R. Aquatic toxicity from pulp and paper mill effluents: a review[J]. Advances in Environmental Research, 2001, 5(2): 175-196.

[39] Klavarioti M, Mantzavinos D, Kassinos D. Removal of residual pharmaceuticals from aqueous systems by advanced oxidation processes[J]. Environment International, 2009, 35(2): 402-417.

[40] Ogugbue C J, Sawidis T. Bioremediation and Detoxification of Synthetic Wastewater Containing Triarylmethane Dyes by <i>Aeromonas hydrophila</i> Isolated from Industrial Effluent[J]. Biotechnology Research International, 2011, 2011: 967925.

[41] Robinson T, McMullan G, Marchant R, et al. Remediation of dyes in textile effluent: a critical review on current treatment technologies with a proposed alternative[J]. Bioresource Technology, 2001, 77(3): 247-255.

[42] Saqib N u, Adnan R, Shah I. A mini-review on rare earth metal-doped TiO_2 for photocatalytic remediation of wastewater [J]. Environmental Science and Pollution Research, 2016, 23(16): 15941-15951.

[43] Han F, Kambala V S R, Srinivasan M, et al. Tailored titanium dioxide photocatalysts for the degradation of organic dyes in wastewater treatment: A review[J]. Applied Catalysis A: General, 2009, 359(1): 25-40.

[44] Milanova M, Tsvetkov M. Rare Earths Doped Materials[J]. Crystals, 2021, 11(3): 231.

[45] Zhang Y, Zhang H, Xu Y, et al. Significant effect of lanthanide doping on the texture and properties of nanocrystalline mesoporous TiO_2[J]. Journal of Solid State Chemistry, 2004, 177(10): 3490-3498.

[46] Kuzhalosai V, Subash B, Shanthi M. A novel sunshine active cerium loaded zinc oxide photocatalyst for the effective degradation of AR 27 dye[J]. Materials Science in Semiconductor Processing, 2014, 27: 924-933.

[47] Parrino F, Livraghi S, Giamello E, et al. Role of Hydroxyl, Superoxide, and Nitrate Radicals on the Fate of Bromide Ions in Photocatalytic TiO_2 Suspensions[J]. ACS Catalysis. 2020, 10(14): 7922-7931.

[48] Luo Y, Wang K, Qian Q, et al. Fabrication and photocatalytic properties of Gd-doped ZnO nanoparticle-assembled nanorods[J]. Materials Letters, 2015, 149: 70-73.

[49] Yayapao O, Thongtem T, Phuruangrat A, et al. Synthesis and characterization of highly efficient Gd doped ZnO photocatalyst irradiated with ultraviolet and visible radiations[J]. Materials Science in Semiconductor Processing, 2015, 39: 786-792.

[50] Zhang N, Chen D, Niu F, et al. Enhanced visible light photocatalytic activity of Gd-doped $BiFeO_3$ nanoparticles and mechanism insight[J]. Scientific Reports, 2016, 6(1): 26467.

[51] Shi J, Zou Y, Ma D. Ce-doped titania nanoparticles: The effects of doped amount and calcination temperature on photocatalytic activity[J]. IOP Conference Series: Materials Science and Engineering, 2017, 167: 012039.

[52] Malik A, Hameed S, Siddiqui M J, et al. Influence of Ce Doping on the Electrical and Optical Properties of TiO₂ and Its Photocatalytic Activity for the Degradation of Remazol Brilliant Blue R[J]. International Journal of Photoenergy, 2013, 2013: 768348.

[53] Kumar R, Umar A, Kumar G, et al. Ce-doped ZnO nanoparticles for efficient photocatalytic degradation of direct red-23 dye[J]. Ceramics International, 2015, 41(6): 7773-7782.

[54] Ahmad M, Ahmed E, Zafar F, et al. Enhanced photocatalytic activity of Ce-doped ZnO nanopowders synthesized by combustion method[J]. Journal of Rare Earths, 2015, 33(3): 255-262.

[55] Dinkar V, Shridhar S, Madhukar E, et al. Sm-Doped TiO_2 Nanoparticles With High Photocatalytic Activity For ARS Dye Under Visible Light Synthesized By Ultrasonic Assisted Sol-Gel Method[J]. Oriental Journal of Chemistry, 2016, 32(2): 933-940.

[56] Faraz M, Naqvi F K, Shakir M, et al. Synthesis of samarium-doped zinc oxide nanoparticles with improved photocatalytic performance and recyclability under visible light irradiation[J]. New Journal of Chemistry, 2018, 42(3): 2295-2305.

[57] Ba-Abbad M M, Takriff M S, Benamor A, et al. Synthesis and characterization of Sm^{3+}-doped ZnO nanoparticles via a sol-gel method and their photocatalytic application[J]. Journal of Sol-Gel Science and Technology, 2018, 85(1): 178-190.

[58] Wang M, You M, Guo P, et al. Hydrothermal synthesis of Sm-doped Bi_2MoO_6 and its high photocatalytic performance for the degradation of Rhodamine B[J]. Journal of Alloys and Compounds, 2017, 728: 739-746.

[59] Greeley J, Jaramillo T F, Bonde J, et al. Computational high-throughput screening of electrocatalytic materials for hydrogen evolution[J]. Nature Materials, 2006, 5(11): 909-913.

[60] Schalenbach M, Tjarks G, Carmo M, et al. Acidic or Alkaline? Towards a New Perspective on the Efficiency of Water Electrolysis[J]. Journal of The Electrochemical Society, 2016, 163(11): 3197-3208.

[61] Yao Y, Gu X K, He D, et. al. Engineering the Electronic Structure of Submonolayer Pt on Intermetallic Pd_3Pb via Charge Transfer Boosts the Hydrogen Evolution Reaction[J]. Journal of the American Chemical Society 2019, 141(51): 19964-19968.

[62] Jain I P, Jain P, Jain A. Novel hydrogen storage materials: A review of lightweight complex hydrides[J]. Journal of Alloys and Compounds, 2010, 503(2): 303-339.

[63] O'Brien J E, McKellar M G, Harvego E A, et al. High-temperature electrolysis for large-scale hydrogen and syngas production from nuclear energy-summary of system simulation and economic analyses[J]. International Journal of Hydrogen Energy, 2010, 35(10): 4808-4819.

[64] Men Y, Li P, Yang F, et al. Nitrogen-doped CoP as robust electrocatalyst for high-efficiency pH-universal hydrogen evolution reaction[J]. Applied Catalysis B: Environmental, 2019, 253: 21-27.

［65］ Mahmood N, Zhang C, Yin H, et al. Graphene‐based nanocomposites for energy storage and conversion in lithium batteries, supercapacitors and fuel cells[J]. Journal of Materials Chemistry A, 2014, 2(1): 15-32.

［66］ Ismail A A, Bahnemann D W. Photochemical splitting of water for hydrogen production by photocatalysis: A review[J]. Solar Energy Materials and Solar Cells, 2014, 128: 85-101.

［67］ Fujishima A, Honda K. Electrochemical Photolysis of Water at a Semiconductor Electrode[J]. Nature, 1972, 238(5358): 37-38.

［68］ Akira F, Kenichi H. Electrochemical Evidence for the Mechanism of the Primary Stage of Photosynthesis[J]. Bulletin of the Chemical Society of Japan, 1971, 44(4): 1148-1150.

［69］ Acar C, Dincer I, Naterer G F. Review of photocatalytic water‐splitting methods for sustainable hydrogen production[J]. International Journal of Energy Research, 2016, 40(11): 1449-1473.

［70］ Li K, An X, Park K H, et al. A critical review of CO_2 photoconversion: Catalysts and reactors[J]. Catalysis Today, 2014, 224: 3-12.

［71］ Du Y, Sheng H, Astruc D, et al. Atomically Precise Noble Metal Nanoclusters as Efficient Catalysts: A Bridge between Structure and Properties[J]. Chemical Reviews, 2020, 120(2): 526-622.

［72］ Ma L, Xu J, Zhang J, et al. Rare earth material CeO_2 modified CoS_2 nanospheres for efficient photocatalytic hydrogen evolution[J]. New Journal of Chemistry, 2021, 45(46): 21795-21806.

［73］ Zheng Y, Chen Y, Gao B, et al. Polymeric carbon nitride hybridized by $CuInS_2$ quantum dots for photocatalytic hydrogen evolution[J]. Materials Letters, 2019, 254: 81-84.

［74］ Khalid N R, Liaqat M, Tahir M. B., et al. The role of graphene and europium on TiO_2 performance for photocatalytic hydrogen evolution[J]. Ceramics International, 2018, 44(1): 546-549.

［75］ Ahmad I, Akhtar M S, Manzoor M F, et al. Synthesis of yttrium and cerium doped ZnO nanoparticles as highly inexpensive and stable photocatalysts for hydrogen evolution[J]. Journal of Rare Earths, 2021, 39(4): 440-445.

［76］ Poornaprakash B, Chalapathi U, Kumar M, et al. Enhanced photocatalytic degradation and hydrogen evolution of ZnS nanoparticles by(Co, Er)co‐doping[J]. Materials Letters, 2020, 273(1): 127887.

［77］ Poornaprakash B, Chalapathi U, Kumar M, et al. Enhanced photocatalytic activity and hydrogen evolution of CdS nanoparticles through Er doping[J]. Ceramics International, 2020, 46(13): 21728-21735.

［78］ Mao M, Xu J, Li Y, et al. Hydrogen evolution from photocatalytic water splitting by $LaMnO_3$ modified with amorphous CoS_x [J]. Journal of Materials Science, 2020, 55(8): 3521-3537.

［79］ Wang Y, Jin H, Li Y, et al. Ce‐based organic framework enhanced the hydrogen evolution ability of ZnCdS photocatalyst [J]. International Journal of Hydrogen Energy, 2022, 47(2): 962-970.

［80］ Li L, Yu H, Xu J, et al. Rare earth element, Sm, modified graphite phase carbon nitride heterostructure for photocatalytic hydrogen production[J]. New Journal of Chemistry, 2019, 43(4): 1716-1724.

［81］ Wang X, Li T, Zhu P, et al. Synergistic effect of the MoO_2/CeO_2 S‐scheme heterojunction on carbon rods for enhanced photocatalytic hydrogen evolution[J]. Dalton Transactions, 2022, 51(7): 2912-2922.

［82］ Wang K, Liu S, Zhang L, et al. Hierarchically Grown Ni‐Mo‐S Modified 2D CeO_2 for High‐Efficiency Photocatalytic Hydrogen Evolution[J]. Catalysis Letters, 2022, 152: 931-943.

［83］ Hernández S, Thalluri S M, Sacco A, et al. Photo‐catalytic activity of $BiVO_4$ thin‐film electrodes for solar‐driven water splitting[J]. Applied Catalysis A: General, 2015, 504: 266-271.

［84］ Emeline A V, Kuznetsov V N, Ryabchuk V K, et al. On the way to the creation of next generation photoactive materials[J]. Environmental Science and Pollution Research, 2012, 19(9): 3666-3675.

［85］ Li C, Zhang D, Jiang Z, et al. Mo‐doped titania films: preparation, characterization and application for splitting water [J]. New Journal of Chemistry, 2011, 35(2): 423-429.

［86］ Hernández S, Gionco C, Husak T, et al. Insights Into the Sunlight‐Driven Water Oxidation by Ce and Er‐Doped ZrO_2[J]. Frontiers in Chemistry, 2018, 6: 368.

［87］ Zhang Y, Xu X. $LaTaON_2$‐$BaTaO_2N$ solid solutions for photocatalytic water oxidation[J]. Inorganic Chemistry Frontiers, 2021, 8(15): 3723-3732.

［88］ Zhang Y C, Li Z, Zhang L, et al. Role of oxygen vacancies in photocatalytic water oxidation on ceria oxide: Experiment and DFT studies[J]. Applied Catalysis B: Environmental, 2018, 224: 101-108.

［89］ Wan L, Xiong F Q, Zhang B, et al. Achieving photocatalytic water oxidation on $LaNbON_2$ under visible light irradiation[J]. Journal of Energy Chemistry, 2018, 27(2): 367-371.

［90］ Siritanaratkul B, Maeda K, Hisatomi T, et al. Synthesis and Photocatalytic Activity of Perovskite Niobium Oxynitrides with Wide Visible‐Light Absorption Bands[J]. ChemSusChem, 2011, 4(1): 74-78.

［91］ Hisatomi T, Katayama C, Moriya Y, et al. Photocatalytic oxygen evolution using $BaNbO_2N$ modified with cobalt oxide under photoexcitation up to 740nm[J]. Energy & Environmental Science, 2013, 6(12): 3595-3599.

［92］ Canfield D E, Glazer A N, Falkowski P G. The Evolution and Future of Earth & Nitrogen Cycle[J]. Science, 2010, 330 (6001): 192-196.

［93］ Thamdrup B. New Pathways and Processes in the Global Nitrogen Cycle[J]. Annual Review of Ecology, Evolution, and Systematics, 2012, 43(1): 407-428.

［94］ Gruber N, Galloway J N. An Earth‐system perspective of the global nitrogen cycle[J]. Nature, 2008, 451(7176): 293-296.

［95］ Kandemir T, Schuster M E, Senyshyn A, et al. The Haber‐Bosch Process Revisited: On the Real Structure and Stability of "Ammonia Iron" under Working Conditions[J]. Angewandte Chemie International Edition, 2013, 52(48): 12723-12726.

［96］ Chen X, Li N, Kong Z, et al. Photocatalytic fixation of nitrogen to ammonia: state‐of‐the‐art advancements and future prospects[J]. Materials Horizons, 2018, 5(1): 9-27.

［97］ Van der Ham C J, Koper M T, Hetterscheid D G. Challenges in reduction of dinitrogen by proton and electron transfer[J]. Chemical Society Reviews, 2014, 43(15): 5183-5191.

［98］ Bazhenova T A, Shilov A E. Nitrogen fixation in solution[J]. Coordination Chemistry Reviews, 1995, 144: 69-145.

［99］ Sivula K, Krol R V D. Erratum: Semiconducting materials for photoelectrochemical energy conversion[J]. Nature Reviews

Materials, 2016, 1: 15010.

[100] Li H, Shang J, Shi J, et al. Facet-dependent solar ammonia synthesis of BiOCl nanosheets via a proton-assisted electron transfer pathway[J]. Nanoscale, 2016, 8(4): 1986-1993.

[101] Liu X, Luo Y, Ling C, et al. Rare earth La single atoms supported MoO_{3-x} for efficient photocatalytic nitrogen fixation[J]. Applied Catalysis B: Environmental, 2022, 301: 120766.

[102] He C, Li X, Chen X, et al. Palygorskite supported rare earth fluoride for photocatalytic nitrogen fixation under full spectrum[J]. Applied Clay Science, 2020, 184, 105398.

[103] Zhang H, Li X, Su H, et al. Sol-gel synthesis of upconversion perovskite/attapulgite heterostructures for photocatalytic fixation of nitrogen[J]. Journal of Sol-Gel Science and Technology, 2019, 92(1): 154-162.

[104] Feng X, Chen H, Jiang F, et al. In-situ self-sacrificial fabrication of lanthanide hydroxycarbonates/graphitic carbon nitride heterojunctions: nitrogen photofixation under simulated solar light irradiation[J]. Chemical Engineering Journal, 2018: 347, 849-859.

[105] Wang S, Wang Z, Wang Y, et al. Study on the controlled synthesis and photocatalytic performance of rare earth Nd deposited on mesoporous TiO_2 photocatalysts[J]. Science of The Total Environment, 2019: 652, 85-92.

[106] Tu W, Zhou Y, Zou Z. Photocatalytic Conversion of CO_2 into Renewable Hydrocarbon Fuels: State-of-the-Art Accomplishment, Challenges, and Prospects[J]. Advanced Materials, 2014, 26(27): 4607-4626.

[107] Chang X, Wang T, Gong J. CO_2 photo-reduction: insights into CO_2 activation and reaction on surfaces of photocatalysts [J]. Energy & Environmental Science, 2016, 9(7): 2177-2196.

[108] Wang Y, Liu J, Wang Y, et al. Tuning of CO_2 Reduction Selectivity on Metal Electrocatalysts[J]. Small, 2017, 13 (43): 1701809.

[109] Hennessey S, Farràs P. Production of solar chemicals: gaining selectivity with hybrid molecule/semiconductor assemblies [J]. Chemical Communications, 2018, 54(50): 6662-6680.

[110] Fu J, Yu J, Jiang C, et al. $g-C_3N_4$-Based Heterostructured Photocatalysts[J]. Advanced Energy Materials, 2018, 8 (3): 1701503.

[111] Fu J, Jiang K, Qiu X, et al. Product selectivity of photocatalytic CO_2 reduction reactions[J]. Materials Today, 2020, 32: 222-243.

[112] Mao J, Li K, Peng T. Recent advances in the photocatalytic CO_2 reduction over semiconductors[J]. Catalysis Science & Technology, 2013, 3(10): 2481-2498.

[113] Liu L, Li Y. Understanding the Reaction Mechanism of Photocatalytic Reduction of CO_2 with H_2O on TiO_2-Based Photocatalysts: A Review[J]. Aerosol and Air Quality Research, 2014, 14(2): 453-469.

[114] Inoue T, Fujishima A, Konishi S, et al. Photoelectrocatalytic reduction of carbon dioxide in aqueous suspensions of semiconductor powders[J]. Nature, 1979, 277(5698): 637-638.

[115] Habisreutinger S N, Schmidt-Mende L, Stolarczyk J K. Photocatalytic Reduction of CO_2 on TiO_2 and Other Semiconductors [J]. Angewandte Chemie International Edition, 2013, 52(29): 7372-7408.

[116] Qi K, Cheng B, Yu J, et al. A review on TiO_2-based Z-scheme photocatalysts[J]. Chinese Journal of Catalysis, 2017, 38(12): 1936-1955.

[117] Wang J, Xia T, Wang L, et al. Enabling Visible-Light-Driven Selective CO_2 Reduction by Doping Quantum Dots: Trapping Electrons and Suppressing H_2 Evolution[J]. Angewandte Chemie International Edition, 2018, 57(50): 16447-16451.

[118] Mora-Hernandez J M, Huerta-Flores A M, Torres-Martínez L M. Photoelectrocatalytic characterization of carbon-doped $NaTaO_3$ applied in the photoreduction of CO_2 towards the formaldehyde production[J]. Journal of CO_2 Utilization, 2018, 27: 179-187.

[119] Yu W, Xu D, Peng T. Enhanced photocatalytic activity of $g-C_3N_4$ for selective CO_2 reduction to CH_3OH via facile coupling of ZnO: a direct Z-scheme mechanism[J]. Journal of Materials Chemistry A, 2015, 3(39): 19936-19947.

[120] Fu J, Zhu B, Jiang C, et al. Hierarchical Porous O-Doped $g-C_3N_4$ with Enhanced Photocatalytic CO_2 Reduction Activity [J]. Small, 2017, 13(15): 1603938.

[121] Tu W, Zhou Y, Liu Q, et al. An In Situ Simultaneous Reduction-Hydrolysis Technique for Fabrication of TiO_2-Graphene 2D Sandwich-Like Hybrid Nanosheets: Graphene-Promoted Selectivity of Photocatalytic-Driven Hydrogenation and Coupling of CO_2 into Methane and Ethane[J]. Advanced Functional Materials, 2013, 23(14): 1743-1749.

[122] Teramura K, Wang Z, Hosokawa S, et al. A Doping Technique that Suppresses Undesirable H_2 Evolution Derived from Overall Water Splitting in the Highly Selective Photocatalytic Conversion of CO_2 in and by Water[J]. Chemistry-A European Journal, 2014, 20(32), 9906-9909.

[123] Diercks C S, Liu Y, Cordova K E, et al. The role of reticular chemistry in the design of CO_2 reduction catalysts[J]. Nature Materials, 2018, 17(4): 301-307.

[124] Ji S, Qu Y, Wang T, et al. Rare-Earth Single Erbium Atoms for Enhanced Photocatalytic CO_2 Reduction[J]. Angewandte Chemie International Edition, 2020, 59(26): 10651-10657.

[125] Tang J Y, Guo R T, Pan W G, et al. Visible light activated photocatalytic behaviour of Eu(Ⅲ) modified $g-C_3N_4$ for CO_2 reduction and H_2 evolution[J]. Applied Surface Science, 2019, 467-468: 206-212.

[126] Peng H, Guo R, Lin H. Photocatalytic reduction of CO_2 over Sm-doped TiO_2 nanoparticles[J]. Journal of Rare Earths, 2020, 38(12): 1297-1304.

[127] Kočí K, Matějová L, Ambrožová N, et al. Optimization of cerium doping of TiO_2 for photocatalytic reduction of CO_2 and photocatalytic decomposition of N_2O[J]. Journal of Sol-Gel Science and Technology, 2016, 78(3): 550-558.

[128] Qian X, Zhang L, Lin Y, et al. Cu_xO modified $La_2Sn_2O_7$ photocatalyst with enhanced photocatalytic CO_2 reduction activity [J]. Applied Surface Science, 2021, 568: 150985.

[129] Jiang J, Zou X, Mei Z, et al. Understanding rich oxygen vacant hollow CeO_2@ $MoSe_2$ heterojunction for accelerating photocatalytic CO_2 reduction[J]. Journal of Colloid and Interface Science, 2022, 611: 644-653.

[130] Oliveira J A, Torres J A, Gonçalves R V, et al. Photocatalytic CO_2 reduction over Nb_2O_5/basic bismuth nitrate nanocomposites[J]. Materials Research Bulletin, 2021, 133: 111073.

第5章　稀土纳米催化材料在电催化中的应用

随着全球人口的迅速增长，能源消耗量不断增加，环境污染问题加剧，有限的化石燃料资源正面临着过度消耗的挑战。因此，研究人员必须将关注点转向通过可持续和清洁的途径生产燃料和化学品。减少二氧化碳排放有助于减缓温室效应，同时通过碳循环提供多种化学原料。电催化水分解是生产清洁氢燃料的方法，另外，燃料电池也是一种环保的能量转换装置。氮还原反应可以将大气中的氮气转化为更高价值的氢气。

在发展电化学和光化学反应方面，关键在于开发性能更优越的电催化剂和光催化剂，以提高能量分子转化的效率和选择性。已经成功开发了许多用于相关反应（HER、OER、ORR、NRR 等）的催化剂。目前使用最多的是 IrO_2、RuO_2 和 Pt/C。但是，由于其稀缺及昂贵的价格，制约了其大规模工业化应用。最近的研究热点主要集中于各种金属基、金属氧化物基和碳基催化剂，但如何提高催化剂的活性和稳定性，降低催化剂成本，仍需要进一步的研究。迄今为止，光催化反应很难在目标产物方面实现高选择性。稀土元素的价态和特殊的电子结构，使得稀土离子具有更加灵活的氧化还原特性，以及独特的发光和电磁特性。

5.1　析氢反应

世界能源消耗主要以碳氢燃料为主，但是碳氢燃料正在枯竭，而且碳氢燃料的使用造成了大量的二氧化碳排放，导致全球变暖加剧[1]。因此，环境和社会的可持续发展需要替代清洁能源。氢能作为一种很有前景的碳中和燃料替代品，在过去的几十年里引起了人们的极大兴趣，而氢的清洁和可持续生产对于未来的氢能技术至关重要[2,3]。其中，电化学水分解因其能够产生高纯度氢气以及工艺灵活性而备受关注。然而，这种技术要实现大规模应用，需要高效且经济实惠的电催化剂[4]。

水分解过程中的析氢过程中间体（H^*）的吸附和 H_2 的解吸是主要的速率决定步骤[5]。催化剂的吸附能是影响电解液稳定性和转化效率的重要参数。在碱性电解液中，催化剂的活性位点需要具备适度的水和氢的吸附能（Had），以及相对较低的氢氧根离子的吸附能（OHad），这样可以实现较低的过电位、更高的稳定性和转化率[6]。在酸性电解质中，虽然催化剂的 HER 活性通常比在碱性电解质中低 2~3 个数量级，但在酸性条件下进行反应往往会导致电解质的蒸发，形成酸雾，进而污染产生的氢气[7]。而在碱性电解液中，蒸汽生成较少，有助于产生高纯度的氢气。

燃料电池中的火山图显示，铂（Pt）是一个基准电催化剂，然而由于其稀缺性和高成本，阻碍了其在大规模应用中的推广[8]。近年来，稀土材料在电催化水分解领域取得了显著进展。

通过对稀土元素独特的物理化学性质的充分考虑，可以实现这些材料的系统组合。这种稀土合金催化剂具有特殊的电子和催化性能，这主要得益于 5s 和 5p 子壳层的电子与 4f 子壳层电子的良好屏蔽作用。因此，通过稀土元素的掺杂来调控合金中活性位的电子结构，可以实现新型催化材料的设计[9]。

在最初的研究中，人们尝试通过其他金属取代或部分取代铂，以降低催化剂的成本并克服其固有局限。不同金属之间的相互作用可以调节最佳电子构型，从而提高电催化活性，甚至在某些情况下超越贵金属的电催化活性。一些研究表明，稀土金属的掺杂可以显著改善合金的电催化活性，例如 Macci 等研究了 0~50%（质）Pt 范围内的 Dy-Pt 和 Ho-Pt 合金，发现了 RE_3Pt、RE_2Pt、RE_5Pt_3、RE_5Pt_4 和 RE-Pt（RE=Dy、Ho）金属合金结构[10]，如图 5.1 所示。在 298K 的无氧 1mol/L NaOH 溶液中，通过阴极极化曲线和电化学阻抗测量研究了 Dy-Pt 和 Ho-Pt 等对析氢反应（HER）的电催化行为，与纯 Pt 相比，当采用适当的稀土组合时，可以明显提高 HER 的动力学，从而获得更高的电极催化效率。

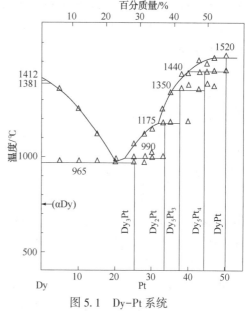

图 5.1　Dy-Pt 系统
[0~50%（质）Pt 的部分相图][10]

后来，Santos 等研究了其他三种不同原子组成的 Pt-RE（RE=Ce、Sm 和 Ho）金属间合金电极的 HER 活性（Pt-RE 形貌如图 5.2 所示）。其中，Pt-Sm 表现出最优异的电催化活性，且活性高于纯 Pt[11]。电极 Pt-Ce（59kJ/mol）和 Pt-Ho（60kJ/mol）的活化能（E_a）高于 Pt（46kJ/mol），这证明了 RE 的加入提高了 Pt 电催化剂的 HER 活性。

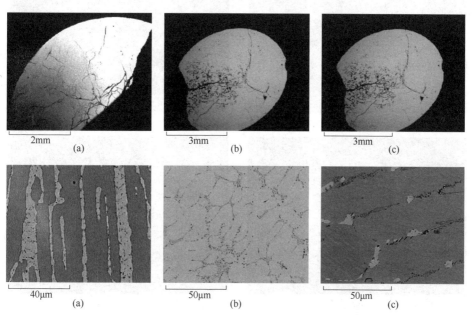

图 5.2　制备的 Pt-RE 合金的 SEM 照片：（a）Pt-Sm；（b）Pt-Ho；（c）Pt-Ce[11]

Brewer-Engel 理论也能够预测，周期表中过渡金属的左半部分和右半部分的组合会增加催化剂的 HER 活性。因此，将过渡金属（如 Ni、Fe 等）与稀土元素结合，会增加氢气的吸附和释放。这种方法制备的催化剂可以完全替代 Pt，从而降低催化剂的成本。Rosalbino 等对一系列 Fe-RE 晶体合金，如 $Fe_{90}Ce_{10}$、$Fe_{90}Sm_{10}$、$Fe_{90}Y_{10}$ 和 $Fe_{90}MM_{10}$（MM 为混合金属）进行了研究，以评估它们在 1mol/L NaOH 溶液中的电催化析氢反应性能。与普通的非晶合金 $Fe_{60}Co_{20}B_{10}Si_{10}$ 相比，由于 Fe 的 $3d^6$ 轨道和 La 或 Ce 的 $5d^1$ 轨道适当地结合，导致电子性质的变化和金属间相的协同效应，这些合金对 HER 的催化效率更高。而 Ni 具有接近于 Pt 的氢原子键能，这有助于改善质子在电极表面的吸附。Cardoso 等通过电弧熔化和感应炉熔化，制备了含有 5%（质）和 10%（质）稀土金属的镍镝（Ni-Dy）和镍钐（Ni-Sm）合金。与纯合金相比，这些合金对 HER 的电催化活性有所提升。

高质量的电催化剂应该具备更多的不饱和配位位点、更高的溶质溶解度、高度可调的均相短程有序组成以及更大的电化学活性表面积[12]。Ghobrial 等使用高能球磨脱合金技术制备了 $Ni_{81.3}Nb_{6.3}Y_{12.5}$ 非均相催化剂，其具有 3D 硬质合金和纳米多孔非晶结构，如图 5.3 所示[13]。在平面铸造过程中，Ni-Nb-Y 合金出现了相分离，从而增加了催化剂的电化学活性表面积。由于界面面积较大，多相结构可以提高表面覆盖率，增强非晶-晶体复合表面的氢扩散动力学。此外，非晶合金对 Ni 的催化活性的提升归因于 Y 元素的添加以及过渡金属合金化的协同作用。具体而言，高电子元素（Ni）和次电子元素（Nb、Y）的适当合金化会显著改变键的强度，从而影响电子密度、金属间化合物的稳定性和催化活性。其他研究还发现，包括稀土元素（如 La[8]、Y[14]、Sm[15] 等）的镍基合金在电化学方面表现出极高的活性。

图 5.3 Ni-Nb-Y 粉末催化剂的 SEM 图像[13]

依据 Volmer-Heyrovsky-Tafel 机理，HER 主要涉及表面催化过程。因此，通过优化表面的组成和结构，可以提升电催化性能。同时，通过多种方法调整电极材料的形貌、成分和晶相，以降低过电位，进一步增强催化活性。Rosalbino 等将一系列稀土金属(如 La、Y、Gd)掺杂到 Fe-Zn 合金中，发现稀土掺杂剂能显著改变合成合金的微观结构[16]。在含有稀土元素(RE)的条件下，线性多相合金的结构相之间会形成高密度的晶界。晶界内的无序增加了催化位点的密度。基于这些优势，$Fe_{80}Zn_{10}Gd_{10}$ 电极在 $250mA/cm^2$ 的电流密度下展现出低至 $-385mV$ 的电位[17]。Kichigin 等通过极化测量和阻抗谱研究了 YNi_2Ge_2 和 $LaNi_2Ge_2$ 在 1mol/L KOH 中的电化学析氢动力学。研究结果显示，在 Volmer-Heyrovsky 机理的框架下，以及同时发生析氢反应的 Langmuir 等温线和 log Temkin 等温线的析氢反应中，可获得 $80\sim 90mV/dec$ 的 Tafel 斜率[18]。

5.2 析氧反应

作为 ORR 的逆反应，OER 同样是一个涉及四电子质子耦合的过程。它在诸多能量转换设备中同样具有极其重要的作用，如水电解池和可充电金属-空气电池。与 ORR 一样，OER 是一个多电子-质子转移过程，其动力学非常缓慢，需要较大的过电位来克服反应的动力学势垒。为了降低 OER 反应的活化能和过电位，合适的催化剂是必须的[19,20]。由于金属氧化物是研究得最多的 OER 电催化剂，因此已经为各种金属氧化物建立了 OER 火山图，预测 RuO_2 和 IrO_2 在 OER 中最具活性[21]。实际验证也支持了这一点，RuO_2 和 IrO_2 被证实是两种最佳的 OER 催化剂，因此它们被视为 OER 电催化剂的基准。但是，在严苛的氧化电位下，它们(特别是 RuO_2)都存在高溶解速率，形成 RuO_4 和 IrO_4^{2-}。由于它们的稳定性问题，以及昂贵的成本和碳载体的腐蚀问题，限制了它们的实际应用[22-24]。为了替代基于 Ru 和 Ir 的 OER 催化剂，大量基于丰富地球元素的纳米材料成为候选材料，包括过渡金属(如 Fe、Co、Ni、Mn 等)的氢氧化物、氧化物、硫化物、硒化物、氮化物、磷化物、硼化物、碳基材料及其复合材料。目前的研究表明，通过调节组分之间紧密的电子相互作用产生协同效应，可以提高电催化性能。其中，稀土元素具有较高的电化学活性。将它们与贵金属或过渡金属结合将具有特殊的物理性能，如耐腐蚀性，从而提高催化剂的稳定性，使其成为 OER 的合适候选材料。

Co 元素是地球储存最丰富的元素之一，Kim 等通过将钴纳米颗粒锚定在氧化钌酸钇烧绿石上($Y_2Ru_{2-x}Co_xO_7$，YRCO)，获得了高效的 OER 催化剂[25](见图 5.4)。原位 X 射线吸收光谱(原位 XAS)揭示了快速 OER 动力学可以通过烧绿石氧化物载体与 Co 纳米粒子的和谐催化协同作用来实现。通过易于氧化的钇(A 位)和钌(B 位)阳离子，烧绿石氧化物载体有助于将 Co 催化行为引导到载体内部，促进 OH^- 的电吸引作用，并减少形成 CoOOH 中间体的势垒。基于这些催化特性的设计，该电催化剂在碱性介质中的 OER 质量活性比起始烧绿石氧化物和基准 IrO_2 催化剂高出 $11\sim 13$ 倍，在 $10mA/cm^2$ 的电流密度下，表现出 1.48V 的卓越 OER 电位，优异的循环稳定性和耐久性，法拉第效率高达 0.958。Co 纳米颗粒修饰的 $Y_2Ru_{2-x}Co_xO_7$ 烧绿石氧化物催化剂的这些鼓舞人心的结果为 OER 反应提供了新的方法，其设计原则可以应用于其他催化材料的制备。

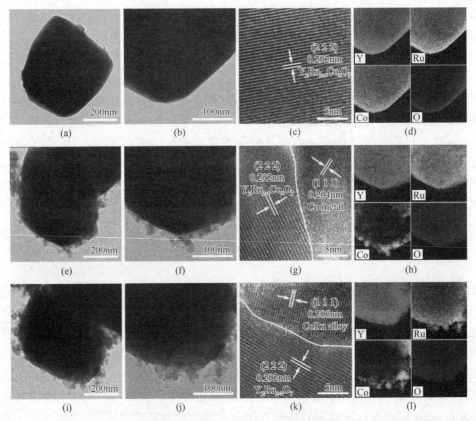

图 5.4 （a、b）YRCO 的 HR-TEM 图；（c）YRCO 高倍 HR-TEM 图；（d）YRCO 的元素分布图；
（e、f）YRCO-560 的 HR-TEM 图；（g）YRCO-560 高倍 HR-TEM 图；（h）YRCO-560 元素分布图；
（i、j）YRCO-610 的 HR-TEM 图；（k）YRCO-610 的高倍 HR-TEM 图；（l）YRCO-610 元素分布图[25]

CeO_2 以其丰富的储量、相对较低的价格、典型金属氧化物特性、高耐温性和稳定性而著称。通过 Ce^{3+} 和 Ce^{4+} 之间可逆的氧空位调节，CeO_2 基杂化材料在电催化领域受到广泛研

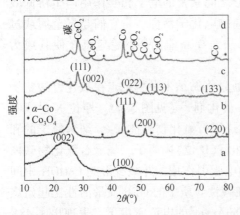

图 5.5 （a）N-CNR、（b）Co/N-CNR、
（c）CeO_2/N-CNR 和（d）Co-CeO_2/
N-CNR（CC1）催化剂的 XRD 图谱[26]

究。富含氧空位的 CeO_2 能够提升电催化性能，而钴与 CeO_2 的结合则能产生更优异的电催化性能。Shanmugam 及其团队报道了一种 CeO_2 负载的 Co 氮掺杂碳纳米棒（Co/N-CNR），缩写为 Co-CeO_2/N-CNR。制备 CeO_2/N-CNR 采用了两步法，首先静电纺丝制备含有聚丙烯腈和金属乙酰丙酮化合物前体的纳米纤维，然后在氩气氛下进行热退火[26]。系统的结构和光学研究证实了 CeO_2 和 Co 颗粒在 N-CNR 中的形成和均匀分布。图 5.5 表明 N-CNR、Co/N-CNR、CeO_2/N-CNR 和 Co-CeO_2/N-CNR 催化剂的 XRD 图，分析表明 Co-CeO_2/N-CNR 催化剂中存在 Co^{2+} 和二氧化铈多价态（Ce^{3+} 和 Ce^{4+}）。在 410mV 的过电位下，Co-CeO_2/N-CNR 催化剂表现

出 10mA/cm^2 的电流密度，远低于 Co/N-CNR（510mV），充分展现了 CeO$_2$ 在 OER 催化中的卓越作用。

Zhang 等通过静电纺丝和煅烧技术合成了 Co/CeO$_2$ 共改性 N 掺杂碳纳米纤维电催化剂（Co-CeO$_2$-N-C）（见图 5.6）[27]。CeO$_2$ 之间的异质界面（111）平面和 Co（200）平面提供了更多的活性位点，其最大的双层电容（Cdl）为 41.0mF/cm^2。CeO$_2$ 调制的界面还诱导与 Co 金属的相互作用和更多的表面氧缺陷，以改善电导率和表面氧化还原反应动力学。在氮掺杂石墨碳的帮助下，Co-CeO$_2$-N-C 催化剂在 10mA/cm^2 的电流密度下具有 326mV 过电位的优异活性。同时，该催化剂的稳定性非常好，3000 次循环后仅额外增加 5mV 电位即可达到相同的电流密度，连续运行 80000s 后电流密度仅增加 0.64%。

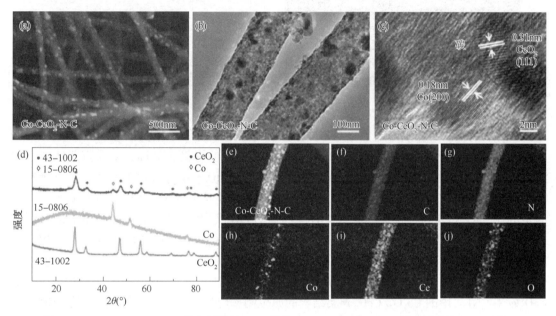

图 5.6　(a)Co-CeO$_2$-N-C 纳米纤维的 SEM 图像；(b)Co-CeO$_2$-N-C 纳米纤维的 TEM 图像；
(c)XRD 图案；(d)Co-CeO$_2$-N-C 纳米纤维的晶格条纹图像；
(e-j)Co-CeO$_2$-N-C 纳米纤维的 EDX 映射[27]

Co-Ni 合金被认为是 OER 的高效催化剂，其催化活性可与贵金属相媲美。然而，该合金在碱性电解液中容易腐蚀，这影响了其催化稳定性。Rosalbino 等将稀土元素 Pr 和 Er 引入 Co-Ni 合金，从而合成了 Co$_{58}$Ni$_{36.5}$Pr$_{5.5}$ 和 Co$_{57.5}$Ni$_{36}$Er$_{6.5}$ 三元合金（见图 5.7）并测试了它们的耐腐蚀性能。与商业 Co-Ni 相比，三元 Co$_{58}$Ni$_{36.5}$Pr$_{5.5}$ 和 Co$_{57.5}$Ni$_{36}$Er$_{6.5}$ 合金表现出优异的耐腐蚀性，为提高 OER 催化剂催化性能提供了方法[28]。

此外，纳米材料的形态对其电催化性能也会产生影响。Yang 等采用水热法制备了两种形态的 CeO$_2$，即纳米线和纳米球（见图 5.8）[29]，并对它们

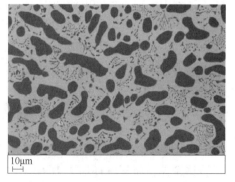

图 5.7　Er$_{6.5}$Co$_{57.5}$Ni$_{36}$ 铸造合金的
SEM 图像[28]

的 OER 活性进行了比较。通过 X 射线光电子能谱、拉曼光谱和高分辨率透射电子显微镜分析，他们发现 CeO_2 纳米球表面晶格缺陷的浓度远高于纳米线表面，从而提高了 OER 催化性能。这一研究结果为设计用于双功能电极应用的高性能催化剂的最佳形态提供了更多见解和指导。

图 5.8　不同形貌的 CeO_2 纳米材料的 SEM 图：(a)纳米线；(b)纳米球[29]

在开发高活性和稳定的电催化剂方面，一种有效的方法是将 Ru 纳米粒子分散在具有强相互作用的适当载体上，从而降低钌的含量并阻碍粒子的聚集。Akbayrak 及其团队通过浸渍 Ru^{3+} 离子，随后用 $NaBH_4$ 还原的方法，在氧化铈(RuO/CeO_2)表面上制备了钌纳米粒子作为电催化剂。这种方法使得在 420mV 的过电位下可以实现 $10mA/cm$ 的电流密度。在固定的 350mV 过电位下，其转化数 TOF 值为 $0.004s^{-1}$，质量活性达到 $11.93A/g$。此外，RuO/CeO_2 催化剂还表现出良好的稳定性，在经过 1000 次循环测试后仅损失了 6.90% 的活性。

Li 等采用一种可行的静电纺丝方法，成功实现了嵌入 N 掺杂碳纳米纤维($h-Co_3O_4/CeO_2@N-CNFs$)中的 Co_3O_4/CeO_2 异质结构的原位制备(见图 5.9)，用作高性能的 OER 电催化剂[30]。与之前报道的 Co_3O_4/CeO_2 复合材料不同，这种制备方法得到的 Co_3O_4/CeO_2 异质结构呈现出中空和多孔的特征。纳米孔的形成机制类似于柯肯德尔效应中的空隙形成。电化学测量结果显示，$h-Co_3O_4/CeO_2@N-CNFs$ 能够在低过电势(310mV)下实现高的 OER 活性，达到 $10mA/cm^2$ 的电流密度，并且表现出良好的稳定性，40000s 后保持稳定，远优于商业 RuO_2 催化剂。这种出色的 OER 性能得益于空心的 Co_3O_4/CeO_2 异质结构以及与三维多孔 N-CNF 网络相结合的协同效应，这为 $h-Co_3O_4/CeO_2@N-CNFs$ 提供了丰富的可用活性位点，增强了质量/电荷传输并提供了强大的结构稳定性。

5.3　氧还原反应

氧还原反应(ORR)是一个涉及多步电化学过程且动力学缓慢的过程。它包括直接四电子转移途径，将氧气还原为 H_2O(在酸性溶液中)或 OH^-(在碱性溶液中)，以及间接四电子转移，间接四电子机制涉及将氧气首先还原为 H_2O_2(在酸性溶液中)或 HO_2^-(在碱性溶液中)，然后将这些中间体进一步还原为 H_2O(在酸性溶液中)或 OH^-(在碱性溶液中)[31,32]。

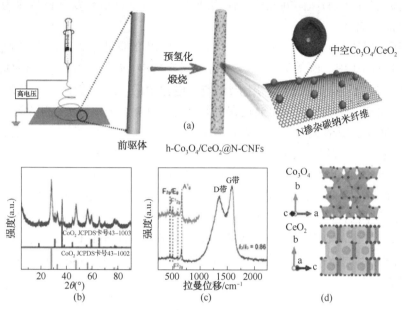

图 5.9　(a)h-Co₃O₄/CeO₂@N-CNFs 合成路线示意图；(b)h-Co₃O₄/CeO₂@N-CNFs 的 XRD 图谱；
(c)h-Co₃O₄/CeO₂@N-CNFs 的拉曼光谱；(d)尖晶石 Co₃O₄ 和萤石 CeO₂ 的晶体结构[30]

在燃料电池和金属-空气电池等能源转换设备中，直接电子转移途径的 ORR 电催化剂是优选，因为通常可以实现更高的催化效率。根据 Sabatier 原理，最佳的 ORR 催化剂应与氧的结合既不过强也不过弱。理论上，各种密排金属的 ORR 活性与氧结合能之间的关系可以绘制成火山图，而 Pt 则位于火山峰附近。

实际实验中，Pt 显示出所有纯金属电催化剂中最佳的 ORR 活性，因此被视为基准 ORR 催化剂。然而，有限的稳定性(Pt 的聚集、溶解、分散、烧结以及碳载体腐蚀)以及对各种杂质(如甲醇和 CO)的低耐受性严重限制了 Pt 基 ORR 电催化剂的广泛应用[33]。为减少 Pt 的使用，合理设计和制造具有与 Pt 基催化剂相当甚至更高活性的地球上含量丰富的 ORR 催化剂成为一项有价值的挑战。

虽然 Pt 基催化剂在 ORR 方面达到最先进水平，但由于 Pt 的稀缺性和高成本，人们致力于开发成本低且活性高的催化剂[34]。近期，CeO₂ 纳米材料和含 CeO₂ 的复合材料被用于促进 ORR，其中 CeO₂ 丰富的氧空位可以调节催化剂的电子结构。鉴于 CeO₂ 的导电性较差，研究人员将 CeO₂ 与功能性碳材料结合，以提高复合催化剂的导电性。Peng 等通过在氮气气氛下热处理掺杂 Ce³⁺ 的氧化石墨烯(GO)，开发了一种简便易行的方法，实现了在还原氧化石墨烯(rGO)上原位生长氧化铈纳米颗粒。通过调节热处理温度，可以轻松控制氧化铈纳米晶体在 GO 还原过程中的生长。

通过 SEM、TEM、XRD、拉曼光谱和 XPS 谱对合成后的 CeO₂/rGO 在不同温度下的形貌和化学成分进行了表征，证实了制备的 CeO₂/rGO 在不同温度下的形貌和化学成分。这种纳米复合材料在碱性溶液中展现出良好的氧还原反应(ORR)电催化活性。特别是经过750℃处理的 CeO₂/rGO 纳米复合材料，因其石墨烯的良好剥离和氧化铈的完美晶体结构，显示出出色的电催化性能，优异的甲醇耐受性以及长时间运行的稳定性。rGO 的高速电子传输与氧化铈纳米晶体的优良电催化活性相结合，使得这种纳米复合材料成为先进的非贵金属 ORR 电催化剂[35]。

此外，还可以选择 C_3N_4 与 CeO_2 复合，以增强 ORR 的催化活性，因为 C_3N_4 中的吡啶氮可以起到促进剂的作用。Pi 等制备了一种新型碳质材料（见图 5.10），即 CeO_2 封装的氮掺杂生物炭[BC-Ce-X(X=1 和 2)]，用于锌/空气电池中的 ORR，表现出优越的性能[36]。这种增值生物炭材料的生物质前体是通过在富 Ce 溶液中的水培操作仿生制备的。表征结果表明，在热解过程中，具有大量氧空位的 CeO_2 稳定嵌入 N 自掺杂生物炭中。测得的 BC 样品、BC-Ce-1 和 BC-Ce-2 的比表面积分别为 $79m^2/g$、$566m^2/g$ 和 $518m^2/g$。BC-Ce-X(X=1 和 2)表现出优异的 ORR 性能，起始电位为 0.90~0.91V，优于商业 10%（质）Pt/C 和 BC。与 Pt/C 相比，BC-Ce-2 具有更好的甲醇耐受性和稳定性。此外，BC-Ce-2 对锌/空气电池表现出优异的电化学活性。通过控制性实验和密度泛函理论计算，证明了 N/C 中心和 CeO_2 之间的协同效应，其中由 N 和氧空位形成的 Lewis 碱基大大促进了 O_2 分子的化学吸附。实验与 DFT 计算相结合的结果表明，由 N 和 CeO_2 上的氧空位产生的 Lewis 碱位显著促进了 O_2 分子的化学吸附。

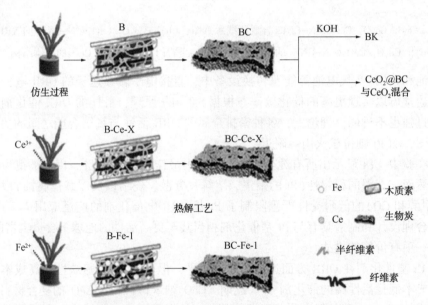

图 5.10　BC、BK、CeO_2@BC、BC-Fe-1 和 BC-Ce-X(X=1 和 2)样品的制备示意图[36]

众所周知，Pt 和 Pd 位于 ORR 火山图的峰顶附近；然而，高昂的费用和稀缺性阻碍了大规模燃料电池的利用。为了克服这一问题，构建贵金属/CeO_2 催化剂被认为是一种有希望的方法，它不仅可以提升催化活性和稳定性，还能降低贵金属的负载量，从而提高利用效率[37]。Pinheiro 报道了一种由 Pt 纳米颗粒和 CeO_2 纳米棒支撑在炭黑上构建的用于 ORR 的混合电催化剂（见图 5.11），并评估了它们对氧还原反应的电催化活性（ORR），将其直接应用于乙醇燃料电池（DEFC）[38]。通过 XRD、EDS、TEM、接触角测量和 XPS、电感耦合等离子体质谱（ICP-MS）和旋转环盘电极（RRDE）技术等评估了混合电催化剂的性能。研究结果显示，$Pt_x(CeO_2NR)_yC_z$ 杂化电催化剂在四电子过程中对 ORR 有效，即使减少了 Pt 负载，仍然能保持高的 O_2 到 H_2O 的转化率。在单燃料电池实验中，该电催化剂表现出非常引人注目的性能。在40℃和70℃的工作温度下，其开路电压略低于基于 Pt 的商业电催化剂，但电流和功率密度有所提高。因此，该材料在高效低温燃料电池中具有潜在的应用前景。

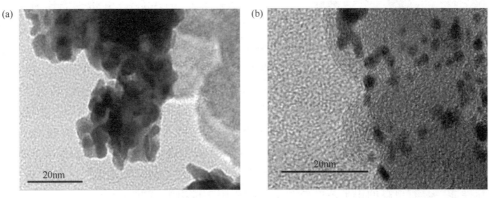

图 5.11　(a) Pt/Vulcan XC-72 和 (b) 商用 Pt/C Alfa Aesar 电催化剂的 TEM 图像[38]

在燃料电池中，碳载体的稳定性对于氧还原反应(ORR)电催化剂至关重要。尽管活性炭通常被用作载体，但其耐腐蚀性差且与贵金属的相互作用弱，导致电催化剂性能下降。因此，Li 等通过沉积在多壁碳纳米管(MWNT)上的二氧化铈制备了一种复合电催化剂载体，表示为 CeO_2/MWNT(见图 5.12)，以提高耐腐蚀性并增强与 Pt 的相互作用。一方面，MWNTs 的高电子导电性、中等表面积和废弃的表面官能团，保证了 Pt 的良好分散和性能；另一方面，高耐腐蚀性的 MWNT 和 Pt 与 CeO_2 之间的强相互作用防止 Pt 降解。参考 NREL 标准评估电催化剂和载体的耐久性，Pt-CeO_2/MWNT 的平均粒径从 3.1nm 增加到 3.5nm，而电化学表面积和比活性的损失分别为 14.7% 和 9.2%，远低于商业 Pt/C，这种性能增强归因于 CeO_2 和 Pt 纳米粒子之间的相互作用，可以有效防止表面 Pt 纳米粒子的聚集[39]。

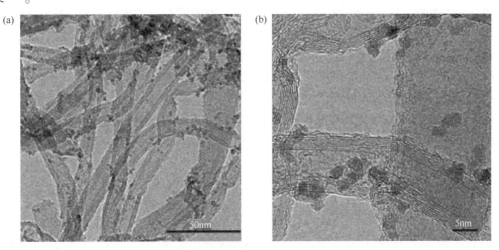

图 5.12　CeO_2/MWNT 的 TEM 图像[39]

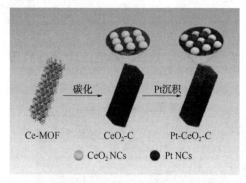

图 5.13　Pt-CeO₂-C 合成示意图[40]

此外，Du 等考虑到 CeO₂ 对 Pt 电子密度的影响，设计制造了一种新型的相互作用的 Pt-CeO₂-C 三元纳米结构[40]。以铈基金属有机骨架(Ce-MOF)为原料，通过煅烧从 Ce-MOF 中产生大量微小的 CeO₂ 纳米团簇(约 2nm)，并将它们均匀地插入到 MOF 衍生的多孔碳基体中。在此基础上，Pt 纳米团簇(约 2nm)被沉积在其中，与 C 和 CeO₂ 纳米团簇良好接触(见图 5.13)。研究者研究了 Pt-CeO₂-C 三元纳米结构对氧还原反应(ORR)的电催化活性。采用这种三元结构，相互作用的 CeO₂ 和 Pt 纳米团簇表现出较高的稳定性。此外，CeO₂ 可以改变 Pt 的电子密度，增强 Pt 与碳在 Pt-CeO₂ 界面处的相互作用，可以提高碳在 CeO₂-C 界面处的耐腐蚀性，并在碳骨架的作用下提高催化剂的导电性。凭借这些结构优势，Ce-MOF 衍生催化剂对 ORR 表现出比商业 Pt-C 更高的电催化性能，具有更高的正半波电位和更高的极限扩散电流密度。

掺杂策略被认为是提高电催化剂性能的有效方法。Pt 和 Pd 还被用于通过将 CeO₂ 和 N 掺杂石墨烯来制备 ORR 电催化剂。对于 Co 掺杂的 CeO₂，催化剂的 ORR 催化活性显著提高[41,42]。Sivanantham 等通过静电纺丝法在氮掺杂碳纳米棒(Co-CeO₂/N-CNR)中合成自氧化还原 CeO₂ 负载的 Co[26]。Co-CeO₂/N-CNR 催化剂显示出 0.84V 电位(相对于可逆氢电极)，分别比 Co/N-CNR 和 Pt/C 低 100mV 和 196mV，并且 Co-CeO₂/N-CNR 具有较高的稳定性。

近年来，单原子催化剂(SAC)因其 100% 的原子利用效率而受到越来越多的关注[43,44]。2011 年，Zhang 及其同事将单原子催化剂定义为仅由原子隔离的活性位点组成的材料[45]。当材料局限于原子尺度时，它们往往表现出与纳米材料不同的活性、选择性和稳定性。稀土单原子催化剂(RE-SACs)是实现稀土资源高效利用的有效途径。同时，稀土元素可能在单原子尺度上表现出特殊的性能，有助于探索稀土元素的特殊性，加深对稀土元素的认识[46-48]。单原子 Ce 物种在酸性(0.1mol/L HClO₄)和碱性电解质(0.1mol/L KOH)中表现出优异的 ORR 性能。Zhu 等通过包括掺杂、酸浸和气体迁移过程的连续三步合成法构建了 Ce SAS/HPNC 催化剂(见图 5.14)。利用 X 射线吸收光谱(XAS)进一步验证了 Ce 位点的配位环境，Ce 位点由四配位氮原子和六配位氧原子(Ce-N₄/O₆)稳定。Ce 位点嵌入催化剂中。Ce SAS/HPNC 催化剂具有优异的 ORR 性能，在 0.1mol/L HClO₄ 中以 10mV/s 的扫描速率进行测试，显示出比参考催化剂更高的 ORR 活性。具体来说，Ce SAS/HPNC 的起始电位为 1.04V，半波电位为 0.862V，0.9V 时的电流密度为 2.673mA/cm²。通过理论计算揭示了反应机理，随着电位的增加，从 *O₂ 到 *OOH 的自由能变化首先变为正值。

5.4　二氧化碳还原反应

近年来，由于对传统化石燃料环境影响和能源安全问题的日益关注，将二氧化碳(CO₂)转化为有价值的燃料和化学品的 CRR 受到了新的关注[49-52]。与之前讨论的电化学反应不同，CRR 是一个更为复杂的质子耦合多步过程，涉及两个、四个、六个、八个甚至更

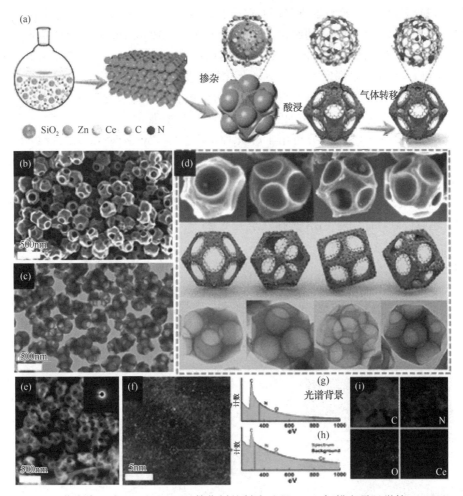

图 5.14　(a)Ce 位点嵌入(Ce SAS/HPNC)催化剂的制造过程；(b)扫描电子显微镜(SEM)；(c)透射电子显微镜(TEM)；(d)Ce SAS/HPNC 的两个图像对应于不同角度的模型；(e)高角度环形暗场扫描透射电子显微镜(HAADF-STEM)图像和相应的选区电子衍射(SAED)图案(插图)；(f-h)Ce SAS/HPNC 的放大 HAADF-STEM 图像和电子能量损失光谱(EELS)光谱；(g)中描述的信号取自(f)(圆圈内的区域)，仅显示 C 信号；(h)中描述的信号取自(f)(圆圈内的区域)，仅显示 C、N 和 Ce 的信号，表明在 Ce 原子周围存在 N；(i)Ce、O、N 和 C 的 EDS 元素映射图像[45]

多电子的转移，从而产生多种可能的产物(例如，CO、HCOOH、HCHO、CH_3OH、CH_4 和 CH_3CH_2OH)。由于这些反应途径的复杂性以及 CO_2 分子的稳定性，CRR 的动力学非常缓慢。尽管 CRR 已经研究了多年，但是 CRR 电催化剂的发展仍处于初级阶段，特别是在产物选择性方面。根据 CRR 的主要产物，常规金属催化剂可以分为三类：①用于生产 CO 的 Au、Ag、Zn；②用于生产 HCOOH 的 Sn、Hg、Pb；③用于生产烃和醇的铜。然而传统的 CRR 催化剂面临较低的法拉第效率。因此，开发具有高选择性、高活性的 CRR 电催化剂是该领域的主要挑战。最近出现的纳米结构 CRR 电催化剂，包括过渡金属、过渡金属氧化物、过渡金属硫氧化物、碳材料及其纳米复合材料，已被证明具有高 CRR 活性和选择性[53]。

　　研究人员最近发现，CeO_2 作为活性组分或载体有利于 CO_2 的吸附和活化。Valenti 等将

CeO₂纳米颗粒与导电多壁碳纳米管(MWCNTs)相结合，合成路线如图5.15所示，MWCT 与未掺杂的 CeO₂纳米粒子(NPs)的组合可有效地在酸性 pH(0.1mol/L HNO₃)下，在低至 -0.02V(vs RHE)的过电位下将 CO₂直接电催化还原为甲酸(FA)，法拉第效率(FE)高达 65%。XPS 和 EXAFS 结果都证实了在纳米杂化物中更容易形成氧空位，但必须强调的是，仅通过这两种技术无法明确确定此类空位的确切位置。对于二氧化铈来说尤其如此，因为这种氧化物中氧的高迁移率通过施加的电化学势进一步增强。

电化学阻抗谱(EIS)和 CV 分析用于解决 CO₂分子与 MWCNT@ CeO₂的相互作用。并且双层电容(Cdl)显著增加，证实了电极表面上的 CO₂吸附。相比之下，在没有 MWCNT 的情况下，纳米晶 CeO₂薄膜产生的 Cdl 值要低得多。这种较低的电容归因于电化学可及的 CeO₂表面的减少，和没有 MWCNT 的情况下 CeO₂纳米晶体的电阻率高有关。非化学计量的 Ce$^{4+/3+}$O$_{2-x}$还原位点被证明对 CRR 选择性至关重要[54]。

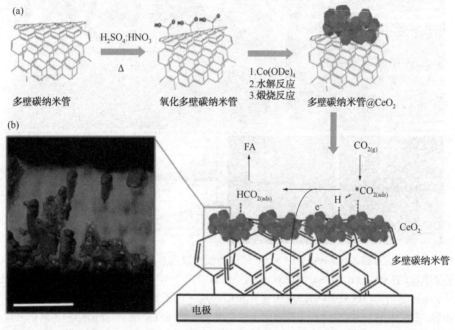

图5.15　(a)MWCNT@ CeO₂合成示意图；(b)MWCNT@ CeO₂的扫描透射电子显微镜(STEM)断层扫描重建(对应于 CeO₂的高密度区域用网格渲染)和 CO₂氢化成甲酸的可能机制示意图[54]

为了提高效率，人们致力于调整金属催化剂的形态、尺寸和结构，并使用增强 CO₂吸附的电解质。Gao 等在此报告了一种通过构建金属-氧化物界面来增强 CRR 的方法，构建 Au-CeO$_x$界面以增强 CRR 反应活性[55]。对于 CRR 反应，Au-CeO$_x$比单独的 Au 或 CeO$_x$显示出更高的活性和法拉第效率(见图5.16)。原位扫描隧道显微镜和同步辐射光电子能谱表明，Au-CeO$_x$界面在增强 CO₂吸附和活化方面占主导地位。密度泛函理论计算表明，Au-CeO$_x$界面是 CO₂活化和还原为 CO 的活性位点，其中 Au 和 CeO$_x$之间的协同作用促进了关键羧基中间体(*COOH)的稳定性，从而促进了 CRR。在 Ag-CeO$_x$上进一步观察到类似的界面增强 CRR，证明了增强 CRR 方法的普遍性。同样，Zhu 等通过调节 Au 和 CeO₂的表面电荷来操纵小尺寸 Au 和 CeO₂纳米粒子的界面，从而最大限度地利用 Au 并增强 CO₂吸附。

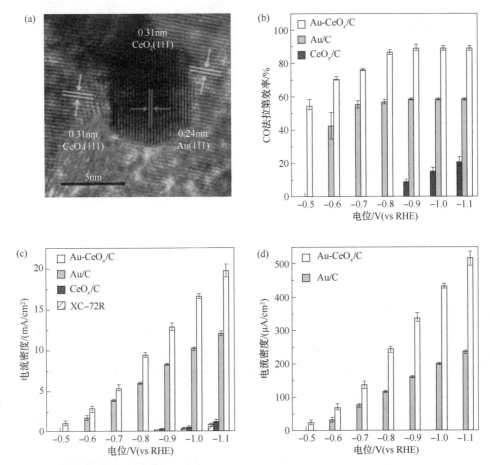

图 5.16　Au-CeO$_x$/C 催化剂的结构和性能。(a)Au-CeO$_x$/C 催化剂的 HRTEM 图像；(b)法拉第效率；
(c)几何部分电流密度，Vulcan XC-72R 上产生 CO 的电流密度也显示在(c)中[55]；(d)Au/C、CeO$_x$/C 和
Au-CeO$_x$/C 催化剂在 CO$_2$ 饱和的 0.1mol/L KHCO$_3$ 溶液中产生 CO 的比活性及其对施加的电位

　　尽管已经证明构建 Au-CeO$_2$ 界面可以有效提高催化选择性，但在不影响 Au 粒径的前提下构建增强的金属氧化物界面仍然是具有挑战性的。Fu 等提出了一种有效的方法来精确控制 Au 基催化剂的界面结构以实现高活性和高选择性。由于强烈的静电相互作用，形成了超细 Au 纳米颗粒和 CeO$_2$ 基底组成的金属−氧化物界面(见图 5.17)。这不仅提高了 Au 原子的利用率，还通过界面协同作用促进了 CO$_2$ 的吸附。在所有测试样品中，通过 TEM 和 XRD 估计 Au 纳米粒子的平均尺寸为 3.5nm。尽管金颗粒很小，但小尺寸的金纳米颗粒倾向于通过加速 HER 竞争产生高电流密度，从而导致低法拉第效率。

　　TPD 结果表明，由于形成了明显的 Au-CeO$_2$ 界面，CO$_2$ 吸附的强度和密度都得到了提高。因此，转移到活性位点的电子将优先与 CO$_2$ 反应，从而抑制 HER。所得的 AuCeO$_2$/C 催化剂在−0.6V(vs RHE)下具有 139mA/mg Au 的超高 Au 质量活性和97%的 CO 法拉第效率。

　　Varandili 研究了一种新型 Cu/CeO$_{2-x}$ 纳米晶异质二聚体(HDs)的合成方法及其在 CRR 催化中的表现(见图 5.18)。在胶体化学中，配体和固/液界面的存在有助于调节界面能，

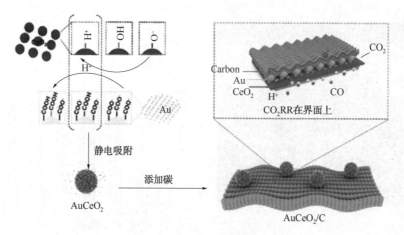

图 5.17　AuCeO$_2$/C 的合成过程[56]

从而即使在高度失配的系统中也能形成异质结构，这对于分子束外延和化学气相沉积等传统沉积技术来说更具挑战性[57,58]。他们通过胶体法克服了由 Cu 和 CeO$_{2-x}$ 之间的晶格失配所带来的合成挑战。结果表明，Cu/CeO$_{2-x}$ HDs 中界面的形成使其法拉第效率高达 80%，−1.2V(vs RHE) 时对甲烷的选择性高达 54%。这些值比在相同操作条件下合成的 Cu 和 CeO$_{2-x}$ 纳米晶体(NC) 的混合物所得值高约 5 倍，突出了界面处紧密键合的重要作用。X 射线近边吸收(XANES) 和异位 X 射线光电子、拉曼和紫外可见光谱表明在 CRR 过程中二氧化铈部分被还原。DFT 计算强调了独特的催化位点的存在，这些位点能够在 Cu 和 CeO$_{2-x}$ 氧空位位点进行双齿吸附，同时在 Cu 上的双齿吸附和 CeO$_{2-x}$ 位点上的氧空位加强了中间体 CHO* 的稳定性。

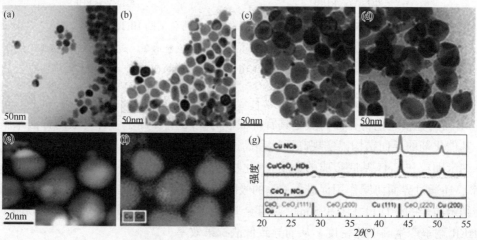

图 5.18　通过注入(a) 0.1mmol、(b) 0.2mmol、(c) 0.4mmol 和(d) 0.8mmol CuOAc 形成的 Cu/CeO$_{2-x}$ HD 的明场 TEM 图像，Cu 域的尺寸分别为 15nm、24nm、36nm 和 54nm；(e，f)HAADF-STEM 图像以及 Cu(24nm)/CeO$_{2-x}$ HD 中 Cu 和 Ce 的相应 EDX 元素图；(g)来自 Cu(24nm)/CeO$_{2-x}$ HDs 以及具有与 Cu(24nm)/CeO$_{2-x}$ HDs 相似平均粒径的单个二氧化铈和铜 NCs 的 XRD 图谱，图表底部报告了二氧化铈(PDF #04-0593)和铜(PDF #04-0836)的参考 XRD 图谱[57,58]

Wu 等报道了用 Cu^+ 掺杂的 CeO_2 用于 CRR，显示出乙烯的高法拉第效率(47.6%)和长期耐用性[59]。在 $Cu_{4.16}CeO_x$ 上采用 $-1.1V$(vs RHE)过电位进行了原位 Cu K-edge XANES 测试，以阐明在 CO_2 电化学还原过程中 Cu 离子价态的变化。$Cu_{4.16}CeO_x$ 中 Cu 离子的边缘位置在电化学还原过程中向较低能量转移，这表明 Cu 离子还原为较低价态($Cu^{2+} \to Cu^+$ 或 $Cu^{2+} \to Cu^0$)，这与之前关于 Cu 掺杂的报告一致。然而，基于 X 射线的 XANES 光谱包括来自催化剂内部和表面的信号，因此很难区分表面 Cu^+ 和内部 Cu^{2+}。此外，与 Cu 相比，甲烷选择性有所提高。在电解 6h 期间，电流密度保持在 $-3.2mA/cm^2$ 左右的稳定值。C_2H_4 的 FE 在 6h 内保持在 40% 以上，而 CH_4 持续产生约 10% 的 FE，表明 CO_2 还原活性没有显著变化(见图 5.19)。在这种催化剂中，CeO_2 起到稳定 Cu^+ 的作用。因此，对于 Cu 基电催化剂，CeO_2 不仅可以提高活性，还可以提高甲烷的选择性。除了 Cu，过渡金属氧化物也被用作 CRR 催化剂的活性成分。

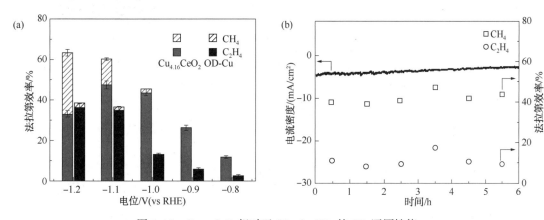

图 5.19 $Cu_{4.16}CeO_x$ 相对于 OD-Cu NPs 的 CO_2 还原性能。

(a)主要产品的 FE 随施加电压的变化；(b)$Cu_{4.16}CeO_x$ 催化剂在 $-1.1V$(vs RHE)

过电位下产物 C_2H_4 和 CH_4 的相应 FE 和其稳定性[59]

Zhang 等构建的 Co_3O_4-CeO_2/石墨碳，在可逆氢电极(RHE)下，仅在 $-0.31V$(vs RHE)过电位下即可有效地将 CO_2 还原为甲酸盐。他们表明通过添加 Co_3O_4 富集的氧空位是抑制 HER、增强活性和稳定甲酸盐选择性的关键原因。综上所述，对于电催化 CO_2 还原，CeO_2 不仅提高了活性，而且对 CRR 的选择性也有一定的影响，具体取决于活性成分。因此，基于这些结果，CeO_2 是通过与其他过渡金属基材料组合来制造 CRR 催化剂的理想组分。

单原子催化剂(SACs)因其高催化性能而备受关注。在此，Liu 等在碳载体上成功合成钇钪稀土(Y_1/NC 和 Sc_1/NC)单原子催化剂(见图 5.20)[60]。与众所周知的 M-N-C(M=Fe、Co)催化剂的 $M-N_4$ 结构不同，具有大原子半径的 Sc 和 Y 原子倾向于通过六个配位键固定在碳的大尺寸缺陷上。由于局部电子结构的调整，Y_1/NC 和 Sc_1/NC SACs 在氮还原反应和二氧化碳还原反应中表现出催化活性。稀土单原子的催化功能不仅展现了 SACs 的卓越效能，也促进了稀土催化剂在室温电化学反应中的应用。

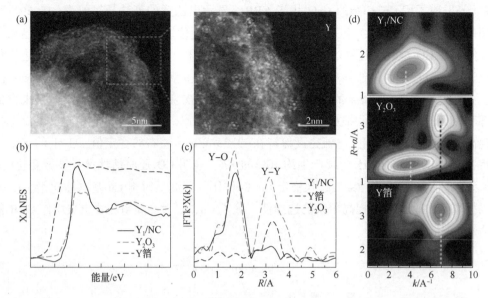

图 5.20　(a) Y_1/NC 的 HAADF-STEM 图像；(b) Y_1/NC 的 YK 边缘 XANES 光谱；
(c) 带有参考的 Y_1/NC 的 k_2 加权傅里叶变换 EXAFS 光谱；
(d) Y_1/NC、Y_2O_3 和 Y 箔的小波变换分析，白色虚线表示最大强度位置[60]
(XANES 为近边 X 射线吸收精细结构，FT 为 k_2 傅里叶变换 EXAFS 光谱)

5.5　氮还原反应

工业大规模合成氨(NH_3)通常通过 Haber-Bosch 工艺进行，该工艺需要高纯度氢气、高温(500~600℃)和高压(200~500atm)。相比之下，在环境条件下使用可再生能源(例如阳光和风)电催化合成 NH_3，其操作条件温和、节能又环保。与 CRR 一样，电化学 NRR 涉及多个质子耦合电子转移步骤和多个中间体。由于 N≡N 键比 CO_2 中的 C═O 键稳定得多，因此 NRR 的动力学极其缓慢，通常需要更高的过电位来驱动反应，从动能势垒的角度来看，最高占据轨道和最低未占据轨道之间存在较大的能隙，不利于电子转移反应，在这种情况下，竞争的 HER 可能会变得更加突出。因此，目前的 NRR 电催化剂通常表现出较差的活性和低选择性，在设计中考虑这些问题非常重要。根据电催化过程中涉及的不同中间体，在非均相催化剂表面发生的 N_2 到 NH_3 的电化学还原通常遵循解离途径、缔合交替途径和缔合远端途径。无论氨合成中的 N_2 活化是否遵循众所周知的解离或缔合路线，N_2 的吸附和活化 TM(横向磁)表面上的分子是要考虑的第一步。先前的理论计算已经证明了氮吸附能和 NH_3 在各种 TM 表面上的合成速率之间的关系，并提出了火山图，其中 Ru 和 Fe 表现出优越的活性[14]。根据典型火山图的结果，各种有效的 Fe 和 Ru 基催化剂是通过改变 Fe 和 Ru 的电子态来开发的，这可能是因为给电子能力是高效催化 NH_3 合成的关键因素。

到目前为止，包括金属(例如，Pt、Au、Ru、Cu、Ti、Ni)、过渡金属氧化物(例如，

Fe_2O_3)和碳基材料(例如,聚苯胺),已被用作 NRR 电催化剂。研究发现,添加稀土元素(REE)可以显著提高各种催化剂在 NH_3 合成中的性能。由稀土元素促进的催化剂,尤其是钌基催化剂得到了广泛的研究。

在 NRR 电催化中,结构修饰、非均相操作和缺陷工程通常似乎提高了催化性能。氧空位作为固体材料中一种重要的缺陷类型,可以有力地吸附 N_2 并将亚稳态电子注入 N_2 的反键轨道,从而削弱 N≡N 键并导致 N_2 还原的高活性。由于天然丰富的氧空位的存在,具有制备可行性的复合材料在 NRR 中显示出先进的电催化性能[61]。

Lv 等通过喷丝头静电纺丝工艺和煅烧处理得到了电催化 NRR 催化剂(见图 5.21),无定形非贵金属 $Bi_4V_2O_{11}/CeO_2$ 杂化物(BVC-A)[62]。Ce、Bi 比率在晶体性质中起决定性作用,当采用中等摩尔比的 Ce/Bi(≥1:2)时,CeO_2 抑制传热可以诱导具有更多缺陷的非晶 $Bi_4V_2O_{11}$ 作为活性位点,有利于电催化 NRR。另外非晶也增加了 $Bi_4V_2O_{11}$ 的氧空位含量,这是由于氧离子离开 $[VO_{3.5}]^{2-}$ 层而产生的。由于增强的 π-反键作用,$Bi_4V_2O_{11}$ 中的局域电子有助于 N_2 活化。CeO_2 不仅作为引发非晶结构的触发器,而且与 $Bi_4V_2O_{11}$ 建立能带结构,实现界面电荷从 CeO_2 到 $Bi_4V_2O_{11}$ 的快速转移。正是由于这些原因,BVC-A 催化剂显示出显著的电化学催化 NRR 的能力,NH_3 产率远高于 $Bi_4V_2O_{11}$、CeO_2 和 BVC-C。他们制备的 BVC-A 电催化剂确实能够实现出色的 NRR 性能,这为在环境条件下完成 N_2 固定提供了机会。

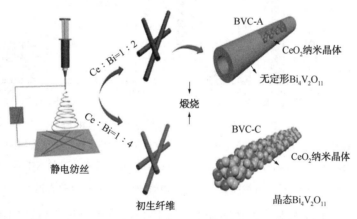

图 5.21　BVC-A 和 BVC-CNRR 电催化剂的制备示意图[62]

Au 基材料对于 NRR 也具有电化学活性。自发氧化还原反应方法,也称为氧化还原相互作用参与方法,可有效地制备基于 CeO_2 的各种优良异质结构,具有快速合成和不需要额外能量的特点[63]。Liu 等报道了一种在室温下自发氧化还原的方法制备具有核壳结构的 Au@CeO_2 复合材料,用于 NRR 电催化[64]。他们合成的金纳米粒子尺寸小于 10nm,复合材料中的有效载荷容量为 3.6%(质)。结果表明,合成的 Au@CeO_2 具有 40.7m^2/g 的比表面积和多孔结构。同时,Au@CeO_2 的 CeO_2 纳米粒子壳层中存在大量氧空位。这些也有利于 NRR 期间的 N_2 吸附和活化。CeO_2 壳层中丰富的氧空位与活性 Au 物种结合成为 NRR 的活性位点,从而协同增强 N_2 向 NH_3 的转化。结果,其 NRR 活性很高,NH_3 产率为 28.2$\mu g/(h \cdot cm^2)$ [10.6$\mu g/(h \cdot mg\ cat)$,对应 293.8$\mu g/(h \cdot mg\ Au)$],是 CeO_2 的 5.2 倍(见图 5.22)。

Xiong 及其同事通过在 H_2 气氛中的煅烧处理证明了还原的 CeO_2 纳米棒（r-CeO_2 纳米棒）作为电催化氮还原的催化剂（见图 5.23）[65]。相对于原始的 CeO_2 纳米棒，具有更多氧空位和用于 N_2 活化和还原的配位不饱和 Ce^{3+} 位点的 r-CeO_2 纳米棒具有更高的活性。r-CeO_2 纳米棒的最终 NH_3 产率为 16.4μg/(h·mg cat)，在-0.5V(vs RHE) 过电位下，0.1mol/L Na_2SO_4 水溶液中，法拉第效率为 3.7%。

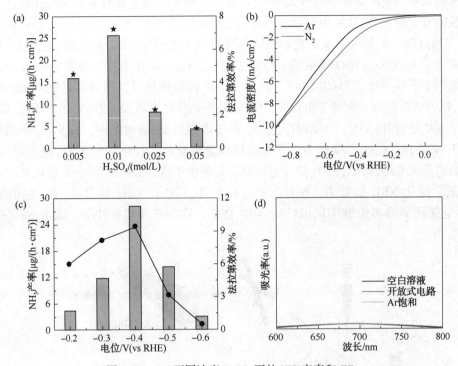

图 5.22　(a) 不同浓度 H_2SO_4 下的 NH_3 产率和 FE；
(b) Au@ CeO_2 在 Ar 和 N_2 饱和的 0.01mol/L H_2SO_4 溶液中的线性扫描伏安(LSV) 曲线；
(c) 在 N_2 饱和的 0.01mol/L H_2SO_4 溶液中，Au@ CeO_2 在不同电位下的 NH_3 收率和 FE；
(d) 不同条件下靛酚蓝指示剂着色电解质的 UV/Vis 吸收光谱[64]

杂原子掺杂已被制定为调节载体表面和电子结构的有效方法。以往的研究表明，金属氧化物催化剂的形貌不仅改变了电化学结构，而且极大地影响了催化剂表面的反应活性，进而影响了电化学氮还原过程中的氮还原性能[66,67]。

因此，Zhang 等通过铜掺杂有效调节多个氧空位的浓度，可以提高 CeO_2 的 NRR 催化活性[68]。通过简单的水热法和在 H_2/Ar 气氛中进行热处理（见图 5.24），他们成功制备了多孔铜掺杂的 CeO_2 纳米棒（Cu-CeO_{2-x}，x 代表 Cu 的质量含量）。最后，Cu-$CeO_{2-3.9}$ 表现出最好的 NRR 催化性能，在-0.45V(vs RHE) 过电势，0.1mol/L Na_2SO_4 溶液（pH 值 = 6.3）中，NH_3 产率为 $5.3×10^{-10}$ mol/(s·cm²)，法拉第效率为 19.1%。铜掺杂很容易用 Cu^{2+} 代替 CeO_2 中的 Ce^{3+}，导致 Ce^{3+}/Ce^{4+} 比值降低，这意味着 Ce^{3+} 位点带来的氧空位减少。值得注意的是，CeO_2 中 Cu^{2+} 位点周围形成的更丰富的氧空位是 N_2 吸附和活化的电催化活性位点，这有助于 NRR 的高活性。

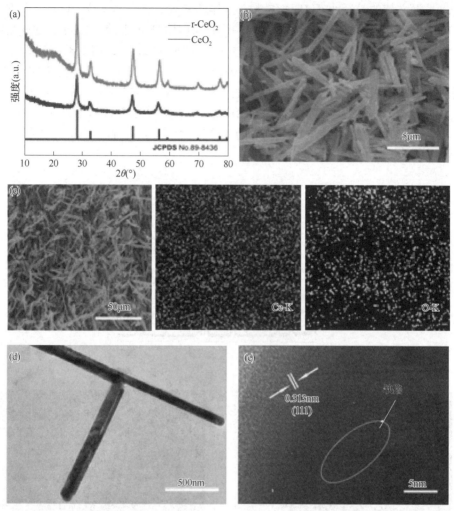

图 5.23 (a)r-CeO$_2$纳米棒和CeO$_2$纳米棒的XRD图谱;(b)r-CeO$_2$纳米棒的SEM图像;
(c)r-CeO$_2$纳米棒的Ce和O元素的SEM图像和EDX元素映射图像;(d)r-CeO$_2$纳米棒的TEM图像;
(e)从单个r-CeO$_2$纳米棒获取的HRTEM图像[65]

与普通金属氧化物材料相比,具有更好耐受性和稳定性的表面取向金属氧化物近年来被广泛应用于电化学测试[69-72]。据报道,具有立方体形状的催化剂在各方面表现出改进的性能。此外,掺杂方法能够改变材料的电子结构,从而提高催化剂的催化性能[73-75]。

在 Zhang 的研究中,通过水热法合成了 Bi 掺杂的 CeO$_2$纳米立方体 Bi$_{0.2}$Ce$_{0.8}$O$_2$作为电催化剂[75]。图 5.24(a)显示了 Bi$_{0.2}$Ce$_{0.8}$O$_{2-\delta}$立方体和 CeO$_2$立方体的 X 射线衍射结果。水热法制备的 Bi$_{0.2}$Ce$_{0.8}$O$_2$立方体没有观察到相对于 CeO$_2$的其他相,表明 Bi$_{0.2}$Ce$_{0.8}$O$_{2-\delta}$立方体制备的为纯相。CeO$_2$立方体的相位与标准 CeO$_2$图案一致(PDF 卡号 34-0394)。图 5.24(a)显示 Bi$_{0.2}$Ce$_{0.8}$O$_{2-\delta}$立方体的衍射峰与 CeO$_2$立方体图案相比移动到较低的角度,表明晶格参数的扩展,Bi 元素掺入 CeO$_2$晶格是由于与 Ce^{4+}相比,Bi^{3+}的离子半径更大。透射电子显微镜(TEM)显示水热合成的 Bi$_{0.2}$Ce$_{0.8}$O$_{2-\delta}$呈立方体形状,粒径约为 10~30nm[见图 5.24(b)]。

$Bi_{0.2}Ce_{0.8}O_{2-\delta}$立方体的粒径小于 CeO_2 纳米立方体的粒径，其粒径约为50nm。图5.24(c)显示了 $Bi_{0.2}Ce_{0.8}O_{2-\delta}$立方体催化剂的高分辨率 TEM(HRTEM)图像，显示(100)晶面的晶面间距为2.73Å，略大于论文中 CeO_2 纳米立方体的间距2.7Å，与 XRD 结果非常吻合。图5.24中显示的晶面间距排列整齐，衬底表面的单(100)面方向一致，说明立方结构的催化剂排列比较均匀。TEM 映射结果表明 Bi、Ce 和 O 元素均匀分布，表明 Bi 掺入了 CeO_2 晶格中。$Bi_{0.2}Ce_{0.8}O_2$立方体表现出出色的 NRR 活性，NH_3产量为 $17.83\mu g/(h\cdot mg\ cat)$。在 $0.1mol/L\ Na_2SO_4$ 中实现了-0.9V 时 1.61% 的法拉第效率(FE)，性能远高于传统的 CeO_2 纳米颗粒。

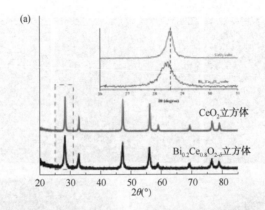

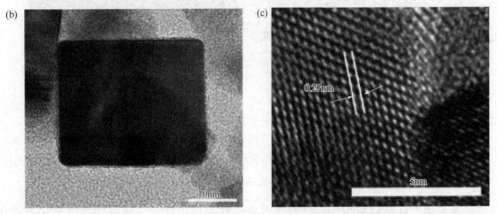

图5.24　(a)$Bi_{0.2}Ce_{0.8}O_{2-\delta}$立方体和 CeO_2 立方体的 XRD 图谱；
(b)$Bi_{0.2}Ce_{0.8}O_{2-\delta}$立方体的 TEM 图像；(c)$Bi_{0.2}Ce_{0.8}O_{2-\delta}$立方体的 HRTEM 图像[75]

通过原理计算进一步探索了提高 NRR 的机制，证明了双掺杂对提高性能的重要性。详细分析表明，Bi 掺杂和立方体形态对于这种令人鼓舞的 NRR 性能至关重要。计算研究了 $Bi_{0.2}Ce_{0.8}O_2$立方体和 CeO_2 立方体的 NRR 过程的吉布斯自由能，N_2分子在 $Bi_{0.2}Ce_{0.8}O_2$立方体和 CeO_2 表面的吸附能相似，分别为 0.17eV 和 0.1eV。然而，添加第一个质子的能垒在 CeO_2 表面上为 3.93eV。相比之下，Bi 掺杂的 CeO_2 的能量降低到 0.49eV，表明在 CeO_2 中掺杂 Bi 显著降低了 NRR 过程中添加质子的能量。低能量对于 NRR 反应更有利，从而可以提高性能。

Chu 等从 Haber-Bosch 工艺中的 Fe 基催化剂和生物 N_2 固定中的 Fe 基酶中汲取灵感，设计了 Fe 掺杂的 CeO_2 催化剂，提高了 NRR 的催化性能[76]。他们通过水热法和煅烧获得了 Fe 掺杂的 CeO_2（Fe-CeO_2）（见图 5.25）。他们通过实验观察到，Fe 掺杂可以诱导 CeO_2 从结晶纳米颗粒转变为具有氧空位的部分无定形纳米片。与原来的 CeO_2 纳米粒子相比，Fe-CeO_2 具有更大的比表面积，暴露出更多的活性位点，加速电子传输。并且根据 DFT 计算，Fe 掺杂剂与其相邻的氧空位共存导致形成 Ce^{3+}-Ce^{3+} 对，成为 NRR 最活跃的中心，并且对 HER 具有抑制作用。电位限制步骤（PDS）是 $*HN-NH_2 \rightarrow *H_2N-NH_2$ 的第五步，上坡能量较低（0.81eV）。这些 Fe 掺杂诱导的形态（活性位点数）、氧空位和 Ce^{3+}-Ce^{3+} 对（本征活性）之间的协同效应显著提高了 Fe-CeO_2 的 NRR 性能，在 0.5mol/L $LiClO_4$ 中。NH_3 产率为 26.2μg/(h·mg)（-0.5V vs RHE），法拉第效率为 14.7%（-0.4V vs RHE）。此外，同位素标记实验（$^{15}N_2$ 作为进料气体）结果明确证实产生的 NH_3 来自电催化 NRR，而不是其他不希望的氮污染物。

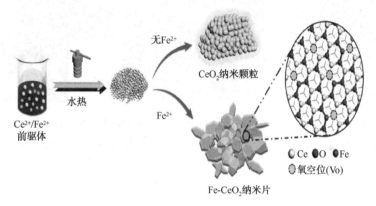

图 5.25　CeO_2 和 Fe-CeO_2 合成过程示意图[76]

CeO_2 作为一种活性 NRR 电催化剂和典型的金属氧化物，具有超高的热稳定性和应用杂原子掺杂的能力，可以通过选择性元素取代金属离子来导入氧空位以极大地影响催化剂活性。Xu 等合成了锰元素的掺杂 CeO_2 纳米球[77]。图 5.26(a) 显示了 XRD 图谱，衍射峰位于 28.5°(111)、33.1°(200)、47.5°(220)、56.3°(311) 和 59.1°(222)，对应到二氧化铈晶体（JCPDS No.43-1002）。并且锰掺杂后可以观察到 Ce 萤石结构，此外，没有 Mn-O 的峰，该结果表明，Mn 固定在 CeO_2 晶格结构中，形成 Mn-Ce-O 固体形状。SEM 图像显示了在 Mn 掺杂前后 CeO_2 纳米球的形成[见图 5.26(b、c)]。HRTEM 图像显示了纳米粒子的性质。Mn-CeO_2 的纳米球在 0.308nm 的距离处显示，与 CeO_2(111) 匹配良好[见图 5.26(e)]。最后，Mn[见 5.26(f)]、Ce[见 5.26(g)] 和 O[见 5.26(h)] 的 EDX 元素映射图像也表明，Mn 在 CeO_2 纳米球中被成功地均匀分散。研究者分析了锰掺杂剂在调节 CeO_2 纳米球（Mn-CeO_2）的 NRR 活性方面的独特性质。在 -0.30V 过电位下、0.1mol/L HCl 溶液中，Mn-CeO_2 比纯 CeO_2 的 NH_3 产率更高，为 27.79μg/(h·mgcat)，法拉第效率更高，为 9.1%，具有较高的电化学和结构稳定性。

通过密度泛函理论计算，Mn 掺杂 CeO_2 的性能增强也得到理论计算证明，NRR 可以通过连续或酶促途径进行，Mn 掺杂表面拥有更多的空轨道，这可以增强 N_2 的吸附能，由于 N_2 的强烈活化，加氢所需的能量很小，分别为 0.10eV 和 0.04eV。N_2 可以通过端对端的键合，吸附在不饱和位点的其中一个上。此外，由于第二次加氢步骤 $^*NH-^*NH$ 比 $^*N-^*NH_2$ 稳定，因此酶途径在能量上比连续途径更有优势。

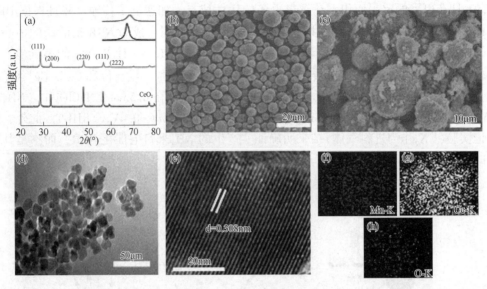

图 5.26　(a)XRD 图谱；(b)纯 CeO_2 纳米球和(c)Mn-CeO_2 纳米球的 SEM 图像；Mn-CeO_2 的 TEM(d)和(插图)HRTEM(e)图像；Mn-CeO_2 的(f)Mn、(g)Ce 和(h)O 的相应 EDX 元素映射图像[77]

参 考 文 献

[1] Greeley J, Jaramillo T F, Bonde J, et al. Computational high-throughput screening of electrocatalytic materials for hydrogen evolution[J]. Nature Materials, 2006, 5(11): 909-913.

[2] Schalenbach M, Tjarks G, Carmo M, et al. Towards a new perspective on the efficiency of water electrolysis[J]. Journal of The Electrochemical Society, 2016, 163(11): 3197-3208.

[3] Yao Y, Gu X K, He D, et al. Engineering the electronic structure of submonolayer Pt on intermetallic Pd_3Pb via charge transfer boosts the hydrogen evolution reaction[J]. Journal of the American Chemical Society, 2019, 141(51): 19964-19968.

[4] Men Y, Li P, Yang F, et al. Nitrogen-doped CoP as robust electrocatalyst for high-efficiency pH-universal hydrogen evolution reaction[J]. Applied Catalysis B: Environmental, 2019, 253: 21-27.

[5] Mahmood N, Zhang C, Yin H, et al. Graphene-based nanocomposites for energy storage and conversion in lithium batteries, supercapacitors and fuel cells[J]. J. Mater. Chem. A, 2014, 2(1): 15-32.

[6] Mahmood J, Li F, Jung S M, et al. An efficient and pH-universal ruthenium-based catalyst for the hydrogen evolution reaction[J]. Nature Nanotechnology, 2017, 12(5): 441-446.

[7] Wang J, Xu F, Jin H, et al. Non-Noble Metal-based Carbon Composites in Hydrogen Evolution Reaction: Fundamentals to Applications[J]. Advanced Materials, 2017, 29(14): 1605838.

[8] Domínguez-Crespo M A, Torres-Huerta A M, Brachetti-Sibaja B, et al. Electrochemical performance of Ni-RE(RE=rare earth) as electrode material for hydrogen evolution reaction in alkaline medium[J]. International Journal of Hydrogen Energy, 2011, 36(1): 135-151.

[9] Du Y, Sheng H, Astruc D, et al. Atomically precise noble metal nanoclusters as efficient catalysts: a bridge between structure and properties[J]. Chemical Reviews, 2020, 120(2): 526-622.

[10] Macciò D, Rosalbino F, Saccone A, et al. Partial phase diagrams of the Dy-Pt and Ho-Pt systems and electrocatalytic behaviour of the DyPt and HoPt phases[J]. Journal of Alloys and Compounds, 2005, 391(1-2): 60-66.

[11] Santos D M F, Saturnino P G, Macciò D, et al. Platinum-rare earth intermetallic alloys as anode electrocatalysts for borohydride oxidation[J]. Catalysis Today, 2011, 170(1): 134-140.

[12] Deng J F, Li H, Wang W. Progress in design of new amorphous alloy catalysts[J]. Catalysis Today, 1999, 51(1): 113-125.

[13] Ghobrial S, Kirk D W, Thorpe S J. Amorphous Ni-Nb-Y Alloys as Hydrogen Evolution Electrocatalysts[J]. Electrocatalysis, 2019, 10(3): 243-252.

[14] Rosalbino F, Delsante S, Borzone G, et al. Correlation of microstructure and catalytic activity of crystalline Ni-Co-Y alloy electrode for the hydrogen evolution reaction in alkaline solution[J]. Journal of Alloys and Compounds, 2007, 429(1-2): 270-275.

[15] Rosalbino F, Delsante S, Borzone G, et al. Electrocatalytic behaviour of Co-Ni-R(R=Rare earth metal) crystalline alloys as electrode materials for hydrogen evolution reaction in alkaline medium[J]. International Journal of Hydrogen Energy, 2008, 33(22): 6696-6703.

[16] Rosalbino F, Maccio D, Angelini E, et al. Characterization of Fe-Zn-R(R=rare earth metal) crystalline alloys as electrocatalysts for hydrogen evolution[J]. International Journal of Hydrogen Energy, 2008, 33(11): 2660-2667.

[17] Ovshinsky S R, Fetcenko M A, Ross J. A Nickel Metal Hydride Battery for Electric Vehicles[J]. Science, 1993, 260 (5105): 176-181.

[18] Kichigin V I, Shein A B. An electrochemical study of the hydrogen evolution reaction at YNi_2Ge_2 and $LaNi_2Ge_2$ electrodes in alkaline solution[J]. Journal of Electroanalytical Chemistry, 2018, 830-831: 72-79.

[19] Suen N T, Hung S F, Quan Q, et al. Electrocatalysis for the oxygen evolution reaction: recent development and future perspectives[J]. Chemical Society Reviews, 2017, 46(2): 337-365.

[20] Cheng Y, Jiang S P. Advances in electrocatalysts for oxygen evolution reaction of water electrolysis-from metal oxides to carbon nanotubes[J]. Progress in Natural Science: Materials International, 2015, 25(6): 545-553.

[21] Man I C, Su H, Calle-Vallejo F, et al. Universality in Oxygen Evolution Electrocatalysis on Oxide Surfaces[J]. ChemCatChem, 2011, 3(7): 1159-1165.

[22] Kötz R, Lewerenz H J, Stucki S. XPS Studies of Oxygen Evolution on Ru and RuO2 Anodes[J]. Journal of The Electrochemical Society, 1983, 130(4): 825-829.

[23] Fabbri E, Habereder A, Waltar K, et al. Developments and perspectives of oxide-based catalysts for the oxygen evolution reaction[J]. Catal. Sci. Technol., 2014, 4(11): 3800-3821.

[24] Kötz R, Neff H, Stucki S. Anodic Iridium Oxide Films: XPS-Studies of Oxidation State Changes and[J]. Journal of The Electrochemical Society, 1984, 131(1): 72-77.

[25] Kim M, Lee B, Ju H, et al. Reducing the Barrier Energy of Self-Reconstruction for Anchored Cobalt Nanoparticles as Highly Active Oxygen Evolution Electrocatalyst[J]. Advanced Materials, 2019: 1901977.

[26] Sivanantham A, Ganesan P, Shanmugam S. A synergistic effect of Co and CeO_2 in nitrogen-doped carbon nanostructure for the enhanced oxygen electrode activity and stability[J]. Applied Catalysis B: Environmental, 2018, 237: 1148-1159.

[27] Zhang Z, Gao D, Xue D, et al. Co and CeO_2 co-decorated N-doping carbon nanofibers for rechargeable Zn-air batteries [J]. Nanotechnology, 2019, 30(39): 395401.

[28] Rosalbino F, Delsante S, Borzone G, et al. Effect of rare earth metals addition on the corrosion behaviour of crystalline Co-Ni alloys in alkaline solution[J]. Journal of Electroanalytical Chemistry, 2008, 622(2): 161-164.

[29] Yang Y, Yue T, Wang Y, et al. Effects of morphology on electrocatalytic activity of CeO_2 nanomaterials[J]. Microchemical Journal, 2019, 148: 42-50.

[30] Li T, Li S, Liu Q, et al. Hollow Co_3O_4/CeO_2 Heterostructures in Situ Embedded in N-Doped Carbon Nanofibers Enable Outstanding Oxygen Evolution[J]. ACS Sustainable Chemistry & Engineering, 2019, 7(21): 17950-17957.

[31] Peera S G, Lee T G, Sahu A K. Pt-rare earth metal alloy metal oxide catalysts for oxygen reduction and alcohol oxidation reactions: an overview[J]. Sustainable Energy & Fuels, 2019, 3(8): 1866-1891.

[32] Antolini E. Alloy vs. intermetallic compounds: Effect of the ordering on the electrocatalytic activity for oxygen reduction and the stability of low temperature fuel cell catalysts[J]. Applied Catalysis B: Environmental, 2017, 217: 201-213.

[33] Fichtner J, Garlyyev B, Watzele S, et al. Top-Down Synthesis of Nanostructured Platinum-Lanthanide Alloy Oxygen Reduction Reaction Catalysts: Pt_xPr/C as an Example[J]. ACS Applied Materials & Interfaces, 2019, 11(5): 5129-5135.

[34] Jong Yoo S, Kim S K, Jeon T Y, et al. Enhanced stability and activity of Pt-Y alloy catalysts for electrocatalytic oxygen reduction[J]. Chemical Communications, 2011, 47(41): 11414.

[35] Peng W, Zhao L, Zhang C, et al. Controlled growth cerium oxide nanoparticles on reduced graphene oxide for oxygen catalytic reduction[J]. Electrochimica Acta, 2016, 191: 669-676.

[36] Pi L, Jiang R, Cai W, et al. Bionic Preparation of CeO_2-Encapsulated Nitrogen Self-Doped Biochars for Highly Efficient Oxygen Reduction[J]. ACS Applied Materials & Interfaces, 2020, 12(3): 3642-3653.

[37] Nørskov J K, Rossmeisl J, Logadottir A, et al. Origin of the Overpotential for Oxygen Reduction at a Fuel-Cell Cathode[J]. The Journal of Physical Chemistry B, 2004, 108(46): 17886-17892.

[38] Pinheiro V S, Souza F M, Gentil T C, et al. Insights in the Study of the Oxygen Reduction Reaction in Direct Ethanol Fuel Cells using Hybrid Platinum-Ceria Nanorods Electrocatalysts[J]. ChemElectroChem, 2019, 6(19): 5124-5135.

[39] Li Y, Zhang X, Wang S, et al. Durable Platinum-Based Electrocatalyst Supported by Multiwall Carbon Nanotubes Modified with CeO_2[J]. ChemElectroChem, 2018, 5(17): 2442-2448.

[40] Du C, Gao X, Cheng C, et al. Metal organic framework for the fabrication of mutually interacted Pt CeO_2 C ternary nanostructure: advanced electrocatalyst for oxygen reduction reaction[J]. Electrochimica Acta, 2018, 266: 348-356.

[41] Wang X, Xu J, Wu Z, et al. Complexing-Coprecipitation Method to Synthesize Catalysts of Cobalt, Nitrogen-Doped Carbon, and CeO_2 Nanosheets for Highly Efficient Oxygen Reduction[J]. ChemNanoMat, 2019, 5(6): 831-837.

[42] Parwaiz S, Bhunia K, Das A K, et al. Cobalt-Doped Ceria/Reduced Graphene Oxide Nanocomposite as an Efficient Oxygen Reduction Reaction Catalyst and Supercapacitor Material[J]. The Journal of Physical Chemistry C, 2017, 121(37): 20165-20176.

[43] Wang Y, Su H, He Y, et al. Advanced Electrocatalysts with Single-Metal-Atom Active Sites[J]. Chemical Reviews, 2020, 120(21): 12217-12314.

[44] Wang L, Chen W, Zhang D, et al. Surface strategies for catalytic CO_2 reduction: from two-dimensional materials to nanoclusters to single atoms[J]. Chemical Society Reviews, 2019, 48(21): 5310-5349.

[45] Qiao B, Wang A, Yang X, et al. Single-atom catalysis of CO oxidation using Pt1/FeO_x[J]. Nature Chemistry, 2011, 3 (8): 634-641.

[46] Zhang S, Saji S E, Yin Z, et al. Rare-earth incorporated alloy catalysts: synthesis, properties, and applications[J]. Advanced Materials, 2021, 33(16): 2005988.

[47] Zeng Z, Xu Y, Zhang Z, et al. Rare-earth-containing perovskite nanomaterials: design, synthesis, properties and applications[J]. Chemical Society Reviews, 2020, 49(4): 1109-1143.

[48] Liu Z, Li N, Zhao H, et al. Regulating the active species of Ni(OH)$_2$ using CeO$_2$: 3D CeO$_2$/Ni(OH)$_2$/carbon foam as an efficient electrode for the oxygen evolution reaction[J]. Chemical Science, 2017, 8(4): 3211-3217.

[49] Fu J, Ren D, Xiao M, et al. Manipulating Au-CeO$_2$ interfacial structure toward ultrahigh mass activity and selectivity for CO$_2$ reduction[J]. ChemSusChem, 2020, 13(24): 6621-6628.

[50] Liu J, Guo C, Vasileff A, et al. Nanostructured 2D Materials: Prospective Catalysts for Electrochemical CO$_2$ Reduction[J]. Small Methods, 2017, 1(1-2): 1600006.

[51] Zhu D D, Liu J L, Qiao S Z. Recent Advances in Inorganic Heterogeneous Electrocatalysts for Reduction of Carbon Dioxide[J]. Advanced Materials, 2016, 28(18): 3423-3452.

[52] Hou J, Cheng H, Takeda O, et al. Three-Dimensional Bimetal-Graphene-Semiconductor Coaxial Nanowire Arrays to Harness Charge Flow for the Photochemical Reduction of Carbon Dioxide[J]. Angewandte Chemie International Edition, 2015, 54(29): 8480-8484.

[53] Sharma P P, Wu J, Yadav R M, et al. Nitrogen-Doped Carbon Nanotube Arrays for High-Efficiency Electrochemical Reduction of CO$_2$: On the Understanding of Defects, Defect Density, and Selectivity[J]. Angewandte Chemie International Edition, 2015, 54(46): 13701-13705.

[54] Valenti G, Melchionna M, Montini T, et al. Water-Mediated ElectroHydrogenation of CO$_2$ at Near-Equilibrium Potential by Carbon Nanotubes/Cerium Dioxide Nanohybrids[J]. ACS Applied Energy Materials, 2020, 3(9): 8509-8518.

[55] Gao D, Zhang Y, Zhou Z, et al. Enhancing CO$_2$ Electroreduction with the Metal-Oxide Interface[J]. Journal of the American Chemical Society, 2017, 139(16): 5652-5655.

[56] Casavola M, Buonsanti R, Caputo G, et al. Colloidal Strategies for Preparing Oxide-Based Hybrid Nanocrystals[J]. European Journal of Inorganic Chemistry, 2008, 2008(6): 837-854.

[57] Buonsanti R, Grillo V, Carlino E, et al. Seeded Growth of Asymmetric Binary Nanocrystals Made of a Semiconductor TiO$_2$ Rodlike Section and a Magnetic γ-Fe$_2$O$_3$ Spherical Domain[J]. Journal of the American Chemical Society, 2006, 128(51): 16953-16970.

[58] Wu D, Dong C, Wu D, et al. Cuprous ions embedded in ceria lattice for selective and stable electrochemical reduction of carbon dioxide to ethylene[J]. Journal of Materials Chemistry A, 2018, 6(20): 9373-9377.

[59] Liu J, Kong X, Zheng L, et al. Rare Earth Single-Atom Catalysts for Nitrogen and Carbon Dioxide Reduction[J]. ACS Nano, 2020, 14(1): 1093-1101.

[60] Hirakawa H, Hashimoto M, Shiraishi Y, et al. Photocatalytic Conversion of Nitrogen to Ammonia with Water on Surface Oxygen Vacancies of Titanium Dioxide[J]. Journal of the American Chemical Society, 2017, 139(31): 10929-10936.

[61] Lv C, Yan C, Chen G, et al. An Amorphous Noble-Metal-Free Electrocatalyst that Enables Nitrogen Fixation under Ambient Conditions[J]. Angewandte Chemie International Edition, 2018, 57(21): 6073-6076.

[62] Wang X, Song S, Zhang H. A redox interaction-engaged strategy for multicomponent nanomaterials[J]. Chemical Society Reviews, 2020, 49(3): 736-764.

[63] Liu G, Cui Z, Han M, et al. Ambient Electrosynthesis of Ammonia on a Core-Shell-Structured Au@CeO$_2$ Catalyst: Contribution of Oxygen Vacancies in CeO$_2$[J]. Chemistry-A European Journal, 2019, 25(23): 5904-5911.

[64] Xu B, Xia L, Zhou F, et al. Enhancing Electrocatalytic N$_2$ Reduction to NH$_3$ by CeO$_2$ Nanorod with Oxygen Vacancies[J]. ACS Sustainable Chemistry & Engineering, 2019, 7(3): 2889-2893.

[65] Wang Z, Li Y, Yu H, et al. Ambient Electrochemical Synthesis of Ammonia from Nitrogen and Water Catalyzed by Flower-Like Gold Microstructures[J]. ChemSusChem, 2018, 11(19): 3480-3485.

[66] Chen X, Liu Y T, Ma C, et al. Self-organized growth of flower-like SnS$_2$ and forest-like ZnS nanoarrays on nickel foam for synergistic superiority in electrochemical ammonia synthesis[J]. Journal of Materials Chemistry A, 2019, 7(39): 22235-22241.

[67] Zhang S, Zhao C, Liu Y, et al. Cu doping in CeO$_2$ to form multiple oxygen vacancies for dramatically enhanced ambient N$_2$ reduction performance[J]. Chemical Communications, 2019, 55(20): 2952-2955.

[68] Dan X, Wang C, Xu X, et al. Improving the sinterability of CeO$_2$ by using plane-selective nanocubes[J]. Journal of the European Ceramic Society, 2019, 39(14): 4429-4434.

[69] Parbey J, Xu M, Lei J, et al. Electrospun fabrication of nanofibers as high-performance cathodes of solid oxide fuel cells [J]. Ceramics International, 2020, 46(5): 6969-6972.

[70] Zhang X, Yu S, Wang M, et al. Thermal stress analysis at the interface of cathode and electrolyte in solid oxide fuel cells [J]. International Communications in Heat and Mass Transfer, 2020, 118: 104831.

[71] Zeng K, Wang Y, Huang C, et al. Catalytic Combustion of Propane over MnNbO$_x$ Composite Oxides: The Promotional Role of Niobium[J]. Industrial & Engineering Chemistry Research, 2021, 60(17): 6111-6120.

[72] Zhao H, Zhang D, Li H, et al. Exposure of Definite Palladium Facets Boosts Electrocatalytic Nitrogen Fixation at Low Overpotential[J]. Advanced Energy Materials, 2020, 10(37): 2002131.

[73] Nazemi M, El-Sayed M A. Electrochemical Synthesis of Ammonia from N$_2$ and H$_2$O under Ambient Conditions Using Pore-Size-Controlled Hollow Gold Nanocatalysts with Tunable Plasmonic Properties[J]. The Journal of Physical Chemistry Letters, 2018, 9(17): 5160-5166.

[74] Zhang L, Ren X, Luo Y, et al. Ambient NH$_3$ synthesis via electrochemical reduction of N$_2$ over cubic sub-micron SnO$_2$ particles[J]. Chemical Communications, 2018, 54(92): 12966-12969.

[75] Chu K, Cheng Y hua, Li Q qing, et al. Fe-doping induced morphological changes, oxygen vacancies and Ce^{3+}-Ce^{3+} pairs in CeO$_2$ for promoting electrocatalytic nitrogen fixation[J]. Journal of Materials Chemistry A, 2020, 8(12): 5865-5873.

[76] Ji Y, Cheng W, Li C, et al. Oxygen Vacancies of CeO$_2$ Nanospheres by Mn-Doping: An Efficient Electrocatalyst for N$_2$ Reduction under Ambient Conditions[J]. Inorganic Chemistry, 2022, 61(1): 28-31.

第 6 章　稀土纳米催化材料在环境催化中的应用

近年来，全球人口的快速增长和工业的快速发展引发了能源危机和环境污染，严重影响了人类健康和环境的可持续发展，能源危机和环境污染成为当今世界的两大关注热点[1-3]。因此，环境保护和污染物去除技术逐渐成为全球最重要的课题。目前，空气中的主要污染物之一是挥发性有机化合物（VOCs），主要来自工业排放、城市公共设施排放、农牧业排放等[4,5]。VOCs 污染范围广，治理难度大[6]。气候变化、人口增长、集约化农业实践和消费需求（例如，对动物产品需求的增加）给土壤资源带来了进一步的压力。

根据联合国环境规划署（UNEP）的数据，几十年来土壤健康正在下降，对人类健康和粮食安全产生了不利影响[7-9]。土壤健康取决于各种物理因素，如孔隙度、水分、质地等；化学因素，即有机物、营养物质、C 和 N，以及微生物多样性、土壤呼吸和微生物生物量等生物因素[10]。众所周知造成土壤破坏的原因，包括降雨、水土流失、风蚀、洪水、滑坡等自然原因，以及采矿、砍伐森林、化肥农业、城市化、化工等人为活动引起的酸化、碱化、盐渍化等[11]。医药、食品、纺织工业等工业领域排放的废水、生活污水和农业污水中含有大量难降解的有机、无机污染物，重金属等，对水体造成了严重的污染。传统的处理方法有吸附法、混凝沉降法、生化法等。

环境催化主要是研究影响环境的催化剂和催化反应，用于减少环境无污染排放的催化技术。例如，环境催化包括氮硫化合物的去除，VOCs 的转化，液体和固体废物的处理，以及温室气体的减排或转化。此外，该领域还包括节能催化技术、污染场地净化催化技术（土壤和水体修复），以及减少室内污染（如甲醛和其他有机室内污染物）。近年来，稀土环境催化剂，包括稀土合金、稀土氧化物、稀土氮化物、稀土硫化物、稀土掺杂材料、稀土单原子材料以及稀土复合材料，已成功地应用于环境治理领域。

6.1　大气治理

气态污染物在很大程度上影响了大气成分的变化，主要是由于化石燃料的燃烧。氮氧化物以 NO 的形式排放，与大气中的臭氧或自由基迅速反应形成 NO_2。人为源主要来自移动和固定燃烧过程。此外，低层大气中的臭氧主要通过太阳光引发的一系列涉及 NO_2 和挥发性有机化合物的反应形成。此外，CO 是不完全燃烧的产物。它的主要来源是公路运输。人为 SO_2 来自含硫化石燃料（主要是煤和重油）的燃烧和含硫矿石的冶炼，火山和海洋是其主要的天然来源，但后者仅占总排放量的约 2%。最后，燃料燃烧，特别是能源生产和道路运输中的燃烧过程，是主要的排放源之一，其中主要的排放化合物被称为 VOCs，VOCs 包括苯等有机化学物质。大多数气态污染物被人体吸入并影响呼吸系统，同时它们也会引发血液问题(CO、苯)和癌症。氮氧化物(NO$_x$)和氯苯是导致空气质量恶化的主要原因,已成为新时代空气污染治理的重点。

同时,NO$_x$是造成雾霾、酸雨、次级臭氧和光化学烟雾的主要前体物质[12-14]。随着燃煤发电行业实施超低排放标准,垃圾焚烧、钢铁、水泥等非电力行业的烟气脱硝已成为大气污染治理的主要需求领域[15-17]。目前工业化处理 NO$_x$ 的主要应用是高效稳定的选择性催化还原(SCR)脱硝技术。暴露于环境空气污染中会对人类健康造成威胁,因此迫切需要开发能够去除包括无机和有机气体在内的各种污染物的各种技术。

6.1.1 汞污染治理

汞(Hg)是一种剧毒污染物,不仅会造成空气污染,还会对水体、土壤等生态环境造成污染,对野生动物、家畜和人类造成严重的健康影响,Hg 已引起全世界的关注,已被生态环境部列为重点污染防治目标[18,19]。作为世界范围内关注的问题,汞的来源涵盖了自然因素和人为污染[20,21]。自然来源主要包括火山喷发、森林燃烧、地质活动、土壤和植被等。而人为源方面,联合国环境规划署在 21 世纪的全球汞评估中指出,每年约有 2200t 汞排放到空气中,这主要是由人类活动所致。在这其中,电厂是最主要的排放源,特别是在美国,排放的 150t Hg 中约有三分之一来自燃煤电站锅炉[22]。在中国,大约 38% 的汞排放来自燃煤[23]。减少燃煤电厂排放汞仍然是一个具有挑战性的任务[24]。作为全球最大的煤炭消费国,中国还颁布了国家标准,限制燃煤电厂的汞排放。严格规定尾烟气中残留汞浓度不得超过 0.03mg/m³[25]。

Hg 的形态是影响汞排放的重要因素之一,烟气中的 Hg 主要以元素汞(Hg⁰)、氧化汞(Hg²⁺)和颗粒汞(Hg^p)三种形式存在[26]。Hg²⁺是水溶性的,很容易进入水源,在厌氧细菌中将其转化为甲基 Hg,甲基 Hg 具有剧毒,并通过蛋白质结合在生物体内蓄积。Hg⁰因其化学惰性和水不溶性而成为排放到环境中的主要汞种类,Hg⁰可以在大气中长距离传输,其毒性效应可能会产生全球规模的影响。例如,Hg 已被证明会进入食物链并干扰北极地区的臭氧消耗,汞的毒性与其在鱼体内的生物蓄积有关,进而进入食物链,从而影响人类健康[27,28]。除了在北极积累,Hg 还积累在河流和湖泊在内的大片水体的沉积物中,是一个世界性的问题。《关于汞的水俣公约》由多个国家签署,并于 2017 年 8 月生效,法规的目标是大幅减少人为来源的汞排放,标志着全球减少汞污染的努力进入了新阶段。

汞吸附材料的应用受到极大限制,至少有四个原因:吸附剂回收、工业废物中毒素的去除[29]、烟气中化学成分的干扰和运行成本。首先,用于元素汞捕获的吸附剂通常与飞灰颗粒一起通过颗粒控制装置(如织物过滤器或静电除尘器)收集[29]。从飞灰混合物中回收用过的吸附剂进行再生是困难且不切实际的。其次,如果用过的吸附剂不能有效地从飞灰中去除,飞灰会被吸附在吸附剂上的汞污染。如果将受污染的飞灰用作水泥添加剂,在煅烧过程中,该毒素可能会在水泥厂中释放出来。第三,烟气中的化学成分(尤其是 SO$_2$ 或 SO$_3$)显著影响吸附剂对元素汞的捕获[30-32]。SO$_2$ 分子可能与气态元素 Hg 竞争活性位点。实际烟气中 SO$_2$ 的浓度约为元素汞的 104～105 倍[31],此外,SO$_2$ 可以与金属和金属氧化物反应形成表面硫酸盐物种,这可能使它们无法有效捕获元素汞[33]。第四,也是最重要的一点,吸附剂必须便宜且易于操作。

活性炭喷射已被公认为减少燃煤电厂汞排放的最有效技术。然而，尚未建立从用过的活性炭吸附剂中去除汞的有效后续处理。这导致活性炭无法再利用，通常与灰尘一起被丢弃在垃圾填埋场。因此，从烟道气输送到活性炭的 Hg 可能会继续增加生态系统循环中的汞含量。为了生产用于汞捕获的可重复使用的催化剂或吸附剂，人们对贵金属（金[34]和银[35,36]）和过渡金属氧化物的研究和开发（铁[37]、铜[38]、钴[39,40]和铈[41,42]）的兴趣日益浓厚。贵金属和过渡金属氧化物的关键特征是热再生的可能性，可以实现多循环脱汞。此外，保留在吸附剂中的 Hg 可以从热再生过程中回收并从循环中取出。

CeO_2 具有优异的 Hg^0 捕获活性和稳定性，因为它具有大的储氧能力和独特的氧化还原电对 Ce^{3+}/Ce^{4+}。HCl 是影响 Hg 氧化的最重要物质[43]，因为煤衍生烟气中的主要氧化汞是 $HgCl_2$。然而，来自次烟煤或褐煤燃烧装置的烟气中 HCl 的浓度较低。根据以往的研究[44,45]，Cl 元素有利于活性炭吸附 Hg^0。

Tao 等在模拟烟气条件下研究了浸渍氯化铈（AICC）的活性焦去除 Hg^0[41]。BET、XRD、EDX、SEM 和 XPS 分析用于表征样品。研究了 $CeCl_3$ 负载量、反应温度和烟气中 O_2、NO、SO_2 和 H_2O 等各组分对 AICC 样品 Hg^0 去除率的影响。结果表明，$CeCl_3$ 显著提高了 AC 的 Hg^0 去除效率，最佳的 $CeCl_3$ 负载值和反应温度分别为 6% 和 170℃ 左右。此外，烟气组分对 Hg^0 去除率影响的实验结果表明，当烟气中存在 O_2 时，观察到 NO 和 SO_2 促进了 Hg^0 的氧化。然而，在没有 O_2 的情况下，SO_2 对 Hg^0 的去除的抑制作用不显著。此外，当烟气中加入 H_2O 时，Hg^0 去除能力略有下降。XRD 和 XPS 分析表明，Ce_xO_y 和 C-Cl 在 AICC 表面生成，这些活性元素对 Hg^0 去除有显著的积极作用。反应机理表明，Hg^0 氧化是通过两种途径实现的：一是 Hg^0 与 CeO_2 键合，通过铈价态的改变实现催化氧化过程；另一个是 Hg^0 与样品上的 C-Cl 反应，并因氯化物的存在而被氧化。而根据 Hg4fXPS 分析，AICC 表面的汞主要以 HgO 和 $HgCl_2$ 的形式存在。

Zhou 等制备了一系列用 Ce-Fe 二元氧化物（Ce_xFe_{4-x}/Ben）改性的膨润土，用于从烟气中捕获元素汞（Hg^0）[46]。膨润土是一种主要由蒙脱石组成的黏土矿物，由于其热稳定性高，对有毒气体、重金属等污染物的吸附能力强而受到广泛关注。研究人员对 Ce_xFe_{4-x}/Ben 的性质、晶体结构、磁性、氧化还原性质和表面化学性质进行了表征。结果表明改性工艺对膨润土的孔形和孔径影响不大。在改性过程中，Ce-Fe 二元氧化物进入膨润土夹层，CeO_2 和 Fe_2O_3 发生协同作用。与原始、Fe 改性和 Ce 改性膨润土相比，Ce_xFe_{4-x}/Ben 样品的 Hg^0 去除性能要好得多。实验结果显示最佳 Ce/Fe 摩尔比为 2∶2，如图 6.1 所示。（Ce_xFe_{4-x}/Ben 对 Hg^0 的去除率和实验温度密切相关，如图 6.2 所示。Ce_2Fe_2/Ben 在 100℃ 下表现出相对较低的 Hg^0 去除效率。在 150～200℃ 的温度范围内，Hg^0 去除性能更高。这主要是因为试剂在高温下可以接收更多的动能，从而提高了 Hg^0 去除效率。然而，当吸附温度进一步升高至 250℃ 时，去除率明显下降。这样的结果可以解释如下：首先，高温引起的 Hg^0 物理吸附的抑制会进一步抑制 Hg^0 的化学吸附。其次，高吸附温度可能导致 Hg 从用过的 Ce_2Fe_2/Ben 中解吸出来 O_2、NO 和 HCl 促进了 Hg^0 的去除，而 SO_2 和 H_2O 抑制了 Hg^0 的去除。Hg^0 去除过程以非均相吸附为主，Ce_xFe_{4-x}/Ben 用作吸附剂。此外，揭示了 Hg^0 去除机制，其中 CeO_2 和 Fe_2O_3 充当去除 Hg^0 的活性位点。Fe_2O_3 作为一种磁性物质掺入样品中，因此可以通过施加磁场来分离用过的样品。多次吸附-再生循环表明，失活的 Ce_xFe_{4-x}/Ben 在空气气氛下 400℃热处理 1h 后可以有效再生。

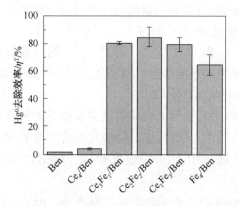

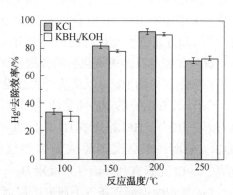

图 6.1　Ce/Fe 摩尔比对 Hg^0 去除性能的影响[46]　　　图 6.2　温度对 Hg^0 去除性能的影响[46]

Cao 等采用共沉淀法制备了 Ce 和 Mn 改性 TiO_2 吸附剂（CeMnTi），并研究了它们在固定床反应器中去除煤气中汞元素的能力，如图 6.3 所示[47]。研究者基于 BET、XRD、SEM 和 XPS 研究结果，讨论了 CeMnTi 吸附剂的改性机理。Mn 掺杂提高了 CeO_2 在吸附剂表面的比表面积和分散性，而 Ce 掺杂通过 CeO_2 和 MnO_2 之间的协同作用提高了 MnO_2 中 Mn^{4+} 的比例。由于明显的 TiO_2 特征衍射峰，吸附剂的 XRD 图谱相似，主要以锐钛矿形式存在于所有吸附剂中，如图 6.4 所示。在 CeTi 吸附剂中可以观察到较弱的 CeO_2 特征峰。MnO_2 的特征峰在 MnTi 或 CeMnTi 吸附剂中不显著，这可能是由于吸附剂表面锰氧化物的结晶度较低。此外，在 CeTi 和 CeMnTi 吸附剂中负载 Mn 后，CeO_2 的特征峰强度降低。这可以用单层分散理论来解释，这表明活性成分在 TiO_2 表面具有高度分散性。

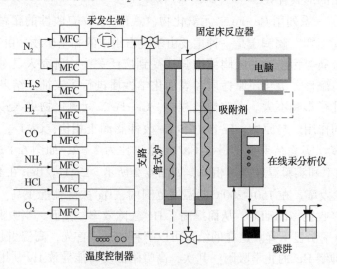

图 6.3　固定床反应器装置图[47]

研究者还研究了活性组分、温度和煤气组分对吸附剂除汞性能的影响。结果表明，CeMnTi 吸附剂表现出较高的汞去除效率。$Ce_{0.2}Mn_{0.1}Ti$ 在 160℃从煤气中吸附了 91.55%的元素 Hg。H$_2$S 和 O$_2$ 显著提高了吸附剂去除 Hg 的能力。部分 H$_2$S 通过吸附剂表面的一系列氧化反应形成稳定的硫酸盐或亚硫酸盐。HCl 也提高了除 Hg 性能，但与 H$_2$S 共存时降低了 H$_2$S 对除 Hg 的促进作用。CO 和 H$_2$ 对 Hg 吸附的抑制作用较小。通过热再生研究了吸附剂的再循环性能。所用吸附剂的热分解表明 Hg 化合物主要以 HgO 和 HgS 的形式存在，较高的温度有利于再生。再生后脱除效率降低的主要原因可能是在 H$_2$S 存在时形成了硫酸盐和亚硫酸盐。

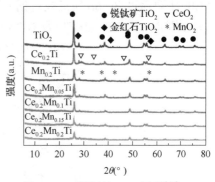

图 6.4　吸附剂的 XRD 图谱[47]

　　新型的 S 型异质结在有效分离光生载流子的前提下，保留了半导体材料较好的氧化还原特性，S 型异质结可以提高光催化活性，正成为研究热点[48,49]。BiOX(卤氧化铋)是一种有效的光催化剂，由于其良好的可见光响应而引起了长期的关注[50]。作为三元半导体，卤氧化铋有一个含有两个卤素的体系原子和 [Bi$_2$O$_2$]$^{2+}$ 板互连，BiOX 独特的层状结构在去除烟气污染物方面提供了优异的光催化活性[51]。Xiao 等通过简单的共沉淀和水热法制备了一系列 CeO$_2$/BiOI S 型异质结光催化剂[52]。此外，采用各种表征方法证实了光催化剂的成功制备，并应用密度泛函理论(DFT)评估和计算了能带结构、态密度和静电势，进一步确定了 S 型异质结结构，如图 6.5 所示。催化剂的电子能带结构和态密度分布主要通过 Castep 计算。

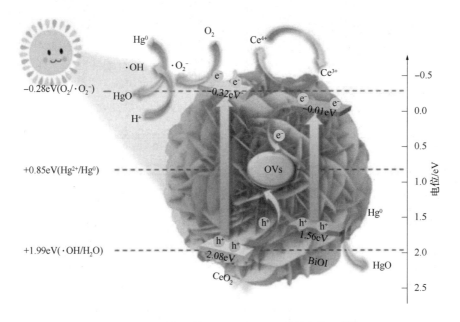

图 6.5　LED 光照射下 BiOI 与 CeO$_2$ 的作用机理[52]

　　DFT 计算结果分别为 1.496eV 和 1.833eV，与实验结果略有不同。这可能与计算误差有关。较小的带隙可以扩大对可见光的吸收，有利于提高光催化性能。图 6.6(e)所示的态密度(DOS)表明，在费米能级附近，BiOI 的价带(VB)主要被 O-2p 和 I-5p 占据，导带

（CB）主要通过 Bi-6p 轨道被占据。图 6.6（f）中，CeO_2 的 CB 以 Ce 4f 和 O 2p 态为主，而 VB 主要由 Ce 4f 和 5d 态以及 O 2p 态组成。图 6.6（g）、（h）表明纯 BiOI 具有较大的功函数（$\varPhi = 6.178eV$），是一种氧化光催化剂。

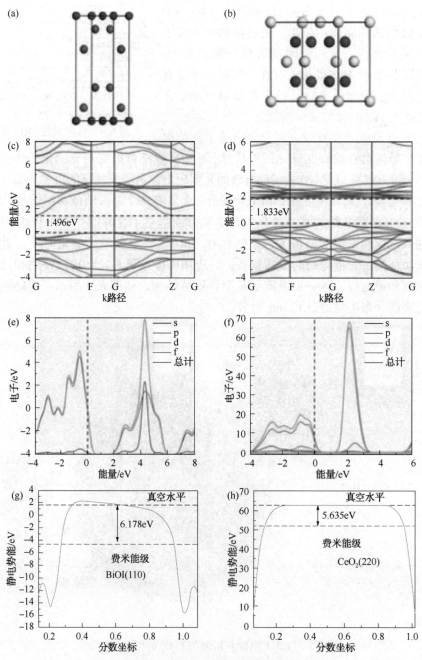

图 6.6　（a）BiOI 的球棒晶体模型；（b）CeO_2 的球棒晶体模型；（c）BiOI 的
能带结构；（d）CeO_2 的能带结构；（e）BiOI 和（f）CeO_2 的态密度（DOS）；
（g）BiOI（110）平面的静电势；（h）CeO_2（220）平面的静电势[52]

相反，具有小功函数（$\varPhi=5.636\text{eV}$）的 CeO_2 是一种还原型光催化剂。通常，材料的费米能级与功函数之间存在负相关。因此，相对于真空度，功函数较小的 CeO_2 具有较高的费米能级。此外，当两种材料接触时，电子会自发地从 CeO_2 中迁移出来到 BiOI，直到费米能级达到平衡。此外，可通过在可见光下去除 Hg^0 来评价样品的光催化活性，并提出光催化去除汞的机理。实验结果表明，与单一的 CeO_2 和 BiOI 相比，制备的光催化活性 CeO_2/BiOI S 型异质结结构的催化性能得到显著改善。研究表明，光催化活性的显著提高不仅得益于 Ce^{4+}/Ce^{3+} 活化中心和氧空位，还得益于 S 型异质结。

Tao 等通过界面工程构建的 Z 型异质结显著促进了界面处的电荷载流子转移[41]。他们采用溶剂热法结合 rGO 制备富含氧空位的 CeO_2/BiOBr Z 型异质结，用于光催化氧化 Hg^0，CeO_2、BiOBr、CeO_2/BiOBr 和 CeO_2/BiOBr/rGO 的制备如图 6.7 所示。表面氧空位和 Ce^{3+}/Ce^{4+} 氧化还原中心倾向于捕获电子以加速电荷转移的 Z 型路径，以保持有效的氧化还原性能并促进分子氧活化以促进 Hg^0 的光催化去除。由于氧空位的协同作用，Ce^{3+}/Ce^{4+} 异质结增强了光催化氧化活性，去除效率达到 76.53%，是 BiOBr 的 1.29 倍，CeO_2 的 1.91 倍。所制备的样品在可见光下的 Hg^0 去除率如图 6.8（a）所示。可以清楚地看出，复合材料中气态 Hg^0 的光催化去除效率与单一催化剂相比有不同程度的提高。如图 6.8（b）所示，CeO_2、BiOBr、CB-10、CB-30、CB-50 和 CBG 对 Hg^0 的光催化去除效率分别为 39.99%、59.17%、64.56%、71.18%、53.97% 和 76.53%。光催化反应的效率随着单催化剂、二元复合催化剂、三元复合催化剂的顺序增加。二元复合催化剂具有较好的光催化除汞效率，这可归因于 CeO_2/BiOBr 异质结的内电场促进了光生电荷参与反应过程。此外，由于异质结的优势，三元复合 CeO_2/BiOBr/rGO 具有最好的光催化活性，这是由于 rGO 的三维 π 共轭折叠结构。图 6.8（c）显示了 CeO_2、BiOBr、CB-10、CB-30、CB-50 和 CBG 的反应速率常数 k，分别对应于 0.00851min^{-1}、0.01493min^{-1}、0.01729min^{-1}、0.02074min^{-1}、0.01293min^{-1} 和 0.02416min^{-1}。显然，复合材料显示出比单一催化剂更快的反应速率常数。CBG 的最快动力学常数是单个 CeO_2 的 2.84 倍和 BiOBr 的 1.62 倍，明显促进光催化反应。因此，上述结果也与光吸收性能和载流子传输性能的增强相一致。

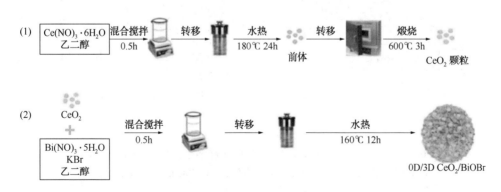

图 6.7　CeO_2/BiOBr/rGO、BiOBr、CeO_2/BiOBr 和 CeO_2 的制备示意图[41]

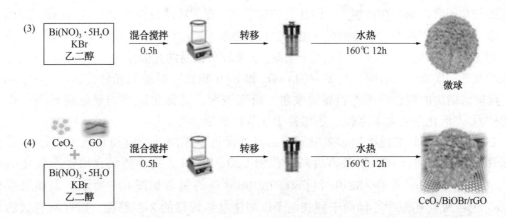

图 6.7　CeO₂/BiOBr/rGO、BiOBr、CeO₂/BiOBr 和 CeO₂ 的制备示意图[41]（续）

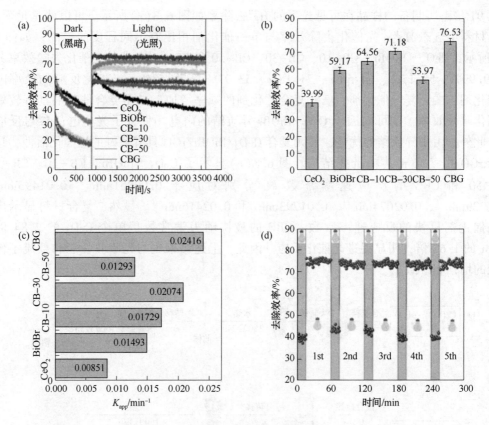

图 6.8　(a)所制备样品在可见光下的 Hg⁰ 去除率；(b)制备样品的对比图；
(c)Hg⁰ 对所制备样品的氧化反应动力学；(d)CBG 的循环效率图像[41]

　　此外，进行了五次光催化去除烟气汞的循环，以评估催化的稳定性。如图 6.8(d)所示，CBG 的光催化除汞效率在 5 个循环后仅略有下降，这表明 CBG 催化剂具有良好的光催化稳定性。结合 DFT 理论计算，提出了富含氧空位的 Z 型异质结光催化反应机理，为开发用于环境净化的高效 Z 型异质结光催化体系提供了可行的方法。

　　不同的制备方法会导致催化剂的不同性能。与湿法浸渍法相比，溶胶-凝胶法由于能够精确控制元素含量，具有研究 Ce 负载量对 Hg^0 去除效率影响的优势。此外，通过溶胶-凝胶法，不同组分可以在分子水平上更均匀地混合。Lv 等通过溶胶-凝胶法合成了一系列具有不同 Ce 负载量的 CeO_2/TiO_2 催化剂，如图 6.9 所示[53]。此外，还制备了 $V_2O_5-CeO_2/TiO_2$ 催化剂。首先对四种 CeO_2/TiO_2 催化剂和一种纯 TiO_2 催化剂在不同反应温度下的 Hg^0 去除效率进行了测量，以获得最佳反应温度和最佳 CeO_2 载量值。反应温度范围为 150~450℃，结果如图 6.10 所示。可以注意到，纯 TiO_2 催化剂的 Hg^0 去除效率要低得多。最高值仅为 25% 左右，这与 Kamata 等的研究结果一致[54]。

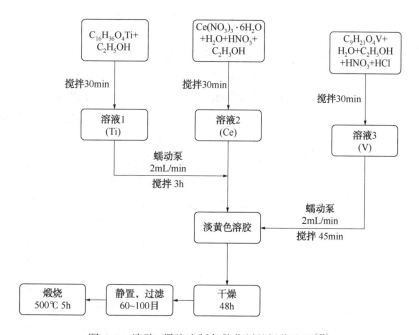

图 6.9　溶胶-凝胶法制备催化剂的操作流程[53]

　　相比之下，Hg^0 添加氧化铈后催化剂的去除效率显著提高。随着反应温度的升高，所有 CeO_2/TiO_2 催化剂的效率都呈现出相似的趋势。从 150℃到 350℃，较高的温度导致催化剂的 Hg^0 去除性能更好。随着 CeO_2 含量的增加，CeO_2/TiO_2 提供了更好的 Hg^0 去除性能。优异的效率主要归功于铈氧化物和 Hg^0 之间的氧化还原反应。如果 Ce 负载值继续增加，Hg^0 去除效率开始下降。$Ce_{0.5}Ti$ 和 $Ce_{1.0}Ti$ 的效率分别为 79.6% 和 77.8%。原因可能是过多的氧化铈覆盖了催化剂的过多表面，从而阻止了部分

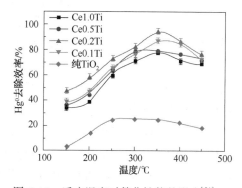

图 6.10　反应温度对催化性能的影响[54]

Hg^0进入催化剂。同时，研究表明O_2和HCl都将有利于元素汞的去除。然而，较高的NH_3/NO比和SO_2浓度会对Hg^0去除过程带来负面影响。

Mn基氧化物因其高氧化还原电位、低成本和环境友好性而在捕获Hg^0方面备受关注[55]。Mn的价态和O的存在状态对Hg^0的去除很重要。在Hg^0去除过程中，Hg^0在MnO_x表面氧化为Hg^{2+}，随后高价Mn^{4+}还原为Mn^{3+}或Mn^{2+}。然后氧化的Hg以Hg-O的形式存在于Mn基材料的表面。在各种Mn基低温NH_3-SCR催化剂中，钙钛矿型Mn基氧化物因为其低成本、高催化活性和强热稳定性，近年来作为替代催化剂引起了越来越多的关注。$LaMnO_3$表现出比其他锰基钙钛矿氧化物更高的催化氧化性能。因此Xu等合成了$LaMnO_3$钙钛矿氧化物以去除Hg^0，构建固定床反应系统以研究Hg^0去除性能。研究考虑了O_2、NH_3、NO、H_2O和SO_2烟气组分的影响，讨论了不同气体组分对Hg^0的捕集机理。

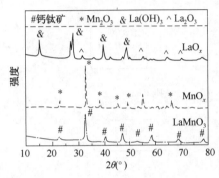

图 6.11 LaO_x、MnO_x和$LaMnO_3$
样品的 XRD 图谱[55]

图 6.11 显示了LaO_x、MnO_x和$LaMnO_3$样品的XRD图谱。对于LaO_x样品，峰归属于$La(OH)_3$衍射图（JCPDS卡号83-2034）和La_2O_3衍射图（JCPDS卡号05-0602）。对于MnO_x，Mn_2O_3（JCPDS卡号24-0508）是主要相，只有少数峰归因于其他结晶锰氧化物。然而，对于$LaMnO_3$，峰位于22.8°、32.6°、40.2°、46.7°、52.8°、58.1°、68.3°和77.8°，所有这些特征峰都可以很好地指向具有菱面体结构的钙钛矿相（PDF-88-0633）。钛矿结构有利于Hg^0的催化氧化和吸附，Mn^{4+}还原为Mn^{3+}导致Hg^0氧化为Hg^{2+}。吸附的氧与Hg^{2+}结合在$LaMnO_3$表面上形成HgO物质。吸附机理简述如图6.12所示，Hg^0先吸附在$LaMnO_3$表面，再吸附Hg^0被氧化成Hg^{2+}并以HgO物种存在。此外，NO的存在增强了Hg^0的吸附能力，而NH_3的存在抑制了Hg^0的吸附。$LaMnO_3$上的NO吸附可能导致NO_2的形成，这有利于Hg^0的氧化。然而，ad-NH_3的存在占据了吸附氧，导致Hg-O键合困难。由于在$LaMnO_3$表面上产生硫酸盐，SO_2的存在也降低了Hg^0容量。$LaMnO_3$的进一步改进目前正在进行。$LaMnO_3$表现出优异的Hg^0吸附性能，是燃煤电厂低温去除Hg^0和NO的理想材料。

锰基钙钛矿因其良好的催化性能、独特的氧化还原行为、出色的热稳定性和低成本而越来越多地被研究用于NO_x还原和Hg^0氧化。$LaMnO_3$是最通用的Mn基钙钛矿氧化物之一，已被研究作为NO_x还原和Hg^0氧化的低温催化剂，并表现出良好的活性[56,57]。了解$LaMnO_3$上Hg^0的氧化行为将拓宽$LaMnO_3$基钙钛矿在Hg^0去除领域的应用。Zhen等通过密度泛函理论（DFT）计算研究了HCl在$LaMnO_3$表面上氧化Hg^0的催化机理[58]。结果表明，以Mn为末端的$LaMnO_3$(010)表面比以La为末端的表面更活泼、更稳定。Hg^0和$HgCl_2$化学吸附在$LaMnO_3$(010)表面。HgCl可以分子化学吸附在$LaMnO_3$(010)上并作为Hg^0氧化反应的中间体。HCl解离吸附在$LaMnO_3$(010)上并生成表面活性氯络合物。Langmuir-Hinshelwood机制中，导致HCl在$LaMnO_3$(010)上氧化Hg^0的原因是Hg^0与解离吸附的HCl发生化学吸附反应。表面催化Hg^0氧化分为四步：$Hg^0 \rightarrow Hg(ads) \rightarrow HgCl(ads) \rightarrow HgCl_2(ads) \rightarrow HgCl_2$，第二步[Hg(ads)→HgCl(ads)]由于其相对较大的能量(0.74eV)是定速步骤，如图6.13所示。

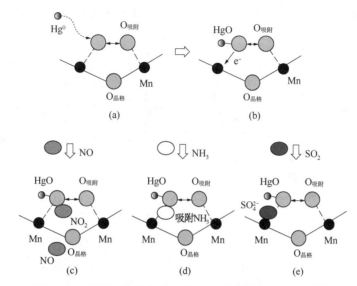

图6.12 不同气体组成下 LaMnO$_3$ 吸附 Hg^0 的反应机理[55]

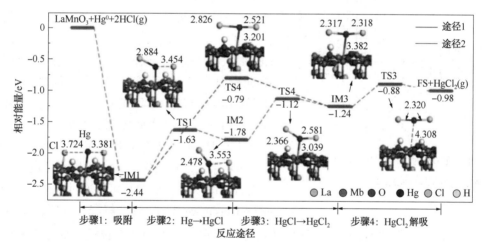

图6.13 HCl 在 LaMnO$_3$(010)表面氧化 Hg^0 的能量和几何图[56]

Zhou 等合成了 La$_{1-x}$Sr$_x$MnO$_3$(LS$_x$, x = 0/0.2/0.4/0.6)钙钛矿型氧化物催化剂，采用固定床反应器模拟燃煤烟气低温下的元素汞(Hg^0)氧化，如图6.14所示[56]。LS$_{0.4}$ 在 100 ~ 200℃下表现出优异的 Hg^0 氧化催化行为。优异的性能主要是由于催化剂中表面吸附的氧物质。La^{3+} 离子被 Sr^{2+} 离子部分取代，增加了表面缺陷，从而产生更多的氧空位和活性氧物种。研究者研究了烟气中不同组分 HCl、O$_2$、SO$_2$、H$_2$O、NO 和 NH$_3$ 对 Hg^0 氧化效率的影响。结果表明，在 O$_2$ 存在下，HCl 显著提高了 Hg^0 的氧化效率，并且 HCl 足以增强氧化过程。HCl 被认为是导致 Hg^0 氧化的最重要物质之一，因为 HgCl$_2$ 被发现是燃煤烟道气中的主要氧化汞物质。如图6.15所示，当 N$_2$ 中 HCl 的浓度很小时，Hg^0 的氧化效率就可达

57.04%，高于纯 N_2 气氛下的氧化效率。这可能是因为 HCl 可以在表面活性氧物质的帮助下转化为中间活性氯物质或氯氧化物物质，这可能有助于 Hg^0 的氧化[59]。中间活性氯或氯氧化物可以与 Hg 反应形成 HgCl，HgCl 会被另一种氯化物进一步氧化形成 $HgCl_2$[60]。

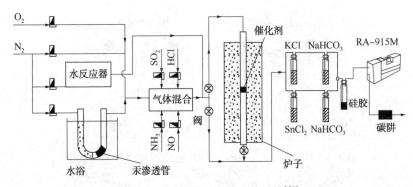

图 6.14　固定床反应器实验系统[56]

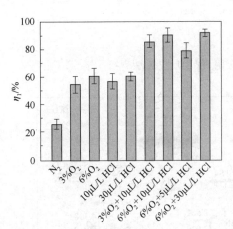

图 6.15　150℃时 O_2 和 HCl 对 Hg^0 氧化的影响，催化剂：160mg $La_{0.6}Sr_{0.4}MnO_3$[57]

当 HCl 浓度增加时，没有观察到 Hg^0 氧化效率的明显增加，这表明有限量的表面活性氧物质参与了活性氯化物物质的产生。如图 6.15 所示，在 O_2 和 HCl 存在下，Hg^0 的氧化效率要高得多。显然，烟气中 3% O_2 和 HCl 的组合足以使 Hg^0 氧化效率超过 90%。结果表明，$LS_{0.4}$ 催化剂的 Hg^0 氧化活性对 HCl 的依赖性较小，该催化剂可有效用于燃烧低阶煤的燃煤电厂。由于催化剂具有很强的储氧能力，Hg^0 氧化活性对 O_2 浓度的依赖性较小。因此，该催化剂可应用于燃烧低氯煤的发电厂。SO_2、H_2O 和 NH_3 对 Hg^0 的氧化有抑制作用，而 NO 可以增强它。SO_2 可使催化剂失活，失活是不可逆的。就机理而言，LS_x 对 Hg^0 的氧化可以通过表面过程（Langmuir-Hinshelwood 机理）来解释，即吸附烟气组分中的活性物质与吸附的 Hg^0 反应。该催化剂还具有在低温下用 NH_3 选择性催化还原（SCR）NO 的潜力，并研究了在 $LS_{0.4}$ 上同时去除 NO 和 Hg^0。当空速为 $40000h^{-1}$ 时，NO 和 Hg^0 转化率分别高于 50% 和 85%。结果表明，该催化剂可用于同时去除 NO 和 Hg^0。

6.1.2　NO_x 污染治理

氮氧化物（NO_x）仍然是光化学烟雾、酸雨和对流层臭氧消耗的主要来源。近年来，通过广泛应用现有方法和/或通过开发新技术，已做出巨大努力来限制此类污染物的排放。通过使用 SCR（选择性催化还原）工艺，可以有效地对固定来源的废气进行脱硝[61,62]。目前大部分工业脱硝都是通过这种技术进行的。该技术于 20 世纪 80 年代在日本首次开发，如今已在世界范围内广泛应用。目前，在商业 $V_2O_5/WO_3(MoO_3)/TiO_2$ 存在过量氧气的情况下，用 NH₃ 选择性催化还原 NOₓ 是最广泛使用的去除 NOₓ 的技术[63]。然而，钒基催化剂的应用仍然存在高温窗口（>300℃）和钒的毒性问题。考虑到这些缺点，许多研究人员专注于改进传统的钒基催化剂或用其他金属元素代替钒。目前，已经研究了包括 Fe、Cu、Mn 和 Ce 基的 SCR 催化剂来替代钒基催化剂[64-66]。其中，铈氧化物因其高储氧能力、与金属的强相互作用和独特的氧化还原性能而备受关注。在文献中，已经报道了 CeO₂-TiO₂、Ce/Al₂O₃、CeO₂/ACF 和 CeO₂-WO₃ 催化剂[67-69]。此外，CeO₂-TiO₂ 基催化剂被认为是 V₂O₅/WO₃-TiO₂ 催化剂的潜在替代品，因为它在中高温下具有优异的 NO 转化率、高 N₂ 选择性和环保特性。

众所周知，氧化还原性能是 SCR 催化剂的重要性能，因为更好的氧化还原性能可以促进"快速 SCR"反应的发生，并提高催化剂在低温下的 NO 去除效率。先前的研究报道，由于 Ce 和 Ti 物种之间的强相互作用，CeO₂-TiO₂ 催化剂的氧化还原性能与 $Ce^{4+}+Ti^{3+}\longleftrightarrow Ce^{3+}+Ti^{4+}$ 的氧化还原平衡有关[70-72]。为了在 CeO₂-TiO₂ 催化剂上获得更好的低温催化性能，人们研究了许多方法，例如金属掺杂和还原气氛预处理。已证实 W、Cu、Sn 和 Mo 的掺杂可以增加 $Ce^{4+}+M^{n-1}\longleftrightarrow Ce^{3+}+Mn$ 的氧化还原平衡。

Yu 等对非晶 Ce-Ti 催化剂进行氢气预处理，还原气氛预处理通常可以通过降低活性物质的价态和产生更多的表面缺陷，尤其是氧空位来增强金属氧化物催化剂的活性，处理后的 Ce-Ti 催化剂显著提高了其 NH₃-SCR 性能[73]。他们得出结论，3h 和 400℃是最合适和最有效的预处理条件，而这种预处理催化剂在 210～360℃之间的 NOₓ 转化率高达 95%，如图 6.16 所示。XRD、PL、H₂-TPR、XPS 和拉曼分析发现，这种增强归因于预处理产生的影响：Ce^{4+} 还原为活性 Ce^{3+}、氧空位增加、化学吸附氧和超氧离子的形成。预处理也提高了 NO 的吸附氧化能力和酸性位点，有利于 SCR 反应。

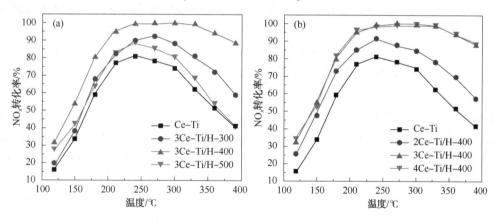

图 6.16　不同预处理（a）温度、（b）时间的催化剂的 NOₓ转化[73]

通过原位漫反射红外傅里叶变换光谱研究了 NO、O₂ 和 NH₃ 在催化剂上的反应，如图 6.17 所示。在 240℃下以 50mL/min N₂ 流速获取每个样品的稳定光谱作为比较（标记为 Ce-Ti 或 Ce-Ti/H）。第一步（标记为 1），将 500μL/L 的 NO 和 5% 的 O₂ 引入 N₂ 流中。等到吸附物质稳定，然后在 NO-O₂-N₂ 混合物中加入 500μL/L NH₃（标记为 2）。从图 6.17（a）可以看出，当 N₂ 流中引入 NO 和 O₂ 时，Ce-Ti 在 1521cm⁻¹到 1577cm⁻¹附近记录了一系列软弱的谱带，这归因于双齿硝酸盐。这些条带可以在 10min 内达到饱和，但不会随着 15min 的额外吸附而显著增加。对于 Ce-Ti/H，1525cm⁻¹ 至 1581cm⁻¹ 附近的二齿硝酸盐在吸附 25min 后饱和。Ce-Ti/H 的谱带强度比 Ce-Ti 强，证明 H₂ 预处理对 NO 的吸附更好。此外，在 Ce-Ti/H 上检测到一个 1612cm⁻¹ 的新谱带，该谱带是吸附的 NO₂ 物种，这可能是在 Ce-Ti/H 上 NO 容易氧化的证据。由于在流动中添加了 500μL/L NH₃，在两种催化剂上都发现了谱带的变化。

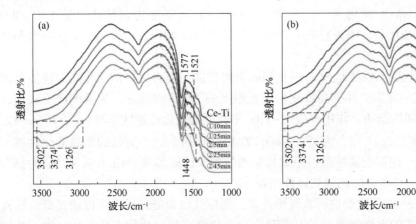

图 6.17 （a）Ce-Ti 和（b）Ce-Ti/H 在 240℃时的原位漫反射红外傅里叶变换光谱[73]

Ce-Ti 在前 5min 内没有显著变化。二齿硝酸盐几乎消失，25min 后在 1448cm⁻¹、3126cm⁻¹、3773cm⁻¹ 和 3485cm⁻¹ 处出现新谱带。1448cm⁻¹ 的谱带是由于 NH₄⁺ 的不对称弯曲振动，而 3000cm⁻¹ 区域以上的谱带是 NH 的伸缩振动。这些条带在引入 NH₃ 后 45min 内稳定下来。对于 Ce-Ti/H、NH₃ 和 NO 物质之间的反应相对较快。吸附 NO₂ 的强度在 5min 内开始下降，15min 内记录到二齿硝酸盐和 NO₂ 的消失和 NH₃ 物种的形成。这些波段的最终稳定时间为 25min，这表明 NH₃ 在 Ce-Ti/H 催化剂上的响应比 Ce-Ti 更快。此外，当气流中同时存在 NO 和 NH₃ 时，表面主要被 NH₃ 相关物质覆盖。这表明在 SCR 反应条件下，NH₃ 的吸附占主导地位。稳定性测试结果表明催化剂在水蒸气和二氧化硫作用下表现出良好的稳定性。

Zeng 等首次将还原型二氧化钛（TiR）作为载体，制备了一系列 CeO₂ 活性位点催化剂用于 NH₃ 选择性催化还原（SCR）NO[74]。催化性能评价结果表明，CeO₂/TiR（CeTiR）的 NO 去除效率远高于 CeO₂/TiO₂（CeTi），如图 6.18 所示。通过 XRD、BET、拉曼、XPS、NH₃-TPD 和 H₂-TPR 对催化剂进行了表征。图 6.19 显示了 TiO₂、TiR-x、CeTiC 和 CeTiR-x 的 XRD 图谱。TiC 和 TiR-500 的所有衍射峰均为锐钛矿（PDF#21-1272）。而对于 TiR-x，随着煅烧温度的升高，金红石（PDF#21-1276）的含量增加；没有观察到其他钛氧化物相，表明它是 TiO₂ 而不是其他钛氧化物。金红石晶体结构的存在会降低 SCR 催化剂的催化活性。因此，CeTiR-600 和 CeTiR-700 催化活性的降低可归因于金红石相的增加。

此外，在 CeTiC 和 CeTiR-x 的 XRD 光谱中没有观察到 CeO₂ 衍射峰，这表明 Ce 物种在载体上分散良好。值得注意的是，与 CeTiC 相比，CeTiR-500 的峰值强度明显降低。这可以归因于 CeTiR 中 Ce 和 Ti 之间的相互作用比 CeTiC 中的强。结合催化活性结果，选择 TiR-500 和 CeTiR-500 催化剂为代表，研究 TiR 与 Ce 物种之间的相互作用，以提高 CeO₂/

TiO₂ 催化剂的催化性能。强相互作用导致 CeTiR 催化剂形成更多的 Ce³⁺ 和更好的氧化还原性能。此外，证实了 CeTiR 更好的氧化还原性能可以被认为是其通过 L-H 机制实现高 SCR 活性的主要原因，而不是酸性特性。这项研究可以为 SCR 催化剂的开发提供一些启示，以改善 Ti 载体和活性物质之间的相互作用，从而增强 SCR 反应。

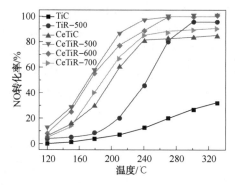

图 6.18　所制备的催化剂的转化率[74]

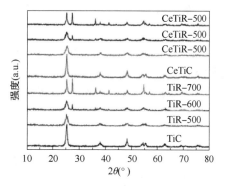

图 6.19　制备催化剂的 XRD 图谱[74]

Xu 等通过浸渍法制备了具有不同铈负载量的负载在二氧化钛上的铈样品，并测试了在过量氧存在下 NH₃ 对 NO 的选择性催化还原[66]。具有不同 Ce 负载量的 Ce/TiO₂ 催化剂的 X 射线粉末衍射图如图 6.20 所示。所有反射提供了 TiO₂ 锐钛矿相(PDF-ICDD21-1272)和立方 CeO₂ 结构的典型衍射图(PDF-ICDD34-0394)。在低 Ce 含量(<20%)下没有观察到立方 CeO₂ 相。这表明铈作为高度分散或无定形的表面物质存在。随着 Ce 负载量从 20% 增加到 70%，CeO₂ 的衍射线变得明显并且变得更尖锐。同时，二氧化钛的衍射线不断变宽。这些结果表明，TiO₂ 的微晶变小，CeO₂ 微晶形成并缓慢生长，在 275~400℃ 的温度范围和 50000h⁻¹ 的空速下，含 5%Ce 及以上的催化剂具有高活性。在试验条件下，所有催化剂都表现出对 N₂ 的优异选择性和对 SO₂ 和 H₂O 的高耐受性。

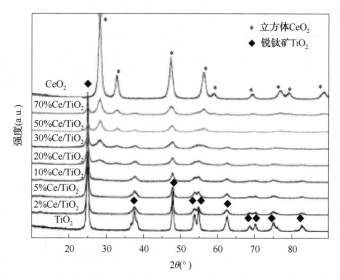

图 6.20　不同铈含量的铈/二氧化钛催化剂的 XRD 图谱[66]

Peng 等热制备了一系列 CeO_2-WO_3(W_xCe) 催化剂, 用于 NH_3 对 NO_x 的 SCR[69]。在三个代表性样品中, W_1Ce 催化剂在 SCR 反应过程中表现出很高的活性, NH_3 氧化产生大量 N_2, 而 $W_{0.05}$Ce 催化剂在高温下 NH_3 氧化产生的 NO 比 W_3Ce 多。随着 WO_3 负载量的增加, 在催化剂表面上观察到三种类型的金属氧化物物质[异多钨物质、$Ce_2(WO_4)_3$ 化合物和结晶 WO_3]。具有固有氧空位的 CeO_2 和结晶 WO_3 的不饱和 W^{n+} 阳离子提供了路易斯酸位点; 同时, $Ce_2(WO_4)_3$ 的 W–O–W 或 W≡O 模式提供了布朗斯台德酸位。基于拉曼光谱, [WO_4] 或 [WO_6] 单元的 W–O 物种可能是活性位点。结果表明反应机制由两个独立的循环组成, 如图 6.21 所示, 由于立方萤石 CeO_2(用于 NH_3 活化)具有优异的储氧能力和还原性而表示为氧化还原循环, 以及由 W–O–W 上形成的布朗斯台德酸位引起的酸位循环(用于 NH_3 吸附)。

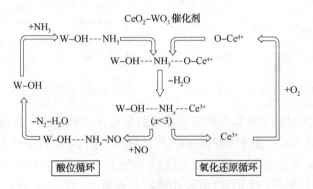

图 6.21　反应机制[69]

TPR 实验中三种催化剂的拉曼光谱如图 6.22 所示。对于 $W_{0.05}$Ce, CeO_2 和高度分散的 WO_3 的峰强度随着温度从 250℃ 升高到 550℃ 而降低。物种在 500℃ 时无法检测到, 只能观察到 459cm^{-1} 处的弱峰。W_1Ce 的拉曼 TPR 曲线如图 6.22(b)所示。F_2g 模式在 500℃ 时仍然明显, 然后在 550℃ 及以上时减弱。结果表明, 掺杂钨会导致二氧化铈的还原性降低。对于 WO_x, 一旦出现 853cm^{-1} 的新峰, 917cm^{-1} 和 933cm^{-1} 的峰强度就会降低, 尤其是在 500℃ 以上时。对于在 900℃ 下煅烧的 WO_x/CeO_2 催化剂, 将 846cm^{-1} 处的峰归因于 $Ce_2(WO_4)_3$。将 858cm^{-1} 处的峰值归因于 TeO_2-WO_3 的 [WO_4] 或 [WO_6] 单位中的 W–O–W 伸缩振动。暂时将此峰归因于 [WO_4] 或 [WO_6] 单元(无定形), 基于 W≡O 与 H_2 在高温下的反应, 因为一旦 W≡O 振动(917cm^{-1})减弱, 该峰就会出现。W_3Ce 催化剂的还原[见图 6.22(c)]也可以得到类似的现象。结果表明, H_2 可以将 $Ce_2(WO_4)_3$ 的 W≡键还原为非晶态钨。对于富含 W 的催化剂, W≡O 物种(295cm^{-1}、923cm^{-1})仅在高于 600℃ 的温度下显著减少。一旦 923cm^{-1} 处的峰降低, 856cm^{-1} 处的峰就会增加。表面硝酸盐物质不能直接参与气态 NH_3 的 SCR 反应。

此外, 吸附的 NO_2 在 200℃ 下表现出对 W_1Ce 催化剂的活性。综上所述, XPS、TPR 和原位拉曼分析结果表明, 在二氧化铈上掺杂钨会降低催化剂的还原性, 原因有二: ①W–O–Se 是由于两者之间的强相互作用而形成的。直接从拉曼光谱中发现了 V–Os–Ce 桥接模式, 并将催化剂的低还原性归因于锚定的 VO_x 物种; ②W≡O 键的还原温度, 即 W_1Ce 催化剂为 525℃, W_3Ce 催化剂为 625℃, 高于 Ce^{4+} 对 Ce^{3+} 的还原温度。因此, SCR 过程中优异的还原性可归因于萤石立方 CeO_2, 而不是 WO_3 或 $Ce_2(WO_4)_3$。

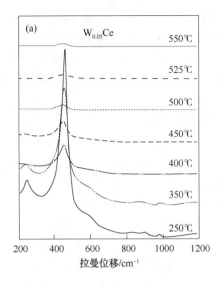
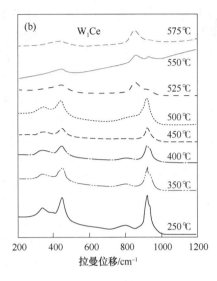

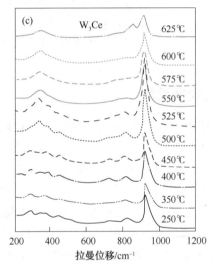

图 6.22　(a) $W_{0.05}Ce$、(b) W_1Ce 和 (c) W_3Ce 在 H_2/N_2 流下的原位拉曼光谱，具有程序升温处理，如在 H_2-TPR 实验中进行的[69]

　　钙钛矿是一种很有前途的空气污染物净化催化剂，由于其优异的热稳定性、优异的氧化还原性能、广泛的通用性和低成本，似乎是低温区域 NO 与 NH_3 的 SCR 的理想候选材料[75]。众所周知，具有一般 ABO_3 分子式的钙钛矿型混合氧化物可以通过部分取代 A 位或 B 位阳离子来有效地改变其物理化学性质。为了研究钙钛矿型混合氧化物对 NO 与 NH_3 的选择性催化还原(SCR)的活性，Zhang 等通过柠檬酸盐络合过程合成了一系列具有不同 B 位阳离子(B=Cu、Co、Mn 和 Fe)的钙钛矿催化剂，并通过 N_2 物理吸附、NH_3 的程序升温脱附(TPD)进一步表征[76]。

　　结果发现，锰基钙钛矿表现出最好的催化活性，在250℃时产生78%的 NO 转化率。具有不同 B 位阳离子的钙钛矿的 XRD 图如图 6.23 所示。这些光谱与 JCPDS 图的比较表明，

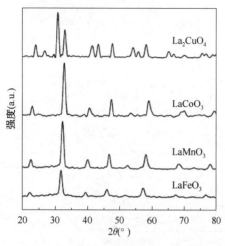

图 6.23 LaBO₃ 或 La₂BO₄(B=Cu、Co、Mn 和 Fe)钙钛矿催化剂的 XRD 图[76]

这一系列 LaBO₃(B=Fe、Mn 和 Co)样品几乎是纯钙钛矿型结构，LaCoO₃ 呈现菱面体对称性(JCPDS 卡号 86-1662)。同样，纯立方 LaFeO₃(JCPDS 卡号 75-0541)和菱面体 LaMnO₃.₁₅(JCPDS 卡 50-0298)钙钛矿型结构也通过 XRD 图案得到证实。LaCuO₃ 的制备很困难，具有 A₂BO₄ 特殊结构的 La₂CuO₄ 在 600℃ 下成功合成，并表现出钙钛矿结构的正交对称性(JCPDS 卡号 82-2142)。基于性能最佳(NO 转化率最高)LaMnO₃，进行了原位漫反射红外傅里叶变换光谱测试，以更好地了解钙钛矿上发生的 NH₃ 对 NO 的低温 SCR 的反应机理。钙钛矿的 NH₃ 吸附能力是影响 SCR 性能的关键因素。进一步对 LaMnO₃ 进行了原位 DRIFTS 研究，以探索反应机理。结果表明，SCR 反应从 NH₃ 化学吸附开始，被认为是速率决定步骤。该机制本质上涉及 Langmuir-Hinshelwood 机制，主要取决于低温范围内 NH_4^+ 离子物种和亚硝酸盐物种之间的相互作用。

6.1.3 挥发性有机污染物治理

持久性有机污染物是最重要的气态空气污染物之一。它们包括杀虫剂，以及二噁英、呋喃和多氯联苯。通常，通用术语"二噁英"用于涵盖多氯二苯并二噁英(PCDD)和多氯二苯并呋喃(PCDF)，而多氯联苯(PCB)被称为"类二噁英化合物"。它们在环境中持续存在很长时间，并且随着它们在食物链中向上移动(生物放大)，它们的影响会被放大。在室外环境中，挥发性有机化合物(VOCs)主要来自工业燃烧、石油化工炼油厂和汽车尾气排放。据报道，VOCs 是光化学烟雾和霾形成的重要前体[77,78]。在室内环境中，家具和油漆是 VOCs 的主要来源。长期接触 VOCs 会对人类造成许多健康风险，包括病态建筑综合征(SBS)、呼吸系统疾病、儿童白血病甚至癌症[79-80]。

已采用多种控制方法从气流中去除有害的挥发性有机化合物，其中包括吸附工艺和高级氧化工艺。吸附工艺在可行性、有效性和成本竞争力方面更为突出。吸附剂和工艺参数的选择主要取决于所用 VOCs 的类型、其化学和结构特性以及吸附剂的特性。高级氧化工艺(AOPs)，如光催化、臭氧催化氧化和等离子体，由于其在温和条件下的高 VOCs 降解效率而被认为是最有前途的方法之一。在这些过程中，会产生具有强氧化性的活性氧(ROS)，包括羟基自由基(OH 自由基)、超氧自由基(O₂ 自由基)、过氧化氢(H₂O₂)和臭氧，将 VOCs 氧化成二氧化碳和水。

Aboukaïsa 等在 M/CeO₂ 催化剂上研究了两种挥发性有机化合物(丙烯和甲苯)的总氧化，其中 M 是 IB 族金属(即 Au、Ag、Cu)，通过两种不同的方法制备：常规湿法浸渍和沉积-沉淀⁸¹。催化剂已通过总表面积(BET)、X 射线衍射(XRD)、电子顺磁共振(EPR)、X 射线光电子能谱(XPS)、漫反射紫外-可见光谱(DR-UV/Vis)和程序升温还原(TPR)测试，以解释在它们对所研究反应的催化活性中观察到的差异。首先，通过比较两种不同的制备方法，金和银的高氧化态金属的存在和铜的簇的存在是造成高催化活性的主要因素。给定 M/CeO_2 的催化性能一方面取决于不同 M 氧化态的存在及其对 Au 和 Ag 的相对比率，另一方面取决于表面上存在的铜氧化物物种的性质。制备方法对这些特征有影响，即使这种影响因金属的性质而异（即，对于金来说，DP 和 Ag 的 Imp 获得了更多量的 M 的更高氧化态）。其次，在发现最活跃的不同 M/CeO_2 系统之间进行了比较。观察到催化活性的顺序如下：$Au/CeO_2-DP > Ag/CeO_2-Imp > Cu/CeO_2-Imp$。该顺序与这些固体中的 M 还原性顺序相关，这与所研究金属的氧化/还原电位的相应值有关。

Delimaris 等采用尿素燃烧法制备了 MnO_x-CeO_2 催化剂，并评价了它们在氧化乙醇、乙酸乙酯和甲苯中的性能[82]。XRD、XPS、H_2-TPR 和 N_2 物理吸附用于催化剂表征。Mn^{2+} 和 Mn^{3+} 离子存在于催化剂中。在富含二氧化铈的材料中，不存在结晶氧化锰相，Mn 离子均匀分布在块体和表面之间，表明 Mn 离子掺入二氧化铈结构中。在富含 Mn 的材料中，会发生 Mn_3O_4 相的偏析。混合氧化物在比相应的单一氧化物更低的温度下被 H_2 还原，Mn 离子促进二氧化铈的还原。相对于单一氧化物，MnO_x-CeO_2 催化剂具有更大的比表面积，可以弥补其比活性的不足，使其可以在更低温下完成 VOCs 的转化。

通过燃烧法制备的 MnO_x-CeO_2 催化剂的性能取决于 $Mn/(Mn+Ce)$ 原子比。在 $Mn/(Mn+Ce)$ 比率高达 0.25 时，主要部分的 Mn 离子结合在二氧化铈晶格中，并且 Mn 离子在主体和催化剂表面的均匀分布是明显的。在 $Mn/(Mn+Ce)$ 比率高于 0.25 时，会发生分离的 Mn_3O_4 相的偏析。Mn^{2+} 和 Mn^{3+} 离子似乎都存在于催化剂的表面上。与纯 MnO_x 相比，氢气对 MnO_x-CeO_2 材料的还原发生在更低的温度下，并且 Mn 离子的存在会导致 Ce^{4+} 离子的大量还原。MnO_x 和 CeO_2 之间的相互作用导致催化剂的结构和热稳定性，并且它们的比表面积大于纯 MnO_x 或 CeO_2 的比表面积。MnO_x-CeO_2 催化剂在氧化乙醇、乙酸乙酯和甲苯中的比活性低于纯 MnO_x 和 CeO_2，但在实践中，混合氧化物催化剂由于其较大的表面积，具有高比活性的 MnO_x-CeO_2 催化剂可以在低尿素当量比下合成，但在这些条件下，最终材料的表面积较小。在这项工作的催化剂上，三种研究的 VOCs 在氧化过程中存在补偿效应。

研究者通过高温煅烧尿素法制备了 $CuO-CeO_2$ 催化剂，并对它们在氧化乙醇、乙酸乙酯和甲苯中的性能进行了评估[83]。XRD、H_2-TPR 和 N_2 物理吸附用于催化剂表征。混合材料的比表面积高于单一氧化物。在富含二氧化铈的材料中，不存在结晶氧化铜相，并且在高于 0.25 的原子 $Cu/(Cu+Ce)$ 比率下发生 CuO 相的偏析。在 H_2 的作用下，复合氧化物被氢气还原的温度低于对应的单氧化物，铜离子显著促进了二氧化铈的还原。乙醇比乙酸乙酯更容易氧化，而乙酸乙酯又比甲苯更容易氧化。低铜含量的 $CuO-CeO_2$ 催化剂在乙醇和乙酸乙酯氧化过程中在所有转化水平下产生非常少量的乙醛。饲料中水的存在增强了这一点。Cu_xCe_{1-x} 催化剂在氧化乙醇、乙酸乙酯和甲苯中的比活性（挥发性有机化合物消耗的比活性）低于纯 CuO 和 CeO_2 的比活性，即两相的结合导致抑制内在活动。

此外，在乙醇和乙酸乙酯氧化过程中，CO_2 的比生成速率也低于 $CuO-CeO_2$，但高于 CuO。与单一氧化物相比，$CuO-CeO_2$ 催化剂的较大表面积抵消了它们较小的比活性，从而允许在较低温度下完成 VOCs 转化。

Gutiérrez-Ortiz 等研究了二氧化铈、氧化锆和 $Ce_xZr_{1-x}O_2$ 混合氧化物作为催化剂在空气中气相破坏单一模型 VOCs(正己烷、1,2-二氯乙烷和三氯乙烯)和非氯化 VOCs/氯化 VOCs 二元混合物[84]。考虑到对这些化合物的单独破坏进行检查的所有催化剂组合物,完全氧化的活性按以下顺序降低:正己烷<1,2-二氯乙烷<三氯乙烯。氯代 VOCs 减排性能最佳的组合物($Ce_{0.5}Zr_{0.5}O_2$ 和 $Ce_{0.15}Zr_{0.85}O_2$)与正己烷氧化性能最佳的组合物(CeO_2)不同。关于氯化 VOCs 的转化,观察到通过结构掺杂 Zr 离子可以显著提高 CeO_2 的催化剂活性。混合氧化物表现出促进氧化还原和酸性的特性,这与 1,2-二氯乙烷和三氯乙烯的氧化具有催化相关性。相比之下,正己烷的燃烧基本上由表面氧物质控制,在 CeO_2 上更丰富。使用 CeO_2 获得高正己烷转化率也部分归因于载体的疏水性和与二氧化碳的相互作用减少。当给定的氯化进料在正己烷存在下分解时,注意到对活性和选择性的显著"混合效应"。

一方面,每种 VOCs 相对于纯化合物的反应性降低了另一种的反应性,从而导致更高的操作温度以实现充分的破坏。竞争吸附在所有催化剂检测到的相互抑制效应中起重要作用。另一方面,当正己烷共进料时,对 HCl 的选择性显著提高,这可能是由于作为氧化产物生成的水的存在。

Heynderickxa 等在丙烷入口分压为 0.6kPa、氧分压为 3.5kPa 和温度为 595~648K 的条件下,通过一组 Cu 和 Ce 基催化剂的稳态实验研究了丙烷的氧化[85]。通过电感耦合等离子体(ICP)、BET、程序升温脱附(TPD)、XRD、脉冲还原-再氧化以及 H_2 和 C_3H_8 对催化剂进行了表征-程序升温还原(TPR)。使用 Mars-van Krevelen 模型观察到氧化铜和二氧化铈之间的协同效应,以描述动力学数据:还原和再氧化的活化能,在具有氧化铜和二氧化铈的二元金属氧化物催化剂上获得,比在单一的 Cu 或 Ce 基催化剂上获得的低 20kJ/mol。二元金属氧化物催化剂 $CuO-CeO_2/\gamma-Al_2O_3$ 的周转频率最高。两种类型的单一金属氧化物的还原和再氧化特性以协同方式结合。在所研究的实验条件范围内,氧化和还原位点的平均分数接近 0.5。这表明所使用的二元氧化物催化剂的配方接近最佳。

Shen 等为了开发在中等温度下工作的 HCHO 氧化催化剂,通过共沉淀和随后在 300℃ 下煅烧,制备了一系列金含量低于 0.85%(质)的 Au/CeO_2 催化剂[86]。在接近 100℃ 的温度下对这些催化剂上的甲醛进行氧化,并通过 XRD 和 TEM 技术表征催化剂的结构。金存在于这些催化剂中高度分散的微晶簇中,没有观察到任何大于 2~3nm 的金晶体。相比之下,CeO_2 载体结晶良好,来自载体 CeO_2(111)晶格平面的条纹在 TEM 图像中非常清晰。在 400℃ 下煅烧 2h,在含有 0.78%(质)金(0.78Au)的样品中形成平均尺寸约为 10nm 的金晶体。然而,较大金晶体的形成导致催化活性降低。似乎高度分散的金催化剂为 HCHO 氧化提供了更多的活性位点。当样品 0.78Au 在 700℃ 下煅烧 2h 时,出现较大的金颗粒(≥50nm),对 HCHO 的氧化活性进一步降低,但仍优于二氧化铈。

XRD 和 XPS 结果显示了一个有趣的事实,即一些金被掺入二氧化铈晶格中。具有低金含量[≤0.85%(质)]并在 300℃ 下煅烧的 Au/CeO_2 催化剂在约 100℃ 的温度下对 HCHO 氧化具有优异的催化活性。在所研究的金含量范围内,HCHO 氧化的催化活性随着金含量的增加而增加。更重要的是,催化剂的催化活性与催化剂中金的晶体结构密切相关。催化剂中高度分散且结晶差的金属金和少量的氧化金对 HCHO 氧化表现出优异的催化活性。将催化剂进一步加热到400℃,不仅会形成结晶良好的金纳米晶体,而且催化活性也会明显下降。因此，控制合成参数以实现高度分散的金物种对于开发用于 HCHO 氧化的高效金催化剂至关重要。如 XRD 和 XPS 结果所示，在 700℃下煅烧会产生大的金晶体，其催化活性较差，但同时会促进 Ce⁴⁺ 离子被二氧化铈晶格中的 Au³⁺ 离子取代，导致晶格收缩。用 NaCN 溶液浸出 0.78Au(700)样品可去除 Au³⁺ 离子，恢复二氧化铈的标准晶格常数。但是，浸出样品的活性比二氧化铈的活性还要差。Au³⁺ 离子可以在 700℃下稳定在二氧化铈晶格中的发现对于理解负载型金催化剂的性质很重要。

6.2　水体治理

清洁安全的水在人类生命和健康中发挥着至关重要的作用，所有生物都需要水才能生存和生长[87,88]。此外，快速工业化、城市化和现代农业实践等人类活动增加了对清洁水的巨大需求。然而，如果不确保为所有消费者提供安全用水，就无法实现全球可持续发展。目前的水资源短缺正在迅速增长，并影响到全球[89,90]。水资源压力正在迅速增加，特别是在发展中国家。根据联合国数据，20 世纪全球用水量的增长速度是人口增长速度的两倍[91]。随着人口的增长和经济活动的增长，水退化已成为全球关注的问题。水质差会导致水不适合使用，会对健康和环境造成多重后果，并进一步降低水的可用性。地表水和地下水的污染正在成为对可用淡水的最大威胁之一。

工业化的快速发展使含有有机和无机污染物的废水排放量增加，给人类健康及其生存环境带来了重大威胁[92,93]。在全球范围内，超过80%的原废水直接排放到生态系统中。废水可能含有多种有毒或者有害化学物质[87]。例如，染料工业排放物通常是含有有害染料物质的混合物，当它们与附近的水体混合时，会降低溶解氧含量并遮蔽阳光，从而影响水生动植物。制药行业和医疗保健中心的废水可能含有抗生素等药物残留物，会污染水源[94-96]。生物污染的水可以传播疾病，包括痢疾、黄疸、腹泻、霍乱、伤寒等[97]。根据世界卫生组织的数据，每年因腹泻导致的死亡人数为 485000 人。因此，获得纯净水是人类和满足人类活动需求的最终要求。显然，净化受污染的水是应对清洁水危机的最佳选择。此外，它们在整个食物链中的可持续性甚至可能使情况变得更糟[98]。无机重金属离子(如铬、铜、铁、铅、银和锌)，主要来源于采矿、冶金、油漆、化肥和电池制造，因其对生物体的有害影响而臭名昭著[99-101]。饮用水中重金属离子的存在会对人类造成一系列不良损害，包括脑病、贫血、肾病综合征、肌肉协调性差和发育迟缓。考虑到有机和无机污染物的巨大危害性，必须在将废水排放到环境之前将这些污染物从废水中去除。

水净化方法如沉淀-混凝、超滤、反渗透、吸附、芬顿工艺、生物修复、植物修复、透析、声催化和电化学方法在全球范围内得到应用。稀土材料在水净化方面有着广泛的应用。

6.2.1　水体有机污染物治理

排放含有有机染料的废水，即使浓度很低，也会产生巨大污染，不仅会增加污水的 COD(化学需氧量)和毒性，还会降低透光度，进一步抑制植物在水中的光合作用[102,103]。此外，有机染料还可以引发皮肤病，包括过敏性皮炎或皮肤刺激，甚至可以诱导水生生物致癌和致突变[104,105]。地表水和地下水受到化学和生物污染物的高度影响。不同的技术可用于从水和流出物中去除污染物，例如流体萃取、光催化降解、结合光芬顿和生物氧化、好氧降解、纳滤膜高级氧化工艺、臭氧化、混凝、固相萃取和吸附[106-108]。

PHURUANGRAT 等研究了 Ce 掺杂剂对 ZnWO$_4$ 的相、形貌、光学性质和光催化活性的影响[109]。通过 XRD、TEM、XPS 和 Uv-vis 光谱对产物进行了表征。图 6.24 显示了 1%（摩）和 3%（摩）Ce 掺杂的 ZnWO$_4$ 纳米棒的 TEM 和 SAED 结果。Ce 掺杂的 ZnWO$_4$ 显示出均匀和完美的晶体纳米棒，具有直线和曲线形状。TEM 观察到平均直径为 20nm、长度可达 300nm 的和 3%（摩）Ce 掺杂的 ZnWO$_4$ 纳米棒。SAED 图谱取自单个 ZnWO$_4$ 纳米棒中的每一个。它们显示的斑点图案证实了 1%（摩）和 3%（摩）Ce 掺杂的 ZnWO$_4$ 纳米棒是单晶。这些由垂直于纳米棒长轴的电子束记录的 SAED 图案表明，产物是单斜 ZnWO$_4$ 单晶。这些 SAED 图案被解释为在单斜晶 Ce 掺杂的 ZnWO$_4$ 纳米棒的 [012] 方向上具有电子束。结果表明，纯产物为单斜晶系 ZnWO$_4$ 纳米棒，生长方向为 [021]，Ce 掺杂产物中含有 Ce^{3+} 和 W^{6+}。通过在紫外光照射下降解亚甲基蓝（MB）溶液来评估光催化剂的光催化活性。结果表明，MB 光催化降解的效率受 Ce 掺杂剂的影响。Ce 掺杂的 ZnWO$_4$ 样品的光催化活性高于纯 ZnWO$_4$。

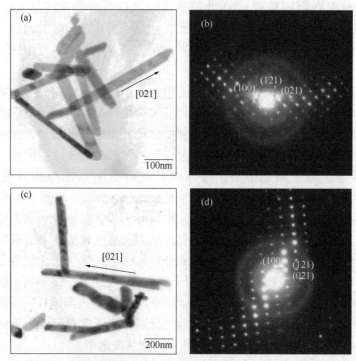

图 6.24 （a、b）1%（摩）Ce 掺杂的 ZnWO$_4$ 和（c、d）3%（摩）
Ce 掺杂的 ZnWO$_4$ TEM 图像和 SAED 图谱[109]

在 Geethaa 等的研究中，报道了通过简单的共沉淀技术生产的 La：ZnWO$_4$ 和 Ce：ZnWO$_4$ 纳米粒子的增强光催化行为[110]。X 射线衍射研究表明，La 和 Ce 离子和谐地结合到 ZnWO$_4$ 晶格内的 Zn^{2+} 位点或间隙位点中，而不会改变单斜黑钨矿相，如图 6.25 所示。场发射扫描电子显微镜研究表明，La：ZnWO$_4$ 和 Ce：ZnWO$_4$ 样品形成球形颗粒和纳米棒状形态。La 和 Ce 掺杂的 ZnWO$_4$ 纳米粒子的光学带隙能量收缩是由于掺杂剂浓度引起的微观结构缺陷的影响而实现的。在 350~600nm 区域感知到的宽蓝绿色发射峰归因于从 O_2p 到 W_5d 轨道的电子跃迁。对于 2% La 掺杂的 $ZnWO_4$ 样品，获得了 283.272m^2/g 的最高表面积。

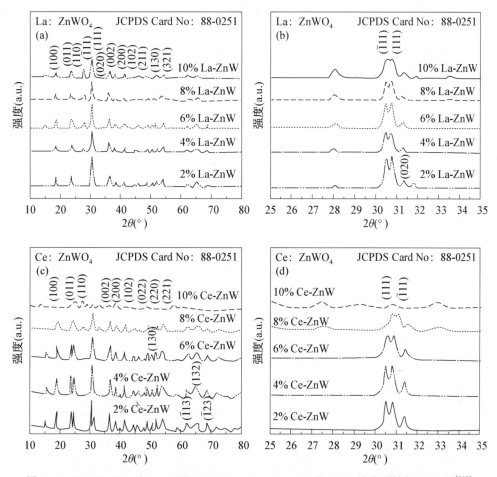

图 6.25 La：$ZnWO_4$ 和 Ce：$ZnWO_4$(2%，4%，6%，8%和10%)纳米颗粒的 XRD 图[110]

通过 X 射线光电子能谱研究确定样品的元素组成。室温下激发波长为 320nm 的 La：$ZnWO_4$ 和 Ce：$ZnWO_4$NPs 的光致发光(PL)光谱如图 6.26 所示。La 掺杂的 $ZnWO_4$ 在 350nm 和 600nm 之间观察到宽的蓝绿色发射峰样品，这可能是由于 O2p(价带)和 W5d(导带)之间的电子跃迁源于本征 WO_6^{6-} 配合物的发光中心。纯 $ZnWO_4$ 纳米颗粒在 300~700nm 的波长范围内也出现类似的宽峰。$ZnWO_4$ 纳米粒子的发射峰强度随着掺杂剂(La)浓度的增加而增加，这可能是由于 La 离子减少了氧空位缺陷、更高的电子-空穴复合、晶格畸变和晶粒尺寸减小的事实。一般来说，较低的 PL 强度表明电子和空穴对的复合率较低，这可能会增强产物的光催化活性。La：$ZnWO_4$ 和 Ce：$ZnWO_4$ 纳米光催化剂对亚甲基蓝的降解表现出比纯 $ZnWO_4$ 催化剂优异的染料去除效率。这可能是由于 RE 离子(La 和 Ce)支持 $ZnWO_4$ 中光致电子-空穴对的分离。

Meng 等以柠檬酸为络合剂，采用简便的溶胶-凝胶法合成了一系列 $BiFeO_3$ 和镧掺杂 $BiFeO_3$ 光催化剂，用于在模拟阳光照射下去除工业废水中的苯酚[111]。通过 X 射线衍射、能量色散光谱、X 射线光电子能谱、紫外-可见漫反射光谱和光致发光光谱对样品进行了表征。样品的 SEM 图像如图 6.27 所示。显然，未掺杂的 $BiFeO_3$ 的粒径不同于 15%La 掺杂的 $BiFeO_3$。未掺杂的 $BiFeO_3$ 由许多尺寸为 210~400nm 的细长大块颗粒组成，它们相互黏附。此外，15%La 掺杂的 $BiFeO_3$ 的形貌呈现出尺寸为 60~150nm 的不规则球形颗粒。显然，15%La 掺杂的 $BiFeO_3$ 样品的粒径小于未掺杂的 $BiFeO_3$，这进一步说明 La^{3+} 的掺入可以降低催化剂的粒径。较小的尺寸有利于光生电子的转移和光催化性能的提高，La 的引入有效地抑制了杂质相的产生。

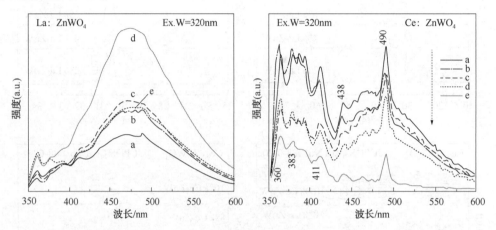

图 6.26　La：$ZnWO_4$ 和 Ce：$ZnWO_4$（a：2%，b：4%，c：6%，d：8% 和 e：10%）
纳米颗粒的光致发光光谱[110]

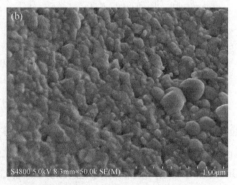

图 6.27　（a）未掺杂的 $BiFeO_3$ 和（b）15%La 掺杂的 $BiFeO_3$ 催化剂的 SEM 图像[111]

　　所有金属（La、Bi 和 Fe）分布良好。通过在模拟太阳光照射（300W 卤素灯）下降解苯酚（20mg/L）180min 来评估样品的光催化性能。如图 6.28（a）所示，通过掺入适量的镧，$BiFeO_3$ 的光催化性能得到了增强。特别是 15%La 掺杂 $BiFeO_3$ 的降解率达到 96%，远高于未掺杂 $BiFeO_3$。此外，进一步进行 COD 测量以研究苯酚的矿化程度，通过 COD 去除率量化，如图 6.28（b）所示。15%La 掺杂 $BiFeO_3$ 的 COD 去除率为 81.53%，远高于未掺杂 $BiFeO_3$ 的 COD 去除率（14.81%）。显然，较高的 COD 去除率表明光催化降解中有机材料的矿化率较高。此外，$\ln(C_0/C_t)$ 对时间的曲线表明光催化反应遵循一级动力学。表观速率常数从图 6.28(c)中获得。此外，La 掺杂催化剂的苯酚降解率明显高于未掺杂样品。15%La 掺杂 BiFeO$_3$ 的光催化能力增强归因于吸附表面羟基的增加、可见光吸收的增强和电子-空穴复合的减少。通过在苯酚的光降解过程中添加不同的清除剂，证实了主要的活性物质是·OH，并在这些实验的基础上提出了反应机理。

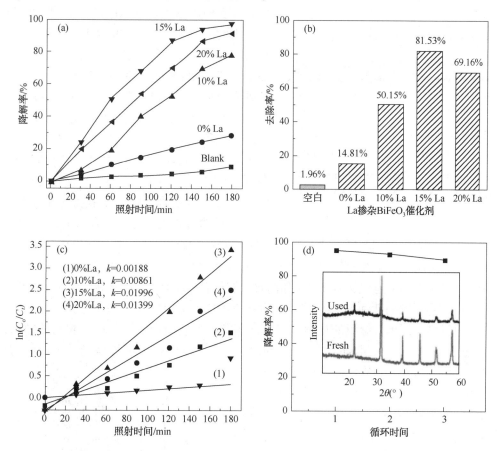

图 6.28　模拟日光照射 180min 后，有 Bi1-xLa$_x$FeO$_3$ 催化剂和无催化剂(空白实验)苯酚
溶液的(a)光催化活性和(b)COD 去除率，(c)La 掺杂的 BiFeO$_3$ 催化剂的 ln(C_0/C_t)与
时间的关系，(d)15%La 掺杂 BiFeO$_3$ 催化剂的回收试验和回收前后的 XRD 图谱[111]

Barrera 等研究了 2.0%(质)Ag/Al$_2$O$_3$-Gd$_2$O$_3$(Ag/Al-Gd-x；其中 x=2.0、5.0、15.0、25.0)紫外光照射下在水介质(80μg/g)中降解 4-氯苯酚(4-ClPh)的光催化活性[112]。通过 N$_2$ 物理吸附、X 射线衍射、SEM、HRTEM、UV-Vis、XPS、FTIR 和荧光光谱对光催化剂进行了表征。溶胶-凝胶法制备的 Ag/Al-Gd-x 光催化剂的 XRD 如图 6.29 所示。纯 Ag/Al 的 XRD 图在 2θ=33.1°、37.6°、46.3°和 66.7°处显示出衍射峰，对应于结晶 γ-Al$_2$O$_3$ 相的平面(JCPDS 卡号 10-0425)。而纯 Ag/Gd 的 XRD 图案显示出对应于具有立方结构的 Gd$_2$O$_3$ 晶面的衍射峰(JCPDS 卡号 12-0797)。在 Ag/Al-Gd-x 光催化剂的 XRD 图中也观察到了 γ-Al$_2$O$_3$ 的衍射峰，然而，它们的强度随着 Gd$_2$O$_3$ 浓度的增加而降低。

当 Gd$_2$O$_3$ 的浓度高于 15.0%(质)时，γ-Al$_2$O$_3$ 的衍射峰几乎是平面的，并且 XRD 图案

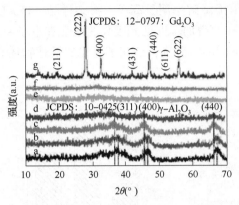

图 6.29　Ag/Al-Gd-x 光催化剂的 X 射线衍射图谱：（a）Ag/Al$_2$O$_3$，（b）Ag/Al-Gd-2，（c）Ag/Al-Gd-5，（d）Ag/Al-Gd-15，（e）Ag/Al-Gd-25，（f）Ag/Al-Gd-50，（g）Ag/Gd$_2$O$_3$[112]

与无序材料显示的几乎相似，表明缺乏长程有序的结构周期性。在 Ag/Al-Gd-x 光催化剂的 XRD 图中没有观察到任何对应于 Gd$_2$O$_3$ 相的衍射峰，这表明无定形 Gd$_2$O$_3$ 颗粒与 γ-Al$_2$O$_3$ 团聚体均匀混合。在使用 Ag/γ-Al$_2$O$_3$ 进行 4h 紫外光照射后，大约 67.0% 的 4-ClPh 发生了光转化。当测试 Ag/Al-Gd-x 光催化剂时，在 Gd$_2$O$_3$ 含量为 15.0%（摩）和 25.0%（摩）的材料中，经过 3h 的紫外光照射，4-ClPh 的光转化率得到改善，超过 90.0% 的 4-ClPh 被光转化。Ag/Al-Gd-25 是溶解有机碳矿化效率最高的材料，在紫外光照射 4h 后矿化率超过 85.0%。在 Ag/Al-Gd-25 光催化剂中检测到与 Al$_2$O$_3$-Gd$_2$O$_3$ 复合氧化物的平面纳米带相交的银纳米粒子和不规则五边形微粒。这种材料的特点是电子-空穴对的复合率最低。

在具有高 Gd$_2$O$_3$ 含量[≥15.0%（质）]的 Ag/Al-Gd-x 光催化剂中，光诱导电子-空穴对的低复合率证实了银纳米粒子和微粒与 Al$_2$O$_3$-Gd$_2$O$_3$ 复合氧化物实体相互作用的存在有利于光生电荷（e$^-$ 和 h$^+$）的分离。这些材料适合用作高效光催化剂，以消除介质中高浓度的 4-ClPh。

Li 等以阳离子表面活性剂（十六烷基三甲基溴化铵，CTAB）和氯化铈（CeCl$_3$·6H$_2$O）为原料，采用新型、简单、绿色的化学沉淀法，在室温下直接合成了各种形貌的纯纳米结构 CeO$_2$ 的稳定晶相[113]。采用 XRD、FTIR、SEM、TEM、电子衍射和拉曼光谱等全面的结构表征技术来检查形貌和最终产品的微观结构。

FTIR 通常用作额外的探针来证明 OH 基团以及其他有机和无机物质的存在。制造的 CeO$_2$ 纳米结构材料通过光谱技术在 4000～400cm^{-1} 范围内进行表征。合成后的 CeO$_2$ 纳米结构和 CTAB 的 FTIR 光谱如图 6.30 所示。在 2800～3020cm^{-1} 区域观察到一些谱带，这归因于 CTAB 表面活性剂。不对称（2918.7cm^{-1}）和 C-CH$_2$ 和 C-CH$_3$ 不对称伸缩的对称伸缩振动（2846.4cm^{-1}）及 N-CH$_3$ 对称伸缩振动（3011.6cm^{-1}）归属于固体表面活性剂 CTAB。1450～1500cm^{-1} 区域的尖锐条带归因于掺入的表面活性剂的 -CH$_2$- 和 -CH$_3$ 的变形。对于合成后的 CeO$_2$ 纳米结构样品，在图 6.30（b-d）的 2800～

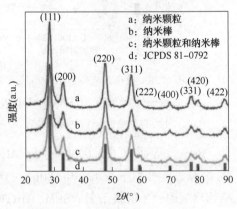

图 6.30　（a-d）合成态 CeO$_2$ 纳米结构的 FTIR 光谱[113]

3020cm^{-1} 区域内没有观察到一些归因于 CTAB 表面活性剂的谱带。在 2846.4cm^{-1} 和 2918.7cm^{-1} 处不存在 CH$_2$ 振动表明合成样品中不存在表面活性剂。3381.8cm^{-1} 和 1623.1cm^{-1} 处的谱带可归因于 O-H 样品表面吸附水的振动。除了 850～1600cm^{-1} 和 2800～3000cm^{-1} 区域

中的谱带外，由于Ce—O的拉伸频率，在450cm⁻¹以下可以看到谱带，这证实了CeO₂的形成。FT—IR光谱的峰位和峰形与CeO₂Sadler（SDBS40343）的标准光谱一致。在大约1558cm⁻¹、1373cm⁻¹、1046cm⁻¹和877cm⁻¹处的FTIR吸收带与商业CeO₂粉末和CeO₂纳米颗粒的吸收带相似。

研究者测试了纳米结构CeO₂对偶氮染料刚果红（CR）降解的催化活性。为了获得CR的最佳降解条件，在不同浓度的CR染料和不同数量的纳米结构CeO₂下，测试了不同形态（球形纳米颗粒、纳米棒及其混合物）的纳米结构CeO₂从废水中去除CR的性能。结果表明，CR对废水中的有机污染物具有出色的去除能力。

Kumaresan等通过溶胶—凝胶法合成了锶掺杂的二氧化钛纳米片和二氧化钛纳米颗粒[114]。材料的表征揭示了Sr^{2+}掺杂的TiO_2的介孔纳米片状结构。0.1%（质）Sr^{2+}掺杂的TiO_2的TEM图像如图6.31所示。TEM图像清楚地表明Sr^{2+}掺杂的TiO_2纳米板具有12nm的平均宽度和25~75nm的长度。TiO_2纳米粒子的TEM图像清楚地显示了TiO_2纳米粒子的球形形状，粒径分布在5~12nm。Sr^{2+}掺杂的TiO_2纳米片和TiO_2纳米颗粒的放大图像显示了TiO_2纳米颗粒的晶格条纹。研究者还发现Sr^{2+}掺杂的TiO_2纳米板的厚度和边长分别为12nm和25~75nm。由于存在介孔，TiO_2纳米颗粒和Sr^{2+}掺杂的TiO_2纳米显示出更高的表面积。使用2,4-二硝基苯酚（DNP）作为模型污染物评估了TiO_2纳米颗粒和Sr^{2+}掺杂的TiO_2纳米片的光催化活性。Sr^{2+}掺杂的TiO_2纳米片的光催化活性高于TiO_2纳米颗粒和商业TiO_2（DegussaP-25）。由于带隙能量和表面积的增加，Sr^{2+}掺杂的TiO_2纳米板表现出增强的光催化活性。

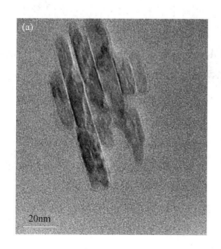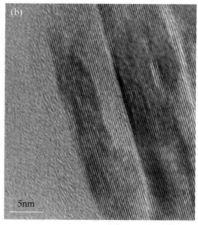

图6.31 （a）0.1%（质）Sr^{2+}掺杂的TiO_2纳米板在20nm比例尺下的TEM显微照片和
（b）0.1%（质）Sr^{2+}掺杂的TiO_2纳米板在5nm比例尺下的放大图像[114]

带隙的增加导致有效的电荷分离，降低了电子-空穴对的复合率，并增强了固-液界面处的快速电子转移。通过用Ti^{4+}离子取代Sr—O晶格中的Sr^{2+}离子以解决电荷不平衡的问题，可以使氢氧根离子吸附在表面上。与此同时，表面上的OH^-可以捕获光生空穴并形成羟基自由基。这个过程压制了光诱导的电荷载流子复合。此外，纳米粒子倾向于形成中空结构，提供了更高的表面积，这对于吸附和降解污染物是有利的。在 Sr^{2+} 掺杂的 TiO_2 催化剂中，0.1%（质）Sr^{2+} 掺杂的 TiO_2 在波长为 254nm 的光下降解 2,4-DNP 的光催化活性高于其他催化剂。

Li 等采用溶胶-凝胶法制备了一系列具有特殊 4f 电子构型的铈离子掺杂二氧化钛（Ce^{3+}-TiO_2）催化剂[115]，并采用 BET、XRD、XPS、DRS 以及 PL 发射光谱对催化剂进行了表征。对 Ce^{3+}-TiO_2 催化剂在紫外或可见光照射下在水悬浮液中降解 2-巯基苯并噻唑（MBT）的光催化活性进行了评估。实验结果表明，由于更高的吸附容量和更好的电子-空穴对分离，Ce^{3+}-TiO_2 催化剂在 MBT 降解中的整体光催化活性显著提高。实验结果验证了吸附平衡常数（K_a）和饱和吸附量（Γ_{max}）均随着铈离子含量的增加而增加。XPS 分析结果表明，Ti^{3+}、Ce^{3+} 和 Ce^{4+} 存在于 Ce^{3+}-TiO_2 催化剂中。DRS 分析结果表明，Ce^{3+}-TiO_2 催化剂在 400~500nm 可见光区域具有显著的光吸收，因为电子可以从 TiO_2 的价带或氧化铈的基态激发到 Ce4f 能级。同时，通过 PL 分析研究了电子-空穴对分离对铈离子含量的依赖性。结果表明，电子-空穴对的分离效率随着铈离子含量的增加先增加，然后在铈离子含量超过其最佳值时降低。有人提出，在 Ce^{3+}-TiO_2 中形成两个亚能级（缺陷能级和 Ce4f 能级）可能是消除电子-空穴对复合和提高光催化活性的关键原因。

Kumar 等水热合成了单相原始和 1%~5%（摩）Zn 掺杂的 SnO_2 纳米颗粒，用于将 4-硝基苯酚催化还原为 4-氨基苯酚[116]。XRD 证实了四方晶体结构的形成和 Zn 在 SnO_2 上的成功掺杂。通过 SEM、TEM 研究证实了合成纳米颗粒的粒径和形态。用 UV-vis 分析了带隙随 Zn 掺杂的变化，结果证实了 Zn 掺杂导致带隙减小，达到了高达 2.5%（摩）的掺杂效果。BET 表面积分析显示表面积随着 Zn 浓度的增加而减小。在 $NaBH_4$ 作为还原剂的情况下，所有合成样品都显示出显著的 4-硝基苯酚还原催化活性。反应的速率常数通过 $\ln(A_t/A_0)$ 对时间的作图确定，如图 6.32 所示。这里 A_t 和 A_0 分别是反应过程中和反应开始时硝基苯酚离子的吸光度。根据该图的线性拟合，纯 SnO_2 纳米颗粒的速率常数等于 0.150min^{-1}，而 1%（摩）、2.5%（摩）和 5%（摩）掺杂的 SnO_2 纳米颗粒的速率常数分别为 0.3137min^{-1}、0.5876min^{-1} 和 0.253min^{-1}。

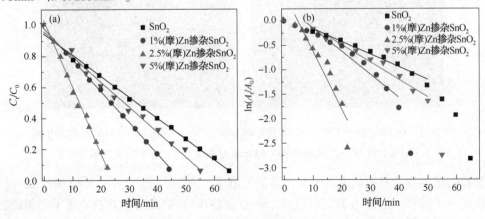

图 6.32 （a）4-硝基苯酚浓度的相对降低和（b）在 0、1%（摩）、2.5%（摩）和 5%（摩）Zn 掺杂的 SnO_2 纳米粒子存在下的催化反应的动力学图[116]

动力学研究表明，2.5%（摩）Zn 掺杂的 SnO_2 表现出最高的催化活性。催化研究表明，与纯 SnO_2 纳米颗粒相比，2.5%（摩）Zn 掺杂纳米颗粒的催化活性提高了 3 倍。高表面积、合适的形态、高表面氧空位和能带结构等，这些是决定催化剂具有更好催化活性的因素。具有高表面积的催化剂提供了大量对任何催化反应都非常有益的表面活性位点。从 BET 表面积分析中，观察到纯 SnO_2 纳米颗粒的表面积比 Zn 掺杂的 SnO_2 纳米颗粒高。然而，与掺杂锌的 SnO_2 纳米颗粒相比，原始 SnO_2 的催化活性较低。因此，对于提高 Zn 掺杂 SnO_2 纳米颗粒的催化活性，催化剂的表面积起的作用最小。然而，随着 Zn 掺杂浓度的增加，SnO_2 纳米粒子的带隙减小高达 2.5%（摩），这可能导致合成样品的高电导率。因此，Zn 掺杂的 SnO_2 纳米颗粒的电导率增加可导致其有效的催化活性，将 4-NP 还原为 4-AP。从带隙分析中还观察到，随着掺杂剂浓度的进一步增加，超过 2.5%（摩），带隙增加，催化活性降低，这证实了带结构在 Zn 掺杂 SnO_2 纳米粒子的催化活性中的作用。

Umara 报道了通过快速简便的溶液燃烧工艺制备的良好结晶二维氧化铈（CeO_2）纳米薄片的合成、表征和应用[117]。对纳米薄片进行了详细的表征，将其用作染料降解的光催化剂，并用作制造高灵敏度对苯二酚化学传感器的有效电子介质。详细的表征表明，制备的纳米薄片结晶良好，并且以非常高的密度生长。合成的 CeO_2 纳米薄片对直接 DR-23 染料的光催化降解表现出良好的光催化活性。染料光催化降解的光诱导氧化还原反应通过染料分子在 CeO_2 纳米薄片表面的化学吸附进行。

在紫外光照射下，电子从价带（VB）激发到 CeO_2 纳米片光催化剂的空导带（CB），形成电子/空穴对。这些电子/空穴对的产生引发了催化剂表面上的一系列氧化还原反应。VB 中的空穴被有效地电离并氧化水以产生 dotOH 自由基。CB 中的电子与氧在 CeO_2 纳米片光催化剂表面发生一系列反应，在还原过程中产生 O^{2-} 自由基点、HO_2 自由基点、H_2O_2 和自由基·OH 等含氧活性物质。在这种情况下，CeO_2 光催化剂表面上的这些大量含氧物质在紫外线照射下形成，大大促进了 DR-23 染料快速光降解为危害较小的产物。此外，合成的纳米薄片被用作有效的电子介质来制造可重复且高灵敏度的对苯二酚化学传感器。制造的化学传感器表现出可重复性，可靠的灵敏度为 $2.04\mu Am/[(mol/L)\cdot cm^2]$，检测限为 $2.914\mu mol/L$，相关系数（R）为 0.98815，在 $78\mu mol/L \sim 12.5 mmol/L$ 具有良好的线性。观察结果证实，CeO_2 纳米薄片可以有效地用于光催化和传感应用。

6.2.2 水体重金属治理

重金属是相对原子质量在 $63.5 \sim 200.6$、相对密度大于 5.0 的元素[118]。随着金属电镀设施、采矿作业、化肥工业、制革、电池、造纸工业和农药等行业的快速发展，重金属废水直接或间接排放到环境中的情况越来越多，尤其是在发展中国家。与有机污染物不同，重金属是不可生物降解的，并且往往会在生物体内积累，而且已知许多重金属离子是有毒或致癌的。工业废水处理中应特别关注的有毒重金属包括锌、铜、镍、汞、镉、铅和铬。土壤或河流湖泊中的重金属会对环境和生物造成严重破坏。锌是一种对人体健康至关重要的微量元素。它对活组织的生理功能很重要，并调节许多生化过程。然而，过多的锌会导致严重的健康问题，例如胃痉挛、皮肤刺激、呕吐、恶心和贫血。铜在动物新陈代谢中发挥着重要作用。但是过量摄入铜会导致严重的毒理学问题，例如呕吐、痉挛、抽搐，甚至死亡。除了胃肠道不适、肺纤维化和皮肤皮炎外，超过人体临界水平的镍可能会导致严重的肺部和肾脏问题[119]。汞是一种神经毒素，可对中枢神经系统造成损害。高浓度的汞会导致肺和肾功能受损、胸痛和呼吸困难[120]。慢性镉暴露会导致肾功能障碍，高水平暴露会导致死亡。铅会导致中枢神经系统损伤。铅还会损害肾脏、肝脏和生殖系统、基本细胞过程和大脑功能[121]。铬主要以两种状态存在于水环境中：Cr(Ⅲ)和Cr(Ⅵ)。一般来说，Cr(Ⅵ)比Cr(Ⅲ)毒性更大。Cr(Ⅵ)影响人体生理机能，在食物链中积累并导致严重的健康问题(从简单的皮肤刺激到肺癌)[122]。

许多用于去除重金属离子的方法被人们开发出来，包括化学沉淀、离子交换、吸附、膜过滤、电化学处理技术等。

Recillasa等合成了CeO_2、Fe_3O_4和TiO_2的纳米颗粒(NPs)悬浮液，并在水清洗过程中进行了铅去除测试[123]。所获得的结果有望用于通过吸附过程将这些纳米颗粒用于铅消除。获得的NPs吸附容量为：189mg Pb/gNPsCeO$_2$、83mg Pb/gNPsFe$_3$O$_4$和159mg Pb/gNPsTiO$_2$。图6.33显示了具有八面体形态的CeO_2纳米颗粒的TEM图像和XRD图谱。衍射峰对应于CeO_2立方萤石结构的(111)、(200)、(220)、(311)、(222)、(400)、(331)和(420)面。纳米粒子的平均直径为12.4nm。在TiO_2纳米粒子的情况下，TEM图像表明NPs的平均尺寸约为7.6nm，产品的形状是无定形的。XRD图显示分别对应于(111)、(101)、(111)、(210)、(211)、(220)、(002)、(301)和(112)面的衍射峰。最后，Fe_3O_4纳米粒子的TEM图像显示平均直径为7.8nm，而XRD图案在(220)、(311)、(400)、(422)、(511)和(400)平面中呈现衍射峰，对应于Fe_3O_4的标准图谱。一般来说，所有的纳米颗粒都显示出不规则的形态。

此研究关注的另一个重要问题是确定该过程每个步骤中NPs的毒性：合成的NPs、铅吸附后的NPs和NPs分离后的上清液。为了研究与生物体的相互作用，进行了番茄、莴苣、黄瓜种子的发芽试验和Microtox测定，使用生物发光海洋细菌磷光杆菌/费氏弧菌来评估这些材料的毒性。CeO_2NPs显示出高水平的铅去除，尽管呈现出高植物毒性。TiO_2NPs抑制了铅对海洋细菌的毒性。有趣的是，用于稳定NPs的介质(氢氧化四甲基胺和六亚甲基四胺)显著降低了发芽指数。TiO_2和Fe_3O_4NPs没有表现出任何毒性，可用作去除Pb(Ⅱ)的吸收剂。

在Recillasa等的研究中，他们用六亚甲基四胺稳定的悬浮氧化铈纳米颗粒去除纯水中溶解的六价铬[124]。测试了几种浓度的吸附剂和被吸附物，以覆盖广泛的可能真实条件。结果表明，Freundlich等温线很好地代表了纳米颗粒和铬之间达到的吸附平衡，而吸附动力学可以通过伪二级表达式建模。获得了从介质中分离出铬-铈纳米颗粒并使用氢氧化钠解吸铬而没有铈损失的方法。通过TEM观察了吸附-解吸过程中纳米颗粒的团聚和形态变化。铬脱附研究在中性、酸性和碱性条件(去离子水、0.1mol/L HNO_3、0.1mol/L HCl、0.1mol/L H_2SO_4和0.1 mol/L NaOH)下进行。酸性淋洗液中铬的解吸回收率较高，H_2SO_4回收率约为100%，HCl回收率为80%，HNO_3回收率为86%(见图6.33)；然而，检测到大量的CeO_2再溶解(见图6.33)。使用水作为洗脱剂获得的Cr(Ⅵ)的量可能是在添加洗脱剂之前，当铈-铬颗粒干燥时，物理吸附在表面的铬。关于在去离子水洗脱液中检测到的铈(初始铈的5%)，这可能是由于纳米颗粒悬浮在液相中。很明显，CrVI离子形式随pH值变化而变化，如图6.34所示。然而，用于吸附过程的CeO_2纳米颗粒的主要优点之一是作为pH值函数的宽

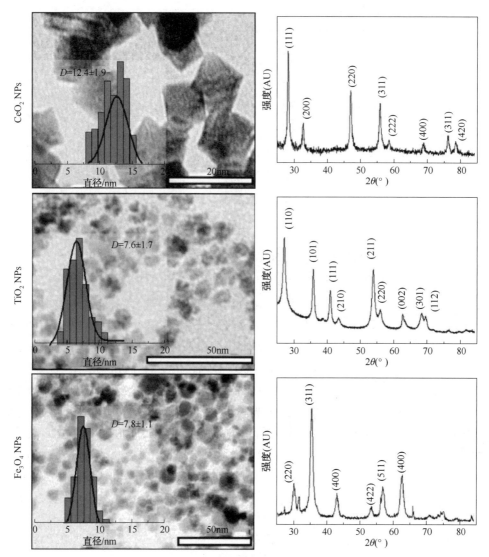

图 6.33　NPs 的特征，左：TEM 图像和尺寸分布（插图），右：XRD 光谱，
作为这些纳米颗粒的特征信号[123]

最大吸附（从 3.0 到 7.4）。在吸附过程中观察到 pH 值略有降低，24h 后的最终 pH 值为 6.5。

在这项研究中获得的另一个显著结果是通过 Microtox 商业方法测量的纳米粒子处理的水的低毒性。当高毒性重金属（如六价铬）是造成水污染的原因时，这些结果可用于提出处理顺序，用于清洁和简单地去除饮用水中的重金属或废水再利用。

Mishra 等采用了简单、单一反应釜和无表面活性剂的气凝胶工艺，合成了尺寸为 3～5nm 和比表面积为 257m^2/g 的氧化铈（CeO_2）纳米颗粒[125]。他们通过改变前驱体的浓度来调整 CeO_2 纳米颗粒的比表面积和孔隙率。采用 TEM、SEM、XRD、N_2-BET 和 FTIR 对 CeO_2 纳米颗粒进行了表征。制备的 CeO_2 用于从水中以不同的污染物浓度（25～100μg/g）和 pH 值（3～10）去除 As（Ⅲ）和 As（Ⅴ）。在暴露的最初几分钟内，吸附过程非常快。CeO_2 纳米颗粒对 As（Ⅲ）和 As（Ⅴ）的吸附能力分别为 71.9mg/g 和 36.8mg/g。吸附数据最符合

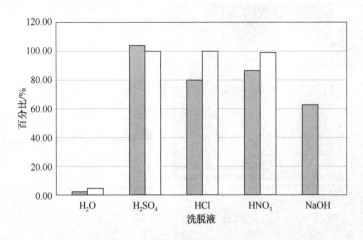

图 6.34　用不同的洗脱液反应 3h 后 CeO$_2$ 纳米颗粒的铬（Ⅵ）解吸（黑条）和
解吸实验后初始铈溶解的百分比，通过 ICP-MAS 分析（白条）[124]

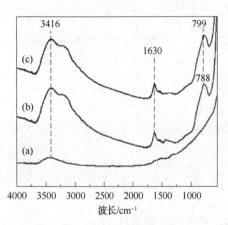

图 6.35　氧化铈的红外光谱：（a）空白，
（b）吸附砷（Ⅲ）后，（c）吸附砷（Ⅴ）后[125]

Redlich-Peterson 模型，描述了单层吸附。吸附遵循准二级动力学和三步扩散过程的颗粒内扩散。为了研究吸附机理，记录了吸附 As（Ⅲ）和 As（Ⅴ）前后 CeO$_2$ 纳米颗粒的 FTIR 光谱（见图 6.35）。3416cm^{-1} 和 1630cm^{-1} 处的峰对应于 CeO$_2$ 纳米颗粒或吸附水分的表面羟基的 OH 拉伸和弯曲振动。该图清楚地表明在 788cm^{-1} 和 799cm^{-1} 处形成了新峰，这可分别归因于 As（Ⅲ）-CeO$_2$ 和 As（Ⅴ）-CeO$_2$。亚砷酸盐的未络合 As（Ⅲ）—O 键峰在 795cm^{-1}。较低值的峰，即 788cm^{-1} 是由于红移（波数减少）As（Ⅲ）—O 键。这支持了内络合物的形成，否则峰值将在同一位置。溶解的砷酸盐物种在 858cm^{-1} 处出现峰值。

　　在 CeO$_2$ 纳米颗粒上吸附期间，As—O 的键强度也降低，并出现新的红移峰在对应于 799cm^{-1} 处观察到。发现砷物种的扩散遵循三步现象。FTIR 和 zeta 电位研究表明吸附是通过内球机制进行的。Redlich-Peterson 模型拟合了吸附数据，表明了 CeO$_2$ 纳米颗粒的单层吸附特性。CeO$_2$ 纳米颗粒有望快速有效地从受污染的水中去除砷。唯一需要考虑的是 CeO$_2$ 纳米粒子的高成本和应用后的分离，在实时应用时需要考虑这一点。

　　Gd$_2$O$_3$ 修饰的 CeO$_2$ 颗粒通过固相反应法制备，用于通过光电沉积从水溶液中去除 Pb（Ⅱ）离子[126]。Gd$_2$O$_3$ 改性的 CeO$_2$ 对 Pb（Ⅱ）离子去除的紫外光催化活性明显高于纯 CeO$_2$。与 Gd$_2$O$_3$-CeO$_2$ 的两相混合物相比，与 CeO$_2$ 基体相共存的固溶体 Gd$_{0.1}$Ce$_{0.9}$O$_{1.95}$ 相显示出较高的光电沉积去除 Pb（Ⅱ）离子的能力。来自 Gd$_{0.1}$Ce$_{0.9}$O$_{1.95}$-CeO$_2$ 的强光致发光（PL）信号也支持了高光催化活性。高活性可能是由于 p 型 Gd$_{0.1}$Ce$_{0.9}$O$_{1.95}$ 和 n 型 CeO$_2$ 之间形成异质结，促进光生电子-空穴对的转移和抑制电荷复合的效率。Gd$_{0.1}$Ce$_{0.9}$O$_{1.95}$ 与 CeO$_2$ 基体相共存的形成最有可能在 p 型 $Gd_{0.1}Ce_{0.9}O_{1.95}$ 和 n 型 CeO_2 的界面处形成 p-n 异质结，有利于分离光生收费。

因此，来自 $Gd_{0.1}Ce_{0.9}O_{1.95}$ 的空穴可以扩散到 CeO_2，同样来自 CeO_2 的电子可以扩散到 $Gd_{0.1}Ce_{0.9}O_{1.95}$。因此附近的 $Gd_{0.1}Ce_{0.9}O_{1.95}$ 区域带负电荷，而附近的 CeO_2 区域带正电荷，产生内部电位差。图 6.36 是 p-n 异质结的示意图，包括势能级和载流子扩散方向。当紫外光照射到 $Gd_{0.1}Ce_{0.9}O_{1.95}$-CeO_2 时，$Gd_{0.1}Ce_{0.9}O_{1.95}$ 中的光生电子迅速转移到 CeO_2 的导带，反之，CeO_2 中的光生空穴迅速转移到 Gd0 的价带。这样就导致 $Gd_{0.1}Ce_{0.9}O_{1.95}$-CeO_2 光催化剂中光生电子-空穴对之间的有效分离。因此，$Gd_{0.1}Ce_{0.9}O_{1.95}$-CeO_2 在去除 Pb(Ⅱ)离子方面的光催化活性高于两相 Gd_2O_3-CeO_2。

在 Meephoa 等的研究中，研究了使用钆掺杂二氧化铈纳米粉(SDC)作为吸收剂从合成废水中去除 Pb(Ⅱ)、Cu(Ⅱ)和 Zn(Ⅱ)的可行性和性能[127]。两种商业 SDC 纳米粉末：SDC-I 和 SDC-F，比较了它们的形貌、晶体结构、比表面积和孔体积，以探究这些特征对金属离子去除吸附能力的影响。研究中使用的两种不同 SDC 纳米粉末的 SEM 图像如图 6.37 所示。SDC-F 纳米颗粒是团聚球体，见图 6.37(a)、(b)，而 SDC-I 纳米颗粒则具有簇板状的结构，见图 6.37(c、d)。与簇板状 SDC-I(比表面积

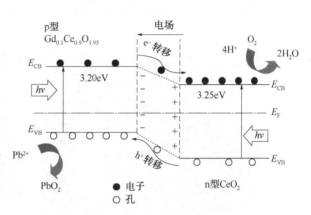

图 6.36　$Gd_{0.1}Ce_{0.9}O_{1.95}$-CeO_2(p-n)异质结的带隙和电子-空穴对分离的示意图[126]

40m^2/g，孔体积 0.16cm^3/g)相比，球形 SDC-F 包含非常大的比表面积(198m^2/g)和孔体积(0.38cm^3/g)。与 SDC-I 颗粒相比，SDC-F(4.22nm)的平均粒径小 5 倍。大比表面积证实了球形 SDC-F 纳米粒子表面上有大量可用于金属离子吸附的活性位点。

文献报道的其他纳米材料的比表面积值是：CuO 为 15.7m^2/g，镍铁氧体为 20~55.2m^2/g，银-氧化钇纳米复合材料为 25m^2/g(SYONs)。研究中获得的 SDC 纳米颗粒的比表面积远高于文献中较早报道的其他纳米材料。这是 SDC 纳米粒子对金属离子吸附可行性的重要原因之一。球形 SDC-F 纳米粉末比具有簇板状结构的 SDC-I 纳米粉末可以更有效地去除 Pb、Cu、Zn 三种金属。在这三种金属离子中，Pb(Ⅱ)在 SDC-F 表面的吸附量最高。SDC-F 上 Pb(Ⅱ)的吸附参数通过可变的 pH 值、金属离子浓度、吸附剂剂量、温度和接触时间进行了优化。SDC-F 纳米粉对 Pb(Ⅱ)的吸附能力在 pH 值=5.6 时最大。在较低的金属离子浓度但较高的吸附剂用量、温度和接触时间下发现较高的去除能力。动力学研究表明，Pb(Ⅱ)在 SDC-F 纳米粉体上的吸附遵循准二级模型。根据 Langmuir 等温线计算，SDC-F 对 Pb(Ⅱ)离子的最大吸附容量为 23mg/g。Pb(Ⅱ)在 SDC-F 上的吸附受限于球形纳米颗粒的聚集。这项研究的结果表明，SDC-F 纳米粒子可能是从废水中去除 Pb(Ⅱ)离子的候选材料。

图 6.37　(a、b)SDC-F 纳米粒子和(c、d)SDC-I 纳米粒子的 SEM 照片[127]

Contreras 等将氧化铈(CeO$_2$)纳米粒子(NPs)用于去除单一水溶液和三种金属混合物溶液中的镉(Ⅱ)、铅(Ⅱ)和铬(Ⅵ)离子。他们在 pH 值=5 和 pH 值=7 的条件下进行了吸附研究,使用了系统因子实验设计,该设计考虑了 1~10mg/L 的金属浓度和 0.064~0.640g/L 的 NP 浓度。实验结果显示,去除铅(Ⅱ)(128.1mg/g)的吸附容量最高,其次是镉(Ⅱ)(93.4mg/g),最后是铬(Ⅵ)(34.4mg/g)。令人惊讶的是,低初始浓度的 NPs 表现出更好的吸附能力。这可能是因为随着溶液中纳米粒子浓度的增加,离子间相互作用导致有效表面积减小。因此,相对较低的纳米粒子初始浓度可以提高吸附容量。研究将数据拟合到多项式函数中,以获得最佳的简化模型。结果表明,系统类型(单一组分或多组分)对吸附容量没有影响,而 pH 影响 Cd 和 Cr 的吸附,但不影响铅的吸附。CeO$_2$ 纳米颗粒被证明是有效的多组分重金属吸附剂,为其在受重金属混合物污染的复杂水中的应用提供了新的可能性。

Talebzadeh 制备了以 CuFe$_2$O$_4$ 为核心、CeO$_2$ 纳米粒子为外层结构的 CeO$_2$/CuFe$_2$O$_4$ 纳米纤维[128]。这种新型纳米结构通过 XRD、傅里叶变换红外光谱和 SEM 进行了表征。从 SEM 图像确定的 CeO$_2$/CuFe$_2$O$_4$ 纳米纤维的尺寸为 100nm。获得的纳米复合材料用于研究 Pb(Ⅱ)、Ni(Ⅱ)和 V(Ⅴ)离子从水溶液中的吸附。优化接触时间、pH 值、初始金属浓度和温度以提高去除效率。吸附平衡和动力学数据采用经典和最近开发的模型进行建模。CeO$_2$/

$CuFe_2O_4$ 纳米纤维对 Pb(Ⅱ)、Ni(Ⅱ)和 V(Ⅴ)的最大吸附量分别为 972.4mg/g、686.1mg/g 和 798.6mg/g。结果表明，合成的纳米复合材料可作为废水处理领域的高效吸附剂。

Olteanu 等的研究基于纳米二氧化硅的材料，特别是介孔二氧化硅，考虑到钛和铈的性质，通过使用纳米二氧化钛和纳米二氧化铈来改善重金属保留性能。介孔二氧化硅粉末的合成采用水热法进行，以获得具有更高结晶度的纳米颗粒结构，用于进一步的环境应用。将所得材料掺杂 CeO_2 和 TiO_2，并评估所得材料的重金属保留性能。开发材料的结构由 XRD 确定，其中可以观察到六边形结构，通过对应于该类型结构的三个强度峰的存在。在掺杂样品的情况下，可以通过峰(100)的较低强度和峰位置的轻微移动来观察基质内金属物质的形成。在所有样品的 SEM 和 TEM 显微照片中可以观察到单向生长的长丝状胶束形状的结晶结构，而纳米复合材料的 EDS 图显示所有材料结构中均有均匀分散的纳米二氧化钛和纳米二氧化铈。在过滤测试之后，对照样品(R_2和R_4)证明了对废水中重金属的良好截留效率。作为基础材料 R_2 和 R_4 与 CeO_2 和 TiO_2 的掺杂结果，确定 R_2M_2 和 R_4M 功能样品与这些相比具有更高的效率，这是由于在未煅烧的介孔二氧化硅的 OH 基团之间形成了内部金属键。

Wen 等通过 KIT-6 模板法成功合成了具有高度有序内连接介孔结构的纳米级有序磁性介孔 Fe-Ce 双金属氧化物(Nanosized-MMIC)[129]。使用 TEM 图像研究了材料的结构和形态，如图 6.38(a)所示，从 TEM 图像中可以清楚地观察到 Nanosized-MMIC 的高度有序的内连接介观结构。此外，从图 6.38(b)所示的 HRTEM 图像中，可以明显观察到 Nanosized-MMIC 的晶格条纹间距为 0.254nm，与 Fe_3O_4 的(311)面一致。

相比之下，在 Nanosized-MMIC 中氧化铈是非晶相，因为没有发现明显的晶格。该结果与稍后讨论的广角粉末 XRD(WXRD)分析非常一致。图 6.38(c-e)展示了 Nanosized-MMIC 的 TEM-EDX 映射图像，它显示所制备的样品具有 Fe 和 Ce 元素，表明 Fe 和 Ce 完全填充在硬模板的通道上。此外，值得注意的是，纳米级 MMIC 中的 Fe 和 Ce 原子均匀地分散在整个纳米颗粒上[见图 6.38(c-e)]。通过使用吸附等温线评估纳米级 MMIC 对水中 As(Ⅴ)和 Cr(Ⅵ)的吸收，如图 6.39 所示。Langmuir 模型和 Freundlich 模型分别用于描述吸附等温线数据。与相关系数(R_2)相比，表明 Nanosized-MMIC 对 As(Ⅴ)和 Cr(Ⅵ)的吸附行为更符合 Langmuir 模型。根据 Langmuir 模型，计算出的最大 As(Ⅴ)和 Cr(Ⅵ)吸附容量分别为 111.17mg/g 和 125.28mg/g，表明这种纳米级 MMIC 超过了大多数以前相关的铁基材料。该纳米 MMIC 还对 $AsAO_7$ 表现出优异的吸附能力，相应计算的材料最大吸附能力 156.52mg/g。Nanosized-MMIC 对 As(Ⅴ)和 Cr(Ⅵ)的去除略微依赖于离子强度，但高度依赖溶液的 pH 值，共存的硅酸盐和磷酸根离子与 As(Ⅴ)和 Cr(Ⅵ)的吸附竞争非常激烈。

机理表明，As(Ⅴ)和 Cr(Ⅵ)通过静电相互作用和表面络合在 Nanosized-MMIC 界面上形成内球络合物，而总有机碳(TOC)变化表明 AO_7 可以完全去除，通过吸附过程没有形成有机中间体。此外，Nanosized-MMIC 在 As(Ⅴ)/Cr(Ⅵ)-AO_7 二元体系中也具有优异的吸附性能，其可重复使用和再生性能表明所获得的纳米材料经过多次回收后仍能保持较高水平。最后，固定床实验表明，Nanosized-MMIC 有望成为一种有前途的优秀纳米吸附剂，在实际废水处理中共存的有毒重金属和有机染料去除方面具有很高的应用潜力。

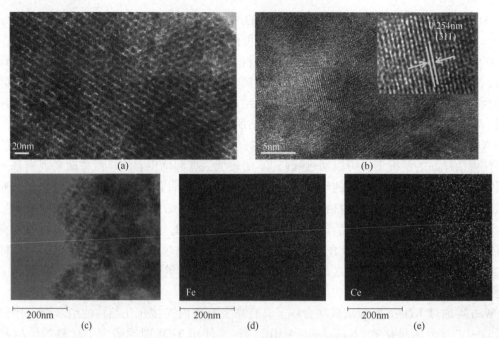

图6.38 介孔 Fe-Ce 双金属氧化物的 TEM(a)和 HRTEM 图像(b)、
TEM-EDX 映射图像(c-e)[129]

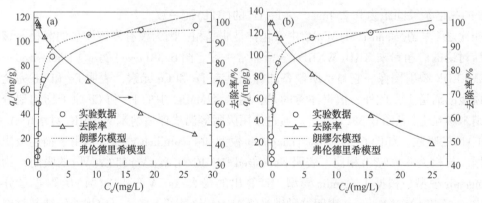

图6.39 As(Ⅴ)(a)和 Cr(Ⅵ)(b)在介孔 Fe-Ce 双金属氧化物上的吸附等温线[129]

6.3 总 结

化学工业和环境净化中密集的人类活动促使制定先进的绿色生产和废物管理协议。在环境科学中，开发高效、环保的催化材料和体系是绿色化学合成和污染空气、土壤和废水修复的非常有利的途径。稀土催化在解决这些问题中起着重要作用。具有物理和化学性质的纳米/微结构催化剂可以为实现环境可持续性和清洁能源生产提供大量机会。在过去的二十多年里，稀土在环境治理应用中典型催化剂的设计、合成和机理理解方面取得了很大进展。这些以各种方式出现的新型催化剂可分为三种主要类型：热催化、光催化和电催化。

在某些情况下，可以将两种类型结合在一起，例如光电催化和光热催化，以实现更高的催化效率。可以进一步定制稀土催化剂的特性，以提高在污染物降解和能量转换中的催化性能。

参 考 文 献

［1］Bilgen S. Structure and environmental impact of global energy consumption［J］. Renewable and Sustainable Energy Reviews, 2014, 38: 890-902.

［2］Wuebbles D J, Jain A K. Concerns about climate change and the role of fossil fuel use［J］. Fuel Processing Technology, 2001, 71(1-3): 99-119.

［3］Okkerse C, Van Bekkum H. From fossil to green［J］. Green Chemistry, 1999, 1(2): 107-114.

［4］Li X, Dong G, Guo F, et al. Enhancement of photocatalytic NO removal activity of g-C_3N_4 by modification with illite particles［J］. Environmental Science: Nano, 2020, 7(7): 1990-1998.

［5］Shiraishi F, Toyoda K, Miyakawa H. Decomposition of gaseous formaldehyde in a photocatalytic reactor with a parallel array of light sources［J］. Chemical Engineering Journal, 2005, 114(1-3): 145-151.

［6］Pérez-Nicolás M, Navarro-Blasco I, Fernández J M, et al. Atmospheric NO_x removal: Study of cement mortars with iron- and vanadium-doped TiO_2 as visible light-sensitive photocatalysts［J］. Construction and Building Materials, 2017, 149: 257-271.

［7］Juerges N, Hansjürgens B. Soil governance in the transition towards a sustainable bioeconomy - A review［J］. Journal of Cleaner Production, 2018, 170: 1628-1639.

［8］Koch A, McBratney A, Adams M, et al. Soil Security: Solving the Global Soil Crisis［J］. Global Policy, 2013, 4(4): 434-441.

［9］Rickson R J, Deeks L K, Graves A, et al. Input constraints to food production: the impact of soil degradation［J］. Food Security, 2015, 7(2): 351-364.

［10］Fernandez I J, Rustad L E, Norton S A, et al. Experimental Acidification Causes Soil Base-Cation Depletion at the Bear Brook Watershed in Maine［J］. Soil Science Society of America Journal, 2003, 67(6): 1909-1919.

［11］Dahlin S, Lantto C, Englund J, et al. Chemical aging of Cu-SSZ-13 SCR catalysts for heavy-duty vehicles - Influence of sulfur dioxide［J］. Catalysis Today, 2019, 320: 72-83.

［12］Maximillian J, Brusseau M L, et al. Chapter 25 - Pollution and Environmental Perturbations in the Global System. In Environmental and Pollution Science(Third Edition)［M］. Academic Press: 2019: 457-476.

［13］Beretta A, Lanza A, Lietti L, et al. An investigation on the redox kinetics of NH_3-SCR over a V/Mo/Ti catalyst: Evidence of a direct role of NO in the re-oxidation step［J］. Chemical Engineering Journal, 2019, 359: 88-98.

［14］Jo D, Park G T, Ryu T, et al. Economical synthesis of high-silica LTA zeolites: A step forward in developing a new commercial NH_3-SCR catalyst［J］. Applied Catalysis B: Environmental, 2019, 243: 212-219.

［15］Zhan S, Zhang H, Zhang Y, et al. Efficient NH_3-SCR removal of NO_x with highly ordered mesoporous $WO_3(X)$-CeO_2 at low temperatures［J］. Applied Catalysis B: Environmental, 2017, 203: 199-209.

［16］Niu C, Wang Y, Ren D, et al. The deposition of VWO_x on the CuCeOy microflower for the selective catalytic reduction of NO_x with NH_3 at low temperatures［J］. Journal of Colloid and Interface Science, 2020, 561: 808-817.

［17］Ye G, Lu J, Qian L, et al. Synthesis of manganese ore/Co_3O_4 composites by sol-gel method for the catalytic oxidation of gaseous chlorobenzene［J］. Journal of Saudi Chemical Society, 2021, 25(5): 101229.

［18］Yang W, Li L, Zhao M, et al. Theoretical prediction of graphene-based single-atom iron as a novel catalyst for catalytic oxidation of Hg0 by O_2［J］. Applied Surface Science, 2020, 508: 145035.

［19］McNutt M. Mercury and Health［J］. Science, 2013, 341(6153): 1430-1430.

［20］Lv Q, Cai M, Wang C, et al. Investigation on elemental mercury removal by cerium modified semi-coke［J］. Journal of the Energy Institute, 2020, 93(2): 666-678.

［21］Zhou P, Zhang A, Zhang D, et al. Efficient removal of Hg0 from simulated flue gas by novel magnetic Ag_2WO_4/BiOI/$CoFe_2O_4$ photocatalysts［J］. Chemical Engineering Journal, 2019, 373: 780-791.

［22］Presto A A, Granite E J. Survey of catalysts for oxidation of mercury in flue gas［J］. Environmental Science & Technology, 2006, 40(18): 5601-5609.

［23］Streets D, Hao J, Wu Y, et al. Anthropogenic mercury emissions in China［J］. Atmospheric Environment, 2005, 39(40): 7789-7806.

［24］Pacyna E G, Pacyna J M, Sundseth K, et al. Global emission of mercury to the atmosphere from anthropogenic sources in 2005 and projections to 2020［J］. Atmospheric Environment, 2010, 44(20): 2487-2499.

［25］Yao T, Duan Y, Bisson T M, et al. Inherent thermal regeneration performance of different MnO_2 crystallographic structures for mercury removal［J］. Journal of Hazardous Materials, 2019, 374: 267-275.

［26］Shen F, Liu J, Zhang Z, et al. On-Line Analysis and Kinetic Behavior of Arsenic Release during Coal Combustion and Pyrolysis［J］. Environmental Science & Technology, 2015, 49(22): 13716-13723.

［27］Van Oostdam J, Donaldson S G, Feeley M, et al. Human health implications of environmental contaminants in Arctic Canada: A review［J］. Science of The Total Environment, 2005, 351-352: 165-246.

［28］Mergler D, Anderson H A, Chan L H M, et al. Methylmercury Exposure and Health Effects in Humans: A Worldwide Concern［J］. AMBIO: A Journal of the Human Environment, 2007, 36(1): 3-11.

［29］Dong J, Xu Z, Kuznicki S M. Magnetic Multi-Functional Nano Composites for Environmental Applications［J］. Advanced Functional Materials, 2009, 19(8): 1268-1275.

［30］Yang H, Xu Z, Fan M, et al. Adsorbents for capturing mercury in coal-fired boiler flue gas［J］. Journal of Hazardous Materials, 2007, 146(1-2): 1-11.

［31］Presto A A, Granite E J. Impact of sulfur oxides on mercury capture by activated carbon［J］. Environmental Science & Technology, 2007, 41(18): 6579-6584.

[32] Wang P, Su S, Xiang J, et al. Catalytic oxidation of Hg0 by CuO-MnO$_2$-Fe$_2$O$_3$/γ-Al$_2$O$_3$ catalyst[J]. Chemical Engineering Journal, 2013, 225: 68-75.

[33] Fu H, Wang X, Wu H, et al. Heterogeneous Uptake and Oxidation of SO$_2$ on Iron Oxides[J]. The Journal of Physical Chemistry C, 2007, 111(16): 6077-6085.

[34] Rodríguez-Pérez J, López-Antón M A, Díaz-Somoano M, et al. Regenerable sorbents for mercury capture in simulated coal combustion flue gas[J]. Journal of Hazardous Materials, 2013, 260: 869-877.

[35] Cao T, Li Z, Xiong Y, et al. Silica-Silver Nanocomposites as Regenerable Sorbents for Hg^0 Removal from Flue Gases[J]. Environmental Science & Technology, 2017, 51(20): 11909-11917.

[36] Dong J, Xu Z, Kuznicki S M. Mercury Removal from Flue Gases by Novel Regenerable Magnetic Nanocomposite Sorbents [J]. Environmental Science & Technology, 2009, 43(9): 3266-3271.

[37] Yang S, Guo Y, Yan N, et al. Capture of gaseous elemental mercury from flue gas using a magnetic and sulfur poisoning resistant sorbent Mn/γ-Fe$_2$O$_3$ at lower temperatures[J]. Journal of Hazardous Materials, 2011, 186(1): 508-515.

[38] Xu W, Wang H, Zhou X, et al. CuO/TiO$_2$ catalysts for gas-phase Hg^0 catalytic oxidation[J]. Chemical Engineering Journal, 2014, 243: 380-385.

[39] Yang J, Zhao Y, Zhang J, et al. Regenerable cobalt oxide loaded magnetosphere catalyst from fly ash for mercury removal in coal combustion flue gas[J]. Environmental Science & Technology, 2014, 48(24): 14837-14843.

[40] Yang J, Zhao Y, Chang L, et al. Mercury adsorption and oxidation over cobalt oxide loaded magnetospheres catalyst from fly ash in oxyfuel combustion flue gas[J]. Environmental Science & Technology, 2015, 49(13): 8210-8218.

[41] Tao S, Li C, Fan X, et al. Activated coke impregnated with cerium chloride used for elemental mercury removal from simulated flue gas[J]. Chemical Engineering Journal, 2012, 210: 547-556.

[42] Zhao L, Li C, Zhang J, et al. Promotional effect of CeO$_2$ modified support on V$_2$O$_5$-WO$_3$/TiO$_2$ catalyst for elemental mercury oxidation in simulated coal-fired flue gas[J]. Fuel, 2015, 153: 361-369.

[43] Wan Q, Duan L, He K, et al. Removal of gaseous elemental mercury over a CeO$_2$-WO$_3$/TiO$_2$ nanocomposite in simulated coal-fired flue gas[J]. Chemical Engineering Journal, 2011, 170(2-3): 512-517.

[44] Lee S J, Seo Y C, Jurng J, et al. Removal of gas-phase elemental mercury by iodine- and chlorine-impregnated activated carbons[J]. Atmospheric Environment, 2004, 38(29): 4887-4893.

[45] Hu C, Zhou J, He S, et al. Effect of chemical activation of an activated carbon using zinc chloride on elemental mercury adsorption[J]. Fuel Processing Technology, 2009, 90(6): 812-817.

[46] Zhou M, Xu Y, Luo G, et al. Removal of elemental mercury from coal combustion flue gas using bentonite modified with Ce-Fe binary oxides[J]. Applied Surface Science, 2022, 590: 153090.

[47] Cao H, Zhou J song, Zhou Q xin, et al. Elemental mercury removal from coal gas by CeMnTi sorbents and their regeneration performance[J]. Journal of Zhejiang University-SCIENCE A, 2021, 22(3): 222-234.

[48] Wang J, Zhang Q, Deng F, et al. Rapid toxicity elimination of organic pollutants by the photocatalysis of environment-friendly and magnetically recoverable step-scheme SnFe$_2$O$_4$/ZnFe$_2$O$_4$ nano-heterojunctions[J]. Chemical Engineering Journal, 2020, 379: 122264.

[49] Mei F, Dai K, Zhang J, et al. Construction of Ag SPR-promoted step-scheme porous g-C$_3$N$_4$/Ag$_3$VO$_4$ heterojunction for improving photocatalytic activity[J]. Applied Surface Science, 2019, 488: 151-160.

[50] Jia T, Wu J, Xiao Y, et al. Self-grown oxygen vacancies-rich CeO$_2$/BiOBr Z-scheme heterojunction decorated with rGO as charge transfer channel for enhanced photocatalytic oxidation of elemental mercury[J]. Journal of Colloid and Interface Science, 2021, 587: 402-416.

[51] Jia T, Wu J, Ji Z, et al. Surface defect engineering of Fe-doped Bi$_7$O$_9$I$_3$ microflowers for ameliorating charge-carrier separation and molecular oxygen activation[J]. Applied Catalysis B: Environmental, 2021, 284: 119727.

[52] Xiao Y, Ji Z, Zou C, et al. Construction of CeO$_2$/BiOI S-scheme heterojunction for photocatalytic removal of elemental mercury[J]. Applied Surface Science, 2021, 556: 149767.

[53] Lv Q, Wang C, He Y, et al. Elemental Mercury Removal over CeO$_2$/TiO$_2$ Catalyst Prepared by Sol-Gel Method[J]. Applied Sciences, 2020, 10(8): 2706.

[54] Kamata H, Ueno S ichiro, Sato N, et al. Mercury oxidation by hydrochloric acid over TiO$_2$ supported metal oxide catalysts in coal combustion flue gas[J]. Fuel Processing Technology, 2009, 90(7-8): 947-951.

[55] Gao Y, Zhang Z, Wu J, et al. A Critical Review on the Heterogeneous Catalytic Oxidation of Elemental Mercury in Flue Gases[J]. Environmental Science & Technology, 2013, 47(19): 10813-10823.

[56] Zhou Z, Liu X, Zhao B, et al. Elemental mercury oxidation over manganese-based perovskite-type catalyst at low temperature[J]. Chemical Engineering Journal, 2016, 288: 701-710.

[57] Xu H, Qu Z, Zong C, et al. Catalytic oxidation and adsorption of Hg^0 over low-temperature NH$_3$-SCR LaMnO$_3$ perovskite oxide from flue gas[J]. Applied Catalysis B: Environmental, 2016, 186: 30-40.

[58] Wang Z, Liu J, Yang Y, et al. Insights into the catalytic behavior of LaMnO$_3$ perovskite for Hg^0 oxidation by HCl[J]. Journal of Hazardous Materials, 2020, 383: 121156.

[59] Gao W, Liu Q, Wu C Y, et al. Kinetics of mercury oxidation in the presence of hydrochloric acid and oxygen over a commercial SCR catalyst[J]. Chemical Engineering Journal, 2013, 220: 53-60.

[60] Zhao Y, Mann M D, Pavlish J H, et al. Application of Gold Catalyst for Mercury Oxidation by Chlorine[J]. Environmental Science & Technology, 2006, 40(5): 1603-1608.

[61] Alemany L J, Berti F, Busca G, et al. Characterization and composition of commercial V$_2$O$_5$&z. sbnd; WO$_3$&z. sbnd; TiO$_2$ SCR catalysts[J]. Applied Catalysis B: Environmental, 1996, 10(4): 299-311.

[62] González-Velasco J R, Pereda-Ayo B, De-La-Torre U, et al. NO$_x$ Storage and Reduction Coupled with Selective Catalytic Reduction for NO$_x$ Removal in Light-Duty Vehicles[J]. ChemCatChem, 2018, 10(14): 2928-2940.

[63] Akter N, Zhang S, Lee J, et al. Selective catalytic reduction of NO by ammonia and NO oxidation Over CoO$_x$/CeO$_2$ catalysts [J]. Molecular Catalysis, 2020, 482: 110664.

[64] Wu Z, Jiang B, Liu Y, et al. DRIFT Study of Manganese/Titania-Based Catalysts for Low-Temperature Selective Catalytic

Reduction of NO with NH$_3$[J]. Environmental Science & Technology, 2007, 41(16): 5812-5817.

[65] Yang S, Wang C, Li J, et al. Low temperature selective catalytic reduction of NO with NH$_3$ over Mn-Fe spinel: Performance, mechanism and kinetic study[J]. Applied Catalysis B: Environmental, 2011, 110: 71-80.

[66] Xu W, Yu Y, Zhang C, et al. Selective catalytic reduction of NO by NH$_3$ over a Ce/TiO$_2$ catalyst[J]. Catalysis Communications, 2008, 9(6): 1453-1457.

[67] Chen L, Li J, Ge M. DRIFT Study on Cerium-Tungsten/Titania Catalyst for Selective Catalytic Reduction of NO$_x$ with NH$_3$ [J]. Environmental Science & Technology, 2010, 44(24): 9590-9596.

[68] Shen Y, Zhu S, Qiu T, et al. A novel catalyst of CeO$_2$/Al$_2$O$_3$ for selective catalytic reduction of NO by NH$_3$[J]. Catalysis Communications, 2009, 11(1): 20-23.

[69] Peng Y, Li K, Li J. Identification of the active sites on CeO$_2$-WO$_3$ catalysts for SCR of NO$_x$ with NH$_3$: An in situ IR and Raman spectroscopy study[J]. Applied Catalysis B: Environmental, 2013, 140-141: 483-492.

[70] Yu M, Li C, Zeng G, et al. The selective catalytic reduction of NO with NH$_3$ over a novel Ce-Sn-Ti mixed oxides catalyst: Promotional effect of SnO$_2$[J]. Applied Surface Science, 2015, 342: 174-182.

[71] Kwon D W, Hong S C. Promotional effect of tungsten-doped CeO$_2$/TiO$_2$ for selective catalytic reduction of NO$_x$ with ammonia [J]. Applied Surface Science, 2015, 356: 181-190.

[72] Zhang Q, Liu X, Ning P, et al. Enhanced performance in NO$_x$ reduction by NH$_3$ over a mesoporous Ce-Ti-MoO$_x$ catalyst stabilized by a carbon template[J]. Catalysis Science & Technology, 2015, 5(4): 2260-2269.

[73] Yu L, Zhong Q, Deng Z, et al. Enhanced NO$_x$ removal performance of amorphous Ce-Ti catalyst by hydrogen pretreatment [J]. Journal of Molecular Catalysis A: Chemical, 2016, 423: 371-378.

[74] Zeng Y, Zhang S, Wang Y, et al. CeO$_2$ supported on reduced TiO$_2$ for selective catalytic reduction of NO by NH$_3$[J]. Journal of Colloid and Interface Science, 2017, 496: 487-495.

[75] Zhang R, Villanueva A, Alamdari H, et al. Cu- and Pd-substituted nanoscale Fe-based perovskites for selective catalytic reduction of NO by propene[J]. Journal of Catalysis, 2006, 237(2): 368-380.

[76] Zhang R, Luo N, Yang W, et al. Low-temperature selective catalytic reduction of NO with NH$_3$ using perovskite-type oxides as the novel catalysts[J]. Journal of Molecular Catalysis A: Chemical, 2013, 371: 86-93.

[77] Han D, Gao S, Fu Q, et al. Do volatile organic compounds(VOCs) emitted from petrochemical industries affect regional PM2. 5? [J]. Atmospheric Research, 2018, 209: 123-130.

[78] Wu R, Li J, Hao Y, et al. Evolution process and sources of ambient volatile organic compounds during a severe haze event in Beijing, China[J]. Science of The Total Environment, 2016, 560-561: 62-72.

[79] Gao Y, Zhang Y, Kamijima M, et al. Quantitative assessments of indoor air pollution and the risk of childhood acute leukemia in Shanghai[J]. Environmental Pollution, 2014, 187: 81-89.

[80] Weschler C J. Changes in indoor pollutants since the 1950s[J]. Atmospheric Environment, 2009, 43(1): 153-169.

[81] Aboukaïs A, Skaf M, Hany S, et al. A comparative study of Cu, Ag and Au doped CeO$_2$ in the total oxidation of volatile organic compounds(VOCs)[J]. Materials Chemistry and Physics, 2016, 177: 570-576.

[82] Delimaris D, Ioannides T. VOC oxidation over MnO$_x$-CeO$_2$ catalysts prepared by a combustion method[J]. Applied Catalysis B: Environmental, 2008, 84(1-2): 303-312.

[83] Delimaris D, Ioannides T. VOC oxidation over CuO-CeO$_2$ catalysts prepared by a combustion method[J]. Applied Catalysis B: Environmental, 2009, 89(1-2): 295-302.

[84] Gutiérrez-Ortiz J I, De Rivas B, López-Fonseca R, et al. Catalytic purification of waste gases containing VOC mixtures with Ce/Zr solid solutions[J]. Applied Catalysis B: Environmental, 2006, 65(3-4): 191-200.

[85] Heynderickx P M, Thybaut J W, Poelman H, et al. The total oxidation of propane over supported Cu and Ce oxides: A comparison of single and binary metal oxides[J]. Journal of Catalysis, 2010, 272(1): 109-120.

[86] Shen Y, Yang X, Wang Y, et al. The states of gold species in CeO$_2$ supported gold catalyst for formaldehyde oxidation[J]. Applied Catalysis B: Environmental, 2008, 79(2): 142-148.

[87] Kookana R S, Drechsel P, Jamwal P, et al. Urbanisation and emerging economies: Issues and potential solutions for water and food security[J]. Science of The Total Environment, 2020, 732: 139057.

[88] Zhang X, Qian J, Pan B. Fabrication of Novel Magnetic Nanoparticles of Multifunctionality for Water Decontamination[J]. Environmental Science & Technology, 2016, 50(2): 881-889.

[89] Mishra B, Kumar P, Saraswat C, et al. Water Security in a Changing Environment: Concept, Challenges and Solutions [J]. Water, 2021, 13(4): 490.

[90] Faramarzi M, Yang H, Mousavi J, et al. Analysis of intra-country virtual water trade strategy to alleviate water scarcity in Iran[J]. Hydrology and Earth System Sciences, 2010, 14(8): 1417-1433.

[91] Hanjra M A, Qureshi M E. Global water crisis and future food security in an era of climate change[J]. Food Policy, 2010, 35(5): 365-377.

[92] Yang S, Shao D, Wang X, et al. Localized in situ polymerization on carbon nanotube surfaces for stabilized carbon nanotube dispersions and application for cobalt(ii) removal[J]. RSC Advances, 2014, 4(10): 4856.

[93] Huang X, Yin Z, Wu S, et al. Graphene-based materials: synthesis, characterization, properties, and applications[J]. Small, 2011, 7(14): 1876-1902.

[94] Waleng N J, Nomngongo P N. Occurrence of pharmaceuticals in the environmental waters: African and Asian perspectives [J]. Environmental Chemistry and Ecotoxicology, 2022, 4: 50-66.

[95] Souza H D O, Costa R D S, Quadra G R, et al. Pharmaceutical pollution and sustainable development goals: Going the right way? [J]. Sustainable Chemistry and Pharmacy, 2021, 21: 100428.

[96] Wang L, Chen Y, Zhao Y, et al. Toxicity of two tetracycline antibiotics on Stentor coeruleus and Stylonychia lemnae: Potential use as toxicity indicator[J]. Chemosphere, 2020, 255: 127011.

[97] Chen L, Deng Y, Dong S, et al. The occurrence and control of waterborne viruses in drinking water treatment: A review [J]. Chemosphere, 2021, 281: 130728.

[98] Ning Y, Yang Y, Wang C, et al. Hierarchical porous polymeric microspheres as efficient adsorbents and catalyst scaffolds

[J]. Chemical Communications, 2013, 49(78): 8761.

[99] Kampalanonwat P, Supaphol P. Preparation and Adsorption Behavior of Aminated Electrospun Polyacrylonitrile Nanofiber Mats for Heavy Metal Ion Removal[J]. ACS Applied Materials & Interfaces, 2010, 2(12): 3619-3627.

[100] Zhang Y, Li Y, Yang Lqing, et al. Characterization and adsorption mechanism of Zn^{2+} removal by PVA/EDTA resin in polluted water[J]. Journal of Hazardous Materials, 2010, 178(1-3): 1046-1054.

[101] Qasem N A A, Mohammed R H, Lawal D U. Removal of heavy metal ions from wastewater: a comprehensive and critical review[J]. npj Clean Water, 2021, 4(1): 36.

[102] Şahin Ö, Kaya M, Saka C. Plasma-surface modification on bentonite clay to improve the performance of adsorption of methylene blue[J]. Applied Clay Science, 2015, 116-117: 46-53.

[103] Pan Y, Wang J, Sun C, et al. Fabrication of highly hydrophobic organic-inorganic hybrid magneticpolysulfone microcapsules: A lab-scale feasibility study for removal of oil and organic dyes from environmental aqueous samples[J]. Journal of Hazardous Materials, 2016, 309: 65-76.

[104] Saka C, Sahin Ö. Removal of methylene blue from aqueous solutions by using cold plasma- and formaldehyde-treated onion skins[J]. Coloration Technology, 2011, 127(4): 246-255.

[105] Lorencgrabowska E, Gryglewicz G. Adsorption characteristics of Congo Red on coal-based mesoporous activated carbon[J]. Dyes and Pigments, 2007, 74(1): 34-40.

[106] Baigorria E, Cano L, Alvarez V. Nanoclays as Eco-friendly Adsorbents of Arsenic for Water Purification. In Handbook of Nanomaterials and Nanocomposites for Energy and Environmental Applications, Kharissova[M]. Springer International Publishing: Cham, 2020: 1-17.

[107] Ahmad T, Rafatullah M, Ghazali A, et al. Removal of Pesticides from Water and Wastewater by Different Adsorbents: A Review[J]. Journal of Environmental Science and Health, Part C, 2010, 28(4): 231-271.

[108] Lagadec A J M, Miller D J, Lilke A V, et al. Pilot-Scale Subcritical Water Remediation of Polycyclic Aromatic Hydrocarbon- and Pesticide-Contaminated Soil[J]. Environmental Science & Technology, 2000, 34(8): 1542-1548.

[109] Phuruangrat A, Dumrongrojthanath P, Thongtem T, et al. Effect of Ce dopant on structure, morphology, photoabsorbance and photocatalysis of $ZnWO_4$ nanostructure[J]. Journal of the Ceramic Society of Japan, 2017, 125(2): 62-64.

[110] Geetha G V, Sivakumar R, Slimani Y, et al. Rare earth(RE: La and Ce) elements doped $ZnWO_4$ nanoparticles for enhanced photocatalytic removal of methylene blue dye from aquatic environment[J]. Physica B: Condensed Matter, 2022, 639: 414028.

[111] Meng W, Hu R, Yang J, et al. Influence of lanthanum-doping on photocatalytic properties of $BiFeO_3$ for phenol degradation [J]. Chinese Journal of Catalysis, 2016, 37(8): 1283-1292.

[112] Barrera A, Tzompantzi F, Campa-Molina J, et al. Photocatalytic activity of $Ag/Al_2O_3-Gd_2O_3$ photocatalysts prepared by the sol-gel method in the degradation of 4-chlorophenol[J]. RSC Advances, 2018, 8(6): 3108-3119.

[113] Li H, Wang G, Zhang F, et al. Surfactant-assisted synthesis of CeO_2 nanoparticles and their application in wastewater treatment[J]. RSC Advances, 2012, 2(32): 12413.

[114] Kumaresan L, Mahalakshmi M, Palanichamy M, et al. Synthesis, Characterization, and Photocatalytic Activity of Sr^{2+} Doped TiO_2 Nanoplates[J]. Industrial & Engineering Chemistry Research, 2010, 49(4): 1480-1485.

[115] Li F B, Li X Z, Hou M F, et al. Enhanced photocatalytic activity of $Ce^{3+}-TiO_2$ for 2-mercaptobenzothiazole degradation in aqueous suspension for odour control[J]. Applied Catalysis A: General, 2005, 285(1-2): 181-189.

[116] Jain S K, Farooq U, Jamal F, et al. Hydrothermal assistedsynthesis and structural characterization of Zn doped SnO_2 nanoparticles for catalytic reduction of 4-nitrophenol[J]. Materials Today: Proceedings, 2021, 36: 717-723.

[117] Umar A, Kumar R, Akhtar M S, et al. Growth and properties of well-crystalline cerium oxide(CeO_2) nanoflakes for environmental and sensor applications[J]. Journal of Colloid and Interface Science, 2015, 454: 61-68.

[118] Srivastava N K, Majumder C B. Novel biofiltration methods for the treatment of heavy metals from industrial wastewater[J]. Journal of Hazardous Materials, 2008, 151(1): 1-8.

[119] Paulino A T, Minasse F A S, Guilherme M R, et al. Novel adsorbent based on silkworm chrysalides for removal of heavy metals from wastewaters[J]. Journal of Colloid and Interface Science, 2006, 301(2): 479-487.

[120] Namasivayam C, Kadirvelu K. Uptake of mercury(Ⅱ) from wastewater by activated carbon from an unwanted agricultural solid by-product: coirpith[J]. Carbon, 1999, 37(1): 79-84.

[121] Naseem R, Tahir SS. Removal of Pb(Ⅱ) from aqueous/acidic solutions by using bentonite as an adsorbent[J]. Water Research, 2001, 35(16): 3982-3986.

[122] Khezami L, Capart R. Removal of chromium(Ⅵ) from aqueous solution by activated carbons: Kinetic and equilibrium studies[J]. Journal of Hazardous Materials, 2005, 123(1-3): 223-231.

[123] Recillas S, García A, González E, et al. Use of CeO_2, TiO_2 and Fe_3O_4 nanoparticles for the removal of lead from water [J]. Desalination, 2011, 277(1-3): 213-220.

[124] Recillas S, Colón J, Casals E, et al. Chromium Ⅵ adsorption on cerium oxide nanoparticles and morphology changes during the process[J]. Journal of Hazardous Materials, 2010, 184(1-3): 425-431.

[125] Mishra P K, Saxena A, Rawat A S, et al. Surfactant-Free One-Pot Synthesis of Low-Density Cerium Oxide Nanoparticles for Adsorptive Removal of Arsenic Species[J]. Environmental Progress & Sustainable Energy, 2018, 37(1): 221-231.

[126] Ayawanna J, Teoh W, Niratisairak S, et al. Gadolinia-modified ceria photocatalyst for removal of lead(Ⅱ) ions from aqueous solutions[J]. Materials Science in Semiconductor Processing, 2015, 40: 136-139.

[127] Meepho M, Sirimongkol W, Ayawanna J. Samaria-doped ceria nanopowders for heavy metal removal from aqueous solution [J]. Materials Chemistry and Physics, 2018, 214: 56-65.

[128] Talebzadeh F, Zandipak R, Sobhanardakani S. CeO_2 nanoparticles supported on $CuFe_2O_4$ nanofibers as novel adsorbent for removal of Pb(Ⅱ), Ni(Ⅱ), and V(V) ions from petrochemical wastewater[J]. Desalination and Water Treatment, 2016, 57(58): 28363-28377.

[129] Wen Z, Zhang Y, Cheng G, et al. Simultaneous removal ofAs(V)/Cr(Ⅵ) and acid orange 7(AO7) by nanosized ordered magnetic mesoporous Fe-Ce bimetal oxides: Behavior and mechanism[J]. Chemosphere, 2019, 218: 1002-1013.